Hartmut Behr

Entterritoriale Politik

Hartmut Behr

Entterritoriale Politik

Von den Internationalen Beziehungen
zur Netzwerkanalyse.
Mit einer Fallstudie
zum globalen Terrorismus

VS VERLAG FÜR SOZIALWISSENSCHAFTEN

VS Verlag für Sozialwissenschaften
Entstanden mit Beginn des Jahres 2004 aus den beiden Häusern
Leske+Budrich und Westdeutscher Verlag.
Die breite Basis für sozialwissenschaftliches Publizieren

Bibliografische Information Der Deutschen Bibliothek
Die Deutsche Bibliothek verzeichnet diese Publikation in der Deutschen Nationalbibliografie;
detaillierte bibliografische Daten sind im Internet über <http://dnb.ddb.de> abrufbar.

Gedruckt mit freundlicher Unterstützung der Geschwister Boehringer Ingelheim Stiftung für
Geisteswissenschaften in Ingelheim am Rhein.

1. Auflage März 2004

Alle Rechte vorbehalten
© VS Verlag für Sozialwissenschaften/GWV Fachverlage GmbH, Wiesbaden 2004
Lektorat: Frank Schindler

Der VS Verlag für Sozialwissenschaften ist ein Unternehmen von Springer Science+Business Media.
www.vs-verlag.de

Das Werk einschließlich aller seiner Teile ist urheberrechtlich geschützt. Jede
Verwertung außerhalb der engen Grenzen des Urheberrechtsgesetzes ist
ohne Zustimmung des Verlags unzulässig und strafbar. Das gilt insbesondere
für Vervielfältigungen, Übersetzungen, Mikroverfilmungen und die Einspei-
cherung und Verarbeitung in elektronischen Systemen.

Die Wiedergabe von Gebrauchsnamen, Handelsnamen, Warenbezeichnungen usw. in diesem
Werk berechtigt auch ohne besondere Kennzeichnung nicht zu der Annahme, dass solche
Namen im Sinne der Warenzeichen- und Markenschutz-Gesetzgebung als frei zu betrachten
wären und daher von jedermann benutzt werden dürften.

Umschlaggestaltung: KünkelLopka Medienentwicklung, Heidelberg
Gedruckt auf säurefreiem und chlorfrei gebleichtem Papier

ISBN-13: 978-3-531-14203-6   e-ISBN-13: 978-3-322-80551-5
DOI: 10.1007/ 978-3-322-80551-5

Vorwort

Die vorliegende Studie versteht sich als Beitrag zur Theoriediskussion im Bereich der Internationalen Politik. Da aber beginnt auch schon ein Problem: Denn der Bereich der Theoriediskussion, auf den sich diese Arbeit konzentriert, lässt sich, sofern dies überhaupt jemals mehr als rein im idealtypischen Sinne möglich war, nicht mehr als alleine der Internationalen Politik zugehörig bestimmen. Vielmehr gilt auch hier, was innerhalb der Politikwissenschaft angesichts globaler Politik- und Gesellschaftsentwicklungen zunehmend betont wird, nämlich die Auflösung der Unterscheidung in die Teildisziplinen der Internationalen Politik, der Politischen Theorie/Ideengeschichte und der Systemlehre und die mit dieser Unterscheidung einhergehende Beziehung der Teildisziplinen auf getrennte Gegenstandsbereiche. Darüber hinaus legt die Unterscheidung in die genannten Teildisziplinen ohnehin die Frage nahe, ob denn die Internationale Politik und die Systemlehre keine Theorie und keine Geschichte ihrer politischen Ideen habe. Da die Unterscheidung der Politik in getrennte Phänomenbereiche und ihre Zuordnungen zu den Teildisziplinen der Internationalen Politik und/oder der Systemlehre angesichts transnationaler Politik berechtigten Zweifeln unterliegt, und die Internationale Politik – wie im Übrigen auch die Systemlehre – auf hohem theoretischen Niveau arbeitet, versteht sich die vorliegende Arbeit somit *auch* als Beitrag zur Politischen Theorie.

Im Mittelpunkt der vorliegenden Studie steht eine Diskussion der territorialen und räumlichen Bestimmung von Politik: Dies ist eine Frage, die in den letzten Jahrzehnten und vor allem während der letzten Jahre einer zunehmenden Transnationalisierung von Politik zu einer Frage der territorial-räumlichen Bestimm*barkeit* geworden ist. Denn in dem Maße, in dem transnationale Politik die traditionelle Unterscheidung in Innen- und Außenpolitik in Frage stellt, in dem Maße, in dem sie den traditionellen Raum politischen Handelns, d.h. den nach europäischem Muster gebildeten Nationalstaat partiell auflöst und überwindet, und in dem Maße, in dem sie damit zu einer Interdependenz, und auch Konkurrenz zwischen staatlichen und nicht-staatlichen Akteuren führt, in genau diesem Maße werden die klassischen Disziplinengrenzen aufgelöst. Was bislang als Gegenstand der Außenpolitik erschien, wird (auch) zum Gegenstand der Innenpolitik und umgekehrt. Zwar ist dies seit den Einsichten der Interdependenz-, Regime- und internationalen Integrationstheorien sowie der Ansätze zur transnationalen Politik nichts prinzipiell Neues mehr, doch zwei Gründe sprechen für eine weitere und vermehrte theoretische Diskussion dieser Art der Verflechtungen:

Zum einen lässt die theoretische Ausarbeitung dieser Verflechtungen noch zu wünschen übrig, geht es doch dabei – und bei den in diesem Zuge evozierten Auflösungserscheinungen traditioneller Theoriebestände – nicht nur um die Verflechtungen von Innen- und Außenpolitik, sondern vielmehr auch um die Erosion untergeordneter und dennoch so zentraler Konzepte wie staatliche Souveränität, Legitimität, staatliche Integration, Sicherheit und Sicherheitspolitik sowie der Funktion von staatlichen Grenzen. *Zum zweiten*, und damit unmittelbar zusammenhängend, führt die Erosion jener Aspekte zu einer weiteren theoretischen Problemstellung, nämlich der Frage nach den politischen wie politikwissenschaftlichen Kategorien des Raumes und der Territorialität. Denn diese unterliegen und verweisen in ihrer Konstruktion unmittelbar auf die traditionellen Entwürfe und Funktionsweisen der genannten Konzepte. *Somit ist das Problem der Auflösung und Überwindung von politischer Territorialität und politischem Raum unter den Bedingungen transnationaler Politik der Gegenstand der vorliegenden Studie* – ein Problem, das der theoretischen Bearbeitung harrt, wie die Emphasen, insbesondere in den U.S.-amerikanischen Debatten der letzten 10 Jahre, um einen Paradigmenwechsel im Bereich der Politikwissenschaft und ihren Begriff des Raumes deutlich machen. Dies nun ist keine ausschließliche Fragestellung der ‚Internationalen Politik' *oder* der ‚Politischen Theorie' mehr. Daher begründen sich die Einschränkungen gleich zu Beginn dieses Vorwortes. Die Realität ist weiter als die traditionellen Grenzziehungen der Disziplin. Sie verlangt nach der Synthese verschiedener Perspektiven innerhalb der Politikwissenschaft sowie nach einem Austausch zwischen verschiedenen sozialwissenschaftlichen Disziplinen.

Die vorliegende Arbeit wurde in ihren wesentlichen Teilen im akademischen Jahr 2000/2001 an der Universität Pittsburgh/USA geschrieben und im Herbst 2002 von der Sozial- und Verhaltenswissenschaftlichen Fakultät der Friedrich Schiller-Universität Jena als Habilitationsschrift angenommen. Von der Universität Pittsburgh möchte ich vor allem Prof. Davis B. Bobrow (sowie den Teilnehmerinnen und Teilnehmern seines Kurses über 'Topics in International Security Issues', Spring Term 2000), Prof. Phil Williams und Prof. Fritz Ringer, ihm insbesondere für seine Hinweise zum Verständnis von Pierre Bourdieus umfangreichem Werk sowie zur Interpretation Max Webers, herzlich danken. Dank gebührt ferner Prof. Dr. Herbert Dittgen (Universität Mainz) sowie von der Universität Jena insbesondere Prof. Dr. Helmut Hubel und Prof. Dr. Klaus Dicke für wertvolle methodische und inhaltliche Hinweise. Für die Betreuung des Habilitationsverfahrens sei ferner dem damaligen Dekan der Sozial- und Verhaltenswissenschaftlichen Fakultät der Universität Jena, Herrn Prof. Dr. Karl Schmitt, herzlich gedankt. Ich freue mich ferner, dass Herr Prof. Dr. Thomas Jäger (Universität zu Köln) im Habilitationsverfahren das Außengutachten übernommen hat. Finanziell ermöglicht wurde der Rückzug zur Forschungs- und Schreibarbeit durch ein Feodor Lynen-Stipendium der *Alexander von Humboldt-Stiftung*. In diesem Zusammenhang gilt mein Dank auch Prof. William E. Scheuerman (University of Pittsburgh/University of Minnesota). Die Fertigstellung der Arbeit wurde durch ein Habilitationsstipendium der *Deutschen Forschungsgemeinschaft* DFG finanziell gefördert. Auch hier mein herzlicher Dank. Ohne die zuverlässige Mitarbeit von Inga Horbach und Christoph Gerschütz bei der Manuskriptgestaltung hätte sich die Publikation noch lange verzögert, daher auch ihnen ein aufrichtiges Dankeschön.

Ich widme dieses Buch Manija und Louisa für ihre Unterstützung und unendliche Freude auf festem Terrain.

Hartmut Behr   Jena/Erlangen, im Januar 2004

Inhalt

Einleitung		**15**
I	**Analytischer Rahmen**	**31**
1)	Transnationale Politik in den Theoriediskussionen der Internationalen Politik	
2)	Politik und Territorialität	
II	**Bedeutungsaspekte nationalstaatlicher Territorialität**	**75**
1)	Politische Integration	
2)	Territorialität und Souveränität	
3)	Territorialität, politischer Raum, Grenzen und Grenzfunktionen	
4)	Sicherheitspolitik und die traditionelle Unterscheidung in innere und äußere Sicherheit	
5)	Zusammenfassung: Kreation des politischen Raumes	
III	**Kontinuität und Wandel des Territorialitätsprinzips**	**119**
1)	Transnationaler Terrorismus als Fallstudie	
2)	Fallbeispiel und ihre Auswertung	
3)	Zusammenfassung und Ausblick auf Kapitel IV	
IV	**'Strukturen' und Logiken entterritorialer Politik**	**179**
1)	Epistemologische Perspektiven	
2)	Entterritoriale Handlungs- und Organisationslogiken transnationaler Politik	
V	**Zum Verhältnis von transnationaler und staatlicher Politik**	**249**
1)	Die Virtualität transnationaler Politik	
2)	Die Herausforderungen staatlicher Politik	
VI	**Zusammenfassung**	**295**

Detailliertes Inhaltsverzeichnis

Vorwort	5
Inhalt	8
Detailliertes Inhaltsverzeichnis	9
Verzeichnis der Tabellen und Abbildungen	14

Einleitung 15

1) Allgemeine Problemstellung 15
2) Problem- und Fragestellungen der Arbeit 17
3) Methodische Überlegungen 23
4) Aufbau der Studie 27

I Analytischer Rahmen 31

1) Transnationale Politik in den Theoriediskussionen der Internationalen Politik 32

Vorbemerkungen (32) – Grundlegung der Debatte (33) – Begriffsverschiebungen zwischen „inter-" und „transnationaler Politik" in Anlehnung an Akteure und ‚policy impacts' und die zunehmende Betonung einer eigenständigen Handlungsdimension transnationaler Politik (36) – Der Durchbruch? Ein Paradigmenwechsel hin zum Konzept eine entgrenzten und entterritorialen ‚global polity' (43)

2) Politik und Territorialität 51

Vorbemerkungen (51) – Der theoriehistorische Hintergrund (54) – Die neuzeitliche Begründung des politischen Territorialitätsprinzips: Bodin, Hobbes, Pufendorf (58) – Zusammenfassung und Ausblick (73)

II Bedeutungsaspekte nationalstaatlicher Territorialität 75

1) Politische Integration 76

a) Die territorial-nationalstaatliche Fixierung des Integrationsbegriffes 77

b) Drei Typen der Integration 80

2) Territorialität und Souveränität 85

a) Das staatliche Territorium als Souveränitätsgebiet – Souveränität als Gebietsherrschaft 86

b) Das Prinzip der territorialen Souveranität und seine Manifestation im Nationalstaat 89

3) Territorialität, politischer Raum, Grenzen und Grenzfunktionen 92

a) Der politische Raum als begrenztes Territorium des Nationalstaates 93

b) Zur Funktion von Grenzen 98

4) Sicherheitspolitik und die traditionelle Unterscheidung in innere und äußere Sicherheit 105

a) Sicherheit als Ziel des Regierens 106

b) Axiomatische Verschiebungen traditionellen Sicherheitsdenkens 110

5) Zusammenfassung: Kreation des politischen Raumes 115

III Kontinuität und Wandel des Territorialitätsprinzips: Eine Fallstudie zum transnationalen Terrorismus und seinen Organisationsstrukturen 119

1) Transnationaler Terrorismus als Fallstudie 119

a) Bestimmungsmerkmale und Definitionskriterien von Terrorismus 119

b) Transnationale terroristische Vereinigungen als politische Organisationen: „strategic alliances" und die MNC-Metapher 124

c) Transnationaler Terrorismus im Kontext globaler Veränderungen und seine Einordnung durch US-amerikanische Sicherheitsinstitute 129

2) Fallbeispiel und ihre Auswertung 134

a) Schilderung von fünf Fallbeispielen 135

Die VN-Initiative der USA gegen internationalen Terrorismus von 1972 und ihr Scheitern (135) – Der Anschlag in Israel 1972 auf den Flughafen Lod (138) – Die Entführung der Achille Lauro 1985 (139) – Transnationale Vernetzungen der Al Kaida (145) – Das Beispiel der European Union Bank von Antigua (150)

b) Auswertung der Fallbeispiele 152

ba) Die Macht transnationaler Vereinigungen gegenüber dem staatlichen Gewaltmonopol 152

bb) Netzwerkbildungen transnationaler Akteure und die Auflösung nationalstaatlich-territorial integrierter Handlungsräume 159

bc) Der Wandel traditioneller Grenzfunktionen 164

bd) Transnationaler Terrorismus als entterritorialisiertes Sicherheitsrisiko: Die Infragestellung des nationalen Sicherheitsbegriffes und die Entstehung transnationaler Risiken 171

3) Zusammenfassung und Ausblick auf Kapitel IV 177

IV ‚Strukturen' und Logik entterritorialer Politik 179

Vorbemerkungen 179

1) Epistemologische Perspektiven 182

Die Infragestellung kausaler Aussagen und Prognosen bei der Analyse transnationaler Politik (182) – Der ‚Angriff' des Poststrukturalismus in den Internationalen Beziehungen (189)

2) Entterritoriale Handlungs- und Organisationslogiken transnationaler Politik 195

a) Transnationale Machtsphären, Netzwerke und funktionale Differenzierungen 195

Vom Konzept der Souveränität zum Begriff der Macht (195) – Exkurs: Die Anarchismusmetapher (213) – Transnationale Netzwerke und die Konstituierung entterritorialisierter und funktionaler Sphären politischen Handelns (215)

b) Transnationaler ‚Ort' statt Territorialität und Raum 223

c) Asymmetrie und Dezentralisierung transnationaler Konflikte und Konfliktlinien: ‚virtuelle Konmflikte' 238

V Zum Verhältnis von transnationaler und staatlicher Politik 249

Vorbemerkungen 249

1) Die Virtualität transnationaler Politik 250

2) Die Herausforderungen staatlicher Politik 263

a) Die partielle Selbstuberwindung staatlicher Souveranitätspolitik und die Strategie der regionalen Kooperation 267

b) Die Bildung von globalen Netzwerken und Gegennetzwerken 273

Die Bildung von Gegennetzwerken in der U.S.-amerikanischen Anti-Terrorismuspolitik (275) – Internationale Kooperation und Netzwerkbildung im Rahmen der Vereinten Nationen (279) – Eine ungelöste Herausforderung: Zur unterlegenen Funktionalität staatlich gesteuerter gegenüber transnationalen Netzwerken (282)

c) Zur Entterritorialisierung und Globalisierung von Recht 289

Allgemeine Überlegungen (289) – Tendenzen transnationaler Rechtsentwicklungen auf globaler und regionaler Ebene (292)

VI Zusammenfassung 295

Literaturverzeichnis 313

Verzeichnis der Tabellen und Abbildungen

Tabelle 1	Staatliche Sicherheitsaufgaben und ihre Einschränkungen	107
Tabelle 2	Prinzipien nationalstaatlicher Territorialität	118
Tabelle 3	Indikatoren gewandelter Territorialitätsprinzipien: Entterritoriale ‚Strukturen' transnationaler Politik	178
Tabelle 4	Faktoren globaler Veränderungen und ihre Dynamiken	211
Tabelle 5	Merkmale nationalstaatlicher und zwischenstaatlicher sowie transnationaler Politik: vorläufige Resultate	238
Tabelle 6	Merkmale nationalstaatlicher und zwischenstaatlicher sowie transnationaler Politik	248
Tabelle 7	Virtualität als Schlüsselbegriff transnationaler Politik	262
Abbildung 1	Bereiche erweiterter Sicherheitsrisiken	111
Abbildung 2	Bedrohung nationaler Interessen durch erweiterte Sicherheitsrisiken	113
Abbildung 3	Autonomie-Macht-Beziehungen	198
Abbildung 4	Territorialität, Grenzfunktionen und Raumparameter	230

Einleitung

1) Allgemeine Problemstellung

Territorialität und Raum sind zwei der grundlegenden Kategorien[1] sowohl in der Praxis politischen Handelns als auch in der sozialwissenschaftlichen Konzeption von Politik. Sie liegen dem modernen politischen Denken wie selbstverständlich als Bezugsgrößen von Politik, politischem Handeln und politischer Ordnung zugrunde und finden ihre empirische Anschauung und Wirklichkeit in dem europäisch-nordamerikanischen Muster des modernen Nationalstaates. Für die politische Theorie liefern der moderne Nationalstaat, zuvor der neuzeitliche Territorialstaat ferner den Erfahrungshintergrund der den Kategorien der Territorialität und des Raumes zugeordneten Konzepte der politischen Integration, der nationalen Sicherheit, der nationalstaatlichen Souveränität und der Bedeutung und Funktion nationaler Grenzen. Diese Zuordnung bedeutet umgekehrt, dass Territorialität und Räumlichkeit durch die genannten Konzepte konstruiert und konstituiert sind.[2] Diese Zusammenhänge können in der Geschichte des

---

1 Zur Bezeichnung von „Raum" als *Kategorie* im Sinne einer erkenntnistheoretischen und praktischen Ermöglichungsbedingung ‚äußerer Erscheinungen' vgl Kant 1976 [*Kritik der reinen Vernunft*], zu Territorialität und Raum ausführlich in Kapitel I 2 und II
2 Verkürzt ausgedrückt – zur ausführlichen Erörterung die Kapitel I 2 und II , hier insbesondere II 5 – bedeuten diese Wechselverhältnisse, dass *Grenzen* ein bestimmtes Territorium als fest umrissenes Gebiet nach Außen und Innen definieren und dadurch zur erstrangigen Bedingung der Konstruktion von Raum werden, dass *politische Integration* die politischen und gesellschaftlichen Akteure sowie die Institutionen dieses politischen Raumes zu einer handlungsfähigen Einheit nach Innen und Außen zusammenfuhrt, dass das *Konzept der Souveränität* einen solch territorial definierten Raum als Rechtsraum konstituiert und den politischen Akteuren innerhalb und außerhalb dieses Raumes einen bestimmten Status zuweist, sowie schließlich, dass das *Konzept der nationalen Sicherheit* diesen Raum (und seine Burgerinnen und Burger sowie seine Einrichtungen auf dem Territorium dieses Raumes) gegen äußere Bedrohungen schützt All diese Funktionen erfüllt/erfüllte der moderne Nationalstaat – und in Ansatzen bereits der neuzeitliche Territorialstaat – in herrschaftlich-instrumenteller und sozialpsychologischer Weise Im umgekehrten Verhältnis der angesprochenen Wechselbeziehungen zeichnen sich Territorialität und Räumlichkeit, da sie als Kategorien keine eigenständige empirische Realität haben, sondern – mit Kant gesprochen – synthetische Sätze *a priori* sind, nur an Hand der genannten Konzepte ab; d h sie können nur an Hand dieser Konzepte und durch eine Spezifizierung ihrer territorial- und raumgebundenen Konstruktion erarbeitet und bestimmt werden

politischen Denkens und der politischen Theorie mit nachhaltiger Wirkung vom 17. Jahrhundert bis ins 20. Jahrhundert nachverfolgt werden. Sie bilden die Tradition in der sozialwissenschaftlichen Konzeption von Raum und Territorialität.

Seit etwa der Mitte des 20. Jahrhunderts sind jedoch verstärkt Entwicklungen zu beobachten, die die Gültigkeit der Kategorien von Raum und Territorialität zur Beschreibung und Analyse von Politik in Frage stellen. Gemeint sind die Proliferation und steigende Bedeutung von nationalstaatlich ungebundenen, über nationalstaatliche Räume hinweg organisierten und global tätigen Akteuren, die gemeinhin als „transnationale Akteure" bezeichnet werden. Es war die Rede davon, dass transnationale Politik – als das politische Handeln transnationaler Akteure – nicht territorial und räumlich gedacht sowie an Hand der territorial-räumlichen Kategorien und ihrer Konzepte analysiert werden könne. Nachdem diese Debatte in den 1960er Jahren vornehmlich von Raymond Aron (1962), James Rosenau (v.a. 1967) und Karl Kaiser (1969) angestoßen wurde, entwickelte sich die Frage transnationaler Politik zu einem der Schwerpunkte in der Theorie der Internationalen Politik. Diese Debatte (u.a. auch Keohane/Nye 1972; Mansbach/Ferguson/Lampert 1976) flachte gegen Ende der 1970er Jahre etwas ab, hat jedoch jüngst unter dem Vorzeichen der Globalisierung wieder an Resonanz gewonnen.

Seit dem Beginn dieser Debatten stehen zwei Einzelfragen im Mittelpunkt: die Frage nach einem sog. „policy impact" transnationaler Akteure auf die Formulierung staatlicher Politikinhalte; sowie die ‚polity'-orientierte Frage nach der (möglicherweise gewandelten) territorial-räumlichen Struktur von Politik. Die Diskussion dieser beiden Fragen weist seit den 1960er Jahren zwei interne Entwicklungen auf: Zum einen ging es um eine Stärkung der Perspektive auf transnationale Akteure und ihren von staatlicher Politik unabhängigen Status, so z.B. durch die Interdependenztheorie (Keohane/Nye 1977) und die Regimetheorie (u.a. Ruggie 1982; Krasner 1983). Zum anderen wurden, insbesondere seit die Debatten unter dem Stichwort der Globalisierung geführt werden, Konsequenzen transnationaler (globaler) Politik analysiert. Diese werden vornehmlich mit Blick auf den Nationalstaat und die Zukunft nationalstaatlicher und internationaler Ordnung sowie auf den dadurch induzierten Wandel, insbesondere des nationalstaatlichen Souveränitäts- und Demokratiekonzeptes, untersucht.

Die Diskussion dieser Fragen führte zu weit auseinanderliegenden Thesen von einem Niedergang der Nationalstaaten (bereits Herz 1976; auch Rodrik 1997; Guéhenno 1993; Albrow 1998; Dunn 1994; Smith 1995) bis hin zu dessen weiterhin zentraler Bedeutung in der internationalen Politik (u.a. Link 1998; Krasner 1999). Auch wurde die Stärkung nationaler durch transnationale Politik behauptet (so beispielsweise Huntington 1973). Die Frage, wie sich dadurch *für den Nationalstaat* die kategorialen Bestimmungen seiner Territorialität und Räumlichkeit wandeln, fand ebenso Berücksichtigung. Auch werden, was die der Territorialität und Räumlichkeit zugeordneten Konzepte der Souveränität, Integration, nationalen Sicherheit und der nationalstaatlichen Grenzfunktionen betrifft, ebenfalls detaillierte Thesen von deren Wandlungen bis hin zu deren Auflösung vertreten (u.a. MacMillan/Linklater 1995; Biersteker/Weber 1996; M. Anderson 1996; Dittgen 1999; Zürn 1998).

2) Problem- und Fragestellungen der Arbeit

Zielte der Großteil der bisherigen Debatten um transnationale Politik auf den Staat und die internationale Staatenwelt, so geht es in der vorliegenden Studie um die bislang vernachlässigte Frage nach den *Strukturen und Charakteristika transnationaler Politik* selbst. Diese sollen phänomenologisch herausgearbeitet, begrifflich konkretisiert und konzeptionell ausformuliert werden. Das zentrale Merkmal transnationaler Politik wird dabei - zunächst in Anlehnung an die frühen Thesen insbesondere von Aron und Kaiser, in der Entwicklung dieser Thesen dann v.a. auch in Anlehnung an John Gerard Ruggie (1993), Yale Ferguson/Richard Mansbach (u.a. 1996) und James Rosenau (u.a. 1997) - in ihrer *Entterritorialität* vermutet.[3]

---

3 Der Begriff der „Entterritorialität" ist ein Oxymoron und wird hier den, in der Literatur üblichen, Begriffen der „Entterritorialisierung" und der „Entgrenzung" vorgezogen Der Grund hierfür ist sein *begrifflich* in sich widersprüchlicher, zum ‚Begreifen des zu Begreifenden' jedoch *angemessener* Charakter So legt einerseits das Präfix „Ent-" einen *Prozess* des Begriffenen nahe, die Endsilbe „-tät" hingegen einen *Zustand* Dieser scheinbare Widerspruch kann erst im Laufe der Untersuchungen – als Ergebnis derselben – aufgeklärt werden (siehe v a III 3 und IV 1) Angedeutet sei hier jedoch, dass Entterritorialität sowohl einen Prozess als auch – und zwar durch transnationale Politik induziert – einen *Zustand* und eine *Dimension* von Politik beschreibt Letztere sind nur insofern, als sie prozesshaft immer wieder aufs Neue hergestellt, behauptet und generiert werden Weder der Begriff der „Entterritorialisierung", noch der der „Entgrenzung" wird dem gerecht, da sie nur das Prozesshafte erfassen, auch die Bezeichnung „Nichtterritorialität" wurde dem nicht gerecht, da sie nur auf einen Zustand abheben würde Die Begriffe der „Territorialität" und der „Entterritorialität" sind ferner vom vol-

Wie also ist transnationale Politik unter strukturellen Gesichtspunkten zu beschreiben und zu konzeptualisieren und welche Rolle spielen dabei die traditionellen Bestimmungen von politischer Territorialität? Die Beantwortung dieser Frage hat auch Konsequenzen für die zugeordneten Konzepte der Souveränität, der Integration, der Funktionsbestimmungen von Grenzen und der ‚nationalen Sicherheit': Denn da sie gleichsam die Konstruktionsprinzipien des traditionellen politischen Territorialitäts- und Raumprinzips darstellen, verlören auch sie im Zuge der territorial-räumlichen Wandlungen transnationaler Politik ihre Gültigkeit. Sie müssten dann für die Analyse globaler Politik reformuliert bzw. verabschiedet werden. Die Folgefragen lauten deswegen: *Sind die den Kategorien der Territorialität und Räumlichkeit zugeordneten Konzepte der Souveränität, der Integration, der nationalen Sicherheit und der traditionellen Grenzfunktionen für die Analyse transnationaler Politik überhaupt noch geeignet, oder ist während der letzten Jahrzehnte unter dem Begriff der transnationalen Politik eine Dimension von Politik zunehmend wichtiger geworden, für deren Analyse – vermutlich wegen ihres entterritorialen Charakters – neue Konzepte entwickelt werden müssen?*

Wenn sich nachweisen lässt, dass transnationale Politik in der Tat entterritorial und enträumlicht ist, dann muss es zum Ziel dieser Studie werden, neue Konzepte zu diskutieren, die den *entterritorialen* Merkmalen transnationaler Politik analytisch gerecht werden. Dieses Vorhaben schlägt gegenüber dem Großteil der Diskussionen einen anderen Weg ein, insofern es hier *nicht* um die Frage geht, ob, und wenn ja, welchen Veränderungen der Nationalstaat und die internationale Ordnung unterworfen sind. Vielmehr geht es darum, *ob* die traditionellen Kategorien und Konzepte zur Analyse *transnationaler Politik* überhaupt angewendet werden können bzw. was alternativ geeignete Konzepte einer solchen Analyse wären.

---

kerrechtlichen Begriff der „Ex-" bzw der „Extraterritorialitat" (*terra nulla*) zu unterscheiden, insofern es sich bei letzterem um die Bezeichnung der Einrichtung eigenstaatlicher Hoheitsgebiete in ‚fremden' Staaten handelt (z B Botschaften, vgl hierzu u a „extraterritoriality" in *Encyclopœdia Britannica Online* (http://members eb com/bol/topic?idxref=83109 [11 01 2001]), bei ersteren hingegen um die Gebundenheit und Fixiertheit von ‚Staat' und ‚Staatlichkeit' an ein bestimmtes Territorium bzw um territoriale Entbundenheit politischem Handelns Daher meint ‚Territorialität' im Unterschied zu „Territorium" auch nicht eine geographische Einheit, sondern bezieht sich auf das *Prinzip* bzw die *Prinzipien*, die für Politik und politisches Handeln aus der Fixiertheit auf eine geographische Einheit *gefolgert* werden bzw , *vice versa*, nur mittels dieser Fixiertheit formulierbar sind, vgl dazu im Englischen die Verwendung von „territorial principle" (Anderson M 1996) und „territoriality" (u a Ruggie 1993)

Es scheint nötig, diesen neuen Weg einzuschlagen, da im Rahmen transnationaler Politik eine Entwicklung zu beobachten ist, die mit ungleich geringerer Aufmerksamkeit diskutiert wird, wenngleich sie topographisch überhaupt erst die Bedingung für Strukturveränderungen des Nationalstaates und der internationalen Ordnung wäre: Gemeint ist die Entstehung und verstärkte Herausbildung einer, wenngleich interdependenten, so doch unabhängigen, entterritorialen Dimension transnationaler Politik jenseits des Staates und der internationalen Staatenwelt. Das zentrale Merkmal dieser Dimension ist weniger jenes, dass sie, wenngleich auch dies als Konsequenzen transnationaler Politik beobachtet werden kann, zu Veränderungen des nationalstaatlichen Ordnungsmusters führt, als dass sie *neben und parallel* zu den Ordnungsstrukturen nationaler und internationaler Politik besteht. Transnationale Politik weist eigene Strukturmerkmale und spezifische Handlungs- und Organisationslogiken auf.

Traditionelle, an den Staat gebundene Konzepte von Politik und politischer Ordnung müssen somit vor dem Hintergrund transnationaler Politik in ihrer Gültigkeit hinterfragt werden. Im Anschluss daran müssen entsprechende Konzepte und Begriffe für transnationale Politik *jenseits* von Territorialität und Staatlichkeit reflektiert und entwickelt werden. Sehr dezidiert wird dieses Erfordernis von Beate Kohler-Koch formuliert, wenn sie schreibt: „Das eigentliche Defizit nicht nur der politikwissenschaftlichen ... Forschung besteht darin, dass sie über politische Ordnung ... jenseits der vertrauten Ordnungssysteme ‚Staat' und ‚Staatenwelt' nicht nachzudenken vermag, weil die Denkmuster in den Sozialwissenschaften ... in diesen in der Neuzeit geprägten Ordnungsstrukturen der Moderne gefangen sind und ihnen deshalb schon die Begrifflichkeiten fehlen, (Politik) jenseits der Staatlichkeit überhaupt zu konzeptualisieren." (dies./Jachtenfuchs 1996a:30) Diesem Urteil ist zu zustimmen, denn die politikwissenschaftlichen Diskussionen um Strukturen und Strukturkonzepte transnationaler Politik enden zumeist an jenem Punkt, an dem es gälte, positive Bestimmungen vorzunehmen und jene derivative Aussageebene zu überwinden, dass transnationale Politik eben *nicht* nationale oder zwischenstaatliche Politik ist: „Entgrenzung" (Dittgen 1999, Brock/Albert 1995), „Denationalisierung" (Zürn 1998), ‚Auflösung der Staatenwelt' etc. oder gar die Bestimmung transnationaler Politik als ‚politikfrei' (so Beck 1998) sind Metaphern, die transnationale Politik *e negativo* bestimmen. Sie formulieren jedoch keine eigenen Strukturmerkmale und entsprechende Konzepte zur Analyse transnationaler, globaler

Politik.[4] So bestimmt beispielsweise auch James Rosenau die Stellung transnationaler Akteure als ‚sovereign free', merkt dabei jedoch selbstkritisch an, dass die theoretisch-konzeptionelle Herausforderung darin liege, *positiv* bestimmbare Strukturkonzepte über die Stellung transnationaler Akteure zu gewinnen, die den *e negativo*-Charakter bisheriger Bestimmungen überwinden würden (ders. 1998: 59f.).

In diesem Sinne ist die Bemerkung, die meisten bisherigen Bestimmungsversuche seien derivativ, auch keine Kritik, die die Bedeutung der genannten Ansätze schmälern soll. Sie verweist lediglich auf die theoretisch-konzeptionelle Herausforderung, an der die Analyse transnationaler Politik ansetzen muss. Warum dieses Defizit in der theoretischen Bestimmung und Konzeption transnationaler Politik besteht, bedürfte eingehender wissenshistorischer und wissenssoziologischer Studien. Denn historisch neuartig ist transnationale Politik nicht (vgl. dazu u.a. Simmel 1992, Rudolph/Piscatori 1997). Hingegen scheint zunächst nur das feststellbar, was Michael Greven folgendermaßen beschreibt: „Die Sozialwissenschaften, keineswegs die Politikwissenschaft allein, sondern auch und besonders die Soziologie, haben sich zur Bestimmung und Abgrenzung ihres >>Gegenstandes<< seit dem 19. Jahrhundert fast ausnahmslos auf die nationalstaatlichen Grenzen (und den politischen Raum des Nationalstaates) bezogen." (ders. 1998: 250)[5] In der Internationalen Politik hat sich deswegen auch die Rede von einem ‚Paradigma der Territorialität und des Raumes' eingestellt, das die Theorien und Theorieentwicklungen der Sozialwissenschaften durchdringe. Insbesondere werden damit in der Internationalen Politik die nachhaltigen Traditionen geopolitischer und realistischer/neorealistischer Ansätze angesprochen.[6]

Territorialität und Räumlichkeit werden somit als *ordnungstheoretische Konstrukte* in den Sozialwissenschaften und in der Politik erkennbar. Die der Studie zu Grunde liegende Frage nach der Territorialität und Räumlichkeit von

---

4 Vgl dazu ausführlicher unter III 1
5 Aus soziologischer Perspektive vgl dazu Maurizio Bach 2001 147-173
6 Vgl dazu auch Soja 1971, Herz 1976, Giddens 1987, Mellor 1989, Ruggie 1993, Walker 1993, Agnew 1994, ders /Corbridge 1995, Brock/Albert 1995, Taylor P 1995, Ferguson/ Mansbach 1996, Albert 1998, zum Zusammenhang von Territorialität und Raum vgl zunächst Gottmann 1975; zur Bestimmung von Raum als Bezugsgröße von Politik auch Kohler-Koch/ Edler 1998

Politik reflektiert daher auf Imaginationen von politischer Wirklichkeit.[7] Indem diese Vorstellungswelten aufgegriffen und diskutiert werden, wird der konstruktivistische Aspekt der Untersuchung selbst deutlich. Gleichwohl können *empirische* Strukturen transnationalen politischen Handelns und politischer Organisation beobachtet werden. Doch sind diese Strukturen – wenngleich sie auch unter *materiellen* Ermöglichungsbedingungen stehen (dazu v.a. in Kap. III.1.c, III.2.b und V.) – nicht *sui generis* Bestandteil der politischen Wirklichkeit als ‚data bruta', sondern entspringen Denkfiguren, Vorstellungen und Konstruktionen *von* politischer und sozialer Wirklichkeit, die erkenntnis- und handlungsleitend in die politische Wirklichkeit hineinprojiziert werden und in sie hineinwirken.[8] Deswegen werden Territorialität begrifflich als *Prinzip* (*Territorialitätsprinzip*) und die der Territorialität zugeordneten Einzelaspekte der Souveränität, Integration, Grenzfunktionen und ‚nationalen Sicherheit' als *Manifestationen des Territorialitätsprinzips* bezeichnet. Letztere dienen dazu, das Territorialitätsprinzip zu rekonstruieren, da an Hand ihrer selbst im neuzeitlichen und modernen politischen Denken Territorialität und Räumlichkeit *konstruiert* wurden. Sie bezeichnen ferner Prinzipien, für die – sollte sich transnationale Politik als entterritorial erweisen (lassen) – im Zeitalter der Globalisierung äquivalente Konzepte (‚Konstrukte') gefunden werden müssen.

Zusammenfassend ergeben sich die folgenden *Argumentationslinien der vorliegenden Studie*: Transnationalität führt zu der Konstitution einer zusätzlichen und zwar *entterritorialen* Dimension von Politik jenseits des Nationalstaates und der Staatenwelt.[9] Die an den Nationalstaat und die internationale Ordnung gebundenen Kategorien der politischen Territorialität und der Räumlichkeit können deswegen im *Kontext transnationaler Politik* keine Anwendung

---

7 Vgl dazu auch weiter unten in I 2 *Vorbemerkungen.*
8 Vgl dazu bereits in Anmerkung 1 die Bestimmung von Territorialität und Raum als erkenntnistheoretische *und* praktische ‚Ermöglichungsbedingungen' von Politik
9 Folgende Gründe sprechen dafür, das Konzept der „transnationalen Politik" für die Diskussion globaler Politik und global agierender Akteure analytisch den in den deutschsprachigen Debatten verwendeten Begriffen der „Entgrenzung" (so Dittgen 1999, Brock/Albert 1995) und der „Denationalisierung" (so Zurn 1998) vorzuziehen· Allein die analytische Ergiebigkeit des Konzeptes der transnationalen Politik (wohingegen „Entgrenzung" und „Denationalisierung" nur *Folgen* transnationaler Politikprozesse beschreiben und bzgl ihrer Bestimmung des eigenständigen Charakters transnationaler Politik – wie oben angemerkt – derivativ sind), der innerhalb der Theoriediskussionen der Internationalen Politik frühe Zeitpunkt (1969) seiner Formulierung sowie, damit zusammenhängend, seine Initialfunktion für die aktuelle wissenschaftliche Diskussion all dessen, was gemeinhin ‚Globalisierung' genannt wird, sind die für die Wahl entscheidenden Gründe Siehe zur Herleitung und Begründung des Konzeptes der ‚transnationalen Politik' ausführlich Kap I 1

finden. Weiterhin müssen die der Territorialität und Räumlichkeit zugeordneten und an diese gebundenen Konzepte der Souveränität, der Integration, der nationalen Sicherheit und der Grenzfunktionen durch alternative Konzepte ersetzt werden, die dem entterritorialen Charakter transnationaler Politik Rechnung tragen. Dabei müssen sie gleichsam die analytischen Funktionen erfüllen, die die traditionellen Konzepte mit Blick auf nationalstaatlich und zwischenstaatlich territorialgebundene Politik erfüllt haben: Das heißt sie müssen, äquivalent dem Konzept der Souveränität, den *Status der Akteure* bestimmen; sie müssen, äquivalent dem Konzept der Integration, die *Beziehung der Akteure* zueinander bestimmen; sie müssen, äquivalent dem Konzept der nationalen Sicherheit, die Strukturen und die Logik *transnationaler Sicherheitsrisiken* verdeutlichen; und schließlich müssen sie, äquivalent den Bestimmungen traditioneller Grenz- und Raumfunktionen, das *Ereignisfeld und den Handlungsort* der Akteure bestimmen. Zur Analyse und Konzeption transnationaler Politik werden dazu ein entterritorialisierter und asymmetrischer Begriff politischer Macht, ein Konzept aus der funktionalen Gleichzeitigkeit von Differenzierung *und* Integration territorial ungebundener Akteure, das Konzept des ‚Ortes' als Ereignis- und Handlungsfeld transnationaler Politik sowie ein Begriff der ‚virtuellen' Bedrohung diskutiert. *Es geht damit für die Analyse transnationaler Politik um die Herausforderungen einer ‚deterritorialisation of theory'* (so Der Derian 1987).

Der hier enthaltene Hinweis auf postmoderne bzw. poststrukturalistische Ansätze in der Internationalen Politik schränkt deren Bedeutung für die Disziplin gleichsam ein: Denn es gibt – wenngleich strukturelle Veränderungen und Umbrüche sowie daraus entstehend die Notwendigkeit zur Überarbeitung staatsbezogener Konzepte und Theorien zu beobachten sind – gegenwärtig keinen Grund für die Annahme, dass der Nationalstaat und die internationale Staatenwelt von *umfassenden* Auflösungserscheinungen erfasst würden. Denn Auflösungs- und Entgrenzungsphänomenen stehen andererseits neue Nationalismen und Staatenbildungsprozesse gegenüber. Daraus entsteht die Notwendigkeit, das Verhältnis transnationaler Politik zu traditioneller, staatsorientierter Politik zu klären (dazu Kap. V). Es wäre jedoch unsinnig, von einem allgemeinen Anachronismus traditioneller Ansätze und, je in Abhängigkeit von der Perspektive auf Phänomene der Internationalen Politik, von ihrer mangelnden Erklärungskraft zu sprechen und diese durch ein poststrukturalistisches Paradigma ersetzen zu wollen – das es überdies als systematischen Ansatz in der Internationalen Politik, wie auch darüber hinaus, nicht gibt (vgl. dazu u.a. Welsch 1988, von Beyme 1991, Albert 1994).

Jedoch bestimmt die Perspektive den Nutzen von Theorien und Theorieansätzen sowie ihrer erkenntnistheoretischen Positionen. Und da die Perspektive der vorliegenden Studie auf die Analyse transnationaler Politik und von Transnationalität zielt, sind in diesem Zusammenhang Denkfiguren aus der Postmoderne-Diskussion als Denkanstöße und Korrektive traditioneller Vorstellungen fruchtbar. Insbesondere gilt dies für solche Ansätze, die Phänomene der Entterritorialität und. Enträumlichung transnationaler Politik analysieren und beispielsweise Diversifizierungs- und Fragmentierungsprozesse politischer Macht, die Ausdifferenzierung und Anonymisierung von Akteuren, Auflösungserscheinungen von Grenzen als Bezugsgrößen politischen Handelns und politischer Ordnungsstrukturen sowie die Virtualität sicherheitspolitisch relevanter Risikofaktoren beobachten (dazu u.a. Ruggie 1993, Rosenau u.a. 1990, R.B.J. Walker 1993, Shapiro 1992, Der Derian 1988, 1989 sowie vor allem auch „Politische Raumkonzepte in der Postmoderne" [2001]; ausführlich dazu in Kap. IV., v.a. in IV.1.).

3) Methodische Überlegungen

Bei der Durchführung der Untersuchungen bestehen drei methodische Herausforderungen, die miteinander verschränkt sind und sich im Laufe des Untersuchungsprozesses der Reihe nach stellen.

(1) Es sollen Strukturkonzepte transnationaler Politik diskutiert und bestimmt werden, wobei die Strukturen transnationaler Politik zunächst nicht hinreichend bekannt sind. Über diese Strukturen gibt es bislang nur die These, dass sie von den traditionellen Konzepten, die den Vorstellungen von politischer Territorialität und Räumlichkeit verhaftet sind, nicht erfasst werden können. Es stellt sich somit die Frage, wie diese Strukturen empirisch nachgewiesen und in der Folge bestimmt werden können.

(2) Die Strukturen transnationaler Politik können methodisch durch eine *Gegenüberstellung* transnationaler Handlungs- und Organisationsformen mit den traditionellen politischen Strukturen gewonnen werden, denen die territorial gebundenen Konzepte der Souveränität, der Integration, der Grenzfunktionen und der nationalen Sicherheit zu Grunde liegen. Wenn durch diese Gegenüberstellung Abweichungen zwischen Strukturen transnationaler Politik und Strukturen staatlich-territorial gebundener Politik beobachtet werden können, dann kann trans-

nationale Politik als entterritorial bestimmt werden. Um diese Gegenüberstellung durchzuführen, bedarf es jedoch eines Analyserahmens, der bislang nicht zur Verfügung steht. Zwar gibt es in der aktuellen Literatur wichtige Hinweise auf die Entterritorialität transnationaler Politik – meist unter ihrem Teilaspekt der ‚Entgrenzung' –, doch keine *Ausarbeitung* des politischen Territorialitätsprinzips. Um also überhaupt bestimmen zu können, was Entterritorialität bedeutet, muss ein solcher Analyserahmen erarbeitet werden.

(3) Wenn es denn gelingt, entterritoriale Strukturen transnationaler Politik nachzuweisen, dann stellen sich anschließend die Fragen nach den Handlungs- und Organisationslogiken (*Funktionsprinzipien*) transnationaler Politik innerhalb dieser Strukturen. *Mit dem Begriff der ‚Strukturen' sollen hier relativ dauerhafte materielle und regulative Bedingungen erfasst werden, unter denen politisches Handeln stattfindet und die es vorfindet* (zur Erläuterung des Strukturbegriffes v.a. Bourdieu/Wacquant 1992). *‚Handlungslogik' bezeichnet die Prinzipien, denen dieses Handeln entsprechend seinen strukturellen Bedingungen folgt; der Begriff der ‚Organisationslogik' transnationaler Politik bezieht sich folglich auf die im Rahmen der Strukturen transnationaler Politik vorherrschenden Prinzipien, die die beobachtbaren Organisationsformen der Akteure konstituieren und denen sie folgen* (zu den Begriffen der ‚Handlungs'- und ‚Organisationslogik' ebenfalls Bourdieu/Wacquant 1992).

Bevor der Aufbau der vorliegenden Studie erläutert werden kann (Abschnitt 4.), sind die skizzierten drei Problemstellungen methodisch zu lösen; dazu die folgenden Ansätze:

zu 1) Zwar sind die Strukturen transnationaler Politik unbekannt, bekannt hingegen sind die *Handlungs- und Organisationsformen transnationaler Akteure*. Dazu wird in dieser Untersuchung eine Fallstudie zum transnationalen Terrorismus unternommen. Nach dem ‚strategic alliances'-Ansatz und der ‚MNC-Metapher' (u.a. Huntington 1973; Williams, Ph. 1994), die beide aus den Wirtschaftswissenschaften und ihrer Analyse globaler Unternehmensnetzwerke entliehen sind, werden transnationale terroristische Vereinigungen als strategische Akteure begriffen, die die strukturellen Möglichkeiten globalisierter Politik zur effektiven Erreichung ihrer Handlungsziele nutzen und selbst weiter ausbauen.[10] Man bekommt damit ein deutliches Bild davon, *wie* transnationale Akteure über nationale Grenzen hinweg und unabhängig von nationalen Zugehörigkeiten organisiert sind und agieren. Um jedoch nicht in einen Dualismus zwischen akteurs- und strukturorientierten Forschungsansätzen zu geraten (dazu v.a. kritisch Wendt 1987) und um die Erkenntnisse der Fallstudie über transnationale Handlungs- und Organisationsformen für eine Strukturanalyse transnationaler Politik verwenden zu können, bietet es sich an, auf die Soziologie zurückzugreifen und die Theorie des *Relationismus* nach Pierre Bourdieu heranzuziehen.

Nach Bourdieu sind Struktur und Akteur keine voneinander trennbaren und gesonderten Analyseeinheiten, sondern relational und wechselseitig-konstitutiv miteinander verwoben. Akteure sind einerseits in ihren Handlungen von gewissen Strukturen geprägt und von Strukturbedingungen ihres Handlungsfeldes abhängig. Auf der anderen Seite jedoch sind sie an der Schaffung dieser Strukturen und ihrer Veränderung selbst maßgeblich beteiligt. Beides trifft für transnationale Politik zu, wie die Fallstudie und die nachfolgenden Erörterungen zeigen werden.

Nun ist die Einsicht in die wechselseitig konstitutive Bedingtheit von Akteur und Struktur in den modernen Sozialwissenschaften nichts Neues (vgl. dazu u.a. auch Bloor 1976; B. Berger 1981, 1991; Garfinkel 1967; Giddens 1984, 1987). Der Gewinn von Bourdieus Ansatz ist es jedoch, Akteur und Struktur nicht als getrennte und vor allem nicht als in der wissenschaftlichen Analyse *trennbare* Einheiten zu betrachten, sondern aus dem konstitutiven Wechselverhältnis zwischen beiden ein geschlossenes erkenntnistheoretisches und methodisches Konzept zu formulieren, um von den Akteuren und ihren Handlungs- und Organisationsformen auf ihre Handlungsstrukturen zu schließen. Aus diesem Grunde nennt Bourdieu seinen Ansatz auch einen ‚*reflexiven* Relationismus' (ders. v.a. 1977, 1982, 1987, 1989, 1996).[11] Die Fallstudie und ihre Auswertung

---

10 Weitere Begründungen zur Durchführung einer Fallstudie als methodisches Verfahren zur Analyse transnationaler Politik und ihrer Strukturen werden in Kap IV 1 und 2 nachgeliefert Sie waren hier noch unverständlich, da die methodologischen Aspekte ihrer Begründung auf epistemologischen Grundlagen zum Verständnis transnationaler Strukturen selbst aufbauen Um dies weiter plausibel zu machen, ist jedoch erst der Untersuchungs- und Analyseschritt in Kap III, d h die Fallstudie selbst nötig

11 Der Begriff und das Konzept der Reflexivität zwischen Akteuren und Strukturen sind bei Bourdieu nicht im Sinne kausaler oder deterministischer Beziehungen zwischen Akteurshandeln und Strukturbildungen bzw. *vice versa* zu verstehen, sondern im Sinne handlungsveranlassender (kontingenter) und sie begleitender Kontexte (im Falle von Strukturen) bzw als strukturformende, diese ausfüllende und ihnen Sinn verleihende Faktoren (im Falle von Handlungen), vgl dazu auch Bouveresse 1999, Dyke 1999

werden zeigen, dass dieser Rückschluss in dem vorliegenden Fall analytisch ergiebig ist. Als ihr Ergebnis können die entscheidenden Strukturen transnationaler Politik formuliert werden (zur weiteren Erklärung des Ansatzes von Bourdieu und seiner Anwendung vgl. auch Behr 2001).

zu 2) Die Auswertung einer Fallstudie, mithin bereits ihre Konzeption und Präsentation, bedürfen, wie jede empirische Untersuchung, klarer Suchkriterien. Da es hier um entterritoriale Strukturen geht, die durch die Fallstudie aufzeigt werden sollen, müssen diese Suchkriterien auf solche entterritorialen Strukturen hinweisen. Diese Hinweise sind nur zu erhalten, wenn ein Analyseraster verfügbar ist, an dem Entterritorialität erkannt werden kann. Dieses Raster kann aus dem traditionellen Territorialitäts- und Raumprinzip sowie aus ihren zugeordneten Konzepten der Souveränität, der Integration, der nationalen Sicherheit und der Grenzfunktionen ideengeschichtlich und theoretisch rekonstruiert werden.

Prominente Autoren für diese Herleitung sind Jean Bodin, Thomas Hobbes und Samuel von Pufendorf zu den Zeiten der Begründung des neuzeitlich-modernen Territorialstaatsgedankens, sowie für das 20. Jahrhundert Max Weber, Georg Simmel und Rudolf Smend, denen der moderne Nationalstaat und die nationalstaatliche Territorial- und Raumgebundenheit von Politik als Erfahrungshintergrund und Abbild ihrer politischen Theorien zu Grunde lag.

zu 3) Das dritte Problem besteht in der Schlussfolgerung von den erkannten entterritorialen Strukturen transnationaler Politik auf die Logik ihres Handlungsfeldes. Zwar ist diese Folgerungsmöglichkeit ein methodisch gelöstes Verfahren im Rahmen des Ansatzes von Bourdieu. Denn in dem gleichen Sinne, wie mittels der Reflexivität zwischen Akteur und Struktur auf der Grundlage ihres konstitutiven Wechselverhältnisses von akteursspezifischen Handlungs- und Organisationsformen auf die Strukturen ihres Handlungsfeldes gefolgert werden kann, so kann von diesen Strukturen und Bedingungen auf den ‚Habitus' (im Sinne von typischen Handlungsweisen) und seine ihn im Rahmen der gegebenen Strukturbedingungen leitenden Prinzipien gefolgert werden (vgl. v.a. Bohman 1999; Bouveresse 1999; Calhoun/ LiPuma/Postone 1993; Ringer 1990; Behr 2001).[12]

---

12 Vgl dazu auch Bourdieu/Coleman 1998, wo Bourdieu seinen Ansatz des reflexiven Relationismus selbst zur Analyse globaler, transnationaler Politik vorschlagt

Schwierig wird diese Aufgabe alleine dadurch, dass die Theoriediskussionen in der Internationalen Politik – mit wenigen Ausnahmen – diese Folgerungen entweder nicht betreiben oder aber, wie anfangs skizziert, meistens an dem unbefriedigenden Punkt der derivativen Bestimmung transnationaler Strukturen enden. Anleihen aus den Wirtschaftswissenschaften – vor allem in methodischer Hinsicht bei der Analyse transnationaler Netzwerkstrukturen –, der politischen Geographie, der Soziologie und der Philosophie vermögen hingegen erweiterte Einsichten, Konzepte und Begriffe zu vermitteln, die analytisch ergiebig in die politikwissenschaftliche Diskussion integriert werden können.

4) Aufbau der Studie

Im Zentrum der Studie stehen drei Untersuchungsschritte: Kapitel II – IV. Diesen geht ein einführendes Theoriekapitel zum Konzept der transnationalen Politik und seiner Rezeption in den Theorieentwicklungen der Internationalen Politik in den letzten drei Jahrzehnten (I.1.), sowie zum Zusammenhang von Politik und Territorialität an Hand neuzeitlicher Staatstheorien voraus (I.2.). Die Kapitel II bis IV haben den folgenden Aufbau:

- Zunächst wird in Kapitel II das traditionelle, dem Nationalstaat verhaftete Verständnis von Territorialität und Räumlichkeit an Hand moderner politischer Theorien herausgearbeitet. Dieses Kapitel ist eine analytische Fortsetzung und Verdichtung des Zusammenhanges von Territorialität und Politik aus Kapitel I, nun jedoch stärker auf den modernen Nationalstaat als auf den neuzeitlichen Territorialstaat bezogen. Als Ergebnis von Kapitel II lässt sich das Analyseraster zu einer differenzierten Bestimmung von Territorialität und Räumlichkeit sowie ihrer zugeordneten Konzepte formulieren (Souveränität, Integration, nationale Sicherheit und nationalstaatliche Grenzfunktionen). Dieses Raster wird zur Auswertung der Fallstudie verwendet.

- Die Fallbeispiele werden in Kapitel III vorgestellt und ausgewertet. Dadurch können Hinweise auf Veränderungen des Territorialitäts- und Raumprinzips bzw. dessen Überwindung in der transnationalen Politik gewonnen werden. Im Anschluss daran lassen sich Strukturen der Entterritorialität transnationaler Politik formulieren.

- In Kapitel IV wird die These über die Entterritorialität und Raumlosigkeit transnationaler Politik weiter diskutiert und auf die Frage nach der *Logik* des transnationalen Handlungsfeldes hin verdichtet. Hier werden ein entterritorialisierter Begriff politischer Macht, ein Konzept aus der funktionalen Gleichzeitigkeit von Differenzierung *und* Integration, der Begriff des ‚Ortes' als Ereignis- und Handlungsfeld transnationaler Politik sowie ein Begriff der ‚virtuellen' Bedrohung diskutiert und als Ansätze zur Analyse transnationaler Politik vorgeschlagen. Diese Herleitungen und Argumentationen erweitern – vor allem durch die Einbeziehung neuerer Überlegungen aus der Politischen Geographie, der Soziologie und der Philosophie – den aktuellen politikwissenschaftlichen Diskussionsstand über Strukturen und Strukturkonzepte transnationaler Politik. Dabei wird zur Stärkung der Plausibilität der vorgetragenen Überlegungen über die Fallstudie hinaus auf weitere empirische Forschungen, vor allem zum Terrorismus und zu globalen Unternehmensnetzwerken, Bezug genommen.

Im Gesamtblick bewegt sich die Studie damit auf theoretisch-konzeptioneller Ebene. Die Diskussionen handeln über Strukturkonzepte und Funktionsprinzipien transnationaler Politik. Sie beziehen sich auf Idealtypen transnationaler Politik, die die empirische Realität zum Zwecke der Analyse und Veranschaulichung ihres potentiellen Gehaltes theoretisch überhöhen. Dies bedeutet, dass nicht jede transnationale Politik, nicht jedes transnationale Handeln und nicht alle transnationalen Akteure empirisch diesen Prinzipien folgen und sie umsetzen; es heißt aber wohl, dass transnationale Akteure, *Kraft der Anlage und Moglichkeiten* transnationaler Politik, gemäß diesen Prinzipien und Logiken handeln *konnten* – wie dies das Handeln transnationaler Unternehmen, vor allem aber transnationaler terroristischer Vereinigungen exemplarisch verdeutlicht (dazu ausführlich in Kap. III.1.). *Mit anderen Worten*: Es geht um eine begriffliche und konzeptionelle Herausarbeitung der Möglichkeiten und Bedingungen transnationaler Politik. Und das heißt eben im Umkehrschluss nicht, dass transnationale Politik empirisch auch immer unter Ausnutzung dieser Möglichkeiten und im Rahmen dieser Bedingungen tatsächlich stattfindet. Ihre empirisch konkreten Erscheinungsweisen können in Abhängigkeit von Akteursgruppen, ihren Zielen und Strategien, ebenso wie von staatlichen Regulierungs- und Steuerungszugriffen von ihren idealtypischen Bedingungen und Möglichkeiten abweichen. So werden unterschiedliche Akteursgruppen auf je individuelle Weise von den Möglichkeiten transnationaler Organisation Gebrauch machen. Weiterführende Studien könnten hier anschließen und mit den in dieser Studie erarbeiteten idealtypischen Bestimmungen unterschiedliche transnationale Akteursgruppen untersuchen und akteursspezifische Organisations- und Handlungsstrukturen sowie ihre Logiken ausdifferenzieren.

In den Schlussüberlegungen (Kap. V) wird der Versuch unternommen, die Ergebnisse der Studie durch eine Diskussion der praktischen Herausforderungen staatlicher durch transnationale Politik zu konkretisieren. Exemplarisch wird hierzu wieder auf den transnationalen Terrorismus Bezug genommen. An dem Beispiel des Terrorismus werden die widerstreitenden Grundprinzipien staatlichen und transnationalen Handelns als einmal territorialer und zweitens entterritorialer Politik exemplarisch herausgearbeitet. Im Anschluss daran wird nach den zentralen Erfordernissen staatlicher Politik gefragt, um transnationale Politik regulieren und steuern zu können. Mit diesen theoretisch formulierten Erfordernissen wird die Leistungsfähigkeit der Anti-Terror-Politik der USA und der Vereinten Nationen empirisch abgewogen (V.2). Zuvor jedoch wird durch den Begriff der Virtualität die Logik transnationaler Politik spezifiziert. Dadurch lässt sie sich als von konkreten äußeren Strukturbedingungen abhängig bestimmen, wodurch drei Axiome zur staatlichen Kontrolle transnationaler Politik und ihrer Dynamik benannt werden können.

Es sei an dieser Stelle darauf hingewiesen, dass die Ereignisse vom 11. September 2001 nur ansatzweise berücksichtigt wurden. So sarkastisch dies klingen mag, so unterstreichen diese Ereignisse jedoch die Aussagen, die Ergebnisse und die Relevanz der vorliegenden Studie und machten somit keine Neubewertung der bis dahin formulierten Ergebnisse nötig. Dies liegt vor allem daran, dass die Terrorismusforschung und sicherheitspolitische Fachkreise die Organisationsstrukturen und Handlungsweisen des neuen Terrorismus sowie die damit verbundenen Sicherheitsrisiken bereits lange vor den Anschlägen in den USA zutreffend analysiert haben. In ihrer Folge wurden durch erhöhte wissenschaftliche und journalistische Aufmerksamkeit zwar neue Fakten bekannt, jedoch keine *grundlegenden Neuinterpretationen* nötig. Dies gilt hier für die Analyse der Handlungs- und Organisationsstrukturen des transnationalen Terrorismus und seine Einschätzung als sicherheitspolitisches Risiko, nicht jedoch würde dies für die Beurteilung einer veränderten weltpolitischen und ideologischen internationalen Situation gelten. Eine detaillierte Erweiterung der Studie um die Ereignisse der letzten zwei Jahre würde somit keinen grundlegenden *analytischen* Zugewinn unter den Fragestellungen der vorliegenden Studie bedeuten. Ferner mag von geneigten Leserinnen und Lesern berücksichtigt werden, dass die Überlegungen in Kapitel 5.2 zum Verhältnis zwischen transnationaler und staatlicher Politik und die dazu folgenden Betrachtungen zu den Anti-Terrorismusstrategien der Vereinten Nationen und der USA nicht den aktuellen Stand wiedergeben. Sie sind hier als exemplarisch-praxeologische Überlegungen im

Anschluss an die theoretischen Ausarbeitungen zu verstehen. Jedoch hat sich der Autor bemüht, die empirischen Analysen zu gegenwärtigen Anti-Terrorismuspolitiken auf der Grundlage des hier gewonnenen theoretischen Rahmens weiter zu verfolgen (siehe dazu Behr 2004, 2004a und b).

I Analytischer Rahmen

In den zwei Abschnitten des ersten Kapitels werden die analytischen Grundlagen der vorliegenden Studie formuliert. Im ersten Abschnitt I.1. wird das Konzept der *transnationalen Politik* – von seiner Begründung durch Karl Kaiser und die verschiedenen Theoriestränge und -entwicklungen der Internationalen Politik bis hin zum gegenwärtigen Diskussionsstand – für die vorliegende Studie entwickelt. Dabei stehen zwei, seit dem anfänglichen Gebrauch dieses Begriffes ihm immanente Bedeutungen im Mittelpunkt: *einmal* die Perspektive auf transnationale Akteure und ihr Einfluss auf die Gestaltung und Formulierung staatlicher Politikinhalte; *zweitens* die Etablierung transnationaler Politik als Handlungsdimension jenseits nationalstaatlicher und internationalstaatlicher Ordnung. Auf dem zweiten Aspekt liegt hier der Schwerpunkt: Transnationale Politik jenseits nationalstaatlicher und internationalstaatlicher Ordnung erscheint – verglichen mit dem herkömmlichen Territorialitätsprinzip nationalstaatlicher Politik – als *entterritoriale Politik*.

Der in dem Konzept der transnationalen Politik enthaltene Hinweis auf das *Territorialitätsprinzip* verweist auf die Notwendigkeit zu dessen näherer Betrachtung (Abschnitt I.2.). Diese Betrachtung soll mittels einer theoriegeschichtlichen Rekonstruktion unternommen werden. Dabei wird auf drei Theoretiker des modernen Staates zurückgegriffen: Jean Bodin, Thomas Hobbes und Samuel von Pufendorf. Die Untersuchung ihrer Staatstheorien unter der Leitfrage nach der Begründung des Territorialitätsprinzips für den neuzeitlichen Staat ermöglicht die Differenzierung dieses Prinzips in vier Einzelaspekte, die im Laufe der Arbeit zur Analyse national-staatlicher Politik, ebenso wie transnationaler Politik verwendet werden. Diese Manifestation des Territorialitätsprinzips sind das Konzept der politischen Integration, der Zusammenhang von staatlicher Souveränität und Territorialität, der politische Raum und dabei insbesondere die Funktion von Grenzen sowie die sicherheitspolitische Aufgabe staatlicher Politik.

I.1. Transnationale Politik in den Theoriediskussionen der Internationalen Politik

Vorbemerkungen

Der Begriff der transnationalen Politik muss wegen seiner teils unterschiedlichen Bedeutungen in den Debatten der Internationalen Politik, teils wegen Bedeutungsverschiebungen, die er in diesen Debatten durchlaufen hat, näher betrachtet und bestimmt werden. So weisen die Bezeichnungen ‚internationale Beziehungen' und ‚internationale Politik', ebenso wie ‚transnationale Beziehungen' und ‚transnationale Politik' je nach Autor und Ansatz unterschiedliche inhaltliche Füllungen dessen auf, was als ‚Beziehung' bzw. ‚Politik' in jeweiliger Abhängigkeit von den Präpositionen „-inter" und „-trans" definiert wird. Dem Eindruck einer gewissen Beliebigkeit und einer je nach Erkenntnisinteresse ausgerichteten Opportunität kann man sich hierbei nicht entziehen.[1] Der Hauptunterschied dieser Uneinigkeiten scheint in der abweichenden Betrachtung und begrifflichen Erfassung der Anzahl, des Status und der wechselseitigen Einflussnahmen beteiligter staatlicher und nichtstaatlicher Akteure auf ‚policy'-Inhalte zu liegen. Diesen Uneinigkeiten wird hier nur nuancenhafte Bedeutung beigemessen. Die Aufmerksamkeit liegt in erster Linie auf dem Versuch, die Unterschiede herauszuarbeiten, die zwischen den Präpositionen „-inter" und „-trans" gemacht werden.[2]

---

1 Vgl dazu bspw Risse-Kappen (ders 1995), der den Begriff der ‚transnationalen Beziehungen' in Anlehnung an Kaiser (ders 1969) bestimmt, doch scheinbar ungeachtet der Tatsache, dass Kaiser selbst von ‚transnationaler *Politik*' spricht
2 Im folgenden wird an den entsprechenden Stellen - mit Ausnahme von Zitaten - immer von ‚transnationaler *Politik*' die Rede sein Dies erscheint als der weitere und umfassendere Begriff gegenuber dem der ‚Beziehung', impliziert letzterer doch konkrete Beziehungen und zielgerichtete Handlungen im internationalen System zwischen zwei oder mehreren konkreten Akteuren, wohingegen der Begriff der ‚Politik' hier mehr das allgemeine Geschehen im internationalen/transnationalen Kontext bezeichnet, das das Attribut *politisch* verdient, da es um offentlich ausgetragene und strategisch verfolgte Ordnungs-, Macht- und Einflussfragen geht In diesem definitorischen Sinne ist die Bedeutung auch bei Kaiser zu verstehen, vgl dazu auch Lauth/Zimmerling 1994 143ff

Grundlegung der Debatte

Die Beobachtung einer stetig wachsenden Bedeutung von politischen Prozessen, die nicht mehr eindeutig dem Bereich zwischenstaatlicher Beziehungen im Sinne des Modells der „inter-nationalen Politik" zuzuordnen seien, die das Primat der Außenpolitik politisch wie politikwissenschaftlich in Frage stellen würden und die es damit erforderlich machten, den Blick neu auf das Verhältnis von Innen- und Außenpolitik zu werfen, nahm Kaiser bereits 1969 zum Anlass, die Thematik „transnationaler Politik" aufzuwerfen. Sein auch international vielbeachteter Aufsatz mit dem gleichnamigen Titel kann als Auslöser der Debatten um transnationale Politik bezeichnet werden. Es heißt hier:

„Der Begriff der Internationalen Politik wird von der Wirklichkeit immer mehr in Frage gestellt Im internationalen Geschehen werden jene Prozesse standig gewichtiger, die sich nicht mehr eindeutig einem zwischenstaatlichen Milieu im Sinne des Modells der inter-nationalen Politik zuordnen lassen Der Begriff der Internationalen Politik hat, wenn uberhaupt, nur dann Gultigkeit, wenn er als Idealtypus im Sinne Max Webers verstanden wird, denn er beschreibt nicht die Wirklichkeit Er impliziert zweierlei einmal, dass es sich um Politik handelt, deren Aktionsbereich im Zwischenraum der Nationalstaaten liegt (*inter* nationes); zum andern, dass deren Akteure Nationalstaaten sind (inter *nationes* .) Angesichts der weitgehenden Verflechtungen von nationalem und internationalem System sind viele Theoreme und Konzepte der Theorie der internationalen Beziehungen und der Regierungssysteme kaum noch anwendbar" (Kaiser 1969 80)

Vor diesem Hintergrund der Veränderungen des inter-nationalen Systems führt Kaiser den Begriff der „transnationalen Politik" ein. Wie er weiter betont, würden den herkömmlichen Theorien „logisch zugeordnete Modelle, vor allem das der Souveränität, oder nachgeordnete Theoreme wie etwa die Lehre von der Gewaltenteilung ... ebenfalls in Frage gestellt sein." (ders. 1969:80) Damit eröffnet Kaiser eine Perspektive, die den Diskussionen um transnationale Politik seit jeher innewohnt, jedoch erst seit jüngster Zeit explizit thematisiert und in den Mittelpunkt gerückt wurde: Es geht hierbei, unter Nachordnung der Frage nach den Akteuren, um die *Dimension* transnationaler Politik, die bei Kaiser – wenn auch nur indirekt – wie folgt angesprochen wird:

„Die Politikwissenschaft hat sich in ihrer Forschung und bei der Entwicklung ihres Apparates von Begriffen und Theorien so verhalten, als ob es tatsachlich eine *inter*-nationale Politik gäbe, d h eine Politik nur im Raum zwischen den einzelnen Einheiten Eine der Folgen hiervon ist gewesen, dass bei der Analyse der internationalen Politik die Erforschung und Erklärung der Vorgänge *innerhalb* der nationalstaatlichen Einheiten und *zwischen* diesen Einheiten für lange Zeit unabhangig voneinander vorgegangen sind" (ders 1969 81)

Indem Kaiser ausdrücklich die Beziehungsvarianten des ‚inter' und ‚trans' thematisiert, spricht er die unterschiedlichen Ebenen grenzüberschreitender internationaler Politik an und führt diese in die Diskussionen ein. In der Folgezeit sollte in den Theorien der Internationalen Politik der Schwerpunkt dennoch auf der Analyse von Akteuren und Akteursbeziehungen liegen und die Betrachtung der Strukturen transnationaler Politik als eigenständigem Handlungsbereich eine untergeordnete Rolle spielen. Im deutschsprachigen Raum stellt Reinhard Meyers eine Ausnahme dar, der die Dimension transnationaler Politik in den 1980er Jahren noch deutlicher hervorhebt als Kaiser einige Jahre zuvor. Für ihn ergibt sich ‚transnationale Politik' daraus, dass „unter den Bedingungen politisch, wirtschaftlich, gesellschaftlich und ökologisch vermittelnder weltpolitischer Interdependenz nichtstaatliche, gesellschaftliche Gruppen- und Einzelakteure gegenüber staatlichen Entscheidungsträgern ein mehr oder minder hohes Maß an Autonomie gewinnen. Dies eröffnet ihnen im Hinblick auf die Beziehungen zu Regierungen anderer Staaten ... eigenverantwortlich nutzbare, das ... staatliche Vertretungsmonopol gleichsam unterlaufende oder schlicht ignorierende *Handlungsspielräume*." (Meyers 1985:1037; Herv. v. Verf.)

Transnationale Politik, so lässt sich aus Kaisers und Meyers Konzepten folgern, beruht in jedem Fall auf nichtstaatlichen Beziehungen, Interdependenzen und Vernetzungen. Raymond Aron hat mit Blick darauf schon den in den nachfolgenden Diskussionen nahezu untergegangen und erst in den letzten Jahren wieder aktivierten Begriff der ‚transnationalen Gesellschaft' geprägt. Er schreibt:

„Die transnationale Gesellschaft manifestiert sich im Handelsaustausch, in der Ein- und Auswanderung, den gemeinsamen Glaubenssatzen, den Organisationen, die uber Grenzen hinausreichen, und schließlich den Zeremonien und Wettbewerben, die den Mitgliedern aller dieser Einheiten [d h. Staaten, H B] offen stehen Die transnationale Gesellschaft ist umso lebendiger, je größer die Freiheit des Handelstausches, der Ein- und Auswanderung oder der Kommunikation und je großer die gemeinsamen Glaubenssatze und je zahlreicher die nicht-nationalen Organisationen sind" (Aron 1962 113)

Damit hat Aron die bis heute gültigen Grundbedingungen transnationaler Politik formuliert, ohne jedoch daraus das Spannungsverhältnis abgeleitet zu haben, das sich zwischen der Existenz transnationaler Gesellschaften einerseits und den Nationalstaaten und ihren Souveränitätsansprüchen andererseits ergibt; jenes Spannungsverhältnis, das Kaiser, expliziter noch Meyers ansprachen, und das Stanley Hoffmann wohl als erster, zwar nicht begrifflich, jedoch von der Sache her in einem Aufsatz 1960 hervorgehoben hat. Das Spannungsverhältnis bestehe aus Kräften, die „die einzelnen Einheiten [= Akteure] durchdringen oder gleichzeitig in mehreren von ihnen wirken ... Je zahlreicher diese Kräfte sind, um so mehr sind die Einheiten sozusagen in einem transnationalen Netz gefangen." ‚Internationales System' bedeutet demzufolge bei Hoffmann ein Muster von Beziehungen zwischen Grundeinheiten der Weltpolitik, das durch die Reichweite der von diesen Einheiten verfolgten Ziele, durch die gemeinsam erbrachten Leistungen sowie durch die angewandten Mittel zur Erreichung dieser Ziele gekennzeichnet ist (Hoffmann 1960:207).

Es lassen sich aus diesen frühen Schriften zum Konzept transnationaler Politik zwei Kennzeichen festhalten, die die Diskussionen bis heute inhaltlich und konzeptionell strukturieren:

1) Transnationale Politik ‚verlangt' immer die Partizipation mindestens eines nichtstaatlichen Akteurs bzw. die Existenz und das Handeln von Seiten transnationaler Gesellschaften und ihrer Akteure. Dabei wird transnationale Politik gelegentlich auch als Untermenge der internationalen Politik aufgefasst (u.a. Bühl 1978), wobei das spezifische Kennzeichen das Grenzen überschreitende, Grenzen durchschreitende, oder auch: ‚entgrenzte' – entgrenzt im Sinne der Berücksichtigung nationalstaatlicher Grenzen – Handeln der Akteure sei. Diese Unterordnung ist jedoch – wie später noch ausführlicher zu sehen sein wird – nicht zutreffend. Denn Transnationalität führt, so eine zentrale, im Laufe der Debatten zunehmend hervorgehobene und in der vorliegenden Studie aufgegriffene Vermutung, zu einer von der internationalen Politik strukturell zu unterscheidenden politischen Handlungsebene. Ferner erweitert sie, insbesondere gegenüber realistischen Ansätzen, den Akteursbegriff in der internationalen Politik, indem sie nicht primär auf staatliche Akteure eingeht, sondern ausdrücklich auch nicht-staatliche Akteure und ihre gestiegene Bedeutung in der Weltpolitik berücksichtigt.

2) Dem dergestalt verstandenen ‚entgrenzten' Handeln wird ein Spannungsverhältnis unterstellt, wodurch *autonome Handlungsspielräume* entstünden, die jenseits nationaler und internationaler Institutionen, Regelwerke und Regelkom-

petenzen konstituiert werden. Dadurch würden staatliche Autonomien beeinflusst und staatliche Souveränitätsansprüche beeinträchtigt.³

Begriffsverschiebungen zwischen „-inter" und „transnationaler Politik" in Anlehnung an Akteure und ‚policy impact' und die zunehmende Betonung einer eigenständigen Handlungsdimension transnationaler Politik

Der Begriff der Transnationalität bzw. der transnationalen Politik wurde in den Folgediskussionen zunehmend weniger mit Blick auf Akteure, im Sinne der Differenzierung nach NGOs, INGOs, MNCs verstanden, und damit mehr und mehr zur Kennzeichnung jener Dimension politischen Handelns benutzt, die sich jenseits nationaler Souveränität sowie internationaler Institutionen und Regelwerke etabliert. Zwar war diese Beobachtung im Ansatz immer schon vorhanden, doch wurde sie unter dem Einfluss realistischer, neorealistischer und institutionalistischer Ansätze zumeist nur mit Blick auf den ‚policy impact' nichtstaatlicher Akteure auf staatliche Institutionen und staatliche Entscheidungen beschrieben, nicht jedoch als eigenständige Analyseebene behandelt.

Dazu beispielhaft die staatsorientierte Kritik von Thomas Risse-Kappen an dem Ansatz transnationaler Beziehungen von Robert O. Keohane und Joseph S. Nye aus dem Jahre 1972: „(Their) concept of transnational relations was ill defined. It encompassed everything in world politics except state-to-state-

---

3 Dazu merkt Risse-Kappen an "It should be made a difference whether transnational coalitions act in heavily institutionalized environment as the EU, or in a milieu unregulated by international agreements " (ders. 1995 30) Die Möglichkeit der Konstituierung einer eigenständigen politischen Dimension wird demzufolge in stark verregelten internationalen Kontexten als schwieriger angesehen Stephan Krasner fügt dem indirekt hinzu "(Transnational) actors can only exist in a system in which there are mutually multiple centers of political authority " (Krasner 1995 257f) Damit wird die Dezentralisierung politischer Herrschaftsstrukturen sogar zur Bedingung von Transnationalität erklärt Ferner entsteht an diesem Punkt eine interessante Fragestellung, die hier nur angesprochen und nicht weiter verfolgt werden soll Denn, hatte Krasner recht, so stunde Transnationalität doch unter dem paradoxen Aspekt, dass dezentrale Herrschaftsstrukturen, mithin ein wesentliches Kennzeichen von Demokratie, einerseits als Bedingung von Transnationalität fungieren wurden, andererseits aber Transnationalität die demokratischen Bedingungsgrundlagen ihrer selbst unterlaufen wurde Schließlich sind die Freiheit der Grundung sowie die Pluralität von Handlungsmoglichkeiten transnationaler Akteure (NGOs, INGOs, MNCs) und transnationaler Gesellschaft überhaupt erst durch die demokratische Konstitution jeweiliger Staaten moglich Globalisierung und Transnationalität wurden dadurch ihre eigenen demokratischen Bedingungsgrundlagen gefährden (vgl dazu beispielhaft die Überlegungen in Bernstein/Berger 1998)

relations. But transnational capital flows, international trade, foreign media broadcast, the transnational diffusion of values, coalitions of peace movements, transgovernmental alliances of state bureaucrats, INGOs, and MNCs are quite different phenomena. To study the policy impact of transnational relations becomes virtually impossible if the concept is used in such a broad way." (Risse-Kappen 1995:7f.) Hier wird deutlich, wie der Versuch, das Konzept der Transnationalität von seiner Bestimmung mittels der Einflussnahmen transnationaler Akteure auf staatliche Politik zu loszulösen (so Keohane/Nye auch 1977) sowie vor allem die *gesellschaftliche* Bedeutung internationaler Beziehungen verstärkt in den Mittelpunkt der Betrachtungen zu rücken, aus neorealistischer Perspektive an staatliche Politik (mittels der Betonung der ‚policy impacts of transnational relations') zurückgebunden wird. Unter neorealistischer Perspektive wird damit Transnationalität weniger als eigener Bereich politischen Handelns, denn akteursspezifisch mit auf Einflussnahmen transnationaler Akteure auf nationalstaatliche Politik verstanden (so auch Skocpol/Evans/Rueschemeyer 1985).

Demgegenüber ist es interessant, sich die weniger staats- und mehr gesellschaftsorientierte Bestimmung von ‚Weltpolitik' nach Keohane/Nye weiter zu vergegenwärtigen. Danach ist Weltpolitik (‚world politics') nichts anderes ist als alle politischen Handlungen zwischen den signifikanten Akteuren im Weltsystem. Ein signifikanter Akteur ist, vom wissenschaftlichen Beobachter aus gesehen, jede Person oder Organisation, die über ins Gewicht fallende Mittel verfügt, um sich aktiv an politischen Aktionen über die Staatsgrenzen hinweg zu beteiligen. Im Anschluss daran ergibt sich ein verstärkt dimensions-orientiertes Verständnis von transnationaler Politik im Sinne jener Kontakte, Koalitionen und Interaktionen, die sich dadurch kennzeichnen, dass sie einen Handlungsspielraum jenseits der Nationalstaaten eröffnen, der durch die zentralen außenpolitischen Organe der Staatsregierungen nicht (immer) kontrolliert werden kann (Keohane/ Nye 1972).[4] Damit ist seit den 1960er Jahren eine Entwicklung mit wechselnden Akteursperspektiven zwischen Staatsorientiertheit (‚state-centered'), Gesellschaftsorientierung (‚society-oriented') und der Betrachtung der Beziehung beider Bereiche zueinander beobachtbar (vgl. auch Maghroori/Romberg 1982).

---

4   In diesem Sinne kommt der Ansatz von Keohane/Nye aus dem Jahre 1972 dem Konzept der transnationalen Politik in dem hier verwendeten Sinne wohl am nächsten, insbesondere was die Thematisierung der *Dimension* transnationaler Politik betrifft. Allein dieser Charakter wird von Keohane/Nye stärker als in dem Konzept der transnationalen Politik auf *gesellschaftliche* und weniger auf politische Handlungsbereiche bezogen, worin dann doch der entscheidende Unterschied liegt, vgl. auch dies. 1974

Ein weiterer theoretischer Versuch, die Phänomene zunehmender internationaler Kooperation staatlicher wie auch nichtstaatlicher Akteure zu analysieren, war die ‚Regimetheorie' (u.a. Ruggie 1975, 1982; Krasner 1983). Indem unter dem Begriff des internationalen Regimes „sets of implicit or explicit principles, norms, rules, and decisionmaking procedures around which actors' expectations converge in a given area of international relation" (so Krasner 1983: 2) verstanden werden, wird mit diesem Ansatz ausdrücklich auf die Dimension von Politik angespielt. Dies wird am deutlichsten bei Donald J. Puchala und Raymond Hopkins, die betonen, dass jedes politische System – seien es die Vereinten Nationen, die USA, New York City oder auch die American Political Science Association – ein diesem System entsprechendes Regime habe, in das die konkreten Handlungen und Handlungsinhalte ordnungs- politisch eingebettet seien (vgl. dies. 1983:62).

Nach diesem weiten und wegen seiner Offenheit auch vielfach kritisierten Regimebegriff sind also nicht die UN, die APSA oder New York City selbst ein Regime; jedoch korrespondiert ihnen jeweils ein Regime, d.h. ein normativer Ordnungsrahmen aus gemeinsamen Wertvorstellungen, Prinzipien und Regeln. Krasner spricht diesbezüglich auch von ‚social environment' (ders. 1983), Oran Young von „forms of operative social conventions" (ders. 1983:94). All diese Bestimmungen betonen, neben den normativen Ordnungsinhalten in der Internationalen Politik, den *polity*-Charakter politischen Handelns *jenseits nationaler und internationaler Institutionen und Regelwerke* (vgl. dazu auch Zürn 1998:165ff.). In diesem Sinne hebt Young auch hervor: „International regimes are those pertaining to activities of interest to members of the international system. For the most part, these are activities taking place entirely outside the jurisdictional boundaries of sovereign states." (ders. 1983:93)

Die Regimedebatte kann somit als Fortsetzung der Interdependenztheorie und als Reflex auf die seit ca. Mitte der 1960er Jahre bestehende doppelte Perspektive auf einmal den ‚policy impact' transnationaler Akteure und zweitens die ‚polity'-Ebene transnationaler Politik angesehen werden (vgl. bereits hierzu die gelegentliche Rede von ‚governance' – u.a. Puchala/Hopkins 1983 – im Gegensatz zu ‚government'[5]). Allerdings liegt die Aufmerksamkeit in der Re-

---

5 Entsprechend einer spateren, doch hier bereits angedachten Bestimmung, bedeutet ‚governance' nicht wie ‚government' das politische Handeln von Regierungen und staatlichen Institu-

gimedebatte letztlich doch weniger auf der politischen Dimension als abermals auf den Akteuren, da souveränen Staaten bei der Bildung von Regimen eine besondere Bedeutung zugesprochen wird. Denn – so die übereinstimmende Auffassung – die Normen und Prinzipien, die die Regime im Kern kennzeichnen, ebenso wie die Entscheidungsprozeduren und Regeln, nach denen innerhalb internationaler Regime gehandelt wird, würden in erster Linie staatlicherseits geprägt. Diese Annahme gilt selbst dann, wenn über die Akteure, die innerhalb internationaler Regime handeln, wiederum geteilte Auffassungen vorherrschen. So betont Krasner mehr das staatliche Handeln,[6] Puchala und Raymond Hopkins hingegen mehr das Handeln internationaler Eliten und transnationaler sowie ‚subnationaler' privater Organisationen; Young wiederum unterscheidet zwischen den Mitgliedern internationaler Regime (‚sovereign states') und den Hauptakteuren in dem von internationalen Regimen gesteckten Ordnungsrahmen (‚private entities'); Beate Kohler-Koch hingegen führt die Entstehung von Regimen auf politische Herausforderungen zurück, die nationale Politik von der Betroffenheit sowie von der Regelbarkeit her überfordern würde (Umweltpolitik, ökonomische Vernetzungen, internationaler Kapitalverkehr etc.) und fragt in Anlehnung daran nach einem Regierungsbegriff, der diese Problembereiche zu fassen bekommt: „Sie [diese Regime] entspringen der Einschätzung, dass immer mehr Probleme von globalem Zuschnitt sind, ihre Bearbeitung immer dringlicher wird und dies mit Aussicht auf Erfolg nur auf internationaler Ebene durch abgestimmte Politik oder gar gemeinschaftliche politische Anstrengungen geschehen kann." (dies 1993:110)

Die Weiterentwicklung der Perspektive auf transnationales politisches Handeln jenseits von Staatlichkeit und zwischenstaatlichen Ordnungen durch die verschiedenen Ansätze zur Regimetheorie ist klar zu erkennen. Ebenso deutlich ist aber die in den Debatten in den 1980er und zu Beginn der 1990er Jahre immer noch starke Akteursorientiertheit und vor allem die vornehmlich staatsorientierte Perspektive. Danach werden internationale Regime als *Epiphanomene*

---

tionen, sondern es umfasst „any actors who resort to command mechanisms to make demands, frame goals, issue directives, and pursue politics", so Rosenau 1997 145.
6 Vgl diesbezüglich auch die jüngste Monographie von Krasner über Souveränität (ders 1999), in der ausschließlich staatliche Akteure und zwischenstaatliche Beziehungen eine Rolle spielen, transnationale Politik und die Einflüsse transnationaler Akteure auf die Konzeption und Realität staatlicher Souveränität nahezu bedeutungslos erscheinen, fast so, als ginge es Krasner mittlerweile hier um eine Restauration realistischer bzw neorealistischer Perspektiven auf die Internationalen Beziehungen

begriffen, die einzelne Staaten, insbesondere Hegemonialmächte und ihre politischen und wirtschaftlichen Eliten, initiieren, um in Folge der zunehmenden Autonomie nichtstaatlicher globaler Akteure ihre Souveränität und politische Steuerungsfähigkeit nicht zu verlieren. Grenzüberschreitende Problembereiche sollen dadurch politisch effektiv gestaltet werden können. In beiden Fällen würde es darum gehen, eine internationale Regelungsmacht durch Regime zu konstituieren. Die wissenschaftliche Perspektive zielt also vornehmlich auf die Frage nach der Konstitution internationaler Regime, die zu dem Zweck der staatlichen Bestandserhaltung begründet würden. Der politische Raum selbst bzw. die Frage nach dem *polity*-Charakter politischen Handelns jenseits des Nationalstaates, seiner Strukturmerkmale und Logik rücken in den verschiedenen Ansätzen der Regimetheorie somit noch nicht in den Mittelpunkt der politikwissenschaftlichen Aufmerksamkeit.

Haftete den bisherigen Ansätzen als Bestimmungsmerkmal von Transnationalität primär der Aspekt der Grenzüberschreitung politischen Handelns unter Beteiligung mindestens eines nichtstaatlichen Akteurs an, so hat sich in jüngster Zeit die Perspektive stärker in Richtung der Bestimmung von Transnationalität als Raum politischen Handelns verlagert. Die Grenzüberschreitung nichtstaatlicher Akteure allein wird nicht mehr als ausreichendes Kriterium der Bestimmung und Erfassung von Transnationalität erachtet. Es wird verstärkt danach gefragt, ob und inwieweit sich durch ihre Grenzüberschreitung autonome, von einzelstaatlich und/oder international institutionalisierten Regelwerken nicht mehr erfassbare Handlungsspielräume konstituieren. Die Frage nach den Akteuren und ihren wechselseitigen Einflussnahmen wird somit nicht mehr zur theoretischen Leitfrage, sondern zu der untergeordneten empirischen Frage danach, *welche* Akteure jene Handlungsspielräume konstituieren und nutzen. *Dass* von deren Seite akteursspezifische Einflüsse auf staatliche Institutionen ausgehen, ist ebenso wie in herkömmlichen Ansätzen transnationaler Politik höchst bedeutsam, doch eben nicht eigens um der Akteure willen („Staat' und/oder ‚Gesellschaft' und/oder beide), sondern ausschließlich, um im Rück-schluss von deren Handeln ihre Handlungsspielräume analysieren zu können. Im Sinne von Maghroori/Rombergs Begriff einer „International Relations' Third Debate" (dies. 1982), die durch die Interdependenz- und Regimetheoretiker nach dem Idealismus und dem Realismus/Neorealismus eingeläutet worden sei und ferner durch die Debatte zwischen Neoliberalismus und Neorealismus eine vierte Stufe erfahren hat, könnte man von einer mittlerweile eingetretenen „International

Relations' *Fifth* Debate" sprechen, die die bisher schulbildenden Ansätze um Globalisierungstheorien und zunehmend qualitativ-interpretative Ansätze erweitert (dazu auch Viotti/ Kauppi 1999; Schaber/Ulbert 1994).

Die Veränderungen der Perspektive auf transnationale Politik können auch als Wechsel von der ‚policy'- und ‚politics'-Ebene zur ‚polity'-Ebene beschrieben werden, wodurch mehr und mehr die formelle wie informelle Dimension transnationaler Politik Beachtung findet (u.a. John Ruggie, der 1993 von einer ‚World Polity' spricht). Begrifflich drückt sich dies an der neueren Verwendung von Begriffen wie ‚globale *Ordnung*' (‚global *order*') und ‚global *governance*' (anstatt ‚government') aus. So beschreibt David Held sein Vorhaben in *Democracy and the Global Order* als eine Betrachtung von Berührungspunkten (‚external disjunctures') zwischen nationalstaatlicher Souveränität und den Einflüssen (‚constraints') transnationaler Akteure und bezieht sich dabei auf das Konfliktpotential zwischen den Handlungen transnationaler Akteure und staatlicher Politik und weniger auf die Einflüsse selbst. Konsequenterweise schließt sich dieser Perspektive die Frage nach der Transformation von Politik (bei ihm im besonderen demokratischer Politik) im Sinne der Konstituierung eines eigenen Handlungsraumes transnationaler Politik an. Im weiteren unterscheidet Held zwischen ‚scopes' und ‚domains' als den zwei Modi der Beziehungen transnationaler Akteure zu staatlicher Politik: „By ‚scope' is meant the level or intensity of constraints on state representatives and personnel, constraints which disrupt the possibility of the translation of national policy preferences into effective policy outcomes. ‚Domains' refers to the *policy spaces .... over which* such constraints operate." (Held 1995:100; Herv. v. Verf.)

Durch die analytische Schwerpunktsetzung auf die Bereiche, in denen transnationale Politikinhalte formuliert und produziert werden und von der aus Einflussnahmen auf staatliche Politik überhaupt erst ausgeübt werden können, wird gleichsam die staatliche Souveränitätsproblematik zum zentralen Thema. Dabei wird Souveränität, im Gegensatz zur Autonomie, als *Ermachtigung* des Staates *zur* Autonomie über sein eigenes Territorium verstanden, wohingegen Autonomie die tatsächliche Macht der Umsetzung politischer Inhalte (‚policy goals', so Held) bedeutet. Damit ist Souveränität eine *Funktion* staatlicher Autonomie und staatliche Autonomie ist wiederum eine Bedingung von Souveränität. Indem transnationale Akteure auf staatliche Politikinhalte unmittelbar Einfluss nehmen, wird in erster Linie staatliche Autonomie eingeschränkt; erst in zweiter Instanz wird damit auch staatliche Souveränität beeinträchtigt. Dazu müssen sich die Einflussnahmen von punktuellen und ‚spontanen' Aktionen transnationaler Akteure hin zu einer eigenständigen Handlungsebene mit einem gewissen Grad der Institutionalisierung etabliert haben, so dass erst die Nachhaltigkeit von Autonomieeinschränkungen staatliche Souveränität in Frage stellen kann. Die Thematisierung der Souveränitätsproblematik und die Betrachtung und Analyse transnationaler Politik gehen somit Hand in Hand (vgl. in diesem Sinne auch Zürn 1998, Beck 1998; hier v.a. Kapitel III.2.b. und IV.2.a.).

Nun wurde die Debatte um ‚transnationale Politik' auch unter dem Titel *Die anachronistische Souveränität* mitbegründet (Czempiel 1969). Tatsächlich aber spielte hier der Begriff der Souveränität nur eine untergeordnete Rolle. Vielmehr ging es im Sinne der Akteursorientiertheit der frühen Diskussionen um das Verhältnis von Innen- und Außenpolitik unter den Leitfragen der Einflüsse nichtstaatlicher Akteure auf staatliche Politik sowie der faktischen Beeinflussung außenpolitischer Entscheidungen durch innenpolitische und transnationale Akteure (u.a. Faupel 1970). Es ging also um den ‚policy impact' und, gemäß der Differenzierung zwischen Souveränität und Autonomie, im eigentlichen Sinne um Autonomieeinschränkungen (vgl. zur weiteren Differenzierung zwischen Autonomie und Souveränität in IV.2). Wenngleich nun – wie anfangs erwähnt – bereits seit den frühen Diskussionen die Dimension transnationaler Politik jenseits nationaler und internationaler Ordnungen und Institutionen immer mitangesprochen wurde, so schwang sie doch immer nur *mit*. Explizit ins Zentrum wird sie erst jüngst aus Gründen zunehmend globaler Politikprozesse und sich verfestigender transnationaler Handlungsspielräume gerückt.

So hat sich mittlerweile ein Begriffsverständnis von Transnationalität durchgesetzt, das stärker als zuvor die Regelungsautonomie und die Selbstregulierung transnationaler Akteure sowie die daraufhin entstehenden Souveränitäts- bzw. Autonomieeinbußen staatlicher und internationaler Institutionen betont. Diese Entwicklung wird als das wesentliche Kennzeichen von Globalisierung betrachtet. ‚Globalisierung' und ‚Transnationalität' laufen somit gemäß dem aktuellen Begriffsverständnis parallel. Dabei ist jedoch vor der Tendenz einer ‚Hyper Globalization' zu warnen (kritisch Held 1995, 1998), die das Ende des Nationalstaates und nationaler Souveränität proklamiert. Vielmehr wird nationale und internationale Politik durch transnationale Akteure erweitert und um eine zusätzliche Ebene ergänzt.

Die zunehmend verstärkte Betonung der Autonomie und Selbstregulierung transnationaler Akteure jenseits nationalstaatlicher und internationalstaatlicher Regelwerke und Ordnungsmuster müssen vornehmlich als Reaktion auf politische und ökonomische Globalisierungsprozesse in der letzten Dekade verstanden werden. Dadurch erscheint die Verlagerung der Begriffsbestimmung transnationaler Politik auf das analytische Primat ihrer autonomen Handlungsspielräume und deren Strukturmerkmale auch als eine theoretisch-methodische Konsequenz. Vor allem James Rosenau versucht die Neukonzeption des politischen Raumes in seinem Werk *Along the domestic foreign frontiers. Exploring governance in a turbulent world* (1997) heraus zu arbeiten; ebenso heben dies Yale Ferguson und Richard W. Mansbach unter dem bezeichnenden Titel „Political Space and Westphalian States in a World of ‚Polities' Beyond Inside/ Outside" (1996) deutlich hervor. Ein kreativer Ansatz zur theoretischen Neuorientierung ist ferner bei Pierre Bourdieu zu beobachten. Zu diesen Ansätzen nun im einzelnen.

Der Durchbruch? Ein Paradigmenwechsel hin zum Konzept einer entgrenzten, entterritorialen ‚gobal politiy'

Rosenau gehört zu jenen Autoren, die die Phänomene zunehmender globaler Interdependenzen bereits in den 1960er Jahren wahrgenommen haben und seitdem ihr Werk diesem Themenkreis widmen. Zwar spricht Rosenau nur vereinzelt und nicht systematisch von transnationaler Politik. Doch von der Beobachtung her und den sich daran anschließenden theoretischen Konsequenzen und Konzeptionen der Entstehung einer entterritorialen, globalen ‚polity' geht es ihm um die gleichen Anliegen wie Kaiser in seinem Ansatz der transnationalen Politik. Rosenaus Schriften spiegeln dabei die politik- und sozialwissenschaftliche Entwicklung der Debatte um transnationale Politik und ‚Globalisierung' wider: von der anfänglichen Beobachtung vermehrter Wechselbeziehungen zwischen Innen- und Außenpolitik und der Fragwürdigkeit dieser Trennung durch ‚aktuelle' Entwicklungen (dazu Rosenaus Begriffe der ‚linkage politics' und der ‚national-international linkages'; ders. 1967) hin zu der Konzeption globaler Politik als einer eigenständigen, zusätzlichen Handlungsebene neben nationalen und internationalen Ordnungen und Ordnungsmustern.

Dieser Entwicklung schließt sich neben inhaltlichen Fragen nach den Struktur(en) jener globalen politischen Handlungsebene auch die Reflexion konzeptioneller und wissenschaftstheoretischer Probleme an, um die neuartigen Phänomene angemessen konzipieren, verstehen und erklären zu können. In diesem Sinne beschreibt die Denkbewegung von Rosenau ebenfalls eine symptomatische Entwicklung, insofern er von systemtheoretischen Ansätzen zu einer Zeit ausging, als ihm die Welt der internationalen Beziehungen noch als ein internationales ‚System' erschien (vgl. insbes. ders. 1971), er hingegen in einer Welt, die er als ‚post-inter-national' charakterisiert, die Gültigkeit kausaler und systemfunktionaler Erklärungen politischen Handelns und politischer Strukturen verwirft. Bereits in *Linkage Politics* erkennt er hierzu: „Where the functioning of any political unit was once sustained by structures with its boundaries, now the roots of its political life can be traced to remote corners of the globe. Modern science and technology have collapsed space and time in the physical world and thereby heightened interdependence in the political world ... What may be needed is the advent of a Einstein recognizing the underlying order that national boundaries obscure ... and bring about a restructuring of the study of political processes." (1967:2; 5) Jedoch dauerte es noch einige Jahre, bis er diese Einsichten umsetzen konnte, schließlich von ‚global governance' bzw. ‚go-vernance without government' spricht und dabei auf folgende Phänomene zielt:

> „During the present period of rapid change and extensive global change, however, the constitutions of national governments and their treaties have been undermined by the demands and greater coherence of ethnic and other subgroups, the globalization of economics, the advent of broad social movements, the shrinking of political distances by microelectronic technologies, and the mushrooming of global interdependencies fostered by currency crises and host of other transnational issues that are crowding the global agenda These centralizing and decentralizing dynamics have undermined constitutions and treaties in the sense that they have contributed to the shifts in the loci of authority ‚Governance without government' function effectively even though they are not endowed with formal authority " (in Czempiel/Rosenau 1992 3, 5)

Das Plädoyer für neue Konzepte und Begriffe zur Analyse entgrenzter und dezentralisierter Politik wird hier evident (dazu ausführlich unter epistemologischen Aspekten in IV.1). Der theoretischen Konzeption einer ‚postinternationalen' Epoche globaler Politik gilt auch Rosenaus neuestes Werk (ders. 1997). Seine Rede von einer staatszentrierten (‚state-centric') Welt der Vergangenheit und einer neuen multi-zentralen (‚multi-centric') Welt im Zeitalter globaler Politik verdeckt dabei jedoch terminologisch das Anliegen, um das es ihm eigentlich geht: nämlich globale Politik als ein entgrenztes Netz (‚seamless web') gerade *ohne* Zentrum zu begreifen und dafür eine geeignete Theorie der Internationalen Politik zu formulieren. Rosenau wiederholt dazu seinen bekannten Vorschlag, mit Blick auf globale, transnationale Politik die Vorstellung von einer Innen-/Außen-Grenze ('domestic-foreign boundary') zu verabschieden und durch das Modell und den Begriff der ‚frontier' zu ersetzen. ‚Frontier' meint gegenüber einer klar und scharf abgegrenzten Grenzlinie im Sinne staatlicher Grenzen ein weites, neues und bislang unbekanntes Grenzgebiet bzw. einen Grenzraum („a new and wide political space"; ders. 1997:4). [7] Entgegen der Tradition spielten hier Staaten, nationale Regierungen, das internationale System, Staatsbürgerschaft, Grenzen und Territorialität eine wesentlich geringere Bedeutung als im Bereich staatlicher und zwischenstaatlicher Politik. Jedoch verfällt Rosenau nicht der Tendenz einer ‚hyper globalization', indem er nämlich transnationale Politik den traditionell-staatlichen und hierarchisch aufgebauten Organisationsformen *zur Seite stellt* und dabei betont, dass die beobachtbaren Verlagerungen von Macht und Autorität von staatlichen auf transnationale und subnationale Akteure im Zuge globaler Politik eine Erweiterung politischer Handlungsebenen und -optionen bedeuten würden.[8]

So benutzt Rosenau den Begriff der ‚fragme*gr*ation' zur Bezeichnung der Dynamik globaler Politik, wonach staatlich zentrierte Formen politischer Macht weiterbestehen, sich jedoch veränderten und neue, zusätzliche Orte und Formen von Macht entstünden. Die Welt, so schreibt Rosenau, „(is) not so much a system dominated by states and national governments as a congeries of spheres of authority (SOAs) that are subject to considerable flux and not necessarily coterminous with the division of territorial space." (1997:38) Den eigenständigen ‚polity'-Charakter transnationaler Politik, d.h. jener ausdifferenzierten, sich überlagernden und vernetzten Sphären der Macht, hebt er unter dem Titel ‚Societal Contexts' hervor. Dabei weist er darauf hin, dass die Akteure innerhalb der SOAs eigene Normen, Regeln und Institutionen entwickeln würden (1997:238 ff.), weswegen die wissenschaftliche Analyse globaler Politik sich vermehrt auf Phänomene wie Föderationen und Konföderationen, Integrations-

---

7   Vgl diesbezüglich die aktuellen und insbesondere auch historischen Konnotationen des U S -amerikanischen ‚frontier'-Begriffes, u a bei Bercovitch 1975, Sheldon 1990, zur Unterscheidung zwischen ‚frontier' und ‚boarder' bzw ‚boundary' auch Kratochvil 1986 36ff, Gottmann 1975 134, M Anderson 1996, sowie v a John R V Prescott, *Boundaries and Frontiers* (1978), ders , *Political Frontiers and Boundaries* (1987) Vgl dazu entsprechend im Deutschen die Unterscheidung zwischen Grenze, *Grenzlinie* und *Grenzregion*
8   Zur Parallelität von nationalstaatlich-internationaler Ordnung und transnationaler Politik vgl auch das Modell zur Ausdifferenzierung einer ‚state centric world' und einer ‚multi centric world' nach Czempiel/Rosenau 1989 9, vgl ebenso Stanley Hoffmann, der von einer „logic of diversity" zwischen transnationaler und staatlicher ‚Ordnung' spricht (ders 1968)

und Separationsprozesse, Unabhängigkeitsbewegungen und Mehrebenenprozesse zwischen nationalen, multinationalen und transnationalen Akteuren konzentrieren müsste.[9]

Zwar könne politisches Handeln weiterhin nationaler Territorialstaatlichkeit unterliegen, jedoch gebe es, wie Rosenau gegen Ende seines Buches (1997:447 ff.) schreibt,-keine hinreichenden Gründe, davon auszugehen, dass dies immer so sein *muss*. Es sei vielmehr davon auszugehen, dass allgemeine kausale und prognostizierbare Annahmen und Erklärungen über die den Handelnden und ihren Handlungen zugrunde liegenden Eigenschaften – wie dies im Falle territorial gebundener sowie im Ordnungsgefüge nationaler Politik handelnder Akteure möglich sei – im Falle transnationaler Politik n*icht* mehr getroffen werden könnten. Denn transnationale Akteure könnten die traditionelle Territorialgebundenheit an den Nationalstaat und seinen überschaubaren Ordnungsrahmen überwinden ('transcend'), wobei sie neue *Bezugsrahmen* ihres Handelns und neue *Organisationsformen* kreieren.

Auch die Argumentation von Ferguson/Mansbach nimmt ihren Anfang – wie auch bei Rosenau – in der Diagnose, dass das traditionelle Modell der internationalen Politik als einer „anarchic Westphalian world of territorially bounded sovereign states" (1996:261) als ausreichender Erklärungsansatz gegen Ende des 20. Jahrhunderts hinfällig geworden sei. Die Vorstellungen dieses Modells, die über drei Jahrhunderte das Denken in den Internationalen Beziehungen geprägt und ferner allen herkömmlichen Theorieansätzen zugrunde gelegen hätten, sei ein dualistisches Innen/Außen-Modell staatlicher und zwischenstaatlicher Beziehungen, das die neuen weltpolitischen Prozesse der Fusion und Fragmentierung politischer Akteure nicht mehr adäquat in den Griff bekommen kann. Selbst die Theorieansätze, die den Protagonismus nationalstaatlicher Souveränität der realistschen/neorealistischen Schule zu überwinden gedachten, wie Interdependenz- und in Teilen auch Regimetheorien, hätten selbst, zwar unterschiedlich intensiv, jedoch allenthalben an dem Modell einer souveränen Nationalstaatenwelt festgehalten. Sie schreiben: „No major theoretical break-through will be

---

9 Diese dürfen nicht mit den Phänomenen gleichgesetzt werden, die die Regimeanalyse in Betracht zieht, handelt es sich demgegenuber bei den von Rosenau betonten Normen, Regeln und Institutionen doch in erster Linie um Regulative *nicht-staatlicher Akteure*, zumindest aber sind diese an der Produktion dieser Regulative maßgeblich beteiligt Demgegenuber werden ‚Regime' größtenteils (bspw von Krasner, Kohler-Koch etc , hingegen mit Ausnahme von Young und Puchala) als durch staatliche Akteure initiierte Regelwerke betrachtet

possible until we find an alternative to the Eurocentric, ahistorical, inside/outside model of a sovereign-state world." (1996:261)

Der Ansatz von Ferguson/Mansbach weist ausdrücklich – und darin liegt der entscheidende Gewinn gegenüber den herkömmlichen Theorien transnationaler Politik – auf die Notwendigkeit einer *Neukonzeption des politischen Raumes* hin. Dabei lehnen sie sich stark an Ruggie an, der 1993 unter dem Titel „Territoriality and Beyond: Problematizing Modernity in International Relations" die Nähe seines regimetheoretischen Ansatzes zu der Neukonzeption trans- bzw. internationaler Politik folgendermaßen unterstrich: „Systems of rule need not be territorial at all ... systems of rule need not be territorially fixed ... even where systems of rule are territorial ... the prevailing concept of territory need not entail mutual exclusion." (Ruggie 1993:149) Ferguson/Mansbach fügen den Überlegungen von Ruggie nun folgende Argumentation hinzu: „Like the area defined by a Westphalian state's territorial sovereignity, all polities occupy a discernible *space*, and in our age of electronic networks, space must also include ‚cyberspace'. Although all polities, not just the Westphalian state, have a territorial ‚reach' of sorts, that is only one dimension of the political space a polity occupies." (dies. 1996:262)

Der Betrachtung des politischen Raumes transnationaler Politik entspricht auch hier die Benutzung des Begriffes ‚polity'. ‚Polity' meint dabei den grundlegenden Ordnungsrahmen von Politik und bezieht sich somit auf die Dimension, in die politisches Handeln als ‚politics' und ‚policy' eingebettet ist. Entsprechend ihrer Diagnose der Entstehung eines neuen globalen politischen Raumes diskutieren sie in vergleichender Perspektive historische ‚polity'-Formen wie das Reich (‚empire'), den Stadtstaat (‚city') und die Hanse (‚the Hanseatic city league') sowie ihre spezifischen politischen Raum- und Territorialordnungen. Dieser historische Zugriff erlaubt es ihnen, das charakteristisch Neuartige globaler ‚polities' zu erkennen und das Prinzip transnationaler Politik analog zu Rosenau und beispielsweise auch Benjamin Barber in einer Gleichzeitig von Prozessen des Zusammen- *und* Auseinanderfallens politischer Identitäts-, Kooperations- und Existenzformen zu erkennen. Denn es scheine, „as if the planet is falling precipitately apart and coming reluctantly together at the same moment." (Barber 1992:53)

Der neben den politikwissenschaftlichen Konzepten von Ferguson/ Mansbach, Rosenau, Held und Ruggie fruchtbarste Ansatz, der die Bedeutung transnationaler Politik in einer Zeit zunehmender Globalisierungsprozesse be-tont und theoretisch elaboriert, stammt aus der Soziologie. Pierre Bourdieu hat sich

Anfang der neunziger Jahre um eine Zusammenführung seines Ansatzes der reflexiven Soziologie mit Globalisierungsphänomenen bemüht und dies unter dem Stichwort einer ‚world sociology' durchgeführt (ders./Wacquant 1992; auch Bourdieu 1987, 1998).[10] Sein grundlegendes Interesse galt dabei einer konzeptionellen Zusammenführung von verschiedenen Globalisierungsphänomenen, die bislang zu sehr als „a series of loosely related phenomena under the rubric of *globalization*" relativ konzeptions- und theorielos behandelt worden seien (ders. 1996:vii). Dabei hat Bourdieu vor allem die Frage nach der Konstruktion transnationalen Rechts im Blick.

Bourdieu führt das genannte Theoriedefizit im wesentlichen auf die wissenschaftliche Betrachtung von Globalisierungsprozessen unter ausschließlich zwei, und zwar vornehmlich akteursorientierten Ansätzen zurück: entweder als quasimechanische Effekte der Intensivierung und Beschleunigung internationaler Austausch- und Zirkulationsprozesse durch staatliche und nicht-staatliche Akteure; oder aber als Effekte der Hegemonie und Imperialstellung von Großmächten und Großkonzernen, die Ideologien, Lebensstile und Produkte exportieren würden. Demgegenüber fordert er einen Paradigmenwechsel, der in einer veränderten und stärker struktur- als akteursorientierten Perspektive auf Globalisierungsprozesse bestehen solle. Zur Überwindung einer zu starken Akteursperspektive und eines damit einhergehenden einseitigen Akteursbegriffes schlägt er zur Analyse globaler Politik das Konzept des ‚Kräftefeldes' vor. Dadurch werde die Gegebenheit globaler Strukturveränderungen ebenso betont, wie die *Wechselseitigkeit* zwischen der Herausbildung globaler Strukturen und dem Handeln transnationaler Akteure:

> „The notion of field (in the sense of fields of forces and fields of struggle to conserve and transform the relationship of forces) requires a position beyond the sophomoric alternatives of consensus and conflict, and thus permits us to understand and analyze the process as a product of competition and conflict Thinking in terms of 'field' also allows one to recapture the global *logic of the new world (legal) order* without resorting to generalities as vague and vast as their object Instead, one can observe and analyze the more concrete strategies by which particular agents, themselves defined by their dispositions, their properties, and their interests, construct the international (legal) field while at the same time transforming their national (legal) fields " (ders 1996 viif)

---

10 Dieses Interesse ist im Übrigen nicht zufällig, war Bourdieu in den sechziger Jahren Assistent von Raymond Aron, der, wie gesehen, als einer der ersten die wissenschaftliche Debatte um transnationale Phänomene mitgeführt und durch sein Konzept der ‚transnationalen Gesellschaft' entscheidend mitgeprägt hat

Indem Bourdieu weiter nach der *Logik* globaler Politik fragt und diese durch die Analyse konkreter Handlungsstrategien einzelner privater wie staatlicher Akteure zu analysieren gedenkt, ist der ‚policy impact' nicht-staatlicher Akteure ein integraler Bestandteil auch seines Ansatzes. Doch erschöpft sich dieser nicht in der Untersuchung ihres Einflusses, sondern geht darüber hinaus und benutzt dessen Analyse zum *Rückschluss* auf die Logik ihrer Handlungs- und Organisationsformen. Über die empirische Analyse von ‚Kräftefeldern' globalen Handelns gelangt Bourdieu somit zur Logik der Handlungsfelder, die sich transnationale Akteure eröffnen. Das Konzept des ‚Feldes' erlaubt aufgrund seiner Offenheit, im Gegensatz zu rein akteurs- oder institutionenorientierten Betrachtungsweisen, die *Exploration* dessen, was er selbst früher noch mit dem Begriff des *Raumes* bezeichnet hat, nämlich einen „relatively autonomous social microcosmos, i.e., spaces *of* objective relations that are the site of a logic and a necessity that are specific and irreducable to those that regulate other fields ... [*Within* those fields] agents and institutions constantly struggle, according to to the regularities and rules *constitutive* of this space of play". (ders/Wacquant. 1992:97, 102)[11]

Die Existenz, mithin die per konkreten Handlungsstrategien erfolgende Konstituierung eines globalen Handlungsfeldes ist nach Bourdieu die Bedingung für transnationales Handeln selbst. Die Logik dieses Feldes kann aber nur über die Handlungs- und Organisationsstrategien transnationaler Akteure rekonstruiert und analysiert werden. Ihre Untersuchung stellt somit nur einen methodischen Zwischenschritt dar, da es ihm letztlich um die Analyse der politischen

---

11 Zur Akteur/Struktur-Problematik in der Internationalen Politik vgl u a Wendt 1987 und auch Krasner 1999 Während Krasner ein dualistisches Verhältnis zwischen Akteur und Struktur als zwei unterschiedliche Perspektiven auf voneinander getrennte Aspekte eines Gegenstandes als problemlos anerkennt und sich gleichfalls mehr für die strukturorientierte Analyse ‚entscheidet', problematisiert Wendt dieses Verhältnis und bemüht sich um die Formulierung einer relationalen und als wechselseitig konstitutiv anerkannten Relation zwischen Akteurs- und Struktur- bzw Mikro- und Makroebene „The ‚problem' with all this is that we lack a self-evident way to conceptualize these entities and their relationship (ders , "The Agent-Structure-Problem in International Relations Theory", 1992 338) In Analogie zu naturwissenschaftlichen Erkenntnismodellen nennt er seinen Ansatz eine ‚structuration theory' (1992 350) und spricht von einer ‚supervenient relation' im Sinne *wechselseitiger Konstitution* zwischen Akteur und Struktur (1996, auch 1999 383, vgl auch Giddens 1984) Dieser Ansatz kommt der Theorie von Bourdieu recht nahe, allein Wendts Ausführungen zu der Ebene der ‚kulturellen Identität' (der Welt der Symbole oder des ‚Habitus' nach Bourdieu) bleiben bei Wendt im Unklaren, ebenso wie sein Ansatz im Sinne seiner empirischen Anwendbarkeit weit hinter Bourdieu zurückbleibt (vgl zuletzt ders 1999, *Social Theory of International Politics*)

und sozialen Strukturen des globalen Raumes bzw. Feldes selbst geht. So beinhalteten denn auch der globale Handlungsraum bzw. das globale Handlungsfeld gerade nicht die Prinzipien und Strukturen ihrer eigenen Konstitution und Dynamik *a priori* (‚does not contain within *itself* the *principles* of its own dynamic'; ders. 1987:816; Herv. v. Verf.), da diese erst durch das Handeln der Akteure konstituiert würden. Aus diesem Grunde könne erst eine Analyse mittels der Handlungs- und Organisationsformen der Akteure im *Rückschluss* auf jene Prinzipien hinweisen, die das Feld globalen Handelns kennzeichnen und konstituieren. In der Analyse dieses Konstitutionsverhältnisses globaler Strukturen auf dem Wege einer Untersuchung des Handelns transnationaler Akteure sowie in der Beachtung, dass das Handlungsfeld dieser Akteure keine fest ausgeprägten und dauerhaften Strukturen, sondern historische Brüche, Wandlungen und Dynamiken aufweist, liegt nach Bourdieu der Ansatz zur Überwindung des von ihm kritisierten Theoriedefizits der Globalisierungsforschung.

Der Ansatz von Bourdieu wird in der vorliegenden Studie methodisch aufgenommen, da dieses Vorgehen verspricht, die weitgehende Unbekanntheit transnationaler Strukturen sowie den Mangel an Begriffen und Konzepten zur Analyse transnationaler Politik überwinden zu können.[12] Dementsprechend werden in der vorliegenden Studie Handlungs- und Organisationsformen – und insbesondere ihre Dynamiken – transnationaler Akteure untersucht (Kap. III), um davon ausgehend ihren Handlungsspielraum und die Logik ihres Handlungsfeldes weiter diskutieren und theoretisch bestimmen zu können (Kap. IV).[13]

Transnationale Politik bedeutet – soweit zusammenfassend das Ergebnis der bisherigen Diskussionen – die Herausbildung einer entgrenzten ‚polity'-Dimension politischen Handelns. Damit wandeln sich die traditionellen, an den modernen Territorial- und später Nationalstaat gebundenen und auf ihn orientierten Raumstrukturen von Politik. Mithin sind die territorialstaatlichen Ordnungsfiguren der Souveränität, der politischen Integration von Akteuren in einem bestimmten Raum, der Grenzfunktionen und der zwischenstaatlichen, dem Bereich der klassischen Außenpolitik zugeordneten, Sicherheitspolitik verschie-

---

12 Siehe dazu den Hinweis auf die zumeist derivativen Bestimmungen transnationaler Politik in der Einleitung
13 Die hier nur insoweit besprochenen Schriften von Ferguson, Mansbach, Ruggie, Rosenau, Wendt et al als es um eine Klarung des Konzeptes der transnationalen Politik ging, werden in Kap IV einer weiteren Diskussion unterzogen, wenn die Frage der theoretischen Neuformulierung entterritorialisierter Strukturen ‚globaler' Politik im Mittelpunkt stehen wird

denen Auflösungserscheinungen ausgesetzt. Dies haben wie die Diskussionen in der Internationalen Politik und ihre zunehmenden Akzentverschiebungen von dem Aspekt des ‚policy-impact' hin auf den ‚polity'-Charakter transnationaler Politik gezeigt;[14] und dies werden die weiteren Untersuchungen und Erörterungen in der vorliegenden Studie vertiefen. Um diese Zusammenhänge jedoch detailliert weiter diskutieren zu können, werden im nächsten Abschnitt das Territorialitätsprinzip selbst sowie der Zusammenhang zwischen Territorialität und Politik für das neuzeitliche Staats- und Politikverständnis herausgearbeitet.

I.2. Politik und Territorialität

Vorbemerkungen

Territorialität ist der *traditionelle* Fixpunkt von Politik und politischer Ordnung. Keine Politik ohne territoriale Zuordnung und Eingrenzung ihrer Inhalte, Akteure und Reichweite – so lautet das traditionelle Territorialitäts- und Raumverständnis in Politik und Politikwissenschaft. Dies lässt sich an Hand seiner vier konzeptionellen Manifestationen und Konstruktionsprinzipien nachweisen: der politischen Integration, der Funktion von Grenzen und ihrer konstitutiven Bedeutung für die Konzeption des politischen Raumes, des Zusammenhangs von politischer Souveränität und Territorialität sowie an Hand der staatlichen Aufgabe der Sicherheitsgewährleistung. Bevor diese Einzelaspekte aus dem neuzeitlichen Territorialitätsprinzip ausdifferenziert und dann in ihrer *nationalstaatlichen* Zuspitzung[15] weitergehend untersucht werden können (Kap. II), muss das Prinzip der Territorialität selbst in seiner politischen Bedeutung genauer betrachtet werden.

---

14 Die Tendenz der Betrachtung des ‚policy'-impact transnationaler Akteure einerseits und der strukturellen ‚polity'-Dimension andererseits in den Theoriediskussionen der Internationalen Politik während der letzten Dekaden entspricht unter erkenntnistheoretischer Perspektive dem Dualismus zwischen strukturalistischen bzw. strukturorientierten und konstruktivistischen bzw. akteursorientierten Ansätzen. Zur weiteren Diskussion vgl. ferner Biersteker/Weber 1996: 11, Ferguson/ Mansbach 1996: 268ff., Wendt 1992: 390ff.

15 Dazu Soja, *The Political Organization of Space*, 1971: 16 "The nation-state", gerade im Vergleich zum neuzeitlichen Staatsgedanken, "is the most territorial of human political organizations. Its basic ideological force is the drive by a particular group for a state and territory of its own." Zur metaphysischen Bedeutung und ideenhistorischen Verankerung dieses Antriebes, verbunden mit dem exklusiven Anspruch auf Einzigartigkeit, vgl. u.a. Behr 1998 (dort insbes. Kap. 4).

In historischer Perspektive von der antiken Polis bis zum modernen Nationalstaat gibt es lediglich die Ausnahme ökumenischer Universalreiche, wo das Prinzip der Territorialität eine untergeordnete Rolle spielte (Voegelin 1974; Simmel 1992:692ff.; unter historischer Perspektive zu Territorialität und Grenzen auch Jones 1959; Febvre 1973; Blake 1994; Meyers 1995, Ruggie 1993).[16] Genau in jener Epoche jedoch, als das letzte abendländische Universalreich, die *universitas* des Heiligen Römischen Reiches, *de facto* zerbrach und Reformation und Dreißigjähriger Krieg den Umbruch in eine neue Zeit bedeuteten, traten mit Bodin, Hobbes und Pufendorf drei nachhaltig wirkungsmächtige Theoretiker des neuen, souveränen Territorialstaates auf den Plan. *Die staatsrechtliche Trias und der enge Verweisungszusammenhang zwischen dem Staatsbegriff, dem staatlichen Gewaltmonopol und dem Gedanken der Gebietshoheit sowie seiner Integrität weisen der Territorialität von da an eine eigenstandige und neue Qualität als Kategorie des Politischen zu.*

Georg Simmel bringt diese Trias in seinen *Untersuchungen über die Formen der Vergesellschaftung* folgendermaßen auf den Punkt, wenn er über den „Staat" schreibt. „Von ihm hat man gesagt, er wäre nicht ein Verband unter vielen, sondern der alles beherrschende Verband, also einzig in seiner Art. Diese Vorstellung ... gilt in jedem Fall in Rücksicht auf den Raumcharakter des Staates. Die Verbindungsart zwischen den Individuen, die der Staat schafft oder die ihn schafft, ist mit dem Territorium derartig verbunden, dass ein zweiter gleichzeitiger Staat auf eben demselben kein vollziehbarer Gedanke ist." (Simmel 1992:691) An anderer Stelle bezeichnet Simmel – in Anlehnung an Immanuel Kant – den Raum als die Möglichkeit des Beisammenseins. Dazu heißt es bei Kant selbst: „Der Raum ist eine notwendige Vorstellung a priori, die allen äußeren Anschauungen zum Grunde liegt. Man kann sich niemals eine Vorstellung davon machen, dass kein Raum sei ... Er wird also als die Bedingung der Möglichkeit der Erscheinungen, und nicht als eine von ihnen abhängende Bestimmung angesehen, und ist eine Vorstellung a priori, die notwendigerweise äußeren Erscheinungen zum Grunde liegt." (ders., *KdrV*, I. 1. Teil, §2).[17] Dadurch wird die Qualifizierung von Territorialität und Raum[18] als erkenntnistheoreti-

---

16 Vgl dazu auch im weiteren unter II 5
17 Zitiert nach Kant 1976 67
18 „Raum" bedeutet hier zunachst nichts anderes als ‚begrenzte Territorialität' (vgl dazu Gottmann 1975 10, wo er vom „Raum" als dem *begrenzten Territorium* spricht) Zur Funktion von Grenzen und zur Unterscheidung verschiedener territorialer Grenzfunktionen vgl Kap II 3 der vorliegenden Studie Der zentrale Aspekt und Zusammenhang scheint hier bereits durch Es

scher *und* empirischer Bedingung der Existenz von Gesellschaft und von Politik
– d.h. mit anderen Worten: als *Bedingung der Möglichkeit* von Gesellschaft und
Politik – hervorgehoben. Ohne die Kategorien des Raumes und der Territorialität scheint Politik traditioneller Weise nicht denkbar.

Weit davon entfernt, zwangsläufig mit einem naturräumlichen Determinismus, mit nationalistischen Substantialisierungen des Lebensraumes oder mit geopolitischen Ansätzen gleichgesetzt zu werden zu können,[19] bedeutet Territorialität für das moderne Politikverständnis die reale Konstitutions- und theoretische Ermöglichungsbedingung von Politik und Staatlichkeit. Obzwar die genannten vier Einzelaspekte des Territorialitätsprinzips in logischer Hinsicht aus diesem Prinzip selbst erst abgeleitet werden können, muss das Territorialitätsprinzip dennoch an Hand der vier anfangs genannten Einzelaspekte herausgearbeitet und rekonstruiert werden. Dies hat zwei Gründe: Das Territorialitätsprinzip bzw. Territorialität ist, im Gegensatz zu Territorium, keine materielle geographische und messbare Größe, sondern ein politisch-theoretisches Konstrukt und Konzept, das sich auf politische und soziale Bedeutungsaspekte bezieht, die die Bindung der Gesellschaft und der politischen Ordnung an ein Territorium bezeichnen. In diesen Bedeutungsaspekten manifestiert sich das Territorialitätsprinzip. Insofern ist dieses selbst nur mittels dieser Aspekte, d.h. seiner Konstruktionskriterien, zu bestimmen.

Zum zweiten wird das Territorialitätsprinzip – abgesehen von substantialisierenden Tendenzen des Nationalismus, der Geopolitik[20] und über den Heimatbegriff auch der vergleichenden Verhaltensforschung (Lorenz 1966; Greverus 1979; Zimmer 1979; Eibl-Eibesfeldt 1984; kritisch: Flohr/Tönnesmann 1983, Flohr 1990) – innerhalb des modernen Staats- und Politikverständnisses zwar als bedeutsame und eigenständige Kategorie ein- und mitgeführt, jedoch als mehr implizite, d.h. als selbstverständlich vorausgesetzte Bedingung und Grundlage angenommen, denn als explizite Voraussetzung thematisiert: „Despite its obvious importance ... (political) territoriality has received little attention ...

---

geht um den Konstitutionscharakter von Grenzen (und zwar *Begrenzung von Territorialität*) für die Entstehung von Raum und politischem Raum Siehe ausführlicher in Kapitel II 3
19 Dazu – hier in kritischer Absicht entgegen den genannten Tendenzen anfügend - bemerkt Simmel mit Blick auf die räumliche Bedingtheit von Gesellschaft und Politik (bzw Staat) erst ermöglichende, Funktion von Grenzen und Grenzziehungen „Die Grenze ist nicht eine räumliche Tatsache mit soziologischen Wirkungen, sondern eine soziologische Tatsache, die sich räumlich formt." (ders 1992 697)
20 Hierzu in historischer Perspektive v a. Ratzel 1897 und Haushofer 1927

Most of what has been written derives from two sources: ethology ... and sociocultural and psychological studies of personal space and small group eco-logy ... The ethological interpretations of human territoriality ... tend to have pervasive biological overtones ... (This) can easily lead to fallacious interpretation due to ... the dangers of making direct analogies between animal and human behavior", so Edward Soja zu diesem Desiderat (ders. 1971:16).

Der theoriehistorische Hintergrund

Die Staatstheorien von Bodin, Hobbes und Pufendorf, insbesondere ihre Lehren von der staatlichen Souveränität, stehen in einem engen Wechselverhältnis zu den historischen Gegebenheiten des 17. Jahrhunderts sowie zu theoriegeschichtlichen Entwicklungen zwischen dem Ausklang der mittelalterlichen Ordnung und dem Beginn der Neuzeit und Moderne. Im Mittelpunkt der staatstheoretischen Reflexionen dieser Zeit stehen die Reformation, die europäischen Religionskriege sowie der Versuch der staatlichen Neuordnung Europas durch den Westfälischen Frieden und die Begründung des souveränen Territorialstaates. Diese Ordnung – und mit ihr das Modell des souveränen Staates – sollten für über drei Jahrhunderte das Staatenbild nicht nur Europas, sondern der Welt prägen. Obzwar diese Einschätzung zu einem Gemeinplatz, auch in den gegenwärtigen Globalisierungsdebatten geworden ist, sind hingegen die Versuche selten, das Prinzip der Territorialität und seine Konstruktion – und vor allem den mit den behaupteten Globalisierungsprozessen erforderlichen Paradigmenwechsel von der Analyse nationaler hin zu globaler und territorial entgrenzter Politik – in ihren Bedingungen und Konsequenzen eingehend zu reflektieren.

Die vier Einzelaspekte des Territorialitätsprinzips bezeichnen in den Staatstheorien von Bodin, Hobbes und Pufendorf jene Kriterien einer politischen Ordnung, die in den historischen Erfahrungen der Autoren von ihrer eigenen Epoche am schmerzlichsten vermisst wurden. Dementsprechend sollten der Gedanke der politischen Integration, der staatlichen Souveränität, der Integrität von Grenzen und des politischen Raumes sowie der Sicherheitsaspekt nicht nur die faktischen Kriterien von Staatlichkeit der sich durchsetzenden neuen Ordnung des modernen geschlossenen Nationalstaates werden, sondern theoretisch gleichsam als *normative* Konzepte der neuen Ordnung fungieren. „Im Grunde waren es zwei Epochen, die sich hier [im 17. Jahrhundert; H.B.] begegneten: das zu Ende gehende konfessionelle Zeitalter und das heraufziehende Zeitalter des Rationalismus und Empirismus, mit anderen Worten: eine in der religiösen Tradition noch lebende Epoche, welche die Begriffe politischer Ordnung und die Leitsätze politischen Handelns aus theologischer Wurzel ableitete, und eine diese Tradition überwindende Epoche, welche den theologischen Boden verließ und sich auf den Boden der wahrnehmbaren Tatsachen stellte ... Wenn Conring [Herman Conring; 1606-1681; H.B.] unter solchen Voraussetzungen zu der Erkenntnis gelangte, der >>status imperii<< verlangte die sachliche Unterscheidung von >>Reichsräson<< und >>Staats- (d.h. Territorial-)räson<<, dann war das zwar ein Novum gegenüber dem überlieferten Reichsgedanken, kam der politischen Wirklichkeit des 17. Jh. aber näher als die theologisch-monarchische Theorie der lutherischen Denker." (Zeeden 1970:126)

Den Umbruch der Epochen, ebenso wie die damit verbundenen kriegerischen Wirren unmittelbar erlebend, bezogen sich Bodin, Hobbes und Pufendorf in ihren Staatstheorien auf je spezifische historische Erfahrungen, aus denen sich „die Entwicklung des *territorialen Staatsgedankens* ... in Verbindung mit der Souveränitätsidee" (ebd.) speiste. So begründet Hobbes die Notwendigkeit seines absoluten Souveräns, des Leviathan, mit der Überwindung und Befriedung disparater religiöser Orientierungen und hatte dabei die englischen Religions- und Bürgerkriege vor Augen (vgl. Metzger 1991); Bodin entwickelte seine Souveränitätslehre, wobei der souveräne (Territorial)Staat als der Garant für politische Ordnung erschien, im Hinblick auf die französischen Religionskriege, genauer gesagt im Angesicht und persönlichen Erleben der acht Hugenottenkriege seit 1562 (vgl. Mayer-Tasch 1981); und Pufendorf, der auch den Epochenwechsel, das Ende des Reichs und der theologischen Reichsidee vor Augen hat, sieht im Einklang mit naturrechtlichen Erwägungen den modernen Territorialstaat als die vollkommene Form menschlicher Gemeinschaftsbildung an (vgl. Hunger 1991; Döring 1992).

Die Begriffe des „Territoriums" und der „Territorialität", die im Zuge der politischen Auflösung des Reiches sowie der Ablösung des Reichsgedankens durch den modernen Staatsgedanken eine spezifische Bedeutung annahmen, hatten zunächst, vor ihrer theoretischen Bindung an die einzelnen konzeptionellen Inhalte des staatlichen Territorialitätsprinzips, eine ausschließlich politisch-praktische Bedeutung: Zum Ende des 16. Jahrhunderts aus dem Lateinischen ‚territorium' (zu einer Stadt gehörendes Ackerland, Stadtgebiet) entlehnt, fungierte der Begriff des „Territoriums" bzw. der „Territorialisierung" als neue politische Bezeichnung und als Gegenbegriff zum Deutschen Reich für die

Gebiete der Landesherren, Fürsten und Reichsstädte, nachdem das Reich keinen unmittelbaren Territorialbesitz mehr hatte. Der Begriff der „Territorialität" und das Adjektiv „territorial" hingegen entstanden im deutschen Sprachgebrauch erst zum Ende des 17. Jahrhunderts als Entlehnungen aus dem Lateinischen ‚territorialis' und bedeuteten, bereits im Sinne eines gesamtstaatlichen wie auch völkerrechtlichen Hoheitsanspruches, ‚das (einzelne) Staatsgebiet, den (staatlichen) Hoheitsbereich betreffend'.

Damit liegt – wie die folgenden Betrachtungen bei Bodin, Hobbes und Pufendorf unterstreichen werden – in etymologischer wie auch staats-theoretischer Hinsicht ein für das Politische in seinem neuzeitlich-modernen Verständnis konstitutiver Zusammenhang zwischen Territorialität, Souveränität und ‚Staat' vor (vgl. ferner Hinz 1956; Braubach 1985; Zeeden 1970; Sabine 1966; Meinecke 1963). „Als Bestandteil (des) europäischen Mächtesystems", so fasst Thomas Behme die Entwicklung zusammen, „treten seit dem Westfälischen Frieden auch die deutschen Territorien in Erscheinung, die durch das ihnen zugestandene ‚ius foederum' in Verbindung mit der ‚superioritas territorialis' nahezu den Status souveräner Mächte erlangen. Damit gelangt der seit Jahrhunderten in Gang befindliche und durch die Glaubensspaltung zusätzlich beförderte Prozess der Territorialisierung des deutschen Reiches zu einem gewissen Abschluss." (Behme 1995:21)

Die staatstheoretische Begründung dieses Zusammenhanges als normatives Konzept des Politischen durch die absolute (Bodin, Hobbes) oder naturrechtlich limitierte (Pufendorf) Oberhoheit staatlicher Institutionen als unableitbar legitimierten Handlungsträgern verweist – gerade vor dem Hintergrund der etymologischen Begriffsentstehung von ‚Territorialität' aus dem Lateinischen – auf den Epochenwechsel und die Ablösung des Reichs- durch den modernen Staatsgedanken. So war es gerade dieses wechselseitige und nicht hintergehbare Konstitutionsverhältnis politischer Ordnung, das im Angesicht der Wirren des 16. und 17. Jahrhunderts vermisst wurde. Eine besondere Rolle spielte dabei der Dualismus zwischen weltlicher und kirchlicher Herrschaft und die Befreiung der weltlichen politischen Herrschaft von religiösen Imperativen. „Die Suche nach Rekonstruktion einer lebensfähigen politischen Ordnung für eine in Auflösung befindliche, sich politisch wie religiös pluralisierende ‚Christianitas' fand seinen theoretischen Ausdruck in der zunehmenden Säkularisierung des Rechts- und Staatsdenkens. Staatsräson- und Souveränitätslehre reflektierten und legitimierten die Herausbildung des modernen Territorialstaates, seine Tendenz zu Unabhängigkeit, Abschließung und offensiver Machtpolitik nach außen und zu umfassender Herrschaftsgewalt im Inneren" (Behme 1995:23) Mit Jean Gottmann, *The Siginificance of Territory*, ist hier hinzuzufügen: „Once aquired, sovereignty has been treasured and defended by every nation as its almost valuable possession, and it has been based on (the control of territory). As the concept of a corporate national sovereignty gradually replaced the personel preregoratives of the individual sovereign, territorial delimitation acquired much more significance: it fixed limits to the extent of sovereignty and outlined the size and location of it." (ders. 1975:17)[21]

Diese Befreiung wurde gleichsam als eine neue Rationalität des Politischen begriffen, wonach die Entstehung und Legitimität von Souveränität und Staatlichkeit als rational-weltliches Herrschaftsverhältnis aufgrund eines Herrschaftsvertrages im Sinne der modernen Vertragstheorie begründet wurde. „Wie Hobbes, sah auch von Pufendorf die von ihm ‚Staat' genannte Herrschaftsorganisation vertragsrechtlich, also durch menschliche Willensentscheidung, nicht durch göttliche Stiftung entstanden; aber er ließ, gegensätzlich zu Hobbes, um die Entstehung des Staates zu erklären, den fiktiven Naturzustand beiseite und begann ... wenn auch immer noch fiktiv, so doch anthropologisch stichhaltiger mit der Annahme einer mehr als ‚natürlichen' Daseinsform von Familieneinheiten, da die Hausväter es um ihrer Sicherheit willen für nötig gehalten hätten, sich zur *societas civilis* zusammenzufinden, sodann ihre Regierungsform zu beschließen und schließlich durch einen Unterwerfungsvertrag einen Herrscher anzuerkennen". (Conze 1990:17)

Durch die Einbeziehung der *civitas* in den Herrschaftsvertrag entstand die bis in die deutsche Staatsrechtslehre des 19. Jahrhunderts hinein gültige synonyme Verwendung der Begriffe ‚Staat' (bzw. engl. ‚State', ‚state' und frz. ‚l''etat'), *res publica* und *societas civilis* (so auch bei Bodin, Hobbes und Pufendorf). Erst im Zuge des staatsrechtlichen Positivismus wurde der Begriff Staat und seine ‚Begriffsmöglichkeiten' (Conze) – mithin der Begriff des Politischen – auf das Handeln *staatlicher* Institutionen bzw. *im* und *mit Blick auf* den Staat eingeschränkt.

---

21 Vgl. dazu auch Stolleis 1977

Der Aspekt des Raumes und die Räumlichkeit von Politik sind dabei ein zentraler Bestandteil innerhalb der Entwicklungsgeschichte des modernen Staats- und Souveränitätsgedankens, wie Werner Conze mit Blick auf die Stellung und Bedeutung der *civitas* als Personen- und Häuserverband innerhalb der Konstruktion des Herrschaftsvertrages betont: „Zwar ist das linear abgegrenzte Staatsgebiet im Sinne der Staatslehre des 18. Jahrhunderts bis gegen Ende des 19. Jahrhunderts noch nicht durchgesetzt worden. Aber dass in die personal begriffene Gebiets(‚Gebiete'-)Hoheit spätestens seit dem 15./16. Jahrhundert eine bestimmte Raumvorstellung eingegangen ist, ist sicher. Und ‚terra', ‚territorium', ‚Land' haben seitdem zunehmend auch den Charakter einer relativ abgrenzbaren Fläche angenommen ... Die Raumgrundlage ist also in Betracht zu ziehen, wenn von ‚Staat' die Rede ist." (Conze 1990:22) Eine zugespitzte Bedeutung erhalten das Territorialitätsprinzip und der politische Raum, letzterer im Sinne abgegrenzter und geschlossener politischer Einheiten, jedoch erst mit dem Entstehen des Nationalismus zu Beginn des 19. Jahrhunderts sowie durch die starke Fixierung des Politischen und politischer bzw. staatsrechtlicher Theorien auf den Begriff der *Nation* (dazu in Kap. II). Zunächst soll die erwähnte Trias aus Staats-, Souveränitäts- und Territorialitätsgedanken jedoch exemplarisch an Bodin, Hobbes und Pufendorf weiter erörtert werden.

Die neuzeitliche Begründung des politischen Territorialitätsprinzips:
Bodin, Hobbes, Pufendorf

Die vier Einzelaspekte des Territorialitätsprinzips stehen in den Theorien von Bodin, Hobbes und Pufendorf in einem untrennbaren Zusammenhang, so dass kein Aspekt ohne den anderen gedacht werden kann. Die Versuche der theoretischen Überwindung der zerrütteten politischen und gesellschaftlichen Ordnung in Europa räumen allen Einzelaspekten zudem eine Gleichrangigkeit ein, die folgendermaßen formuliert werden kann: Die Überwindung politischer Zerrüttungen und Spaltungen sowie die Sicherung vor Kriegszuständen (*Sicherheit*) bedarf der Aggregation unterschiedlicher Interessen und deren Transformation in einen gemeinsamen gesellschaftlich-politischen Handlungsprozess (*Integration*), was nur zu gelingen scheint, wenn es eine gesamtstaatlich höchste, unabhängige, unhintergehbare und als legitim anerkannte Instanz der Autorität gibt (*Souveränität*), die sich ihrerseits auf eine bestimmte, ab- und begrenzte Menge von Menschen, Städten, Gemeinden und Haushalte bezieht, die gegenüber den Herrschaftsansprüchen anderer Souveräne absolute Integrität genießt (*Grenzen*).

Die Grenzziehungen konstituieren dabei den politischen Raum und das Gebiet, in denen die Souveränität ausgeübt wird, auf die sich die Sicherheitsgewährleistungen des Souveräns (bzw. des Staates) beziehen und innerhalb deren es die disparaten Interessen zu integrieren gilt. Die Gewährleistung der Sicherheit, ebenso wie Integration und Souveränität bzw. Souveränitätsausübung sind somit ausschließlich mit Bezug auf ein begrenztes Gebiet als gebietsbezogene, d.h. *territoriale* Sicherheit, Herrschaft und Integration zu denken. Das Prinzip der Territorialität und seine Integrität genießen dabei selbst den höchsten Schutz – insbesondere im Bereich der gegenseitigen völkerrechtlichen Anerkennung – und zwar politisch im Sinne des 1648 im Westfälischen Frieden verankerten Rechtsgrundsatzes des ‚ius territoriale' als territoriales Selbstbestimmungsrecht,[22] theoretisch im Sinne des Staatlichkeit überhaupt erst konstituierenden Prinzips der Gebiets- und Grenzbezogenheit von Politik.

In seinem *Ersten Buch über den Staat*, 1. Kapitel, bestimmt Bodin den Staat als eine „am Recht orientierte, souveräne Regierungsgewalt über eine Vielzahl von Haushaltungen und das, was ihnen gemeinsam ist." (Bodin 1981:98) Dieser Definition folgt sogleich eine Wesensbestimmung des Staates durch seine Unterscheidung von, wie Bodin sagt, „Räuber- und Piratenbanden" (ebd.), wobei das spezifische Kriterium von Staatlichkeit in der Differenz auszumachen sei, dass es sich um eine am Recht orientierte Regierung (‚gouvernement') handle. Unter den ersten Aufgaben staatlichen Handelns führt Bodin dann die Festlegung von Grenzen auf, die die Ordnung des Staates als Rechtsraum in entscheidendem Maße garantieren würden. In dieser kurzen Definition ist darüber hinaus ein weiteres Merkmal des Staates angesprochen. Die im Original lautende Formulierung ‚ce qui leur est commun' weist auf das hin, was den Haushaltungen bzw. im weiteren Sinne den Bürgern gemeinsam ist und zur Integration disparater Interessen und Orientierungen zur Gewährung von Staatlichkeit gemeinsam sein muss: Damit Staat und Staatlichkeit sind und *per definitionem* sein können, muss eine Gemeinsamkeit zwischen den einzelnen Komponenten des Staates bestehen. Besteht diese nicht, so muss diese Gemeinsamkeit durch

---

22 Vgl u a Anderson M 1996, Anderson J 1986, Brunner 1959, v d Heydte 1952, Lowie 1962, Mager 1968, Weinacht 1968

die Integration divergierender Interessen hergestellt werden. Insoweit enthält diese Definition in doppelter Hinsicht (Rechtsgebundenheit der ‚gouvernement' sowie Integration) den normativen Gehalt von Bodins Staatsbegriff.

Nachdem Bodin den Staat solchermaßen definiert und ihm damit, durch die Funktion von Grenzen und Grenzziehungen wie auch durch den Aspekt der Integration als den ersten Aufgaben seines Handelns, Räumlichkeit und gebietsbezogene, soziopolitische Integration als seine Wesensmerkmale zugewiesen hat, führt er eine Reihe materieller Existenzfaktoren von Staaten auf (1981: 102f.). Auch hier nennt er gleich zu Beginn den Faktor der Territorialität. In demselben ersten Kapitel noch, in dem es Bodin um grundlegende Gedanken und Hinweise geht, die in den darauffolgenden Büchern über den Staat II bis VI spezifiziert und erweitert werden, kommt er von den materiellen Existenzfaktoren auf die unabdingbaren Voraussetzungen für die Wohlgeordnetheit (oder, wie er auch sagt, für die ‚Glückseligkeit') von Staaten zu sprechen. Er führt hierfür vier erstrangige Kriterien auf: die ‚täglichen Geschäfte', den ‚Lauf der Gerechtigkeit', die ‚Versorgung mit Lebensmitteln' sowie den ‚Schutz und die Verteidigung der Untertanen' (1981:105). Die Aufgabe der Sicherung und Verteidigung wird – und das führt unmittelbar weiter zur Frage der Souveränität – dem Staat zugewiesen. Doch was im Detail *ist* dieser Staat? Was kennzeichnet ihn noch, über die materiellen Existenzbedingungen, die Aufgabe, Sicherheit und ‚Wohlgeordnetheit' zu gewährleisten, und die Ab- und Begrenzung seines Territoriums hinaus?

Mit diesen Fragen beginnt die Überleitung zu dem Aspekt der Souveränität – jener Lehre, für die Bodin über seine Zeit hinaus bekannt und wirkungsmächtig geworden ist. Über einen starken Souveränitätsbegriff gelangt Bodin, so hebt Mayer-Tasch hervor, „unter dem Stabilitäts-, Ordnungs- und Friedensaspekt ... zur Propagierung einer gemäßigten Regierungsform, die alle sozialen Gruppen ... vereinen und entsprechend ihrer Leistung und Bedeutung für den Staat am öffentlichen Leben beteiligen soll." (Mayer-Tasch 1981:32) Zunächst jedoch unterscheidet Bodin drei Staatsformen: die Monarchie, die Aristokratie und die Demokratie und führt als das entscheidende Kriterium für diese Unterscheidung die Anzahl derer an, in deren Händen die Souveränität liegt (Zweites Buch, 1. Kapitel; 1981:319). Im Gegensatz zur klassischen Staatsformenlehre gibt es für ihn jedoch keine weitere Unterscheidung der drei Staatsformen entsprechend einer guten und schlechten Herrschaftspraxis. Die Frage der guten und schlechten Herrschaftsausübung bedeutet für ihn lediglich eine „zufällige Eigenschaft" nach der zu differenzieren dann konsequenterweise auch andere (zufällige) Eigenschaften eingeführt werden müssten, wie z.b. die Nobilität, der Glanz, die Einfältigkeit oder auch die Prunksüchtigkeit des Souveräns. Dies aber führe zu einer unendlichen Anzahl von Unterscheidungskriterien, die am „Wesen der Sache nichts (ändern), [weswegen] wir zu dem Schluss kommen" so schreibt Bodin, „dass es nur drei Verfassungstypen oder Staatsformen gibt" (ders. 1981:320)

In dem Besitz der Souveränität bzw. in dem ‚rechtlichen Gehalt' der Souveränität laufen die vorab genannten Wesensmerkmale des Staates in empirischer und normativer Hinsicht zusammen. Indem nämlich der Souverän „nächst Gott" das Höchste auf Erden ist und „von Gott als sein Stellvertreter dazu berufen (ist), den übrigen Menschen zu gebieten" (Bodin 1981:284), hat der Souverän nicht nur das uneingeschränkte Recht, über die Wahrung der Existenzbedingungen des Staates zu wachen, sondern in normativer Hinsicht auch die Pflicht, ihre Einhaltung und Gewährleistung zu garantieren. Die rechtlichen Gehalte der Souveränität einerseits und die Existenzbedingungen des Staates (Grenzen, Integration und Sicherheit) andererseits fallen in eins: Der Souverän hat eben nicht nur das Recht auf Ausübung der Souveränitätsrechte, sondern gerade auch die Pflicht über ihre Wohlordnung, Aufrechterhaltung und Gewährleistung zu achten. Erst darüber bezieht er seine Legitimation.

So nennt Bodin fünf inhaltliche Bestimmungsmerkmale von Souveränität. In dem ‚Hauptmerkmal' und in dem zweiten Souveränitätsmerkmal artikuliert sich dabei am stärksten das In-Eins-Fallen der empirischen und normativen Bedeutungen der Souveränität: „(Das) Hauptmerkmal der Souveränität besteht darin, der Gesamtheit und den einzelnen das Gesetz vorschreiben zu können und zwar, so ist hinzuzufügen, ohne auf die Zustimmung eines Höheren, oder Gleichberechtigten oder gar Niedrigeren angewiesen zu sein" (Bodin 1981: 292); und weiter: „(Das) Recht, Krieg zu erklären oder Frieden zu schließen, (ist) eines der wichtigsten Hoheitsrechte, weil es nicht selten über Gedeih und Verderb eines Staates entscheidet" (a.a.O. S. 295) In diesen zwei Bestimmungen des rechtlichen Gehalts der Souveränität tauchen somit die Bestimmungsmerkmale von Staatlichkeit selbst wiederum auf: Indem nämlich der Souverän der Gesamtheit und allen einzelnen das Gesetz vorschreiben kann, ist die Funktion der Integration angesprochen; indem er das Gesetz jener integrierten Gesamtheit vorschreiben kann, wird diese Gesamtheit als räumlich und territorial bestimmte ‚Menge von Untertanen' und damit Herrschaft als *Gebietsherrschaft* angesprochen; und indem der Souverän schließlich zur Entscheidung über Krieg und Frieden bemächtigt ist, wird der Sicherheitsaspekt thematisiert. Dieser wiederum ist nur als territorialbezogene Regierungsaufgabe denkbar.

Auf den noch mangelnden begrifflichen Status der Termini der Integration, der Grenze und der Souveränität, ihre von der Sache her und historisch jedoch eindeutigen Bedeutungen im 17. Jahrhundert weist Mayer-Tasch hin und bemerkt dabei, „dass die Lebens- und Strahlkraft (der) Ideen, die das mittelalterliche Bild des Abendlandes geprägt hatten, erschöpft war, zeigte nicht zuletzt der rasche Siegeszug der Souveränitätsdoktrin, der ... im Westfälischen Frieden von 1648 besiegelt wurde" zwar tauche „der Begriff [der Souveränität; H.B.] selbst nur in einem französischen Entwurf der Friedensverträge auf, der Sache nach aber wurde die Souveränität mit der Gewährung des territorialen Selbstbestimmungs- und Bündnisrechts (des ‚ius territoriale' und des ‚ius foederis') nunmehr auch den Reichsständen zuerkannt" (Mayer-Tasch 1981:45)[23]

Der vielleicht stärkste Bindung von (empirischen) Souveränitätsrechten und (normativen) Herrschaftsaufgaben begegnet man bei Hobbes. Der bei ihm bekanntermaßen autoritär und mit umfassender Herrschaftsgewalt ausgestattete Leviathan, dem die *per* Herrschaftsvertrag nahezu ihrer gesamten Rechte entkleideten Individuen gegenüberstehen, kann in nur einem Falle legitimerweise gestürzt werden und seine Legitimation verlieren. Es ist für den vorliegenden Interpretationszusammenhang von großer Bedeutung, dass sich dieser Fall auf den Aspekt der *Sicherheit* und der Sicherheitsaufgabe des Staates bezieht. Denn ist die Herrschaft des Souveräns durch nichts verwirkbar und sind die Untertanen zu absolutem Gehorsam angehalten, so besteht nach Hobbes die einzige diesbezügliche Ausnahme genau dann, wenn der Souverän die ihm obliegende Sicherheitsgewährung gegenüber seinen Untertanen nicht bzw. nicht mehr erfüllen kann. In diesem Fall können die Untertanen den Herrschaftsvertrag kündigen und sich, ihrer Stellung im Naturzustand gleich, autonom um ihre eigenen Sicherheitsbelange und um den Schutz ihres Lebens und Eigentums kümmern.

---

23 Zum französischen Kontext der Entwicklung des Territorial- und Nationalstaatsgedankens siehe ausführlich Anderson 1996

So heißt es im *Leviathan*: „Die Verpflichtung der Untertanen gegen den Souverän dauert nur so lange, wie er sie auf Grund seiner Macht schützen kann, und nicht länger. Denn das natürliche Recht der Menschen, sich selbst zu schützen, wenn niemand anders dazu in der Lage ist, kann durch keinen Vertrag aufgegeben werden" und einige Stellen weiter heißt es prägnant mit Blick auf die ultimative Funktion des gesamten Herrschaftsvertrages, der Herrschaftsunterwerfung und der Konstitution der Souveränität: „Der Zweck des Gehorsams ist der Schutz" (Hobbes 1984:171)[24] Mit Blick auf den Zusammenhang des staatlichen Sicherheitsaspektes mit dem Souveränitätsgedanken heißt es ferner: „Denn es kann von niemanden angenommen werden, dass er bei der Errichtung der souveränen Gewalt das Recht zur Erhaltung des eigenen Körpers aufgegeben hätte, zu dessen Sicherheit ja die gesamte Souveränität eingerichtet wurde" (1984:224)

Hobbes' kritische Zeitdiagnose des Naturzustandes als des ‚Krieges aller gegen alle' im Sinne eines vorstaatlichen und herrschaftslosen Zustandes ist das genaue Gegenteil zu der normativen Idee der *Integration*, da Integration die ‚Aggregierung unterschiedlicher gesellschaftlicher Interessen und deren Transformation in den politischen Entscheidungsprozeß durch staatliche Institutionen' bedeutet.[25] Hobbes entwickelt daraufhin eine differenzierte, nahezu als Agenda zu bezeichnende Liste staatlicher Souveränitätsrechte, die entgegen der Instabilität und der desintegrativ-chaotischen Wirkung des ‚Krieges aller gegen alle' zur politischen Integration, Sicherheit und Stabilität der Ordnung beitragen sollen. Die wichtigsten Souveränitätsrechte sind: Der Souverän ist alleiniger Gesetzgeber über die in seinem Gebiet lebenden Gruppen, Vereinigungen und Individuen; er selbst ist diesen Gesetzen nicht unterworfen; Gewohnheitsrechte erlangen ihre Gesetzeskraft nicht durch ihre Tradition, sondern durch die Willenserklärung des Gesetzgebers; Naturrecht und staatliches Recht schließen sich gegenseitig ein; die Vernunft des Leviathan ist die höchste Vernunft im Staat; in eroberten Gebieten gilt das Recht des siegreichen Souveräns.

---

24 Zitiert nach *Leviathan oder Stoff, Form und Gewalt eines kirchlichen und burgerlichen Staates* (1984) Ausführlicher noch als im *Leviathan* behandelt Hobbes diesen Aspekt in seiner Schrift *Vom Burger Elemente der Philosophie III*, 5 Kapitel „Von den Ursachen und der Entstehung des Staates", wo er die Entstehung des Staates ausschließlich auf den (‚ewigen und zeitlich nicht begrenzten') Sicherheitsaspekt und die Verteidigung zurückführt, ders 1977, Kap 5-14

25 Vgl dazu ausführlicher und differenzierter in Kapitel II 1, wo der Begriff der *politischen Integration* mit Blick auf den modernen Nationalstaat als Bezugsebene des Integrationsbegriffs vornehmlich an Hand der Integrationstheorie von Rudolf Smend erörtert wird

Hier wird einen Souveränitätsbegriff deutlich, der – wie auch bei Bodin – ausschließlich territorial zu denken ist, indem die Herrschaft als *Gebietsherrschaft* konstruiert wird. Dies unterstreichen insbesondere drei im folgenden weiter aufzuzeigende Verweisungszusammenhänge: erstens zwischen dem Sicherheits-, Integrations- und eben dem Souveränitätsbegriff; zweitens die Hervorhebung der Bedeutung des Territoriums als materieller Existenzgrundlage des Staates (vgl. auch hier Bodin); sowie schließlich die Ausdifferenzierung des Souveränitätsgedankens und den darauf folgenden völkerrechtlichen Aspekt zwischenstaatlicher Politik, wie sie Hobbes in Anlehnung an Bodin und die historische Manifestation der territorialstaatlichen Gebietshoheit entwickelt.

Unter dem Titel „Von Dingen die einen Staat schwächen oder zu seiner Auflösung führen" (*Leviathan*, Kap. 29) diskutiert Hobbes die drei genannten Zusammenhänge. Als eine Erörterung *e negativo* aus jenen ‚Dingen, die einen Staat schwächen', lassen sich notwendige und unverzichtbare Erfordernisse ableiten, die *an den* Staat bzw. an das, was einen Staat unbedingt auszeichnen muss, gestellt werden. Als ein *erstes* solches Erfordernis spricht Hobbes in diesem Kapitel von der *Integration* und ordnet diese unmittelbar dem Sicherheitsaspekt sowie der Souveränität des Leviathan unter. Unter Integration versteht er die soziale Integration aller Schichten, Gruppen und Privatpersonen, die sich, da auf dem Hoheitsgebiet des Staates lebend, dem Herrschaftsvertrag angeschlossen haben. Der alleinige Aufenthalt in dem Staatsgebiet fungiert dabei als hinreichende Bedingung für die Unterwerfung unter die souveräne Gewalt des Leviathan, dessen Souveränität damit gegenüber allen Schichten, Gruppen und Privatpersonen mittels ihres gemeinsamen Lebens auf dem Territorialgebiet des Staates eine weitere Integrationsfunktion erhält.

Diese Bestimmungen bedeuten eine soziopolitische Integrationsfunktion der Souveränität aufgrund einer gemeinsamen territorialen Zugehörigkeit der Untertanen. Hobbes schreibt: „Die Sicherheit des Volkes verlangt ... von demjenigen oder denjenigen, die die souveräne Gewalt innehaben, dass alle Schichten des Volkes gleichermaßen gerecht behandelt werden, das heißt, dass sowohl die Reichen und Mächtigen als auch die Armen und Unbekannten ihr Recht bekommen, wenn ihnen Unrecht getan wurde" (Hobbes 1984: 262) Einen weiteren Hinweis auf die Bedeutung der Territorialität gibt Hobbes, indem er von dem Gebiet eines Staates als dessen notwendiger materieller Existenzgrundlage spricht. In einer Reihe mit Nahrung (Ackerbau, Fischerei etc.), Manufakturen und dem Faktor ‚Arbeit' erwähnt Hobbes, wenn auch nur beiläufig, die Bedeutung von Land, Grund und Boden. Da das Territorium des Staates, wie für den Bereich des Politischen schlechthin, die Ermöglichungsbedingung auch all jener Dinge wie Ackerbau, Manufakturen etc. darstellt, gelangt der Aspekt der Territorialität zu eben jener Bedeutung einer erstrangigen materiellen Existenzgrundlage, von der im weiteren die grundlegenden Versorgungsleistungen des Volkes abhängen.[26]

Am Ende jenes Kapitels 29 im *Leviathan* kommt Hobbes auf den *völkerrechtlichen* Aspekt der Souveränität zu sprechen. Damit wird das Feld eröffnet für die Unterscheidung zwischen innerer (innenpolitischer) und äußerer (außenpolitischer) Souveränität. Wenngleich (wie Mayer-Tasch [1981:42] hervorhebt), diese Unterscheidung bereits bei Bodin angelegt ist, so tritt sie bei Hobbes doch stärker in Erscheinung. Hier mag die Besiegelung des territorialen Hoheitsrechtes im Westfälischen Frieden 1648 die entscheidende historische Erfahrung gewesen sein, die Hobbes veranlasste, die Differenzierung im völkerrechtlichen Sinne auszuformulieren.[27] Da Hobbes seine Souveränitätslehre als universelles Paradigma der Bildung, Erhaltung und Führung von Staaten ohne Einschränkung auf einen bestimmten Staat und seine historischen Gegebenheiten versteht, gilt die Lehre von der obersten, ‚nächst Gott' und über allen Untertanen stehenden Gewalt des Leviathan konsequenterweise auch für andere Staaten und deren Inhaber der staatlichen Souveränitätsrechte. Souveränität erhält damit auch einen außenpolitischen Aspekt. Hier wird das Verhältnis der Souveräne bzw. souveräner Staaten zueinander zum Thema.

Auch im Bereich völkerrechtlicher, zwischenstaatlicher Verhältnisse stellt Hobbes den Sicherheitsaspekt in den Vordergrund, den er aus einer Analogie zu den zwischenmenschlichen, individuellen Beziehungen herleitet: „(Jeder) Souverän besitzt das gleiche Recht, seinem Volk Sicherheit zu verschaffen, das jedem einzelnen Menschen zur Verfügung steht, um für die Sicherheit seines eigenen Körpers zu sorgen. Und das gleiche Gesetz, das den Menschen vorschreibt, was sie im Hinblick auf ihr gegenseitiges Verhalten zu tun oder zu unterlassen haben, schreibt dies auch den Staaten vor, das heißt dem Gewissen der souveränen Fürsten und souveränen Versammlungen" (Hobbes 1984:269f.)

---

26 Vgl dazu Hobbes 1984 263f
27 Man beachte hierzu die Erstveroffentlichung des *Leviathan* im Jahre 1651, also drei Jahre nach Abschluss des Westfälischen Friedens

Die Rede von der ‚anarchischen Staatengesellschaft des Westfälischen Friedens' (u.a. Bull 1977; sowie die realistische Schule), ebenso wie die Kritiken an dem Paradigma des Realismus, haben im Rekurs auf Hobbes hier ihre Wurzeln.

Denn die ungebrochene Souveränität des Leviathan nach Innen ist auch durch keine Außenbeziehungen bzw. äußeren Einflüsse zu brechen, zu reglementieren oder einzuschränken. „(Es) gibt keinen Gerichtshof der natürlichen Gerechtigkeit außer im Gewissen, wo nicht der Mensch, sondern Gott herrscht" so Hobbes. (ders. 1984:270) Das individuelle Streben der Einzelnen und ihr gegenseitiger Kampf um Sicherheit, das den vorstaatlichen Naturzustand bei Hobbes kennzeichnete, findet hier eine ungebrochene Übertragung auf die zwischenstaatliche Ebene: Nur dass es im internationalen Kontext – oder, wie Hobbes sagt, im Völkerrecht (‚ius gentium') – keinen Herrschafts- und Unterwerfungsvertrag gibt bzw. geben *kann*, wäre ein solcher doch in jedem Fall eine Einschränkung der als absolut gedachten Hoheitsrechte des Souveräns bzw. der Souveräne. Das heißt aber auch, dass es nach Hobbes keine zwischenstaatlichen Rechtsverhältnisse gibt, *außer* dem ebenbürtigen Recht des jeweils innenpolitisch konstituierten Souveräns (bzw. aller Souveräne) auf uneingeschränkte Machtausübung innerhalb seines (ihres) Territoriums, bei gleichzeitiger, Integrität ihrer Gebietshoheit nach außen. Der völkerrechtliche, zwischenstaatliche Zustand gleicht somit – *auf den ersten Blick* – dem naturzustandsgemäßen vorstaatlichen ‚Krieg aller gegen alle', der gerade durch das Fehlen einer überindividuellen, überstaatlichen Autorität gekennzeichnet war.

Diese Sichtweise, die in der Theorie der Internationalen Politik zu einer dominanten Denkfigur geworden, ist nicht grundsätzlich falsch, greift jedoch zu kurz und beruht auf einer m.E. unvollständigen Hobbes-Interpretation. Neben der Frage nämlich, inwieweit es bei Hobbes im zwischenstaatlichen Handeln ein regulierendes Gewissen gibt, ist es doch die Frage der *innenpolitischen* Legitimation des Souveräns, die dem *außenpolitischen* Handeln Schranken aufweist und die Rückführung der Metapher von der zwischenstaatlicher Anarchie auf Hobbes als Vereinfachung erscheinen lässt. Denn kann im Kriegsfalle der Souverän für die Sicherheit seiner Untertanen nicht mehr in vollem Umfang aufkommen, verliert er seine innenpolitische Legitimation, und der Herrschaftsvertrag wird für die Untertanen kündbar. Dies verlangt jedem Souverän eine Rationalität seines außenpolitischen Handelns ab, die als regulierendes Maß in die zwischenstaatlichen Beziehungen eingeht. Dieses kann als Regulativ sowohl pazifizierend wie auch kriegstreibend wirken; allein es gibt bei Hobbes dadurch einen rationalen Maßstab außenpolitischen und zwischenstaatlichen Handelns, und es herrscht hier nicht vollkommene Anarchie. So ist gut vorstellbar, dass die Problematik der *innenpolitischen* Legitimation *außenpolitischen* Versagens als ein solches Regulativ in der internationalen Politik fungiert. In der Theorie der Internationalen Politik wird dieser Zusammenhang zwischen Innen- und Außenpolitik bei Hobbes kontinuierlich übersehen und muss als Missverständnis in der Rezeption politischer Ideen von Seiten der Realisten/Neorealisten, wie auch von ihren Kritikern gewertet werden (dazu auch Gilbert 1999; Wendt 1992).[28]

Von entscheidender Bedeutung für das Territorialitätsprinzip und das Verhältnis von Territorialität und Politik ist in diesem Kontext die durch den Souveränitätsgedanken konstituierte Innen/Außen-Differenz. Bei der Begründung des modernen Territorialstaates spielt diese Unterscheidung zwischen innen- und außenpolitischen Beziehungen eine zentrale Rolle. In beiden Fällen übernimmt das Souveränitätsprinzip die entscheidende Funktion, insofern diese Differenz nur durch den Gedanken des Gewaltmonopols konstruiert werden kann. Die Integrität innerstaatlicher Angelegenheiten und die Differenz nach außen hin zu, in gleichem Maße integren und in sich abgeschlossenen, jeweils anderen hoheitlichen Gebietsherrschaften sind nur denkbar an Hand jener Figur der höchsten Gewalt, die gleichsam – und hier drückt sich ein Paradox aus –, obwohl ‚nächst zu Gott', ausschließlich als territorial *gebundener* und konstituierter Leviathan in sein Amt eingesetzt werden kann.

Die Innen/Außen-Differenz ist dadurch eine *territorial* bestimmte Differenz, indem sie per territorial konstituierter und begrenzter Souveränität und Souveränitätsrechte sowohl den politischen Raum und die Reichweite der Herrschaft festlegt und eingrenzt, als auch die politische Scheidelinie zwischen innen- und außenpolitischen Belangen zieht.[29]

---

28 In empirischer Hinsicht spricht gegen die Metapher von der Anarchie und Regellosigkeit als paradigmatischem Modell internationaler Beziehungen zudem die Tradition der internationalen Schiedsgerichtsbarkeit, d h der Ubertragung zwischen-staatlicher Streitigkeiten und Konflikte an eine gemeinsam bestimmte Kommission zur eigenverantwortlichen und verbindlichen Entscheidung Fruhe Beispiele solcher Verfahren sind der „Jay-Vertrag" von 1794, das „Kaiserlich-Polnische Abkommen von 1677" und die Abmachungen Cromwells mit den Konigen von Portugal, Frankreich und Schweden aus den Jahren 1654 und 1655, vgl Lingens 1988
29 Die u a von Ferguson/Mansbach eingeklagte Aufhebung dieses „Inside/Outside" im Zuge transnationaler Netzwerkbildungen findet hier ihren Ansatzpunkt, vgl dazu oben in I 1 sowie in Kap IV 2

Die Innen/Außen-Differenz ist es auch, die bei Pufendorf im Vordergrund steht. Im folgenden werden die Souveränitätslehre Pufendorfs und seine naturrechtlichen Anschauungen eher am Rande (mit)behandelt und statt dessen jener Aspekt in den Mittelpunkt gerückt, der hinsichtlich der Analyse des Territorialitätsprinzips bei ihm am bedeutsamsten scheint: nämlich der Aspekt der *territorialen Integration*. In der kleinen, historisch-analytischen und staatstheoretischen Schrift *Die Verfassung des deutschen Reiches* (erstmals 1667 unter dem Pseudonym Severinus von Monzambano veröffentlicht) geht Pufendorf in drei Schritten vor: Zunächst beschreibt er die Anfänge des Deutschen Reiches, dann dessen Schwächen und schließlich die s. E. notwendigen Schritte seiner Gesundung durch die Entwicklung in einen ‚regulären' Staates.[30] Sowohl die Frage nach den Schwächen als auch die Reformvorschläge drehen sich um die Integration des Reiches und seiner einzelnen Gebiete, Personenverbände, Schichten, religiösen Denominationen und politischen Gruppen. Pufendorfs Reformvorschläge zur Neubegründung politischer Ordnung, insbesondere sein Plädoyer für eine starke souveräne Gewalt, stehen dabei für Leonard Krieger in direkter ursächlicher Linie mit dem Dreißigjährigen Krieg (ders. 1965): Pufendorf selbst schreibt dazu: „(So) wird man auch Deutschland nicht ohne größte Erschütterungen und ohne totale Verwirrung der Verhältnisse zur monarchischen Staatsform zurückführen können; zum Staatenbund entwickelt es sich dagegen von selbst" (ders. 1976:107) Aus der historischen Wirklichkeit des Zerfalls erwächst die Notwendigkeit zur Integration.

Bei Pufendorf erhält der Gedanke der Integration drei Bedeutungen: eine politisch-herrschaftliche, eine sozio-kulturelle und eine territoriale. Bezeichnend für die Rolle der Territorialität ist zunächst die Bestimmung des deutschen Reiches bzw. seiner Anfänge, der sog. ‚Germania Magna', an Hand der Grenzen und Grenzlinien (Kap. 1, §1). Dabei nimmt das zu einem Staat gehörende Land als, wie Pufendorf schreibt, „materielles Gut" (1976:109; vgl. oben bei Bodin und Hobbes) die erste Stelle für die Konstitution und den Erhalt des Staates ein. Dieses Land, das Gebiet des Staates, darf nun nicht, wie im Falle des deutschen Reiches nach der Herausbildung und Verselbständigung seiner ‚Territorien, lose geordnet oder ungeordnet sein oder gar zu einem Staatenbund auseinanderfallen, sondern muss, unter der Herrschaft eines starken Souveräns, zusammen-

---

30 Wenngleich dies nicht der Kapiteleinteilung entspricht, so sind dies dennoch die drei zentralen Perspektiven der Abhandlung; vgl die Ausgabe von Horst Denzer 1976, nach der im folgenden auch zitiert wird, siehe auch Denzer 1972

gehalten und integriert werden. Das deutsche Reich hingegen sei in einem Prozess des Auseinanderfallens begriffen und bestehe aus einem ‚Gemengelage seiner Territorien', was „Deutschland nicht einmal als geordneten *Staatenbund* erscheinen lasse." (Pufendorf 1976:120; Herv. v. Verf.) Und dies sei eines der drei Hauptübel: „Wir können also den Zustand Deutschlands am besten als einen solchen bezeichnen, der einem Bund mehrerer Staaten sehr nahe kommt ... Mit den schweren Krankheiten, von denen dieser Staatskörper heimgesucht wird, werden wir uns im nächsten Kapitel befassen" (Pufendorf 1976:107)

In sozio-kultureller Hinsicht ist der Zustand Deutschlands nach Pufendorf nicht weniger bedenklich. Die Desintegration sei auch hier soweit fortgeschritten, dass sich – und hier spricht Pufendorf die dem Territorialitätsprinzip ebenfalls zugeordneten Aspekte der Sicherheit und der Souveränität an – Deutschland kaum noch selbst verteidigen könne. Der Grund sei hier „der unharmonische und ungeordnete Zusammenhang des Staates" (ders. 1976:118) Zwar habe Deutschland eine große Bevölkerungszahl und könne, wenn es diese zu einigen gelänge, „zu einem einheitlichen Entschluss wie von *einer* Seele" und zum stärksten Staat in ganz Europa werden: „Je fester und geordneter diese [ausschließlich per souveräner Gebietsherrschaft herzustellende; H.B.] Einigung ist, desto stärker ist die Gesellschaft" (ebd.) Allein durch den Streit der religiösen Denominationen, der Aristokraten und Fürsten, der Territorialherren mit den Reichsinstanzen und der Stände untereinander sei Deutschland geschwächt, sei es „in Parteien zerrissen und in heftige Konflikte gestürzt" (ders. 1976:121) Dies bringt Pufendorf schließlich zu der Frage nach der politisch-herrschaftlichen Bedeutung von Integration.

Die politisch-herrschaftliche Bedeutung der Integration verweist, neben ihrer Bedeutung für das Territorialitätsprinzip, verstärkt auf den Aspekt der Souveränität. Zur Einordnung des Zustandes und der Verfassung, die Deutschland kennzeichne, bemüht auch Pufendorf die zu seiner Zeit geläufige Lehre von den Staatsformen. Er möchte das deutsche Reich nach den „Regeln der Wissenschaft von der Politik ... klassifizieren" Jedoch gibt er sich geschlagen, da Deutschland weder eine Monarchie, noch eine Aristokratie, noch eine Demokratie, ferner auch kein Staatenbund sei. Deutschland gleiche vielmehr einem Mittelding, einem „irregulären und einem Monstrum ähnlichen Körper"(ders. 1976:106), der sich von einer regulären Monarchie zu einer disharmonischen Staatsform entwickelt habe. Die Freiheitsbestrebungen der Stände und die Unabhängigkeitswünsche der einzelnen Territorialherren, mit anderen Worten: die Aushöhlung der gesamtstaatlichen, ehedem monarchischen Gebietshoheit und Souveränität sei hierfür verantwortlich. Die Verflüchtigungen und Aufteilungen der höchsten Macht im Staat, die alle Teile des Körpers zu einem einheitlichen Bestreben und zu ‚einer Seele' zu einigen vermag – sprich das Fehlen staatlicher Souveränität – zerstöre die innere Eintracht und schwächten Deutschland. Sie veranlassen Pufendorf, aus der pseudonymen Sicht eines Reisenden, nicht nur Genesungswünsche zu übermitteln, sondern auch Heilmittel zu ‚verschreiben'. Dabei erlangt der Souveränitäts- und Territorialstaatsgedanke seine volle Bedeutung.

Um die genannten Ursachen der Schwächung des Staates zu vermeiden, setzt Pufendorf verstärkt auf die Ausrichtung der Politik entsprechend der Zweckbestimmung des Staates. Da im vorstaatlichen Zustand die sog. ‚primae societates' der Familie und Hausgemeinschaften zur Gewährleistung von Frieden und Sicherheit aufgrund ihrer mangelnden Größe nicht in der Lage gewesen seien, sei Staatenbildung überhaupt erst nötig geworden. Wie Bodin und Hobbes erklärt auch Pufendorf die Frage von Frieden und Sicherheit zu einem zentralen Aspekt staatlicher Politik. Wegen ihres konstitutiven, staatsbildenden Charakters genießen die ‚primae societates' andererseits auch Immunität vor dem Zugriff der staatlichen Gewalt des Souveräns. Die Zweckbestimmung des Staates liegt also – und zwar in dreifacher Weise – im Schutz und in der Sicherheit seiner ersten und kleinsten Einheiten: mit Blick auf außenpolitische Gefahren, auf innenpolitische Zerrüttungen sowie auf Zugriffe des eigenen Souveräns, die den Bestand der ‚primae societates' gefährden würden. Diese Bestimmung der bürgerlichen Gesellschaft und des Staates gälte es, für ihre Wohlgeordnetheit, Stärke und innere Eintracht (d.h. seine naturrechtliche Bestimmung) immer im Auge zu behalten.

Idealtypischer Weise ereignet sich jede *Staatsbildung* von dem Zusammenschluss der Familien und Haushalte bis hin zur Konstituierung einer allen gemeinsamen souveränen Gewalt bei Pufendorf per Vertragskonstruktion in mehreren Stufen.[31] Der Aspekt der Integration durchzieht dabei durchgängig und

---

[31] Die Ausfuhrungen Pufendorfs zum Prozess der Staatsbildung sind insofern als idealtypisch bzw als Idealtypus zu begreifen, als sie nicht die tatsächliche, historische Genese von Staaten beschreiben, sondern den Versuch einer rationalen Erklärung und Rekonstruktion *des* Staates darstellen, wie er zu bilden sei und beschaffen sein musste, um seinem Zweck gerecht zu werden „Die erwähnte Aufeinanderfolge der Verträge und des Dekretes uber die Regierungsform ist nicht als zeitliche, sondern als logische Sukzession zu verstehen, die den Prozess der moralischen Einigung vorher autonomer ‚persones morales' zu einer ‚persona moralis composita' aufzeigen soll "(Behme 1995 128)

unverzichtbar alle Stufen des Staatsbildungsprozesses. Vertrag („pactum‘) und souveräne Herrschaft („imperium‘) sind dementsprechend die „beiden wichtigsten Einigungsprinzipien der `civitas'." (Behme 1995:122) Die erste Stufe, als Ausgangspunkt der Staatsbildung, besteht in der als Naturzustand angenommenen Gleichheit, Freiheit und moralischen Ungebundenheit, aber auch in der gegenseitigen Bedrohung einer losen ‚Menge von Menschen'. Aus Furcht vor Bedrohung ihres Lebens und aus dem Zustand permanenter Unsicherheit heraus schließen sich die Menschen zu einer ersten, dauerhaften Vereinigung zusammen („coetus‘). Diese beruht bislang noch nicht auf mehr als auf einer reinen Willensbekundung, um die Belange der Sicherheit einer gemeinsamen Beratung und Führung zu unterstellen. Erst in einem zweiten Schritt der Integration zu einer politischen, staatlichen Gemeinschaft – auf ihrer dritten und höchsten Stufe – kommt es zu einer Abstimmung über die Regierungsform, die die Gemeinschaft annehmen soll. In einem letzten Schritt schließlich wird der Herrschafts- bzw. Unterwerfungsvertrag geschlossen und der Souverän wird konstituiert, und zwar, wie Pufendorf sagt, als Vereinigung der Willen zum Gehorsam unter der Willenseinheit *einer* moralischen Person.[32]

Die innere Disposition des Staates verweist abschließend nochmals auf das Prinzip der Territorialität. Indem Pufendorf sein Schema des Stufenmodells – mit dem er, da es den seinem natürlichen Zweck entsprechenden Staat historisch-rational rekonstruieren soll, ein universelles Staatsmodell entwerfen möchte – auch auf bereits bestehende Verhältnisse anwendet, beziehen sich die Gehorsamsverpflichtungen der Untertanen, ebenso wie die Aufgaben des Staates, nicht nur auf ausdrückliche Zustimmungen eines Kreises von ‚Gründervätern‘, sondern erstrecken sich zeit- und generationenübergreifend auf jede Person, die sich innerhalb des Hoheitsgebietes einer jeweiligen souveränen Gewalt aufhält. Auch die stillschweigende Zustimmung bzw. die fiktive Zustimmung zum Herrschafts- und Unterwerfungsvertrag verleiht dem Souverän seine vertragliche Legitimität. Damit gelten alle Personen (faktisch wie fiktiv), die sich innerhalb des staatlichen Territoriums und seiner Grenzen aufhalten, als Vertragspartner bei der Konstituierung der Souveränität, wie beispielsweise auch Zuwanderer, Flüchtlinge und die natürliche Nachkommenschaft der Untertanen.

---

32 Zu den Problemen dieser Vertragskonstruktion, die hier im Einzelnen nicht diskutiert werden sollen, siehe Krieger 1965, Denzer 1972, Welzel 1958; Behme 1995; sowie schließlich bei Pufendorf selbst in *De Jure Naturae et Gentium Libri Octo* (zuerst Amsterdam 1672, dt 1967)

Ohne die vertragsrechtliche Konstituierung von Souveränität gibt es keinen Staat, wobei die Vertragspartner, die sich gerade zum Zwecke der Konstituierung eines Souveräns zusammenschließen, eine – wie insbesondere der Gedanke der stillschweigenden Zustimmung durch alleinigen Aufenthalt auf dem Hoheitsgebiet verdeutlicht – *per se* territorial integrierte und gleichsam begrenzte Gesellschaft bilden. Da ‚Staat' hier mit Politik gleichgesetzt wird, *kann* es folglich keine Politik ohne ihre territorial gedachte Hervorbringung und Fundierung sowie ohne territorial begrenzte, räumliche Zuordnung der Akteure und ihres Handelns geben. Die oben skizzierten Mühen Pufendorfs, für das ‚Gebilde' des deutschen Reiches eine entsprechende kategoriale Zuordnung nach den ‚Regeln der Wissenschaft von der Politik' zu finden und sein Ausweichen auf die Bezeichnungen des ‚Monstrums' und des ‚irregulären Staatengebildes' geben hiervon anschaulich Zeugnis.[33]

---

33 Interessant ist in diesem Zusammenhang auch die Interpretation Olaf Asbachs zur ‚alten Reichsverfassung' als föderativem Staatenbund an Hand des Deutschlandbildes von Rousseau und Abbé de Saint-Pierre. So habe Rousseau einen positiven Friedensbeitrag des Reiches im System der europäischen Mächte gesehen, der gerade in seinen politischen, diplomatischen, wissenschaftlich-technischen und kulturellen „Verflechtungsprozessen" bestehen wurde (Asbach 2001 174), in der gleichen Richtung argumentiert auch Heinz Duchhardt, wenn er von einer „außenpolitischen Mehrschichtigkeit des Reiches" spricht (ders 1990 6), auch v Aretin 1993 Die Sicht Saint-Pierres auf das Reich liegt nun auf der gleichen Linie wie das Urteil Pufendorfs, dass nämlich „die Schwache des Kaisers und des Reiches mit der Starke der territorialen Herren in einem solchen Maße (korrespondiere), dass der Einheitscharakter des Reiches insgesamt fraglich zu werden beginnt Mit dem Zerfall des Reiches in das Extrem der unabhängigen Einzelheit von verselbständigten politischen Entitäten ist für Saint-Pierre die Ausgangslage gegeben, von der aus das Reich als Ganzes neu gedacht, konzipiert und hergestellt werden musste" (Asbach 2001 193, 196) Die Nähe zu Pufendorf wird auch deutlich, da Saint Pierre für den Zustand des Reiches von einer „non-société" spricht, womit er - ahnlich wie Pufendorf mit der Bezeichnung des ‚Monstrums' – auf das Fehlen allgemeiner politischer Institutionen und Verfahren geordneter staatsrechtlicher Verfasstheit hindeutet Und wie Pufendorf (und auch Bodin und Hobbes) vertritt Saint-Pierre die „Position einer strukturellen Unhintergehbarkeit der Ausbildung und Realisierung souveräner Staaten, derer es zur Regelung der gesellschaftlichen Ordnung bedarf" (Asbach 2001 217) Saint-Pierres Analyse des Zustandes des alten und durch das Modell des souveränen Staates zu *überwindenden* Reiches – also jenes „eigentümliche(n) vor-nationalen(n) oder quer zum souveränitätstheoretisch stringenten Weg der frühneuzeitlichen Staatenbildung stehende(n) Gebilde(s)" – versteht Asbach als ein Modell *transnationaler* Strukturen und Institutionen (ders 2001 217f), vgl dazu auch die ‚imperium in imperio'-Metapher in Kap IV 2a)

Zusammenfassung und Ausblick

Zusammenfassend ist festzustellen, dass das Prinzip der Territorialität und seine vier Einzelaspekte der Souveränität, der politischen Integration, der politischen Raumkonstruktion und der staatlichen Sicherheit den paradigmatischen und unhintergehbaren Rahmen moderner Politik abstecken. Politik und Staatlichkeit sind innerhalb dieses, durch die modernen Theorien des souveränen Territorialstaates ausformulierten Paradigmas gar nicht anders denkbar als territorial gebunden und territorial fixiert. Im Zuge der historischen und theoretischen Entwicklung des modernen Territorialstaates zum Nationalstaat vom Ausgang des 18. bis hinein ins 20. Jahrhundert erfahren das Prinzip der Territorialität und seine vier Einzelaspekte eine gesteigerte Bedeutung. Da den Begriffen und Konzepten zeitgenössischer Politik – mit Ausnahme der transnationalen Politik – mehr die Figur und der Erfahrungshintergrund des Nationalstaates als die des neuzeitlichen Territorialstaates zu Grunde liegt, werden die vier Einzelaspekte des Territorialitätsprinzip im nächsten Kapitel vertieft.

II Bedeutungsaspekte nationalstaatlicher Territorialität

Das Prinzip der Territorialität ist das zentrale Bestimmungsmerkmal moderner Politik. Ohne die Bindung politischen Handelns an einen territorial bestimmten und bestimmbaren Raum scheint Politik nicht denkbar. Territorialität und Raumbegrenzung ermöglichen erst die Manifestation von Politik und politischem Handeln. Im politischen Raum werden Symbole, Institutionen, Verfassungen, Gesetze etc. und schließlich die Handelnden und all ihre Handlungen selbst konkret und treten in Erscheinung. Gleichsam legt er den Geltungsbereich politischen Handelns fest, in dem die Symbole, Institutionen, Souveränitätsrechte etc. erst ihre spezifische Bedeutung erhalten können. Die genannten Einzelaspekte der Territorialität reflektieren dabei nicht nur normative Erwartungen und Forderungen an *den* Staat, sondern darüber hinaus manifestieren sich an ihnen die zentralen normativen Ordnungsvorstellungen moderner Staatlichkeit und Politik. Sie übernehmen und garantieren in ihrer jeweiligen Funktion nicht weniger als die Bildung, Wahrung, Ordnung und Sicherung des politischen Raumes und *ermöglichen* damit erst Politik – zumindest in ihrem traditionellen Verständnis.

Um dies weiter zu konkretisieren, folgt in diesem Kapitel eine Diskussion der vier Einzelaspekte des modernen, am *Nationalstaat* orientierten Territorialitätsprinzips. Diese Vertiefungen dienen später (in Kapitel III) der Gegenüberstellung mit den empirischen Hinweisen der Fallstudie zu Veränderungen und Wandlungen der Strukturen transnationaler Politik. Da die empirischen Hinweise die herkömmlichen Konzeptionen ganz oder teilweise als revisionsbedürftig und anachronistisch erscheinen lassen, schließt sich in Kapitel IV der Versuch der ‚Neuformulierung' jener vier Prinzipien im Angesicht transnationaler Politik an. Die durchgängige analytische Verwendung der vier Aspekte der politischen Integration, der Raum- und Grenzgebundenheit von Politik, der Souveränität sowie des sicherheitspolitischen Aspektes durch die einzelnen Schritte der vorliegenden Untersuchung trägt deren zentralen Bedeutungen für die traditionelle Konzeption des Territorialitätsprinzips einerseits sowie auch für die Analyse von dessen Wandlungen im Bereich transnationaler Politik andererseits Rechnung. Die Auswahl der Autoren (Smend, Simmel und Weber), an Hand derer im folgenden das moderne nationalstaatliche Territorialitätsprinzip exemplarisch diskutiert wird, erklärt sich aus ihren theoretisch elaborierten Positionen – die jedoch beispielsweise im Vergleich zu Hermann Heller und Carl Schmitt nicht ähnlich ideologieverdächtig sind.

II.1. Politische Integration

Politische Integration war der vielleicht bedeutsamste der in Kap. I.2. bei der theoriehistorischen Behandlung des Zusammenhanges von Politik und Territorialität ausdifferenzierten vier Bedeutungsaspekte von Territorialität. Bei der neuzeitlichen Begründung des modernen Staates spielte die Frage eines einheitlichen territorial ab- und begrenzten Staatsgebildes, das zur Aggregation und Zentralisierung unter-schiedlicher gesellschaftlicher und politischer Interessen sowie zu ihrer Einbindung in den gesamtstaatlichen politischen Handlungsprozess fähig war, eine zentrale Rolle. Integration wurde als Bedingung und Befähigung zum gesellschaftlichen und politischen Handeln begriffen.

Integration, so haben die Diskussionen bei Bodin, Hobbes und Pufendorf gezeigt, und so versteht auch Smend den Begriff, bedeutet einmal die ‚Herstellung oder Entstehung einer Einheit oder Ganzheit aus einzelnen Elementen, so dass die gewonnene Einheit mehr als die Summe der vereinigten Teile ist sowie zweitens die Aggregierung unterschiedlicher politischer und gesellschaftlicher Interessen und deren Transformation in den politischen Handlungsprozess durch vornehmlich staatliche Institutionen (vgl. Smend 1955 sowie die folgenden Ausführungen; ebenso „Integration", 1998:277f.). Die staatliche Einheit oder Ganzheit, von der Smend spricht, liefert hier den entscheidenden Hinweis für die Behandlung der modernen Integrationstheorie. Denn die ‚staatliche Einheit', ebenso wie der geistige Vorgang der Integration fallen mit dem Bedeutungs- und Sinngehalt des *nationalen* Verfassungsstaates und dem neuzeitlichen Nationalstaat zusammen. Deswegen gilt es vor allem, die *territorial-nationalstaatliche Fixierung* des Integrationsbegriffes herauszuarbeiten.[1] Im Anschluss wer-

---

1 Es muss hier erwähnt werden, dass diese Fixierung für den ‚klassischen' Integrationsbegriff zutrifft, jedoch nicht mehr für Beispiele der *regionalen* Integration z B in Europa (EU), Süd-Ost-Asien (ASEAN) oder Lateinamerika (dazu Mols 1996) Der Bezugsrahmen des Integrati-

den an Smend drei Typen der Integration diskutiert: die persönliche, die sachliche und die funktionelle Integration.

a) Die territorial-nationalstaatliche Fixierung des Integrationsbegriffes

In seinem frühen, am Anfang seiner Theorieentwicklung stehenden Aufsatz „Die politische Gewalt im Verfassungsstaat und das Problem der Staatsform", in dem Smend erstmalig von dem Begriff der ‚Integration' spricht, bezieht er den Integrationsgedanken sogleich auf „das *Gebiet* ... (als) des eigentlichen Kernes und Sinnes der Verfassung." (Smend 1955:84 [1923]; Herv. v. Verf.) Damit wird unmittelbar die *territoriale* Beziehung der Integration deutlich. Ebenso wird der Integrationsbegriff als Gegenbegriff zur sozialen Differenzierung erkennbar. Denn die Verfassung „gibt dem [gesamtgesellschaftlichen und politischen; H.B.] Leben Formen, in deren Aktualisierung es seine alleinige Wirklichkeit hat, in denen es sich erneuert, alle Staatsangehörigen immerfort von

---

onsbegriffes ist hier bereits nicht mehr der Nationalstaat, sondern der supranationale Zusammenschluss mehrerer Staaten bei partieller Aufgabe ihrer nationalen Souveränität durch übergeordnete gemeinsame Vereinbarungen und Politikbereiche Die aktuelle Überwindung der Fixierung des Integrationsbegriffes auf den Nationalstaat durch erwähnte regionale Zusammenschlüsse muss hier jedoch nicht stören, da diese Überwindung zwar zu beobachten ist und in diesen Fällen der Integrationsbegriff bzgl seiner territorialen Fixierung auf *zwischenstaatliche* Aggregationsphänomene erweitert werden muss, jedoch die Gultigkeit des nationalstaatlich orientierten Integrationsverständnisses dadurch nicht beeinträchtigt wird Ferner liegt, wie bspw der integrationstheoretische Ansatz von Karl W Deutsch zeigt, auch dem moderneren, auf supranationale Regionalität pluralistischer Gemeinschaftsbildungen bezogenen Integrationsbegriff in dreifacher Hinsicht die traditionelle Denkfigur des Nationalstaates und seiner territorialen Ab- und Begrenztheit als zentraler politischer Einheit sowie die Figur der Grenze als Territorialgrenze zugrunde Dies äußert sich *einmal* am Modell des ‚Systems' in seinem Zusammenhang mit kybernetischen Steuerungs- und Kommunikationsvorgangen, wobei die Systemgrenze das konstitutive Merkmal des politischen Systems selbst sowie inter-systemischer Transaktionsprozesse darstellt, zum *zweiten* äußert sich dies in empirischer Hinsicht an der Vorstellung von der Manifestation des Systems als Nationalstaat sowie der Systemgrenze als der Territorialgrenze des Nationalstaates. Wenngleich der Begriff der Grenze nicht mehr im strengen Sinne nationalstaatlich als statische Abgrenzung und Linie gedacht, sondern als ausgedünnte, interstaatliche Kommunikationsbeziehungen verstanden wird, so bleiben der territoriale Bezug der Grenze und ihre nationalstaatliche Funktion als Bestimmung einer Einheit nach Innen und einer Abgrenzung nach Außen weiterhin bestehen Zum dritten kennzeichnet sich die supranationale Einheit der ‚Region' durch die innere Integrationsfunktion gemeinsamer territorialer Außengrenzen, dazu u a Deutsch 1957, 1968, 1972, sowie in Kap IV 3 Anders jedoch verhalt es sich im Fall *transnationaler* Politik, wo der Integrationsbegriff aufgegeben werden muss, da der Bereich des Staatlichen und Zwischen-Staatlichen hier verlassen und umgangen wird

neuem in wirkliche Beziehung setzt." Ferner gebe sie diesem Leben die „(sachlichen) Inhalte, in deren ... Verwirklichung der .. Staat [hier konkret der Staat der Weimarer Republik; H.B.] seine Einheit" findet (Smend 1955:91). Zwei Aspekte sind hier von entscheidendem Interesse: *einmal* die Bezugnahme auf den Verfassungsstaat in einer konkret historischen Wirklichkeit, sowie *zweitens* das Verständnis von Integration sowohl als Gegensatz wie auch als Instrument zur Überwindung sozialer und politischer Unterschiede.

Der moderne Verfassungsstaat ist für Smend der zentrale Ansatzpunkt bei den Fragen nach dem verantwortlichen Akteur der Integration sowie nach den zu integrierenden politischen Akteuren. Wie Manfred Mols betont, werden der Integrationsvorgang und mit ihm die Verwirklichung der Verfassung als der ideell-geistigen und rational-technischen Vorgabe der Integration „erfüllt und gewährleistet durch die Tätigkeit der politischen Gewalt, deren Träger in den Bereich der Regierung falle und deren Funktion in der Herstellung der staatlichen Einheit liege." (Mols 1968: S131) Dabei geht der Integrationstheorie Smends eine Vorstellung von politischer Wirklichkeit voraus, die sich, wie er selbst betont (ders. 1955:301), im Gegensatz zu Carl Schmitts Orientierung am Ausnahmezustand, um eine ‚normale staatliche Wirklichkeit' bemüht. Gerade an diesem, Smends Integrationstheorie zugrundeliegenden und von ihm selbst, in direkter Bezugnahme auf Schmitt, unterschiedlich akzentuierten Begriff des Politischen, der von einer ‚normalen' staatlichen Wirklichkeit ausgehe, wird die Fixierung auf den modernen, nationalen Verfassungsstaat und auf dessen Territorium als des ausgedehnten und gleichzeitig begrenzten (Staats-) Gebietes der politischen und sozialen Integration deutlich.

Denn der moderne Nationalstaat verkörpert – wenngleich krisengeschüttelt, dafür aber um so mehr integrationsbedürftig und einer Integrationstheorie bedürftig – die konkrete und nicht hintergehbare Vorlage und Anschauung des ‚normalen' politischen Lebens.[2] Dazu merkt auch Wilhelm Hennis an: „(Der) Begriff des Politischen, der der Integrationslehre Rudolf Smends zugrunde liegt,

---

2 Zur Diskussion von Smends Verfassungsbegriff, insbesondere mit Blick auf seinen wechselseitigen Bezug zum Integrationsbegriff, vgl. Mols 1987 191ff , wo es u a heißt „Dass der Begriff der Integration in der Ausfaltung seines Schemas aus der Anschauung des modernen Verfassungs- und Nationalstaates gewonnen ist, beweist jenseits aller inhaltlichen Auffullung schon die Konzeption der Integrations- lehre *als* Verfassungstheorie " (ders 1987 192, Herv v V), dazu Smend, „Verfassung und Verfassungsrecht" (1955 119ff, erstmals 1928)

kann seine Fixierung auf den modernen Nationalstaat, der besonders nach deutscher Auffassung in der Kultivierung seiner eigenen Individualität seine höchste Aufgabe sah, nicht leugnen." (Hennis 1963:17)

Schließlich ist Smends Integrationsbegriff – ähnlich wie bereits bei Bodin, Hobbes und Pufendorf angelegt – *als Gegenbegriff zur sozialen und politischen Differenzierung* zu verstehen (ausführlich dazu Häußling 1959:342f.). Das Verständnis von Integration als Gegenpol zur sozialen und politischen Differenzierung ist hier deshalb von weiterführendem Interesse, da Differenzierung (bzw. „Ausdifferenzierung", wie es im folgenden, insbesondere in Kap. IV heißen wird) im Gegensatz zu den integrierten Gebilden des modernen Staates eines der zentralen Merkmale von transnationaler Politik und von Denationalisierungsprozessen ist. Der traditionelle, auf den modernen Verfassungs- und Nationalstaat bezogene Integrationsbegriff büßt somit, aufgrund der durch transnationale Politik induzierten Auflösungserscheinungen nationaler Politik und nationalstaatlicher Einheiten, als empirisches wie normatives Konzept von politischer Wirklichkeit partiell seine Gültigkeit ein. Denn genau die Wirklichkeit, die Smend seiner Integrationstheorie als *die* ‚normale' Wirklichkeit zugrundegelegt hat, verliert (wie die Diskussionen in I.1. gezeigt haben und wie ferner die Untersuchungen der Fallstudie nachweisen werden) im Zuge der Herausbildung transnationaler Gesellschaften und transnationaler politischer Handlungsebenen an Ausschließlichkeit.[3]

Um dies weiter spezifizieren zu können, soll der Integrationsbegriff nun auf verschiedene Arten der Integration hin untersucht werden. Diese Unterscheidung ermöglicht später eine nach diesen Typen ausdifferenzierte Analyse von denationalisierenden und entterritorialisiert-desintegrierenden Auflösungserscheinungen transnationaler Politik. Dies wird ferner dazu beitragen, einerseits zwischen den Phänomenen, die durch Denationalisierungs- und Globalisierungsprozesse tatsächlichen Änderungen und Wandlungen unterworfen sind, und politischen Kontinuitäten andererseits besser unterscheiden zu können.

---

3 Nicht zuletzt aus diesen Gründen wird die Verwendung und Bezeichnung *normale politische Wirklichkeit* in heutigen Zeiten zunehmend schwieriger, weswegen hier - wie auch im folgenden - an den entsprechenden Stellen auf den Rückgriff auf Anführungszeichen ‚. ' und Kursivhervorhebungen nicht verzichtet werden kann, so noch nicht bei Mols 1968, Ehmke 1953 und schließlich bei Smend selbst

b) Drei Typen der Integration

In „Verfassung und Verfassungsrecht" (1955 [1928]) unterscheidet Smend drei Typen der Integration: die sachliche, die persönliche und die funktionelle Integration. Jede Integrationsart, die ihrerseits in einem wechselseitigen Verweisungsprozess den Gesamtvorgang der (bzw. einer) erfolgreichen sozio-politischen Integration konstituieren, birgt für den vorliegenden Untersuchungszusammenhang jeweils relevante Einzelaspekte. Dabei sind die einzelnen Typen ausschließlich als idealtypische Abstraktionen zu verstehen. Ihre Bezugnahmen auf den Nationalstaat, seine Grenzen und sein Territorium treten auch hier deutlich zu Tage.

Die sachliche Integration

Diese Bezugnahme tritt am vielleicht deutlichsten im Rahmen dessen hervor, was bei Smend die sachliche Integration heißt. Wenngleich hiermit zunächst der Wertebestand gemeint ist, der eine Gesellschaft nach innen integrieren und für politische und kulturelle Homogenität sorgen soll, so konkretisiert, manifestiert und materialisiert sich dieser Wertebestand doch in der historischen Wirklichkeit jeweiliger (National-)Staatsgebilde. Dementsprechend schließt sich hier auch das Verständnis Smends von *dem* Staat als der „Substanz der Werteverwirklichung" (Smend 1955:160), als eines „einheitlich motivierenden Lebenszusammenhanges" (1955: 162) und als einer „Werttotalität" (ebd.) an. Dabei hat Smend nicht ein überzeitlich allgemeines, räumlich-territorial unabhängiges, universell gültiges und/oder einem rationalen Naturrecht entlehntes Staatsmodell vor Augen (wie beispielsweise Pufendorf), sondern – und dies liegt durchaus im Sinne der oben bereits erwähnten ideen- und theoriehistorischen Zuspitzung des Territorialstaatsgedankens auf den territorial abgegrenzten und geschlossenen *National*staat – einen jeweils historisch konkreten Staat. Dessen Verwirklichung und politische Realität manifestiere sich in so unterschiedlichen Dingen wie politischen Symbolen – Fahnen, Wappen, Hymnen, nationalen Festen, nationalen Erinnerungen etc. –, in der Verfassung und ihren rechtlichen Normen sowie im *Staatsgebiet* und seinen gemeinschaftskonstitutiven Bedeutungen, wie beispielsweise der Verteidigung und der gemeinsamen Sicherheit.

Schließlich wird man dabei, so betont Mols, „auf die Staatsform"[4], d.h. den Nationalstaat, „zu verweisen haben, die als solche ... historisch einen integrierenden Sachgehalt ersten Ranges vermöge ihrer dialektisch zu begreifenden Einheit aus traditionellem Bestand und ideeller Verwirklichung ... darstellt." (ders. 1968:138)

Die persönliche Integration

Der nächste Integrationstyp ist die persönliche Integration. Auch bei dieser Integrationsart tritt die Bezugnahme auf den Staat bzw. den Nationalstaat deutlich zu Tage. Im Mittelpunkt der persönlichen Integration steht die staatliche Gemeinschaft und die Frage der „Führung". Dazu Smend: „Es gibt kein geistiges Leben ohne Führung." (1955:143) Es ist wichtig zu betonen, dass sich Smend, wenn er von ‚Führung' spricht, klar von dem Begriff des Führertums distanziert und unter Führung die geistige Einheit aus Führung *und* Geführten meint: „Es ist liberales oder ... obrigkeitsstaatliches Denken, das das Problem der Führung nur in den Führern und nicht mindestens ebenso sehr in den zu Führenden sucht." (Smend 1955:143) Hingegen seien der Führer „nicht alleinige Kraft und sie selbst [d.h. die Geführten; H.B.] passive Geschobene, sondern indem sie selbst lebendig und die Führer Lebensform der sozial und geistig in ihnen lebendig und aktiv Werdenden sind", bestehe eine Übereinstimmung mit der Grundstruktur des geistigen Lebens, und der Begriff der Führung sei von der „lähmenden Passivität" einer Führerideologie befreit. (ebd.)

Die entscheidenden Bezugspunkte der persönlichen Integration sind somit wiederum der (National-)Staat und vor allem die nationalen Staatsorgane. Unter ihnen nehmen die Staatsoberhäupter, die die Einheit des Staatsvolkes verkörpern und repräsentieren, eine besondere Stellung ein. Smend denkt diese Einheit jedoch nicht als etwas Festes und Statisches, sondern als etwas Fließendes, als eine sich verändernde geistige Wirklichkeit und als ein sich regenerierendes ‚Erlebnis'. Dadurch wird die *personliche* Integration zu dem vielschichtigsten Integrationstypus, da er „die drei nur in dialektischer Verwiesenheit als Einheit [des Staates; H.B.] zu begreifenden politischen Strukturelemente der Führung, der Repräsentation und der Willensbildung (umfasst)." (Mols 1968:134)

---

4 Mit „Staatsform", wie es hier im Zitat gemeint ist, werden nicht Herrschafts- oder Verfassungsformen und ihre unterschiedlichen Grundtypen (Monarchie, Aristokratie, Demokratie) im Sinne der klassischen Herrschaftstypologie begriffen

Bei dem Typus der persönlichen Integration muss, neben der innenpolitischen Komponente, auch die außenpolitische Seite mitgedacht werden. Durch die Trennung zwischen Innen- und Außenpolitik wird die Fixierung des Integrationsbegriffs auf den modernen Nationalstaat und seine territorial-räumliche Begrenzung und Bestimmung von Politik ein weiteres Mal deutlich. „Die integrierende Wesensbestimmung der staatlichen Gemeinschaft, um die es sich hier ... handelt, ist natürlich nicht nur eine innerpolitische, für das eigene Staatsvolk, sondern auch eine außenpolitische, gegenüber dem Auslande." (Smend 1955:147) Der Begriff der Integration ist in seiner außenpolitischen Komponente insofern wichtig, als die staatliche Führung, bestehend aus Staatsoberhaupt, Kabinett, Bürokratie und der politischen Elite, nicht nur vom eigenen Staatsvolk als zentraler Bezugs- und Repräsentationskern des Staates und als Verantwortungsträger staatlicher Politik identifiziert wird, sondern auch von anderen, ausländischen Staaten. Smend macht dies an dem Beispiel des politischen Scheiterns und des Regierungssturzes deutlich und schreibt: „In der Tat aber weichen ... die führenden Staatsmänner nicht deshalb, weil sie sich selbst so sehr mit ihrer Politik identifiziert hätten, dass eine andere von ihnen nicht erwartet und ihnen auch nicht zugemutet werden könnte ... sondern deshalb, weil sie den derzeitigen Charakter des Staatsganzen so sehr integrierend bestimmen, so sehr mit ihrer Politik das Zeichen sind, in dem das Staatsvolk politisch eins ist, dass ein Wechsel dieses politischen Charakters *nach innen oder nach außen* nur als Wechsel der Personen möglich ist." (Smend 1955:147f.; Herv. v. Verf.)

Nachdem durch diese Bestimmungen der Zusammenhang von sachlicher und persönlicher Integration deutlich geworden ist – hierzu Smend: „Integration durch Könige oder führende Politiker ist zugleich Integration durch einen ... geschichtlich-dauernden oder ... ephemeren staatlich-politischen Sachgehalt" (ders. 1955:148) – soll nun der Typus der funktionellen Integration behandelt werden. Da dieser zusammen mit der persönlichen Integration, im Gegensatz zum sachlichen Moment, die formalen Momente des Integrationsgeschehens ausmacht, wird durch die idealtypische Differenzierung der Integrationsarten ihr dialektisches, Staat und Politik in ihrer Gesamtheit überhaupt erst konstituierendes Zusammenwirken deutlich. Nur dieses Zusammenwirken kennzeichnet und bestimmt, jenseits aller idealtypischen Trennungen, die Gesamtheit des Integrationsvorganges. Es entspricht zudem in seiner modernen *nationalstaatsbezogenen* Variante all den Einzelerfordernissen und Ansprüchen politisch-sozialer Integration, die in begrifflich noch theoretisch undifferenzierterer, doch deswegen in nicht weniger dezidierter Form aus den neuzeitlich-modernen Staatstheorien bei Bodin, Hobbes und Pufendorf bekannt sind.

Die funktionelle Integration

Unter jenem zweiten formalen Merkmal der Integration versteht Smend jede Art „integrierender Funktionen oder Verfahrensweisen, [d.h.] kollektivierender Lebensformen" des politischen Lebens (Smend 1955:148). Darunter fallen alle gesellschaftlichen wie auch unmittelbar am staatlichen Leben partizipierenden Formen der Vergemeinschaftung. Smend nennt diese Formen deswegen formal bzw. auch funktionell, da sie – zunächst unabhängig von ihren politischen Inhalten und Implikationen – als Produktions-, Aktualisierungs-, Erneuerungs- und Weiterbildungsprozesse des Sinngehalts, der seinerseits erst auf den Sachgehalt der Integration Bezug nimmt, in ihrem prozessural-funktionellen Wert für die Integration und Gemeinschaftsstiftung von Bedeutung sind. Dabei denkt Smend an Wahlen, Abstimmungen und alle Prozesse der politischen Willensbildung, aber auch in Anlehnung an sozialpsychologische Aspekte an Dinge wie militärischen Gleichtritt, gemeinsame Arbeitsrhythmen und Gruppenfabrikation (dazu auch Hellpach 1922; Gerhardt 1925), kurz: an alle „Vorgänge, deren Sinn eine soziale Synthese ist, die irgendeinen geistigen Gehalt gemeinsam machen oder das Erlebnis seiner Gemeinsamkeit verstärken wollen, mit der Doppelwirkung gesteigerten Lebens sowohl der Gemeinschaft wie des beteiligten Einzelnen." (Smend 1955:149)

Die Integrationsvorgänge der politischen Willensbildung hängen bei Smend unmittelbar mit den politischen Formen des Kampfes und der Herrschaft zusammen. Dabei spricht er beiden ebenfalls integrierende Funktionen zu, so dass die erstrangigen Integrationsprozesse der Abstimmung, der Wahlen etc. von der politischen Form des Kampfes angestoßen und weiterhin getragen werden. Insbesondere der Aspekt des politischen Kampfes ist hier bedeutsam, da Smend, im Gegensatz zu der Konzeption Webers, Kampf nicht als Mittel der politischen Selektion, der Herausbildung der Elite und der Herrschaftskonstitution sowie als herrschaftsrationalistisches Gegenmodell zur Vergemeinschaftung sieht,[5] son-

---

5 Vgl Weber, *Wirtschaft und Gesellschaft*, § 8 ‚Soziologische Grundbegriffe', auch Neuenhaus 1993

dern politischer Kampf bei Smend ein Merkmal bereits *funktionierender und stabiler* politischer Herrschaftsverhältnisse und Gemeinschaften darstellt. Damit politischer Kampf überhaupt stattfinden kann und dieser den Staat nicht ruiniert, bedarf es bereits immer der schon gefestigten und integrierten Gemeinschaft des Staatsvolkes.

Damit sind weiterführende Fragen angesprochen, die im Rahmen der beiden vorangegangen besprochenen Integrationsarten (der sachlichen und der persönlichen Integration) nicht beantwortet werden können. Denn der politische Kampf als integrationsförderndes Moment des Staates und der Gemeinschaft hat eine doppelte Beziehung zur politischen Homogenität des Gemeinwesens: Einmal stärkt er diese Homogenität, andererseits beruht er, zumindest in seiner disziplinierten und politisch produktiven Variante, auf eben dieser Homogenität. Politische Homogenität – und dafür sprechen sowohl die historischen Beispiele Smends, wenn er von Integration, Gemeinschaft, Staat etc. spricht, wie auch die Funktions- und Sachbestimmungen von Integration – ist ihrerseits wiederum nur denkbar als nationalstaatlich konstituierte Homogenität des Volkes sowie als Homogenität in Bezug auf die politischen Grenzen und politischen Raum der Nation.

Zusammenfassend lassen sich drei Gesichtspunkte des modernen Integrationsbegriffes festhalten. *Erstens*: Der moderne Integrationsbegriff nimmt die in den frühen Staatstheorien angesprochenen und geforderten Aspekte der Integration und politisch-staatlichen Einheit auf, differenziert diese und verleiht ihnen damit einen weiterentwickelten theoretischen Status.

Zweitens: Die an den neuzeitlich-modernen Territorialstaat gebundenen Integrationserfordernisse des Staates erfahren eine Fixierung auf den Nationalstaat, auf *staatliche* Akteure als den Integrationsfiguren sowie auf den national begrenzten politischen Raum. War Staat, Politik und Territorialität (zusammen mit den Aspekten der Souveränität, der Grenzen und des Sicherheitsaspektes) nur an Hand der politisch-sozialen Integration denkbar, so wird Integration jetzt ihrerseits nur denkbar mittels ihrer Fixierung auf den Nationalstaat und sein Territorium sowie mittels der räumlichen Begrenzung und Bestimmung der zu integrierenden Sachverhalte, der persönlichen Integrationsleistungen und der funktionellen Integrationsprozesse.

Drittens: Integration im traditionellen Verständnis, ebenso wie alle drei Integrationstypen bedeuten als nationale und nationalstaatliche Homogenitätsvisionen Gegenmodelle zu Formen der sozialen und politischen Differenzierung. „The history of state formation", so schreibt Soja hierzu, „has been one of experimentation with ... means of establishing a common identity ... We can interpret this process as involving the attempt to make coincident the functional organization of space into dynamic systems of human interaction and the formal organization of space into precisely bounded (social; H.B.) areas: to create a sense of societal identity with a particular territory based upon the community-forming tendencies of ... a homogeneity of attitudes and values." (ders. 1971:15)

Hier wird ein wichtiger Aspekt für die weiteren Diskussionen markiert. Dieser betrifft die Frage der Modifikation und gegebenenfalls Auflösung des Integrationskonzeptes, insbesondere seines territorialen, nationalstaatlichen Bezugsrahmens unter den Bedingungen transnationaler Politik: *Denn gegenüber dem traditionellen Integrationskonzept – dies sei hier nochmals wiederholt – erscheinen soziale und politische Differenzierung gerade als ein zentrales Charakteristikum von Denationalisierung und Transnationalität.* Im Sinne einer vorläufigen Arbeitshypothese konnte bereits formuliert werden, dass die traditionellen, auf der Grundlage des Nationalstaates und nationalstaatlicher Politik formulierten Integrationsarten diversen, zum jetzigen Zeitpunkt der Untersuchungen jedoch noch nicht näher zu bestimmenden Auflösungserscheinungen ausgesetzt sind. Um diese Auflösungserscheinungen und damit verbundene Veränderungen der Strukturen transnationaler Politik genauer zu diskutierten und erkennen zu können, geben die vorangegangenen Erörterungen des Integrationsbegriffes und seiner nationalstaatlich-territorialen Fixierungen das nötige analytische Instrumentarium in die Hand.

II.2. Territorialität und Souveränität

Die Konzeption nationalstaatlicher Souveränität bezeichnet ein weiteres der vier für moderne Staatlichkeit und Politik bedeutsamen Territorialitätsaspekte. In den Traditionen der kontinentaleuropäischen Staatsrechtslehre wie auch der angelsächsischen Politikwissenschaft bilden die Prinzipien der staatlichen Souveränität und der Territorialität mithin die entscheidenden Referenzpunkte für die Formulierung eines Begriffes des Politischen. Die Ausformulierung dieser beiden Prinzipien erfuhren für die moderne Staatslehre ihren autoritativen Höhepunkt bei Max Weber. Unter den Begriffen des „Gewaltmonopols" und der „Nation" kulminiert bei Weber eine Entwicklung, die bei Bodin, Hobbes und Pufendorf angesetzt werden kann und für nahezu 350 Jahre das politischstaatsrechtliche Denken in Europa (und auch den USA) bestimmte.[6] Obgleich die Weberrezeption nicht einstimmig ausfällt, da andererseits jedoch seine herausragende Bedeutung für die Entwicklung der Sozialwissenschaften unumstritten ist, gilt Weber für Kritiker wie für Apologeten der Lehre vom staatlichen Gewaltmonopol als unumgänglicher Referenzpunkt, weswegen die Wahl zur Erörterung des Zusammenhanges von Territorialität und Souveränität auch auf ihn fällt.

Durch die folgende Diskussion des Zusammenhangs von Territorialitäts- und Souveränitätsprinzip und die dadurch erkennbare Bindung des modernen Souveränitätsgedankens an den territorial bestimmten Nationalstaat sowie die territoriale Fixierung von Politik an den (National)Staat bzw. an den zwischenstaatlichen Raum, werden die weiteren Grundlagen gelegt, um die Einführung des Begriffes der Entterritorialität zu begründen. Denn verweist Territorialität auf den Raum von Politik ausschließlich im Sinne ihrer an den Nationalstaat gebundenen Form sowie auf politisches Handeln, dessen oberste Fix- und Orientierungspunkte der Nationalstaat verkörpert, so zielt der Begriff der Entterritorialität auf die Auflösung des (nationalstaatlichen) politischen Raumes als Bezugsgröße transnationaler Politik.

a) Das staatliche Territorium als Souveränitätsgebiet - Souveränität als Gebietsherrschaft

Niemand in der modernen Staatstheorie hat das Gewaltmonopol des Staates als dessen elementares und unverzichtbares Kriterium eindeutiger ausformuliert als Weber. „Unter den Staatstheoretikern der Gegenwart scheint das staatliche Gewaltmonopol unangefochtener denn je etabliert zu sein. Webers Spezifikum moderner Staatlichkeit ist danach nicht nur als Faktum, sondern auch als sinnvolles, das vitalste Lebensinteresse der Gesellschaft schützendes Machtinstrument zu begreifen." (Willoweit 1986:316) Auch Niklas Luhmann (1981:82) und

---

6   Siehe dazu oben Kap. I 2 „Politik und Territorialität"

Norbert Elias (1977:142ff.) betonen unter Berufung auf Weber das Gewaltmonopol als Existenz-, und die Herausbildung des Gewaltmonopols als historische Entstehungsbedingung von Staat und Staatlichkeit. Den entscheidenden Hinweis auf den Zusammenhang von staatlichem Gewaltmonopol und Territorialität gibt Heinrich Popitz, wenn er mit Weber das Spezifikum des modernen Staates „in den außerordentlichen Monopolisierungserfolgen zentralisierter *Gebiets*herrschaft" sieht (Popitz 1986:64; Herv. v. Verf.).[7] Bei Weber selbst erfährt der für den Zusammenhang von Gewaltmonopol und Territorialität zentrale Aspekt der Gebietsherrschaft seine Konkretion in dem Begriff der Nation bzw. des Nationalstaates.

Das Bekenntnis Webers zur Idee der Nation als dem politischen Raum der Souveränitätsausübung und als dem territorialem Bezugspunkt des Gewaltmonopols fällt nach übereinstimmendem Urteil in der Weberrezeption ebenso eindeutig aus wie seine Entschiedenheit für das staatliche Gewaltmonopol selbst als historisch-empirischem wie auch normativem Begriff von Staatlichkeit. So hat Weber in seiner Freiburger Antrittsvorlesung von 1895 – nach dem Urteil von Wolfgang Mommsen – einen Standpunkt zugunsten der deutschen Nation (in Form des Wilhelminischen Reiches) vertreten und entwickelt, „der sein politisches Denken dauerhaft bestimmen sollte." Die Idee der Nation sei für Weber „ein letzter Wert, dem er in rationalistischer Konsequenz alle anderen politischen Zielsetzungen unterordnete." (Mommsen 1974:29f.; auch Mitzman, der daraufhin Webers Postulat der Wertfreiheit bei ihm selbst in Frage stellt [ders. 1985]). Das Prinzip der durch die Nation, ihren Raum und dessen Grenzen konstruierten Territorialität erhält damit die gleiche konstitutive Funktion für Staatlichkeit wie das Prinzip des Gewaltmonopols, da Souveränität in ihrer Ausübung wie in ihrem Geltungsbereich nur mit Bezug auf ein Gebiet und somit als Gebietsherrschaft denkbar ist. „(Territorial) sovereignty is not separable from a definite human will and purpose. The concept of territory ... connotes an organization with an element of centrality, which ought to be the authority exercising sovereignty over the people occupying or using that place and the space around it. In its modern ... use, it has come to designate a portion of ... space

---

7 Dazu exemplarisch aus dem ‚Corfu Channel Case' das Urteil vom 9. April 1949 durch Richter Alejandro Alvarez „By sovereignty we understand the whole body of rights and attributes which a State possess in its territory, to the exclusion of all other States, and also in its relations with other States Sovereignty confers rights upon States and imposes obligations on them ", ‚Corfu Channel Case', *Judgement of April 9th, 1949 I C J Reports*, S 4ff , S 43

under the jurisdiction of certain people. It signifies also a distinction, indeed a separation, from adjacent territories that are under different jurisdictions", so Gottmann (ders. 1975:5).

Was bedeutet dies für den Begriff des Politischen? Da Webers Begriff des Politischen tautologisch an den Begriff des Staates gebunden ist und, wie Andreas Anter herausgearbeitet hat, ein zirkulärer Verweisungszusammenhang zwischen Politik und Staat besteht (Anter 1995:51f.), scheint Politik nur denkbar an Hand der Prinzipien des Gewaltmonopols *und* der Territorialität: Keine Politik ohne Souverän und ohne territoriale Zuordnung der Souveränität bzw. der Souveränitätsausübung. Denn, so Weber, Politik ist „die Leitung oder Beeinflussung der Leitung des Staates" sowie das „Streben nach Machtanteil oder nach Beeinflussung der Machtverteilung, sei es zwischen Staaten, sei es innerhalb eines Staates." (Weber 1971:505f.) Mit der Behauptung des wechselseitig konstitutiven Verweisungszusammenhanges zwischen Staats- und Politikbegriff steht Weber keinesfalls alleine. Sein Verständnis entspricht weitgehend dem der deutschen Staatsrechtslehre seiner Zeit. So bezieht auch Albert Schäffle den Begriff des Politischen „auf den Kreis der staatlichen Erscheinungen, auf das Handeln am Staat und durch den Staat." (Schäffle 1897:580) Die konsequenteste Fassung dieses Zusammenhanges kommt wohl von Georg Jellinek: „'Politisch' heißt 'staatlich'; im Begriff des Politischen hat man bereits den Begriff des Staates gedacht." (Jellinek 1960:180)

Im folgenden sollen die Begriffe der staatlichen Souveränität und der Territorialität im Konzept des modernen Nationalstaates weiter aufgewiesen werden. Auch hierbei steht Webers traditionsgebundene und gleichsam zukunftsweisende Staatstheorie im Mittelpunkt. Über die territoriale Bindung von Politik hinaus wird damit die Konzeption von Territorialität als nationalstaatliche Territorialität und damit das traditionelle Verständnis von Politik als national-staatlich fixiertes und verortetes Handeln sowie als Handeln im Bereich *zwischen* Nationalstaaten erkennbar.

b) Das Prinzip der territorialen Souveränität und seine Manifestation im Nationalstaat

Wenn Politik, Staat und Staatlichkeit als territorial gebunden gedacht werden, und – da dem Begriff des Staates das Prinzip des Gewaltmonopols als *conditio sine qua non* innewohnt – die souveräne Ausübung des Gewaltmonopols nur als gebietsbezogene Herrschaft zu denken möglich scheint, dann ergibt sich für den traditionellen Begriff des Politischen eine ebenso konstitutive Bindung an Territorialität wie auch für die Begriffe der Souveränität und der Staatlichkeit selbst. Es muss deswegen nachgefragt werden, in welcher Form sich konzeptionell das Prinzip der Territorialität staatlich konkretisiert.

Es lässt sich nachweisen, dass die Vorstellung von Territorialität in der Tradition der kontinental-europäischen Staatsrechtslehre, später aber auch in den USA in den Strömungen der sozialwissenschaftlich orientierten Politikwissenschaft,[8] auf den Nationalstaat und das nationale bzw. nationalstaatliche Territorium bezogen wird. Weber bemüht sich in Kapitel VIII „Politische Gemeinschaften", §5 ‚Die Nation' in *Wirtschaft und Gesellschaft*[9] eindringlich um eine Bestimmung des Nationenbegriffes. Aus dem eher fragmentarischen Charakter dieses Kapitels bleibt jedoch soviel zu entnehmen, dass Weber den Begriff der Nation weder eindeutig als Staatsnation noch als Sprach- oder Blutsgemeinschaft versteht. Die starre Unterscheidung von Friedrich Meinecke (ders. 1922) scheint, zumindest jenseits des deutschen Historismus und der Nationalgeschichtsschreibung, in den Kreisen der Staatstheoretiker und der deutschen Soziologie bereits früh überholt.[10]

Ansonsten aber bleiben Webers Ausführungen, trotz seines klaren *Bekenntnisses* zur Nation, mit Blick auf die Begriffsbestimmung vage und unbestimmt.

---

8   Durch ausführliche Weberrezeptionen seit Mitte der 1920er Jahre hat sich, entgegen angelsächsischen Traditionen, in den in den U S -amerikanischen *Sozialwissenschaften* ein staatsorientierter Politikbegriff kontinental-europäischer Provenienz etabliert So erscheint bspw in den unterschiedlichen Strömungen der Systemtheorie der Begriff des Systems als die analytische Kategorie dessen, was sich empirisch-historisch als *die* Nation und als Nationalstaat herausgebildet hat; vgl. dazu stellvertretend für viele Gabriel A. Almond (Hrsg), *Comparative Politics Today A World View*, Boston/Toronto 1974, wo - insbesondere in Teil I - der Begriff der Nation und das analytische Konzept des politischen Systems synonym verwendet werden Zur Weberrezeption in den USA vgl auch Erdelyi 1992
9   Erstmals 1922 (1972).
10 Vgl dazu darstellend u a T Mayer 1986, Alter 1985, H A Winckler 1979

Die staatstheoretische Offenheit in der Bestimmung dessen, was die Nation ausmache – ob sie mehr Staats- und Bürgernation sei oder ob man sie als Abstammungs-, Kultur- und/oder Schicksalsgemeinschaft verstehe – hat bei Weber jedoch keinen Einfluss darauf, *dass* er die Nation als den zentralen und sichtbaren Ort von Politik versteht und dass das Territorium sowie die Grenzen der Nation den Raum von Politik und Staatlichkeit konstituieren. Denn bei aller Unsicherheit in der Begriffsbestimmung bleibt unzweifelhaft, dass bei Weber „der Begriff der Nation an den ‚Staat' gebunden wird." (Anter 1995:131)

Doch wie auch bei dem Verhältnis von Politik und Staat liegt hier eine zirkuläres Verhältnis vor. Denn ebenso wie der Begriff der Nation an den Staat gebunden ist, ist der Begriff des Staates an den der Nation gebunden. Dabei versteht Weber hier den Begriff der Nation in seinem ursprünglichen Sinne als ‚Volk' und ‚Volksgemeinschaft'. Damit wird auch Webers Schwierigkeit erklärbar – ungeachtet des Verweisungszusammenhanges zwischen Nation und Staat – einen geeigneten und eindeutigen Begriff der Nation zu formulieren. Denn die historischen und von Weber erkannten Realitäten standen bereits immer jener imaginären Idee entgegen, *eine* Nation bestünde aus nur *einer* (kulturellen, ethnischen etc.) Volksgemeinschaft. Nur wenn man den Begriff des Volkes in diesem Zusammenhang ausschließlich im republikanischen Sinne als Staatsvolk denkt, entkommt man dieser Ungereimtheit. Diese klare Entscheidung zugunsten des republikanischen Volksbegriffs hat Weber aber nicht getroffen, so dass er konsequenterweise einen Begriff der Nation nicht eindeutig formulieren konnte. Dies änderte sich jedoch durch die Erfahrungen des I. Weltkrieges. In „Politik im Weltkrieg. Reden 1914-1918" entschied sich Weber dann paradoxerweise für ein anti-republikanisches Verständnis von Nation und begreift diese nunmehr als „Sprach- und Kulturgemeinschaft." (Weber 1984: 670; auch Mommsen 1994)

Somit bleibt die Nation der höchste Wert. Eine Konkurrenz von Staat und Nation entsteht bei Weber nicht, da die Nation als Wertbegriff letztlich immer Priorität hat. Gleichzeitig bleibt der Staatsbegriff nationalistisch eingefärbt. Und als Wertbegriff grenzt Weber den Begriff der Nation aus dem Kanon der ‚soziologischen Grundbegriffe' aus, da „die Nation als subjektiver Wert nicht für einen idealtypischen Staatsbegriff" geeignet scheint (Anter 1995:136). Auch wenn der Begriff der Nation als Idealtypus[11] untauglich ist, so bleibt er, als Wertbegriff, das wichtigste Beurteilungskriterium für staatliches Handeln und für die *Zweckbestimmung* des Staates. „Webers Denken sperrte sich ... gegen jede Form des Kosmopolitismus", so urteilt Wilhlem Hennis (ders. 1987:223)

Staat, Staatlichkeit, Souveränität und Politik finden somit ihren Raum und ihre Grenzen in der Nation: Die Nation und das Prinzip der Territorialität bleiben die entscheidenden Referenzpunkte für Politik. Mithin ist Politik nur mittels dieser Referenzpunkte und durch das synoptische In-Beziehung-Setzen mit dem Staatsbegriff und dem Konzept des staatlichen Gewaltmonopols als *Gebietsherrschaft* denkbar. In der Synopse dieses Beziehungsverhältnisses erscheint dann der nationale Territorialstaat als paradigmatischer Raum von Politik. Den Zusammenhang von Souveränität und Territorialität, der im modernen Staatsdenken im Politikbegriff Webers seinen stärksten Ausdruck findet, betont auch Gottmann, wenn er die historische Entwicklung des Souveränitätsbegriffes beschreibt: „The essence of sovereignty was ... gradually transferred to the control of well-defined territory." (ders. 1975:17)

Da sich der nationale Territorialstaat durch die Konstituierung und gleichsam *Begrenzung* eines politischen Raumes charakterisieren lässt, sollen im nächsten Abschnitt vier Funktionen von Grenzen und nationalstaatlichen Grenzziehungen sowie die damit zusammenhängende Konstruktion des politischen Raumes näher betrachtet werden. Die traditionelle Sichtweise des Zusammenhangs zwischen Souveränitätsgedanken, Territorialität und Grenzfunktionen rekapituliert Charles de Visscher exemplarisch, ebenso wie er die Richtung der weiteren Diskussionen umreißt, wenn er schreibt: „The firm configuration of its territory furnishes the State with the recognized setting for the exercise of its sovereign powers. The at least relative stability of this territory is a function of the exclusive authority that the State exercises in it and of the coexistence beyond its frontiers of political entities endowed with similar prerogatives. This stability is above all a factor of security [dazu im Weiteren in II.4.], of security that people feel in the shelter of recognized frontiers [dazu im Weiteren in II.3.] .. It is this sentiment that explains the extreme sensitiveness of opinion to everything that touches territorial integrity ... It is because the State is a territorial organization that violation of its frontiers is inseperable from the idea of aggression against the State itself." (ders. 1957:197f.)

---

11 Zum Begriff des Idealtypus vgl bei Max Weber, 1972, *Wirtschaft und Gesellschaft*, Erster Teil „Soziologische Kategorienlehre" Kap 1 ‚Soziologische Grundbegriffe'

II.3. Territorialität, politischer Raum, Grenzen und Grenzfunktionen

Die Bildung und Bewahrung des nationalen Territorialstaates spitzt sich zu auf die Frage seiner Grenzen und Grenzfunktionen. Das Gebiet des Staates als Raum nationaler Politik ist abhängig von seiner Begrenzung und Eingrenzung. Ohne Grenzziehungen und damit auch ohne eine Bestimmung und Verortung von Innen- und Außenbeziehungen des Nationalstaates gibt es keinen Raum nationaler und inter-nationaler Politik. Während die Strukturen des politischen Raumes im Kontext transnationaler Politik zahlreichen Veränderungen unterworfen sind, so stellt im traditionellen Verständnis das Wechselverhältnis von Grenzen und Grenzziehungen einerseits und ihrer Funktion bei der Konstituierung eines politischen Raumes andererseits ein weiteres Grundkonzept von Politik dar. Dabei sind die Entstehung eines politischen Raumes und der Raumbegriff selbst von der Existenz, der Funktion und der Funktionserfüllung von Grenzen abhängig.

Die folgenden Erörterungen werden – vornehmlich an Hand von Simmels Untersuchungen über Formen der Vergesellschaftung sowie seiner Soziologie des Raumes – in einem *ersten Schritt* dieses Verhältnis belegen und detailliert aufzeigen.[12] Da in ihrem traditionellen Verständnis nationalstaatlichen Grenzen und Grenzziehungen vier zentrale Funktionen für die Konstituierung und Bestandserhaltung nationaler Politik zukommen (eine sicherheitspolitische Schutzfunktion, eine rechtliche Funktion, eine ideologische Funktion und eine sozialpsychologische Funktion[13]), werden diese vier Funktionen in einem *zweiten* Schritt in ihrem herkömmlichen Verständnis beschrieben. Dies bietet die Grundlage für die späteren Überlegungen, *wie, inwieweit* und *welche* Funktionen von

---

12 Es soll hier angemerkt und im Anschluss an die kurzen Schilderungen aus der Einleitung sowie im Vorgriff auf Kapitel IV darauf hingewiesen werden, dass der Begriff des (politischen) Raumes der Bezeichnung des territorialen Ordnungsprinzips nationaler, d.h gemäß dem Paradigma des territorialen Nationalstaates fixierter Politik dient Demgegenüber wird – dies allerdings erst in Kapitel IV – zur Bezeichnung der Entterritorialität transnationaler Politik – die im Zuge des weit-gehenden Funktionsverlustes nationalstaatlicher Grenzen auch als *entgrenzte* Politik bezeichnet wird – der Begriff des ‚Ortes' eingeführt Verlieren Grenzen ihre konstitutiven Funktionen, dann wird es, wegen der Bindung des politischen Raumbegriffs an Grenzen, unsinnig, von politischem ‚Raum' zu sprechen Deswegen führe ich, wie in Kapitel IV 2c begrundet wird, in Anlehnung an aktuelle Diskussionen sowie unter Rückgriff auf Simmel, den Begriff des ‚Ortes' ein Gelegentlich wurde und wird der Begriff des ‚Ortes' bereits im Vorausgriff verwendet, siehe zunächst auch unten Anmerkung 63

13 Diese vier Funktionen könnten noch um die der wirtschaftlichen Funktion von Grenzen erweitert werden (so Dittgen 1999) Diese Funktion, obgleich im Kontext der Globalisierungsdiskussionen insgesamt von enormer Bedeutung, kann in den vorliegenden Untersuchungszusammenhangen jedoch vernachlässigt werden, da es hier nicht um ökonomische, sondern ordnungspolitische Transnationalisierungs- und Entgrenzungsprozesse geht

Grenzen sich im Rahmen transnationaler Politik verändern. Dadurch wird der in den aktuellen Globalisierungsdebatten so oft gebrauchte Begriff der ‚Entgrenzung' überhaupt erst spezifizierbar.

a) Der politische Raum als begrenztes Territorium des Nationalstaates

Die Bedeutung von Grenzen für die Entstehung und Konstruktion des politischen Raumes wird in theoretisch entwickelter Form von Simmel in „Der Raum und die räumliche Ordnung der Gesellschaft" diskutiert. Dabei liegen Simmels Diskussion des Raumbegriffes die Vorstellung von und die politische Realität der Abgegrenztheit und Begrenztheit des modernen Nationalstaates zugrunde. Ebenso wie bei Smend der Begriff der Integration und bei Weber der Begriff der Souveränität wird der bei ihm entscheidende Begriff der Grenze vor dem Hintergrund des Nationalstaates, seiner territorialen Bestimmung und nationalterritorial gebundener Politik gebildet. Anders als Smend und Weber zeigt Simmel jedoch ein ausgeprägtes Bewusstsein auch für soziale und politische Phänomene, die nicht räumlich und territorial gebunden sind. In Abgrenzung gegenüber dem Begriff des Raumes und der Vorstellung von der räumlich-territorialen, nationalstaatsfixierten Verankerung sozialer und politischer Phänomene führt er hierfür den Begriff des ‚Ortes' ein. Dieser Begriff wird als Alter-native zum Begriff des ‚Raumes' noch weiter von Interesse sein;[14] zunächst jedoch zu Simmels Erörterung des Raumbegriffes selbst.

Wie oben (in I.2.) bereits in einer kurzen Anmerkung erwähnt, begreift Simmel die Grenze nicht als eine räumliche Tatsache mit soziologischer Wirkung, sondern als eine soziologische Tatsache, die sich räumlich formt. Dies hat weitreichende Konsequenzen, insbesondere für die Beziehungen zwischen politischen Akteuren. So besteht der Raum ihres Handelns zwar *a priori* als Kategorie, also als geistige Vorstellung und intellektuelle Konstruktion *von* Wirklich-

---

14 Vgl oben Anmerkung 61, in *Untersuchungen über die Formen der Vergesellschaftung* führt Simmel als Beispiel für territorial ungebundene und deswegen mit dem Begriff des ‚Ortes' bezeichnete Vergesellschaftungsformen die katholische Kirche ein „Das Prinzip der Kirche ist unräumlich und deshalb, obgleich sich über jeden Raum erstreckend, von keinem ein gleich geformtes Gebilde ausschließend . uberraumlichen Gebilde, die ihrem eigenen Sinn nach keine Beziehung zum Raume, eben deshalb aber eine gleichmaßige zu allen einzelnen Punkten desselben haben sie teilen die gegebene Ausdehnung funktionell (stoßen) sich nicht im Raume, weil sie nicht raumlich, wenn auch *örtlich* bestimmt waren " (Simmel 1992 692ff, Herv im Original)

keit, nicht jedoch als politische und soziale Wirklichkeit, bevor dieses Handeln selbst nicht real geworden ist und sich als Beziehung manifestiert hat. Mit anderen Worten: Der politische Raum entsteht und konstituiert sich erst durch das Handeln – wenngleich seine uneingeschränkte Möglichkeit, d.h. sein prinzipielles Sein-Können, als vorgestellte Bedingung für dieses Handeln fungiert. Will man dessen Ordnung und Logik verstehen, so muss man die Handlungsformen und Handlungsinhalte der in einem spezifischen Raum handelnden Akteure betrachten.[15] Simmel schreibt: „Das Zwischen als eine bloß funktionelle Gegenseitigkeit, deren Inhalte in jedem ihrer Träger verbleiben, realisiert sich ... als Beanspruchung des zwischen diesen bestehenden Raumes, es findet wirklich immer *zwischen* den beiden Raumstellen statt, an deren einer und anderer ein jeder seinen für ihn designierten, von ihm allein erfüllten Platz hat ... (Die) Wechselwirkung macht den vorher leeren und nichtigen zu etwas *für uns*, sie erfüllt ihn, indem er sie ermöglicht." (Simmel 1992:689)

Die Vorstellung von dem Raum als dem an sich ‚leeren' Bereich des Zwischen, des Zwischen-Bereichs zwischen zwei oder mehreren Handelnden und die vollkommene Getrenntheit der Handelnden als unterschiedene Einheiten (deren Inhalte bei ihnen selbst verbleiben und nur *im* Austausch ‚Raum' konstituieren), verweist auf die auf den modernen Nationalstaat bezogene Konzeption von Raum. Der moderne Staat tritt nach außen hin als abgeschlossene Einheit in Erscheinung und konstituiert einen außer ihm liegenden Raum nur dann, wenn er in wechselseitigen Beziehungen zu anderen, ebenso konstituierten Einheiten steht. Das Modell der inter-nationalen Beziehungen gibt für Simmels Konzeption ein anschauliches Beispiel.[16] Nach diesem Modell gibt es einen Zwischenbereich zwischen Nationen nur dann, wenn diese in Kontakt treten. Im Gegenzug wird dieser Bereich ‚leer' und ‚nichtig', wenn sich die Nationen wieder in ihre innenpolitischen Anliegen zurückziehen und sich auf diese im Sinne der eigenen, höchsten und unhintergehbaren Souveränität als Referenz ihrer Gesamtexistenz beziehen.

Mehr noch: Dieses Zwischen wird in einem gewissen Sinne zerstört, gleichsam jedoch anerkannt und, so paradox dies klingen mag, selbst im Kriegsfalle

---

15 Vgl hier die Ähnlichkeit dieses Konzeptes zu der für den methodischen Ansatz der vorliegenden Studie herangezogenen Theorie der „reflexiven Soziologie" von Pierre Bourdieu; auch oben in der Einleitung sowie in Kap. I 1
16 Siehe diesbezüglich auch die Diskussion des Begriffes der inter-nationalen Politik (einmal vor dem Hintergrund des *inter*, sowie zweitens vor dem Hintergrund der *nation* bzw *nationes* als abgeschlossenen Einheiten) oben in I.1

konstituiert, insofern nämlich auch hier eine spezifische *Beziehung* besteht. Denn auch eine kriegerische Auseinandersetzung beruht auf einem Minimum der wechselseitigen Anerkennung gegenseitiger territorialer Integrität und Rechte, selbst wenn diese im Einzelfall verletzt werden. So bezeichnet beispielsweise Jean Jacques Rousseau den Krieg als eine spezifische Form der „Beziehung von Staat zu Staat", in der „im Feindesland ein gerechter Fürst (sich) zwar allen öffentlichen Besitzes (bemächtigt), aber ... die Rechte (achtet), auf denen seine eigenen fußen." (ders. 1977:13) Diese Zusammenhänge treten in ihrer raumkonstruktivistischen Bedeutung auch durch Simmels Beschreibung der Beziehung zwischen Raum und politischen Grenzfunktionen hervor. Denn an Hand von drei Bestimmungen lässt sich diese Beziehung weiter charakterisieren.

So spricht Simmel *erstens* von einer Ausschließlichkeit und Einzigartigkeit des staatlichen Raumes. Die zwei Kriterien der Ausschließlichkeit und der Einzigartigkeit zählt Simmel zu den ersten Grundqualitäten der Raumform. Zwar gebe es in transzendentaler Hinsicht nur einen einzigen, allgemeinen Raum, wovon die konkreten Räume jeweils einzelne Raumstücke seien, diese jedoch hätten je für sich „eine Art von Einzigartigkeit, für die es keine Analogie gibt." (Simmel 1992:690) Jedes Gebilde, das einen solchen Raumteil für sich souverän und mit einer gewissen Bodenausdehnung in Anspruch nehme, ‚verschmelze' mit dessen Raumgebiet derart, dass „innerhalb des Raumgebietes, das von einem [solchen] Exemplar erfüllt (werde), für kein zweites Platz ist." (Simmel 1992:691)

Der mit Blick auf die Territorialität gedachte, zentrale Unterschied derartiger Gebilde, ebenso wie das, was ihre Einzigartigkeit ontologisch bestimmt, liege darin, dass andere Gebilde keine vergleichbar intensive ‚innerliche Beziehung zum Raum' hätten. Eine passendere Bestimmung des Raumanspruches und der Raummetaphysik des modernen Nationalstaates ist nicht zu finden. (Es sei denn in ideologischer Absicht im Kontext nationaler und nationalistischer Überhöhungen, die hier jedoch nicht interessieren.) Dementsprechend folgert Simmel aus dem Wesensmerkmal der ‚innerlichen Beziehung' auch die Erklärung für den nationalstaatlichen Anspruch auf Einzigartigkeit und gelangt zu dem Ergebnis einer völligen territorialen Festgelegtheit aller politischen, sozialen und wirtschaftlichen Inhalte. An anderer Stelle bezeichnet Simmel diese Art der Festgelegtheit auch als ‚Fixierung' und spricht damit eine weitere Grundqualität der Raumform an, die hier aber erst als dritte Raumbestimmung näher betrachtet werden soll.

Zunächst bietet es sich an, als *zweite* Raumbestimmung näher den Zusammenhang von Raum, Raumkonstitution und Grenzen, also die raumkonstitutive Funktion von Grenzen zu betrachten. Wenn Simmel von Raumstücken spricht, so wird dies im eigentlichen Sinne erst jetzt verständlich, da er als zweite Grundqualität des sozialen, politischen und staatlichen Raumes und der Territorialität deren Abgegrenztheit und Begrenztheit als Einheit anspricht: „Eine weitere Qualität des Raumes ... liegt darin, dass sich der Raum für unsere praktische Ausnutzung in Stücke zerlegt, die als Einheiten gelten und – als Ursache wie als Wirkung hiervon – von Grenzen eingerahmt sind ... Immer fassen wir den Raum, den eine gesellschaftliche Gruppe in irgendeinem Sinne erfüllt, als eine Einheit auf, die die Einheit jener Gruppe ebenso ausdrückt und trägt, wie sie von ihr getragen wird." (Simmel 1992:694) Die Einheit des Raumes und die Einheit der Gruppe stehen in unmittelbarer Wechselwirkung zueinander. Ohne räumliche Einheit gibt es demzufolge keine soziale und keine politische Einheit. Sie wirkt unmittelbar konstitutiv für die Gruppe, den Verband, und, so Simmel, den ‚Verband der Verbände', sprich den Staat.

Welchen näher zu bestimmenden Charakter aber hat diese Einheit und welcher Bedingung unterliegt sie ihrerseits? Die Antwort auf diese Frage verweist abermals auf die Grenze und auf den Begriff der ‚Zentripetalität': Zunächst trägt die Einheit der Gruppe, des Verbandes, des Staates etc. dazu bei, dass sich diese gegen die umgebende Welt ab- und in sich zusammenschließt. Diese Funktion des Zusammenschlusses erfüllen – gleich der Funktion des Rahmens für ein Bild – die Grenzen: „(Der) Rahmen verkündet, dass sich innerhalb seiner eine nur eigenen Normen untertänige Welt befindet, die in die Bestimmtheiten und Bewegungen der umgebenden nicht hineingezogen ist." (Simmel 1992:694) Analog einem Bild, das sich ohne die Abgrenzung seines Rahmens verlieren würde, das von seiner Umwelt nicht unterschieden werden könnte und somit nicht Bild, sondern lediglich bemaltes Tuch wäre, wird die Gesellschaft zur Gesellschaft erst durch Grenzen und Grenzziehungen. Sie gewinnt dadurch erst ihre Existenz und ihren ‚Existenzraum'.

Doch nicht nur nach außen, auch nach innen wirkt die Grenze konstitutiv: „So ist eine Gesellschaft dadurch, dass ihr Existenzraum von scharf bewussten

Grenzen eingefasst ist, als eine auch innerlich zusammengehörige charakterisiert ... Die wechselwirkende Einheit, die funktionelle Beziehung jedes Elementes zu jedem, gewinnt ihren räumlichen Ausdruck in der einrahmenden Grenze." (Simmel 1992:694) Diesen inneren Verweisungszusammenhang gesellschaftlicher Einheiten, mitsamt der nach außen wirkenden Be- und Abgegrenztheit ihres Raumes und der grenzbedingten und grenzabhängigen Raumkonstitution, bezeichnet ein weiteres Merkmal der Zentripetalität.[17] Die Zentripetalität gesellschaftlicher Einheiten bedingt nun – als *dritte* qualitative Bestimmung des Raumbegriffes – die Fixierung und Festgelegtheit seiner ‚Inhalte'. Simmel versteht dies in territorialem Sinne auch als „räumliche Immobilität" (1992:706). Für den Bereich der Politik erwähnt er dafür beispielhaft das Recht und die Fixierung des politischen Handelns durch gesetzliche Bestimmungen auf den räumlich festgelegten und begrenzten Geltungsbereich ihrer politischen Einheit. Die Zusammenführung dieses, wie Simmel sagt, ‚Fixierungsprinzips' – im Völkerrecht sind analog die Bezeichnungen der Territorialität des Rechts bzw. der territorialen Gebundenheit des Rechts üblich (Herdegen 1995; Verdross/Simma 1984; Schmidt-Trentz 1990) – mit der zweiten Grundqualität von Räumlichkeit, d.h. der Be- und Abgegrenztheit des Raumes, verweist auf die rechtliche Funktion von Grenzen.[18] Zunächst aber ist die Bedeutung des Fixierungsprinzips weiter zu konkretisieren.

Die räumliche Fixierung und Immobilität des politischen Handelns und seiner ‚Gegenstände' sorge für Stabilisierung und „feste Ordnung" (Simmel 1992:704). Neben den sozialpsychologischen Implikationen, die hier angesprochen werden,[19] kann der Bogen zu dem gesamten, oben genannten und für die zurückliegenden Erörterungen ausschlaggebenden Verweisungszusammenhang zwischen der nationalstaatlich gedachten Territorialität und der *per* Grenzen und Grenzziehungen konstruierten Räumlichkeit von Politik und Gesellschaft zurückgespannt werden. Indem nämlich Simmel die Gegenstände politischen Handelns als prinzipiell labil und als *„an sich* in bloßen Wechselwirkungen

---

17 Der Begriff der Zentripetalität ist hier von außerordentlicher Bedeutung, bezeichnet er doch genau jene territorial gebundene Raumvorstellung gesellschaftlichen, politischen und sozialen Handelns, das sich, wie die Fallstudie und ihre Auswertungen zeigen werden, unter den Bedingungen transnationaler Politik auflöst. Somit fungiert der Begriff der Zentripetalität, da im wesentlichen grenz- *und* territorialbezogen verstanden, als Gegenbegriff zur Entgrenzung und Entterritorialität transnationaler Politik.
18 Siehe dazu unten unter II 3b
19 Siehe dazu gesondert unten unter II 3b

zwischen Menschen bestehende Objekte' bezeichnet – womit er ihnen einen konstruktivistischen Charakter und imaginären Status einräumt – gibt er der Fixierung von Politik und Gesellschaft eine positive Bedeutung. So ermögliche die territorial-räumliche Fixierung politischer Gegenstände und politischen Handelns überhaupt erst Politik und Gesellschaft und verleihe ihnen Dauerhaftigkeit und Zuverlässigkeit. Neben dieser Ermöglichungs- und Existenzbedingung bedeute sie ferner *das* Stabilitätsmoment von Politik, das „ihrem rein dynamischen und relativistischen Wesen .. Festigkeit" gibt (Simmel 1992: 708).[20] Malcolm Anderson bezeichnet in diesem Sinne Grenzen (‚frontiers') auch als „basic political institutions". (ders. 1996:1)

Im folgenden werden vier traditionelle Funktionsbestimmungen von nationalen Grenzen und Grenzziehungen unterschieden. Dabei wiederholt sich die bereits von Simmel angesprochene soziale und sozialpsychologische Funktion; ferner wird aus den bisher diskutierten Bestimmungen der ‚Begrenztheit' und der ‚Fixierung' die bereits angesprochene *rechtliche* Funktion von Grenzen als Konstituierungsmomente eines Macht- und Herrschaftsraumes herleitbar. Die insgesamt vier Differenzierungen von Grenzfunktionen unterstreichen den für die Kreation des politischen Raumes konstitutiven Charakter von Grenzen und Grenzziehungen. Analog zu dem Begriff der Integration, der die Fülle seiner Bedeutungen auch nur durch eine differenzierte Betrachtung verschiedener Integrationsarten zu erkennen gab, die jedoch ihrerseits nur in ihrem inneren Verweisungszusammenhang zu verstehen waren, vermag nur die nach ihren verschiedenen Funktionen unterteilte Betrachtung von Grenzen deren raumkonstitutiven ‚Grundqualitäten' (Simmel) im Ganzen verständlich machen.

b) Zur Funktion von Grenzen

Rechtliche Funktion

Aus dem Zusammenspiel von Ab- und Begrenztheit des politischen Raumes einerseits und der Fixierung der sachlichen und politischen Inhalte andererseits folgt die rechtliche Funktion von Grenzen im Sinne der Konstitution eines nach Außen hin geschützten und nach Innen integrierten Macht- und Herrschaftsrau-

---

20 Zum konstitutiven Wechselverhaltnis von Grenze und Raum und - in der Folge - zur Kritik an einem Begriff des Raumes bei sich auflosenden Grenzen und Grenzfunktionen vgl auch Greven 1998, ferner Kap IV 2

mes. Über diese Funktion hinaus legen sie ferner, wie oben im Kontext des Zusammenhanges von Territorialität und Souveränität bereits angesprochen wurde, den Geltungsbereich, die Geltungsansprüche und die Reichweite staatlichen Rechts sowie staatlicher Rechtsgarantien fest. Also nicht nur das Recht des Staates gegenüber einzelnen Individuen, seien es Staatsangehörige oder auch Angehörige anderer Staaten, die sich auf staatlichem Hoheitsgebiet aufhalten, erfährt durch Grenzen seinen Geltungsbereich, sondern auch die Rechte einer festgelegten und begrenzten Menge Einzelner erhalten einen bestimmten Adressaten, demgegenüber gewisse Rechte geltend gemacht werden können. Indem Grenzen auch den Rahmen für die Verfassungsordnung und die Verwaltungsorganisation vorgeben, schaffen sie das Gehäuse (mit Simmel gesprochen, den ‚Rahmen'), das (der) ihre Verwirklichung überhaupt erst ermöglicht.

In diesem Sinne nimmt die Territorialität sowie die Ab- und Begrenztheit der Nationalstaaten eine zentrale Rolle ein, zumal mit den Geltungsbereichen und -ansprüchen von Rechts-, Verfassungs- und Verwaltungsordnung gleichsam der Schutz dieser Ordnung innerhalb des territorial fixierten politischen Raumes gegenüber innerstaatlichen und außenpolitischen Bedrohungen als staatliche Aufgabe einhergeht. „Trotz der wichtigen Rolle der internationalen Organisationen in den internationalen Beziehungen, die auch vom internationalen Recht anerkannt wird, bleiben Nationalstaaten gerade für den Rechtsschutz die wichtigste Einrichtung ... Jenseits des Territorialstaates gibt es faktisch keine demokratischen Kontrollverfahren und keine demokratische Öffentlichkeit", so betont Herbert Dittgen (ders. 1999: 10). Wie weit diese Funktionen unter den Bedingungen transnationaler Politik ihre Bedeutung behalten haben oder aber ändern, wird zu überprüfen sein.

Sozialpsychologische Funktion

Neben ihrer rechtlichen Funktion lässt sich die Bedeutung von Grenzen und Grenzziehungen entlang ihrer sozialpsychologischen Funktion bestimmen. Mit Blick zurück auf das Prinzip der Integration integrieren Grenzen, rein formal betrachtet, eine bestimmte Menge von individuellen Personen und Personengruppen, ebenso wie sie die äußeren Grenzen dieser Menge festlegen. Über diese formale Bestimmung hinaus lässt sich jedoch eine psychologische Rückwirkung der nach Außen hin gezogenen Grenzziehungen auf die innere Einheit der Menge feststellen.

Den Ansatzpunkt zur sozialpsychologischen Funktionsbestimmung von Grenzen liefern Ervine Goffmann und abermals Simmel. Nach beiden bedeuten Grenzen und Grenzziehungen einen ‚Orientierungshorizont' (Goffmann 1971) und symbolisieren einen ‚seelischen Begrenzungsprozess' (Simmel 1992). Grenzen, Raumvorstellungen und Territorialität kennzeichnen sich somit durch ihren konstruktivistischen Charakter. Wir erinnern uns an Simmels Bezeichnung von Grenzen als ‚soziologische Tatsache, die sich räumlich formt' entgegen der Verdinglichung von Grenzen und sozialem wie politischem Raum als ‚räumliche Tatsache mit soziologischen Wirkungen'. Daraus folgt, dass Grenzen im sozialpsychologischen Sinne eine formale und inhaltliche Integrationskraft *zugeschrieben* wird, die für die Menge der innerhalb diesen Grenzen lebenden Personen und Personengruppen kollektiv- und identitätsbildend wirkt. Aus losen Verhältnissen – so lässt sich diese Zuschreibung allgemein charakterisieren – entstünden Beziehungssphären zwischen zwei oder mehreren Personen, die dadurch selbst erst ihre innere psychische ‚Geschlossenheit' erhielten. In einem gegenseitigen Bezogensein würden sie eine dynamische Beziehung zu einem gemeinsamen Zentrum entwickeln. Simmel schreibt hierzu: „Was sich in der Raumgrenze symbolisiert, (ist) die Ergänzung des positiven Macht- und Rechtmaßes der eigenen Sphäre durch das Bewusstsein, dass sich Macht und Recht eben in die andere Sphäre nicht hineinerstrecken ... Das idealistische Prinzip, dass der Raum unsere Vorstellung ist ... durch die wir das Empfindungsmaterial formen ... spezialisiert sich hier so, dass (dieses) räumlich-sinnliche Gebilde ... (eine) starke Rückwirkung auf das Bewusstsein (ausübt). Während diese Linie [d.h. die Grenzlinie; H.B:] nur die Verschiedenheit des Verhältnisses zwischen den Elementen einer Sphäre untereinander und zwischen diesen und den Elementen einer anderen markiert, wird sie doch zu einer lebendigen Energie, die jene aneinanderdrängt und sie nicht aus ihrer Einheit herauslässt." (ders. 1992:697)

Die Grenze biete unter sozialpsychologischen Gesichtspunkten also die Möglichkeit, dass sich der Einzelne in eine Einheit jenseits seiner Individualität ‚einschmilzt'. Wie auch die Inhalte politischen Handelns, so sei auch der Einzelne in die *per* der Materialität von Grenzen integrierten und kollektiv konstruierten, sozialen und politischen Einheit seiner Gesellschaft und seines Staates fixiert. Dabei ist der imaginative Charakter der Grenzziehungen sowie der Raum- und Territorialitätsvorstellungen von entscheidender Bedeutung (dazu auch Jüngst 1993). Dadurch wird die Tatsache bewusster Praktiken sozialer und politischer Grenzziehungen und Grenzveränderungen, bewusst gestalteter Ab- und Begrenzungsprozesse, ebenso wie im Zuge von transnationalen Politikprozessen entstehender Entgrenzungen hervorgehoben. Mehr noch: *Der imaginative Status von Grenzen, Grenzziehungen und Räumlichkeit ist, entgegen jeder Art von ontischen und naturhaft-dinglichen Zuschreibungen, die Bedingung der Möglichkeit der Veränderung von Grenzen, von Grenzvorstellungen sowie der Aufhebung der persönlichen Fixierung des Einzelnen auf jenes Kollektiv hin, innerhalb dessen Grenzen er/sie lebt.*[21]

Dieser Aspekt verdient besondere Beachtung, da sich - wofür Simmel und auch Goffmann repräsentativ sind - im traditionellen Verständnis sowohl die Materialität von Grenzen wie auch die Funktionen von Grenzen ausschließlich im Kontext des Staates bzw. Nationalstaates symbolisieren und konkretisieren. Die Fixierung des Einzelnen auf jenes, im Rahmen des Staates begrenzten, soziale und politische Kollektiv bedeutet gleichsam eine Festlegung (Fixierung) seines Handelns sowie seiner psychologischen Beziehungen und Loyalitätsverhältnisse auf dieses Kollektiv, seine räumliche Ordnung und seine territoriale Bindung. *Im traditionellen sozialpsychologischen Sinne ist politisches Handeln ohne raumlich-territoriale Fixierung (in entgrenzten Beziehungen also) nicht denkbar.* Der Einzelne würde sich verlieren, Kollektive und kollektives politisches Handeln scheinen in entgrenzten Beziehungen nicht möglich. Dies wird insbesondere an Simmels Pathos augenfällig, wenn er über die räumliche Fixierung schreibt: „(Sie) muss jenes Kollektivgefühl steigern, das den Einzelnen in eine Einheit jenseits seiner Individualität einschmilzt, das ihn über seine persönlichen Direktiven und Verantwortlichkeiten hinaus wie durch eine Sturmflut mitreißt." (ders. 1992:704)

Gleichwohl verweist der von Simmel und Goffmann angesprochene imaginative Status von Grenzen, Grenzziehungen und Raumvorstellungen auf ihre Veränder- und Wandelbarkeit. Hierin liegt ein für die vorliegende Untersuchung entscheidender Ansatzpunkt. Denn lassen sich Veränderungen der räumlich-

---

21 Zum Verhältnis von subjektiver und kollektiver Identität und Territorialitäts- und Raumkonstruktionen vgl auch Jungst 1997 sowie Werlen 1996, 1996a

territorialen Strukturen politischen Handelns nachweisen und lässt sich die These von der Entgrenzung und Entterritorialität politischen Handelns in transnationalen Kontexten aufrechterhalten, dann muss auch die psychologische Voraussetzung für ein solches Handeln gewährleistet sein. Es muss also alternative Möglichkeiten für psychologische und sozialpsychologische Orientierungsmuster geben, die unabhängig von national ab- und begrenzten Gesellschaften und ihren Raumstrukturen sind. An Stelle von nationalstaatlichen Grenzen können „ebenso gut ... lokale, regionale und kontinentale Grenzen als Orientierung dienen ... Da nationalstaatliche Grenzen im Zuge der Auflösung des herkömmlichen autonomen Nationalstaatsmodells tatsächlich an Orientierungsgröße eingebüßt haben, sind andere lokale und regionale Bindungen wichtiger geworden." (Dittgen 1999:12) Inwieweit Grenzen als *territoriale Bezugseinheiten* diese Orientierungsfunktion im Rahmen transnationaler Politik weiterhin übernehmen, wird zu prüfen sein.

Ideologische Funktion

Grenzen können ferner nach ihrer ideologischen Funktion bestimmt werden. Sie markieren konkrete ideologische Einflusssphären und politische Herrschaftsbereiche und trennen diese voneinander ab. Dabei sollen sie nicht nur die eigene ideologische Sphäre bestimmen, sondern auch dazu beitragen, dass das Einflussgebiet und die Einflussnahme einer anderen, fremden und verfeindeten Ideologie eingeschränkt werden und nicht auf das eigene Gebiet ausgreifen. Im Sinne überlegener Bewusstseinshaltungen, die ideologische Weltanschauungen für sich beanspruchen, erscheint eine solche Grenze folgerichtig auch als Schutz gegenüber einem anderen, ‚falschen' und verfehlten politischen Bewusstsein. „Die eindrucksvollste und zugleich grausamste Manifestation einer solchen ideologischen Grenze war wohl der ‚anti-faschistische Schutzwall', der die Bürger der DDR vor den Fehlern eines falschen politischen Bewusstseins bewahren sollte". (Dittgen 1999:11)[22]

---

22 Weitere Beispiele dieser Art sind der 38. Breitengrad zwischen Nord- und Sudkorea, die griechisch-turkische Grenzlinie auf Zypern, die umkämpfte Grenzregion zwischen Pakistan und Indien etc , zur historischen Entwicklung solcher Grenzlinien und ihrer ideologischen Funktion vgl auch Anderson 1996

Obzwar Ideologien prinzipiell expansiv sind,[23] auf der Grundlage universell gesetzter (ordnungspolitischer, religiöser, rassischer, ökonomischer etc.) Annahmen und Forderungen beruhen (vgl. Lenk 1984; Lieber 1976) und damit grenzenlose und im eigentlichen Sinne entgrenzte Gültigkeit beanspruchen, manifestieren sie sich doch in konkreten politisch-staatlichen und damit *begrenzten* Räumen. Interessanter Weise kommen Ideologien erst im 20. Jahrhundert zur vollen Wirksamkeit (Bracher 1984), als einerseits der europäischen Nationalismus seine ekstatischen Höhepunkte erfuhr, anderseits der nationalstaatliche Anspruch auf unumschränkte Souveränität bereits ersten Auflösungserscheinungen (Vereinte Nationen, Europäische Gemeinschaften, Proliferation nichtstaatlicher Akteure) ausgesetzt war.

Inwieweit dies für die ideologische Funktion von Grenzen und Grenzziehungen und die territoriale Demarkation ideologischer Einflusssphären eine Aufweichung bedeutet, soll hier als Frage formuliert und mit in die Auswertung der Fallstudie übernommen werden. Zum jetzigen Zeitpunkt aber kann die Richtung dieser Frage zumindest dahingehend spezifiziert werden, dass der politische Herrschaftsbereich von Ideologien bislang territorial zugeordnet, ebenso wie territorial eingegrenzt (‚containment') werden konnte: „Frontiers are markers of identity ... Frontiers in this sense, are part of political beliefs and myths about the unity of people, and sometimes myths about the ‚natural' unity of a territory ... They are linked to the most powerful form of modern ideological bonding in the modern world - nationalism ... Myths of regional, continental and hemispheric unity have also marked boundaries between friend and foe", so Malcolm Anderson (ders. 1996:2).

Die weitere Gültigkeit der vorangehenden Beobachtungen unter den Bedingungen transnationaler Politik wird in Kap. III.2 beantwortet. Gerade vor der sicherheitspolitischen Problematik des transnationalen Terrorismus und der Territorialität bzw. Entterritorialität seiner Organisationsformen gewinnt die Frage nach der ideologischen Funktion von Grenzen hier ihre Bedeutung.

---

23 In diesem Sinne schreibt Karl Dietrich Bracher in *Zeit der Ideologien*, dass Ideologien ein Bedürfnis nach umfassender Begründung und weiter Ausdehnung entwickeln (ders 1984 2 13f) Daraus erwachse die Notwendigkeit der Herrschaft über und der Manipulation von gesellschaftlichen Kommunikations- und Informationsstrukturen sowie der Benutzung der Massenmedien zu Propagandazwecken Ideologien, so Bracher weiter, „zielen vor allem auch auf Verbreitung (ihrer) Politik durch einen Riesenaufwand an Produktion und Reproduktion von Ideen und deren immer effektivere, massenkommunikative Verbreitung als ‚Propaganda' – von der Kulturpropaganda bis zur ideologischen Kriegführung " (1984 14) Dieser Aspekt ist wichtig und wird in Kap III 2c) wieder aufgegriffen

Sicherheitspolitische Funktion

Genau jener sicherheitspolitische Aspekt wird durch die vierte Funktion von Grenzen und Grenzziehungen angesprochen. Dabei können wir abermals in direkter Linie an die Klassiker des modernen Staates und deren theoretische Synthetisierung von Territorialität, Territorialstaatlichkeit und (nationaler) Sicherheit anschließen. Indem der Souverän und die Souveränität einmal nur als Territorialherr bzw. als Territorial- und Gebietsherrschaft denkbar waren und herstellbar schienen, der Souverän jedoch gleichsam *per* Herrschaftsvertrag als oberster Hüter über die Sicherheit und den Schutz der Bürger zu wachen hatte, bezeichnen die Grenzen des Territoriums *eo ipso* das durch den Souverän gegen äußere und innere Gefahren zu sichernde Herrschaftsgebiet. Damit ist die sicherheitspolitische Funktion der Grenze als ihre ursprüngliche Funktion festgeschrieben, zumal die Sicherheitsgewährung durch den Souverän die *ultima ratio* des Herrschaftsvertrages, der politischen Konstituierung als Territorialstaat sowie schließlich der Herrschaftslegitimation darstellte.

Auch hier erhält die *per* Grenzen und Begrenzung gewährleistete territoriale ‚Fixierung' politischer Inhalte auf einen bestimmten Raum hin eine spezifische Bedeutung. Bedeuten ‚politische Inhalte' in diesem Fall die Macht- und Herrschaftsinteressen eines Staates, die für einen anderen Staat als unmittelbare Bedrohung erscheinen können, dann wird diese Bedrohung – so das klassische Verständnis – ebenfalls auf begrenzte Gebiete beziehbar und Sicherheitspolitik (einschließlich der Aspekte der Prävention, der Konfliktverhütung und Konfliktkontrolle) strategisch auf Gebietskontrolle und schließlich auf Grenzkontrolle hin auslegbar.[24] Grenzen in ihrer sicherheitspolitischen Funktion schaffen und ermöglichen somit eine territoriale und *per* Territorialität fixierte Zuordnungsmöglichkeit von Sicherheitsgefahren, Sicherheitsbedrohun- gen und Sicherheitspolitik.

Im Zuge neuer militärtechnischer Entwicklungen einerseits und als Folge politischer Denationalisierungsprozesse andererseits lassen sich jedoch auch Verschiebungen in der sicherheitspolitischen Bedeutung und Funktion von Grenzen vermuten. Die Schutzfunktion, die Grenzen neben ihrer ideologischen, rechtlichen und sozialpsychologischen Funktion in der Tradition des politischen

---

24 Siehe dazu ausführlicher im nächsten Abschnitt II 4

Denkens zugeschrieben wurde,[25] hat die Grenze im 20. Jahrhundert eingebüßt. Der Fortschritt der Militärtechnik mit der Entwicklung von Bombern und Raketen interkontinentaler Reichweite habe sie als militärische Sicherung weitgehend bedeutungslos gemacht (so v.a. Herz bereits 1976).

Der zuletzt genannte Grund soll hier und im folgenden von Interesse sein. So dient die traditionelle sicherheitspolitische Funktion von Grenzen, die diesen in der Geschichte des politischen Denkens und hier vor allem bei der Frage nach den Bedingungen der Bestandserhaltung politischer Gemeinwesen *nach* ihrer Gründung zugewiesen wurde,[26] als ein weiteres Analysekriterium des Wandels des Territorialitätsprinzips unter den Bedingungen transnationaler Politik. Inwiefern die Sicherheitsfunktion von Grenzen neu definiert werden muss, dient somit als eine der Folgefragen für die weiteren Untersuchungsschritte. Zunächst aber soll im nächsten Anschnitt der traditionelle Sicherheitsbegriff und die ihm zugrundeliegenden Territorialitätsaxiome ebenso wie die Frage nach ihren Verschiebungen vertieft werden.

II.4. Sicherheitspolitik und die traditionelle Unterscheidung in innere und äußere Sicherheit

Die sicherheitspolitische Fragestellung wird nun abschließend zu der in diesem Kapitel unternommenen Betrachtung der Einzelaspekte des Territorialitätsprinzips und ihrer modernen nationalstaatlichen Konstruktionen behandelt. Die Betrachtung schließt sich damit einerseits dem zuletzt behandelten Funktionsaspekt von Grenzen an, andererseits leitet sie zur Fallstudie über transnationale Sicherheitsprobleme im nächsten Kapitel über. „Erstaunlicherweise", so bemerkt Michael Zürn, „sind ... die Auswirkungen der ... Denationalisierung bislang fast ausschließlich mit Blick auf das Wohlfahrtsziel, nicht aber in bezug auf das Sicherheitsziel des Regierens diskutiert worden." (Zürn 1998:95) Die hier

---

25 In diesen Funktionsbestimmungen territorialer Grenzen konvergieren ferner ihre konstitutiven Bedeutungen für politische Territorialität und Räumlichkeit, vgl dazu die Diskussionen unten in IV 2b sowie Abbildung 4 ‚Territorialitätsprinzipien, Grenzfunktionen und Raumparameter' in IV 3

26 Vgl auch – stellvertretend für viele – Niccolo Machiavelli im Ersten Buch, Erstes Kapitel der *Discorsi*, „Vom Ursprung der Stadte", in dem es vorrangig um den Aspekt der Verteidigung und der Sicherheit der Gemeinschaft nach ihrer Gründung sowie um die für die Verteidigung bedeutsame Funktion der geographischen Lage und der Grenzen geht, Machiavelli 1965 5f

vorgelegte Studie mag mit Blick auf sicherheitspolitische Aspekte vielleicht dazu beitragen, dieses Defizit zu verringern, wobei die Beobachtung von Zürn mehr noch für die europäischen als beispielsweise für die U.S.-amerikanischen sozialwissenschaftlichen und politischen Diskussionen zutrifft.

Diese Hoffnung, ein Desiderat aufarbeiten zu helfen, hat gute Gründe: Am Beispiel der Sicherheitspolitik zeigen sich vielleicht am auffälligsten die praktischen Konsequenzen transnationaler Politik und damit die Auflösungserscheinungen des traditionellen Territorialitätsprinzips und seiner Funktionen für politische Ordnung und politisches Handeln. So hat sich in den sicherheitspolitischen Diskussionen politisch wie politikwissenschaftlich ein erweiterter Sicherheitsbegriff durchgesetzt (der Begriff der ‚comprehensive security'), der, über die herkömmlichen Sicherheitsbedrohungen bilateral-militärischer Konflikte hinaus, auch transnationale Phänomene in das Spektrum sicherheitspolitischer Bedrohungen und Risiken mit einbezieht. Dieser neue Sicherheitsbegriff und seine Implikationen für die Frage nach der Territorialität bzw. Entterritorialität transnationalen politischen Handelns weist analytisch die Richtung für die Erörterung transnationaler Sicherheitsrisiken. Zunächst aber soll die prinzipielle Bedeutung der Sicherheitswahrung und der Sicherheitspolitik als staatliche Aufgabe und als Ziel des Regierens moderner Nationalstaaten erörtert werden.

a) Sicherheit als Ziel des Regierens

In Kap. I.2. konnte gezeigt werden, welch renommierten Platz die Sicherheit und der Schutz des Staates und seiner Bürgerinnen und Bürger in den theoretischen Entwürfen der modernen Staatstheoretiker einnahmen. Am stärksten wurde von Hobbes betont, dass der umfassende Sinn und Zweck der Staatsgründung und des Herrschaftsvertrages im Schutz vor gegenseitigen Übergriffen im innergesellschaftlichen wie auch im völkerrechtlichen Bereich liegt. In Anlehnung an weitere ideengeschichtliche und staatstheoretische Konzeptionen – u.a. Adam Smith (ders. 1993) – bezeichnet auch Zürn die Sicherheitsgewährung als zentrale staatliche Aufgabe und spricht von ‚Sicherheit als Ziel des Regierens'. (Zürn 1998:97) Er verweist in diesem Zusammenhang auch auf den radikalen Liberalismus und dessen staatskritische Position der weitgehenden Ablehnung jeglichen staatlichen Interventionismus, von der jedoch *nicht* der Sicherheitsaspekt betroffen sei (z.B. Nozick 1974). Das klassische Sicherheitsdenken beschreibt

Zürn wie folgt: „(Der) Nationalstaat (hat) zum einen die physische Unversehrtheit der Individuen (sowie der verschiedenen Gruppen von Individuen) auf seinem Territorium, zum anderen seine eigene physische Unversehrtheit, d.h. die Unversehrtheit von Staatsvolk, Staatsterritorium und staatlicher Herrschaft, zu garantieren." (1998:98; auch Halliday 1991) Gleichzeitig betont er jedoch die schwindende Fähigkeit des Nationalstaates, unter den Bedingungen transnationaler Politik die traditionelle Sicherheitsaufgabe weiterhin erfüllen und angesichts neuer Sicherheitsrisiken und der Entstehung transnationaler Konfliktlinien Sicherheit garantieren zu können. Er kommt dabei zu folgender Übersicht.

Tabelle 1   Staatliche Sicherheitsaufgaben und ihre Einschränkungen

	Staat ist Adressat	*Gesellschaft ist Adressat*
Bedrohungen und Risiken gehen vom Staat aus	I: Verteidigungsaufgabe (zwischenstaatlicher Krieg)	II: Rechtsstaatsaufgabe (Staatsterror, Missachtung der Menschenrechte)
Bedrohungen und Risiken kommen aus der Gesellschaft	III: Herrschaftsaufgabe (Bürgerkrieg, Terrorismus)	IV: Schutzaufgabe (Gewaltverbrechen, Umweltzerstörung)

(Zürn 1998:99)

Herkömmliche Sicherheitsbegriffe haben sich die in der Übersicht skizzierten Aufgabenfelder I und II zu eigen gemacht und im Sinne staatlichen bzw. zwischenstaatlichen Handelns zu lösen versucht. Auf eine detaillierte Diskussion traditioneller Sicherheitsbegriffe und -konzepte soll hier verzichtet[27] und stattdessen ihre grundlegenden Axiome herausgestellt werden. So legen traditionelle Konzepte zur nationalen und internationalen Sicherheitspolitik, wie insbesondere an den Konzepten der Eindämmung (‚containment') und der Abschreckung (‚deterrance') deutlich wird, die Annahmen zugrunde, dass

---

27 Vgl dazu aus der Fulle der Literatur u a Aron 1962, Morgenthau 1963, Senghaas/Deutsch 1970, Senghaas 1972, Czempiel 1972, Krippendorf 1985, Link 1988, Waltz 1979, Mearsheimer 1990, F Kaufmann 1994, Gießmann 1996, Bonß 1997

- eine Bedrohung von einem territorial gebundenen und
- als klar identifizierbar agierenden Akteur (souveräner Staat) ausgeht; dass
- sie ferner in territorial bestimmbaren und begrenzten, oder zumindest – selbst im Falle moderner Waffentechniken – in zurechenbaren Aktionsradien stattfindet; und dass sie
- auf ein ebenso territorial fixiertes Staatsgebilde als Ganzes zielt.

Ferner wird davon ausgegangen, dass

- Territorialgrenzen, Territorialbesitz und -kontrolle sowie zu erobernde Gebietshoheit die letzten, d.h. ideologischen, religiösen und ressourceorientierten Konflikten übergeordneten *casus belli* darstellen,[28] weswegen schließlich
- staatliche Sicherheitspolitik in innen- und außenpolitische Angelegenheiten bzw. ‚innere' und ‚äußere' Sicherheit unterschieden werden könne.[29]

Entlang dieser Axiome und der Frage ihrer fortdauernden Gültigkeit wird sich der Wandel der Sicherheitsbedrohungen und -risiken unter den Bedingungen transnationaler Politik veranschaulichen lassen. Denn durch gesellschaftliche und staatliche Denationalisierungsschübe verschieben, erweitern und diversifi-

---

28 Vgl dazu auch Kocs 1995 160ff, auch van Creveld „From time immemorial, the desire to occupy additional territory has been the prime objective for which war has been waged " (ders 1999 29) Zum Aspekt des Territorialbesitzes als Kriegsursache vgl auch aus der Perspektive der politischen Ökonomie die Studie von Boulding 1962, auch Vasquez 1993

29 Von besonderem Interesse und herausragender Bedeutung für die historische Entwicklung der *Axiome* traditionellen Sicherheitsdenkens in dem vorliegenden Zusammenhang ist der Einfluss der strategischen Konzepte von Antoine-Henri Jermini und Sébastien le Prestre de Vauban Da auch ihrem Denken der neuzeitliche Territorialstaat (Vauban) bzw der Nationalstaat (Jermini), ebenso wie die genannten Territorialbezüge sicherheitspolitischen Denkens zugrunde liegen, außert sich das Prinzip der Territorialität insbesondere im „defense-in-depth"-Konzept Vaubans sowie in dem, insbesondere in der U S -amerikanischen Verteidigungs- und Sicherheitspolitik bis zum heutigen Tag dominanten Axiom der mathematischen Kalkulierbarkeit und Berechenbarkeit von Sicherheit und Kriegsführung nach Jermini, vgl dazu Peter Parett (Hrsg), 1984, *The Makers of Modern Strategy* Zur Diskussion und Herausarbeitung sicherheitspolitischer Axiome und ihrer Territorialität vgl ferner Herz 1976, insbes Kap 4 „International Relations and the Nuclear Dilemma", S 124ff, vgl auch den Artikel „National Security", *International Encyclopedia of Social Sciences*, 1968, vol 11, S 40ff Zu den Axiomen und ihrer Begründung auch Ardrey 1966, Roberts 1976 sowie Keegan [ders 2000], der in einem Uberblick uber die Geschichte der Kriegsführung (‚History of Warfare'), die genannten Axiome an Clausewitz' Theorie über den Krieg nachweist.

zieren sich traditionelle Konfliktlinien und Bedrohungspotentiale, ebenso wie neue, transnationale Konfliktlinien entstehen. Bereits vor gut 25 Jahren hat John Herz in *The Nation-State and the Crisis in World Politics* auf das Dilemma der abnehmenden Fähigkeit des Nationalstaates aufmerksam gemacht, seine traditionelle sicherheitspolitische Funktion ausfüllen zu können. Zwar hatte Herz dabei keine transnationalen Sicherheitsrisiken, sondern die historischen Entwicklungen der Kriegsführung im Industriezeitalter und ihre neuen Möglichkeiten der Durchdringbarkeit der ‚harten Schale' des Territorial- und Nationalstaates vor Augen, doch seine Analyse der Problematik ist für die hier vorliegenden Fragestellungen dennoch ergiebig. So sieht er einen unmittelbaren Zusammenhang zwischen sicherheitspolitischen Veränderungen und der Frage der Territorialität von Staatlichkeit und Politik.

Herz spricht hinsichtlich des modernen Territorial- und Nationalstaates von dessen „hard shell", von „impermeability" oder auch von „impenetrability" im sicherheitspolitischen Sinne (ders. 1976:100f.).[30] Die traditionellen Konzepte einer internationalen Anarchie, von ‚power politics', der ‚balance of power'-Doktrin wie auch der ‚collective security' blieben alle „within the realm of the territorial structure of states and can therefore be considered as trends or stages *within* the classical system of ‚hard shell' power units." Weiter heißt es: „I propose to view collective security not as the ... opposite of power politics, but as an attempt to maintain, and render more secure, the impermeability of what were still territorial states." (1976:102, 113; Herv. i. Orig.).[31] Verschiebungen

---

30 Vgl. dazu auch das Bild des territorial- und nationalstaatlichen ‚Containers' von P Taylor (ders 1995)
31 Dabei belegt ferner folgende Beobachtung (die in Ansätzen bei Vauban und Jermini, vor allem aber auch bei Herz zu finden ist, jedoch bei ihm nicht weiter ausformuliert und nachverfolgt wird) die genannten Axiome der Territorialgebunden-heit von Akteur und Bedrohung im *traditionellen* Sicherheitsdenken Die in der Zeit bilateraler Bedrohungen, insbesondere in der Zeit des Kalten Krieges ent-scheidenden strategischen Konzepte der Sicherheitspolitik der USA (bzw der NATO), ebenso wie des Warschauer Paktes bestanden in der Idee der Abschreckung (‚deterrence') und Ein- und Umgrenzung (‚containment) des Gegners Beide Konzepte beruhen, wie die englischen Begriffe mehr noch als ihre deutschen Entsprechungen zeigen, auf den genannten Axiomen der territorialen Beziehbarkeit und Verortbarkeit von Akteur *und* Bedrohung Insbesondere der englische Begriff der ‚deterrence' vermag dies zu verdeutlichen, enthält dieser etymologisch doch lat „terra", was die Vorstellung belegt, dass der Gegner davon abgeschreckt wer-den kann, gewisse offensive Schritte *aus seinem Territorium heraus* zu unternehmen, sei dies im Sinne konventioneller oder ‚aircraft'- und raketengestützter Kriegsführung; zu diesem Aspekt – insbesondere seines Wandels – ausführlich in Kap III 2a Zum Konzept von ‚deterrence' und ‚containment' u a Snyder 1961, Gaddis 1982 sowie Kennan 1947,

und Diversifizierungen von Sicherheit, der Axiome herkömmlicher Sicherheitsbegriffe sowie erweiterter Sicherheits/Unsicherheits-faktoren und Formen der Kriegsführung sollen nun – ergänzend zu Herz' Beschreibungen – vor dem Hintergrund transnationaler Sicherheitsrisiken betrachtet werden. Dabei ist darauf zu verweisen, dass diese Verschiebungen *keine* Ablösung traditioneller Sicherheitsbedrohungen, sondern eine *Erweiterung* des sicherheitspolitischen Risikospektrums bedeuten.

b) Axiomatische Verschiebungen traditionellen Sicherheitsdenkens

Unter Berücksichtigung der denationalisierenden Effekte transnationaler Politikprozesse und der damit einhergehenden Erweiterung und Diversifizierung des sicherheitspolitischen Risikospektrums erhalten die oben in Tabelle 1 unter III und IV aufgeführten Bedrohungen und Risiken zunehmende Bedeutung. Dies betrifft insbesondere ihre territoriale und akteursspezifische Verortbarkeit. Die Verschiebungen und Diversifizierungen von Risiken schaffen eine zusätzlich zu den klassischen Bedrohungen erweiterte sicherheitspolitische Situation. Der Begriff der ‚comprehensive security' versucht diese Erweiterung um transnationale Sicherheitsrisiken zu erfassen.[32] Zum Verständnis des erweiterten Sicherheitsbegriffes dient das folgende Schaubild: (siehe nächste Seite)

1951, zur Etymologie von engl ‚deterrence' und ‚to deter' vgl *Oxford English Dictionary*, 2nd edition, Vol IV, 1989, S 546

32 Vgl zur Diskussion des Konzeptes der ‚comprehensive security' auch Stephenson 1982, Johansen 1983, Boyd 1984, Sullivan, L 1988, Sherwood 1990, Lynn-Jones/Miller 1992, Woodcock/Davies 1998, Barsanti 1999

Abbildung 1   Bereiche erweiterter Sicherheitsrisiken

Ökologie/Hunger	Information/Informationstechnik Diplomatie
Medien AIDS/Drogen	Ökonomie/Migration
SICHERHEIT	
Bildung/Wissenschaft Forschung	Internationaler Terror
Management/Verwaltung	Militärpolitik/Proliferation

nach: Herrmann 1998.

Die in diesem Schaubild genannten, gegenüber klassischen Sicherheitsbedrohungen zur Zeit des Ost-West-Konfliktes erweiterten Risiken und Konfliktpotentiale sind um den Faktor ethnisch begründeter Konflikte zu erweitern (vgl. dazu Dicke 1994). Ohne auf dieses Konfliktpotential näher einzugehen, scheint es zum Verständnis des erweiterten Sicherheitsbegriffes jedoch nötig, auf drei Punkte hinzuweisen, die die neue Situation kennzeichnen und die Klaus Dicke am Beispiel ethnischer Konflikte herausarbeitet: *Erstens* addieren sich zu dem klassischen militärischen Sicherheitsrisiko der Verletzung staatlich-territorialer Integrität zur Analyse von Konflikten die Kategorien der ‚Empfindlichkeit' und der ‚Verwundbarkeit' staatlicher und gesellschaftlicher Infrastrukturen und subsystemischer Teilbereiche hinzu;[33] *zweitens* erhalten dadurch für globale sicherheitspolitische Überlegungen der Begriff des ‚Konfliktes' gegenüber dem Begriff des ‚Krieges', ebenso wie der Begriff des ‚Risikos' gegenüber dem der ‚Bedrohung' eine gesteigerte Bedeutung,[34] da *drittens* für erweiterte Sicherheits-

---

33   Vgl dazu auch Keohane/Nye 1977, dies 1987 Siehe im weiteren unter III 2 bei der in der vorliegenden Studie unternommenen Betrachtung des konkreten Falles eines erweiterten Sicherheitsrisiken, des *transnationalen Terrorismus*
34   Siehe u a Pfetsch 1991, Czempiel 1981, Dicke 1991

risiken ein fließender Übergang und ein Schwebezustand zwischen ‚Konflikt' und ‚Krieg' kennzeichnend ist, d.h. eine „Zwischenstufe (zeitweilig) bewaffneter Auseinandersetzungen" ohne das „alte Institut der Kriegserklärung." (Dicke 1994:15)[35]

Um diese Beobachtungen im konkreten Fall analysieren zu können, bietet sich eine detaillierte Betrachtung eines einzelnen neuen Risikofalles an. Die Aufmerksamkeit wird deswegen in Kap. III den Organisationsformen des transnationalen Terrorismus gelten – im obigen Schaubild begrifflich etwas unklar als ‚Internationaler Terror' bezeichnet. Umfragen unter politischen Führungskräften und in der Öffentlichkeit in den USA – bereits vor dem 11. September 2001 – über die Einschätzung der aktuellen Sicherheitslage verdeutlichen auch in der politischen Wahrnehmung die veränderte Situation: Zu den als klassisch, bilateral und primär militärisch empfundenen Bedrohungen addieren sich die neuen Risiken des Terrorismus, der Internationalen Migration,[36] des religiösen Fundamentalismus, des internationalen Waffen- und Drogenschmuggels sowie weiterer, im Schaubild genannter Aspekte. Das Bedrohungspotential transnationaler Konfliktlinien und Bedrohungen wird dabei höher eingestuft als das herkömmlicher Konflikte (dazu das Diagramm auf der nächsten Seite).[37]

---

35 Vgl zum Charakter des terroristischen Krieges zunächst Link 2001 9 „(Krieg) wird nicht mehr erklärt, nicht mehr völkerrechtlich ‚eingehegt', nicht mehr durch einen Friedensschluss beendet Die Trennlinie zwischen Krieg und Frieden wird aufgehoben – in einem kriegerischen Frieden", dazu mehr unten unter III 2 bd)
36 Zu einer kritischen Bewertung von Migration und Fluchtlingsbewegungen als Sicherheitsrisiko und der Gefahr der Militarisierung dieser Phänomene vgl Behr 1998, 1999
37 Inwieweit dies als objektiv berechtigt erscheint, soll hier nicht diskutiert werden, zu weiteren Einschätzungen, speziell des transnationalen Terrorismus, von Seiten U S -amerikanischer Sicherheitsexperten und -institute vgl unten in Kapitel III 1

Abbildung 2 Bedrohung nationaler Interessen durch erweiterte
Sicherheitsrisiken (Quelle: Rielly 1995: 21).[38]

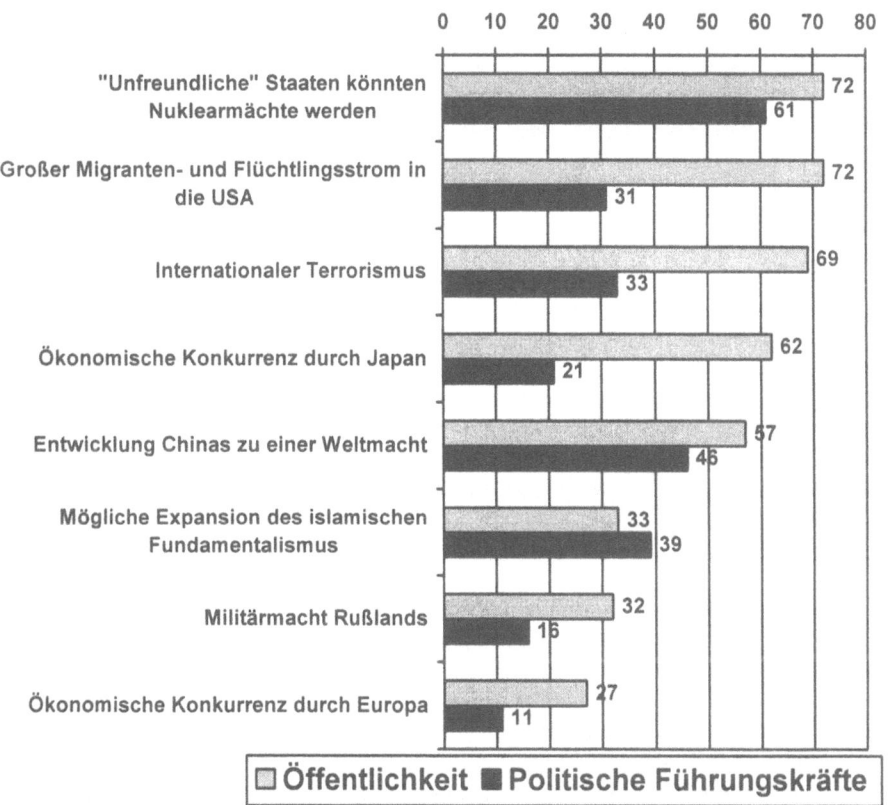

38 Für aktuelle Erhebungen mit Blick auf die USA, insbesondere die Einschatzungen nach dem 11 September 2001 und dem 3 Golfkrieg vgl www.poll.com

Die bislang erhaltenen Hinweise auf eine neue sicherheitspolitische Situation bedeuten noch nicht mehr als Vermutungen. Denn selbst wenn sich beispielsweise in der Praxis U.S.-amerikanischer Sicherheitspolitik die ‚militärischen Gebote der Globalisierung' (so Bacevich 1999) seit einigen Jahren deutlich abzeichnen, so gibt es - im Vergleich beispielsweise mit der Problematisierung staatlicher Souveränität - relativ wenige *wissenschaftliche* Untersuchungen über globale, transnationale Sicherheitspolitik. Der zentrale Gedanke zur Globalisierung, wie er seit Mitte der 90er Jahre beispielhaft im Mittelpunkt der Außen- und Sicherheitspolitik der Clinton-Administration stand, bestand in der Antizipation einer globalen Öffnung (‚oppeness') und der Relativierung traditioneller sicherheitspolitischer Orientierungen (Bacevich 1999:9f.)

Diese Offenheit, die sich strategisch im Wechsel der U.S.-amerikanischen Sicherheitspolitik von der ‚Weinberger Doctrine' zur ‚Clinton Doctrine' ausdrückte, ist von dem Wandel sicherheitspolitischer Risikofaktoren selbst hervorgerufen. „Twenty-first Century threats know no boundaries ... No longer permitted the luxury of concentration on a single powerful threat, as during the Cold War, the United States today must arm itself .. ‚against a viper's nest of perils' Those perils run ... from terror and international organized crime to rogue states and genocidal violence fueled by ethnic hatred", so die damalige U.S.-Außenministerin Madelaine Albright.[39] Unübersichtlichkeit und Strukturlosigkeit seien die Kennzeichen der neuen Situation. Deren Logik, ‚the logic of globalization', wird zutreffend damit beschrieben, dass die eigene, nationale Sicherheit wie auch die internationale Sicherheitsarchitektur von jedem Ort der Welt aus zu jedweder beliebigen Zeit angreifbar sei.[40]

Da die Strukturen dieser neuen Risikosituation im nächsten Kapitel mit Blick auf das Fallbeispiel des transnationalen Terrorismus vertieft werden, sollen hier folgende Fragen formuliert und als analytische Orientierungshilfen in Kapitel III mit hinübergenommen werden: Welchen spezifischen Charakter haben solche transnationalen Sicherheitsrisiken und inwieweit bedeuten sie eine Ablösung bzw. Infragestellung des nationalen, innen-außen-differenzierten Sicherheitsbegriffes? Wie sind ihre räumlich-territorialen bzw. entterritorialen Strukturen zu beschreiben? Wie lässt sich ihr Zusammenhang mit Transnationalität und mit für Denationalisierungsprozesse typischen Organisations- und Handlungsmustern transnationaler Akteure beschreiben?

---

39 Zitiert in Bachevich 1999 10
40 Zur Interpretation der neuen Sicherheitsdoktrin der Bush-Administration, der „National Security Strategy" vor diesem Hintergrund vgl Behr 2004b

Im nächsten, dieses zweite Kapitel abschließenden Abschnitt werden nun die Prinzipien *nationalstaatlicher* Territorialität zusammengefasst, die aus den Diskussionen über ihre paradigmatischen Funktionen für das moderne Politikverständnis gewonnen werden konnten.

II.5. Zusammenfassung: Kreation des politischen Raumes

Die bisherigen Erörterungen haben vier Prinzipien nachweisen können in denen sich die Konstruktionen nationalstaatlicher Territorialität und Räumlichkeit manifestieren. Diese Manifestation, der im nationalstaatsorientierten politischen Denken eine ontologisch gedachte Einheit politischen Handelns mit der territorial-räumlichen Gebundenheit dieses Handelns zu Grunde liegt, konnte in die Einzelaspekte *nationaler Grenzfunktionen*, der *Integration* der Akteure, der *Souveränität* und der ‚*nationalen Sicherheit*' ausdifferenziert werden.

Dabei besteht zwischen den einzelnen Aspekten folgender Zusammenhang: So werden die den nationalstaatlichen Grenzen zugeschriebenen Funktionen als jeder Territoriums- und Raumkonstitution vorgängig und zugrunde liegend angenommen, da sie die unabdingbaren Bedingungen bilden, damit ein politischer Raum überhaupt entstehen kann. Die Selbstverständlichkeit dieser Annahme führte in der Vergangenheit paradoxerweise dazu, dass sie in den wissenschaftlichen Konzeptionen von Raum und Territorialität nicht explizit thematisiert wurden. Erst in den letzten Jahren, als die Selbstverständlichkeit nationaler Grenzen und ihrer Funktionen im Zuge transnationaler Politikprozesse in Frage gestellt wurde, scheint diese Selbstverständlichkeit, da sie wegbricht, bewusst und vornehmlich unter dem Topos der ‚Entgrenzung' auch diskutiert zu werden.

Ferner spielt der territorialitäts- und raumkonstitutive Aspekt der nationalen Integration eine prominente Rolle, da dadurch – so die Grundannahmen – die Menge der auf einem Territorium versammelten Menschen erst zu einer handlungsfähigen Einheit zusammengeführt wird. Damit in Zusammenhang steht das Prinzip der Souveränität, das den Akteuren im Kontext einer als zusammengehörig betrachteten politischen Einheit den rechtlichen Status zuweist, entweder im Besitz der Herrschaft über ein spezifisches Territorium zu sein, der Herrschaft zugeordnet zu sein oder aber außerhalb der Gebietsherrschaft zu stehen.

Schließlich bedingen die bisher genannten drei Prinzipien das Konzept der ‚nationalen Sicherheit', wonach eine politisch integrierte Gemeinschaft ihre physische Unversehrtheit zu schützen beabsichtigt und diese Sicherheit im Rahmen bestimmter Territorialgrenzen definiert sowie die Achtung und Integrität ihrer Herrschaft über ihr Territorium von anderen, außerhalb stehenden Gemeinschaften, ebenso wie innenpolitisch einfordert. In der inneren Anordnung der vier Prinzipien wirkt der Aspekt der nationalen Sicherheit durch die anderen hindurch, insofern die Aufrechterhaltung nationaler Sicherheit wiederum als Bedingung erachtet wird, dass Grenzen ihre Funktion behalten (d.h. sie müssen ge*sichert* werden), dass die Souveränität außen- wie innenpolitisch nicht gestürzt wird, und dass die politisch integrierte Gemeinschaft nicht gespalten wird.

Auf diesen konzeptionellen Zusammenhängen bauen die Annahmen auf, dass es kein Handeln und keine Politik ohne politischen Raum und ohne ‚Fixierung' von Politik und politischem Handeln an diesen Raum und sein Territorium geben kann; ferner, dass dieser Raum weder ohne die politisch-soziale Integration potentieller Rauminhalte (Menschen, politische und soziale Handlungen, Symbole, Verfassung, Gesetze etc.), noch ohne Begrenzung des ihm zugrunde liegenden Territoriums zustande kommen kann, auf das jene Rauminhalte festgelegt sind. Territorialität und Räumlichkeit gelten somit als *Funktions-* und *Konstitutionsbedingung* von politischem Handeln. So betont auch Edward Soja die zentrale Rolle und Funktion von Räumlichkeit für die politische und soziale Organisation von Gesellschaft und Politik, wenn er schreibt: „One of the central characteristics of the state is ... the clear emergence of the polity as a territorially defined unit not necessarily linked to any other organizational structure." (ders. 1971:15) Dabei wiederum fungiere Territorialität als die notwendige Basis und Grundlage für die politische Organisation von Raum und Räumlichkeit.

Ferner heißt es bei Soja: „(The) political organization of space ... (serves) as a means .. to control the allocation and distribution of valued goods, services, and positions of status; to prevent or resolve internal conflicts and resist external threat; and to create and maintain group cohesion and identity." (ders. 1971:19) In diesem Zitat sind, wenn auch in anderen Begrifflichkeiten, so doch inhaltlich all jene vier Prinzipien des traditionellen Territorialitätsprinzips zusammengefasst: der Sicherheitsaspekt durch externe Bedrohungen und interne Konflikte, der Aspekt der national-staatlich-territorialen Integration, der Aspekt staatlicher

Herrschaft und Souveränität sowie schließlich die Räumlichkeit überhaupt erst gewährende Begrenzung eines staatlichen Territoriums. Die Funktions- und Konstitutionsbedingung von Territorialität und Räumlichkeit für Politik in der Moderne bringt Marshall D. Sahlins in historischer Perspektive noch dezidierter auf den Punkt, wenn er betont: „The critical development was not the establishment of territoriality in society, but the establishment of *society as a territory*. The state and its subdivisions are organized as territories - territorial entities under public authorities". (ders. 1968:5f.; Herv. v. Verf.)

Die Wechselbeziehung, die zwischen nationalstaatlich organisiertem politischem Handeln und Territorialität besteht und die Erkenntnis begründete, dass die modernen Konzepte der Integration, der Souveränität, der (nationalen) Sicherheit und der Funktionszuweisung von Grenzen nicht nur die Prinzipien von Territorialität darstellen, sondern darüber hinaus ohne ihre je eigene territorial-räumliche Fundierung und ‚Fixierung' weder gedacht werden noch funktionieren können, betont Jean Gottmann, wenn er mit Blick auf die Konstitutions- und Existenzprinzipien politischer Organisationen schreibt: „To decide how to proceed and what the public good must be, a political organization has to be brought into existence [by the very principles; H.B.], which in turn can function adequately *only within* a defined territorial framework." (ders. 1975:2; Herv. v. Verf.) Die rückwirkende Bedeutung des Raumes – ist er denn einmal konstituiert – für staatlich-politische, territorial organisierte Einheiten greift auch Greven auf und betont dabei insbesondere, dass jedes Gemeinwesen eines eigenen politischen Raumes bedürfe, da dieser die Voraussetzung für seine Existenz sei (ders. 1998:262).

Für die weiteren Untersuchungen geben die gewonnenen Konkretisierungen des Territorialitätsprinzips nun den analytischen Rahmen vor. Für die Durchführung und Auswertung der Fallstudie liegt damit ein Analyseraster vor, an dem Kontinuitäten und Auflösungen der territorial-räumlichen Strukturen unter den Bedingungen transnationaler Politik nachgewiesen werden können. Das Analyseraster sei tabellarisch zur Übersicht dargestellt (nächste Seite).

Tabelle 2　　Prinzipien nationalstaatlicher Territorialität

Prinzipien / AnalyseKriterien	Integration (nach Smend)	Souveränität (nach Weber)	Grenzen/Begrenzung (nach Simmel)	Nationale Sicherheit/ Sicherheitswahrung
	Nationale und nationalstaatliche Integration als Gegenmodell zur politischen Differenzierung	Souveränität als zentralisierte Gebiets-/ Territorialherrschaft im Rahmen des Nationalstaates	Ermöglichung von Politik	Sicherheit als Ziel staatlichen Regierens
	Staat/Nationalstaat als Substanz der Integrationsverwirklichung [sachl. Int.]	garantiert die Erfüllung von „Herrschaft" (nach Weber)	Zentripetalität: Fixierung polit. Inhalte und politischen Handelns	Trennung in „innere" und „äußere" Sicherheit
	Subsumbtion der politischen Akteure unter einem zentralen staatlichen Akteur bzw. Staatsorgan [persönl. Int.]	garantiert die Erfüllung von „Macht" (nach Weber)	Ausdifferenzierung in vier Grenzfunktionen: - rechtlich - ideologisch - sozialpsych. - sicherheitspolitisch	Axiome des traditionellen Sicherheitsdenkens, insbesondere: Territorialgebundenheit von Akteuren
	Integration der Akteure unter einem gemeinsamen Prozess politischen Handelns (z.B. Willensbildung) [funkt. Int.]			Territoriale bzw. territorialstaatliche Bezogenheit von Bedrohungen

III Kontinuität und Wandel des Territorialitätsprinzips: Eine Fallstudie zum transnationalen Terrorismus und seinen Organisationsstrukturen

Von Sicherheitsinstituten, Verteidigungsexperten, Militärs und Wissenschaftlern wird der weltweit agierende Terrorismus seit einigen Jahren und insbesondere seit den Attentaten des 11. September 2001 mit vergleichbarer Aufmerksamkeit als Sicherheitsrisiko eingestuft wie klassische zwischenstaatliche und unmittelbar militärische Bedrohungen. Der Grund für die neue Gefahr des Terrorismus wird – neben dem vermuteten Zugang von Terroristen zu Massenvernichtungswaffen – in seinen transnationalen Organisations- und Handlungsformen vermutet. Im ersten Abschnitt dieses Kapitels wird die Fallstudie zum transnationalen Terrorismus erläutert. Dabei spielt auch die Definitionsproblematik des Terrorismus eine Rolle, ebenso wie die Frage nach dem analytischen Zugriff auf seine Transnationalität. In Abschnitt 2 werden die Fallbeispiele dargestellt und ausgewertet.

III.1. Transnationaler Terrorismus als Fallstudie

a) Bestimmungsmerkmale und Definitionskriterien von Terrorismus

Nationaler Terrorismus, ebenso wie internationaler Terrorismus sind keine neuen Phänomene. Die politisch inspirierte Gewalt entweder direkt gegen Politiker, Regierungsbeamte, Institutionen oder auch gegen Zivilpersonen ist so alt wie Politik selbst. Jüngste Beispiele für nationalen Terrorismus sind die deutsche Rote Armee Fraktion RAF, die italienische Rote Brigade, der peruanische Leuchtende Pfad, die baskische Untergrundorganisation ETA, die philippinische New Peoples Army etc. Ein Beispiel für internationalen Terrorismus ist die ehemalige Ausbildung und finanzielle Förderung der deutschen RAF durch die DDR und die Nationale Volksarmee. Dies alles sind keine neuen Erscheinungen und entsprechen nicht dem Begriff des ‚transnationalen Terrorismus'.[1] Was hingegen neuartig ist und die Kennzeichnung als transnational verdient, ist der netzwerkartige Organisationscharakter terroristischer Vereinigungen sowie die dadurch neu entstehenden operativen Handlungsmöglichkeiten global agierender Gruppen.

Nach der Darstellung von Walter Laqueur stellt der transnationale Organisations- und Handlungscharakter terroristischer Vereinigungen insofern historisch eine neue Stufe des Terrorismus dar, als sich staatenübergreifende Verbindungen zwischen terroristischen Gruppen bis Anfang der 1970er Jahre in erster Linie auf Fluchthilfe und Sympathiebekundungen beschränkt hätten, es jedoch keine direkten Organisationszusammenhänge und keine operativen Kooperationen gegeben habe (1977:112ff; 1996). Für die Veränderung der historischen Formen des Terrorismus sind vor allem zwei Entwicklungen verantwortlich, die veränderte weltpolitische Rahmenbedingungen geschaffen haben: *zum einen* die Beendigung des Ost-West-Konfliktes, der Zusammenbruch der Sowjetunion, das Ende der bipolaren Aufteilung der Staatenwelt und ihre polyzentrische Ausdifferenzierung; *zum zweiten* Entwicklung und der Einsatzes von neuen Informations- und Kommunikationstechnologien (Internet, E-mail, Funktelefone etc.). Im Kontext dieser Entwicklungen und ihrer strategischen Nutzung verändern sich die Organisationsstrukturen und die Handlungsmöglichkeiten terroristischer Vereinigungen. Ähnlich wie im Bereich der Ökonomie bilden sich in struktureller Hinsicht globale Netzwerke und Organisationen aus, auf die die Bezeichnung ‚transnational' zutrifft.[2]

---

1 Zur Einführung in historische Formen des Terrorismus sowie zur Einordnung terroristischer Aktivitäten in die Muster politisch inspirierter Gewalt siehe grundlegend W. Laqueur 1977, Flanigan/Fogelman 1970, Wardlaw 1982, Schlagheck 1987 sowie Wilkinson/Stewart (Hrsg.) 1987. Zur allgemein üblichen Unterteilung in nationalen (*domestic*), internationalen (*international*), transnationalen (*transnational*) und Staatsterrorismus (*state terrorism*) vgl. u.a. Mickolus 1978. Im Sinne dieser Unterscheidung geht es in der vorliegenden Studie um *transnationalen* Terrorismus. Dabei muss diese Unterscheidung als idealtypische Differenzierung betrachtet werden, da es in der Realität zu Überschneidungen und auch Kooperationsformen zwischen transnationalen terroristischen Netzwerken und bestimmten Staaten kommt.

2 Ein weiterer, doch hier im Rahmen der Betrachtung von Organisations- und Handlungsstrukturen terroristischer Vereinigungen weniger bedeutsamer Grund für veränderte historische Erscheinungsbilder sowie Aktionsmöglichkeiten und -formen des Terrorismus stellt die Entwicklung neuer Waffentechnologien dar, derer sich Terroristen bedienen und/oder auf Grund der Proliferation internationaler Waffenmärkte bedienen können. Diese reichen von konventionellen Waffen bis hin zu ABC-Waffen, wie der Anschlag der Aum Shinrikyo-Sekte in der Tokioer U-Bahn gezeigt hat, vgl. zur Bedeutung derartiger Entwicklungen jüngst Laqueur 1996, sowie

Was überhaupt wird grundsätzlich unter Terrorismus verstanden und warum wird er als nationales Sicherheitsrisiko bezeichnet? In ‚Title 22' des *United States Code*, Section 2656F(d) heißt es: „Terrorism means premetiated, politically motivated violence perpetrated against noncombatant targets by subnational groups or cladestine agents, usually intended to influence an audience". *Internationaler* Terrorismus bedeute „terrorism involving citizens or the territory of more than one country."[3] Eine andere Definition, die sich hier anschließen lässt, stammt von Brian Jenkins (ders. 1982). Jenkins hebt in seiner Terrorismusdefinition hervor, dass die bewusste Verbreitung einer psychologischen Atmosphäre des Schreckens sowie die Suche nach Publizität zwei Kernaspekte des Terrorismus seien. Terrorismus sei „an act or threat of violence calculated to create an atmosphere of fear and alarm ... they are usually carried out by organized groups who not only take credit for what they do but seek the widest possible publicity." (1982:12) Gemäß diesen Definitionen liegt die Bedeutung des Terrorismus als Sicherheitsbedrohung, verglichen mit beispielsweise den Risiken konventioneller Kriege, auch nicht in der Menge der Opfer oder in der Zahl tatsächlicher Anschläge[4] - wie auch David Ziegler betont, der jedoch deswegen Terrorismus als Sicherheitsrisiko generell in Frage stellt (ders. 2000) -, sondern in seiner Unberechenbarkeit, seinen Potentialen, seiner Ubiquität sowie in den materiellen und psychologischen Auswirkungen potentiell möglicher oder auch tatsächlich erfolgter Anschläge. Beispielhaft sind hier der Anschlag in Oklohoma City, der ‚missglückte' Anschlag auf das World Trade Center in New York 1993 und natürlich die Attentate vom September 2001. Jenkins stellt dementsprechend fest: „Terrorism is best defined by the quality of the acts, not by the identity of the perpetrators or the nature of their cause." (ders. 1986:9)

In der wissenschaftlichen Literatur gehört die Begriffsbestimmung von ‚Terrorismus' zu einer der schwierigsten Fragen. Das zentrale Problem dabei ist das spezifische Merkmal von Terrorismus gerade im Unterschied zu anderen Formen der Gewalt, insbesondere politischer Gewalt, wie bspw. Widerstands-

---

„High Tech Terrorism Hearings before the Subcommittee on Technology and the Law of the Committee on Judiciary", U S States Senate, 101st Congress, 1988, auch Schneider 1999, Wills 1995

3 http //www state gov/www/global/terrorism/1996Report/1996index html#intro (3 08 1999)
4 Statistische Daten zu terroristischen Anschlägen weltweit siehe U S Department of State, Office of the Coordinator for Counter Terrorism, *Patterns of Global Terrorism*, jährliche Publikationen, Edward F. Mickolus, 1997, *Terrorism 1992-1995 A Chronology of Events and a Selected Annotated Bibliography*

kampf und Befreiungskampf? Als gemeinsame Aspekt der meisten Bestimmungsversuche kristallisieren sich *vier Kriterien von Terrorismus* heraus: Zum einen geht es um politische Gewalt, d.h. wenngleich die Aktionen nicht unbedingt politisch motiviert sein müssen, so müssen sie jedoch in ihren Auswirkungen politischen Charakter haben, also in erster Linie eine große öffentliche Wirkung haben sowie auf die Ausübung und/ oder Beeinflussung öffentlicher Meinungsbildung und Machtausübung zielen; zweitens müssen diese Formen der Gewaltausübung systematischen Charakter haben, d.h. sie dürfen nicht sporadisch einmal auftreten und dann nicht wieder, sie müssen von einer Organisation (oder mehreren gemeinsam) geplant und durchgeführt werden (dürfen also keine Einzeltaten sein) und sie müssen eine politische Idee symbolisieren. Dabei muss das konkrete Ziel eines Anschlages nicht gleichbedeutend mit dem Ziel der Ideologie sein. Ein Anschlag kann beispielsweise auch nur eine ablenkende Wirkung von einem eigentlichen Vorhaben verfolgen oder auch ausschließlich der psychologischen Abschreckung dienen wollen, weswegen – so auch das dritte Definitionsmerkmal des Terrorismus – die Verbreitung einer Atmosphäre der Angst und des Schreckens diese Form der Gewalt kennzeichnet. Richard Clutterbuck umschreibt dieses Definitionsmerkmal sehr plastisch mit dem Motto des chinesischen Kämpfers Sun Tzu aus dem 4. Jahrhundert v. Chr.: ‚Kill one – frighten ten thousand'. (in Clutterbuck 1994:3)[5]

Schließlich wird Terrorismus, gleich ob international oder transnational, als nationale Sicherheitsbedrohung bezeichnet, denn er rührt direkt, entsprechend einem zugrundegelegten Verständnis von Sicherheit,[6] an der Fähigkeit eines

---

5 Im Sinne expliziter Bestimmungsversuche vgl auch Fromkin 1978, Jenkins 1978, der Terrorismus wegen seines psychologischen ‚impact' als besondere Form der ‚Kriegsführung' (warfare) begreift, ebenso Mallin 1978, Paust 1977, Crayton 1983, Dowling 1983, Hacker 1983 und Pearlstein 1983 zu psychologischen Aspekten des Terrorismus und der Terrorismusdefinition, ferner Shultz/ Sloan (1980), die eine Funfer-Martrix des Terrorismus hinsichtlich seiner Akteure und politischen Ziele aufstellen, Mickolus 1977, Provizer 1987, Tackrah 1987, Segaller 1986 (insbes Kap 1), Wilkinson/Stewart 1987 (Kap I Definitional and Conceptual Aspects), Poland 1988 (Kap. 1 Concepts of Terror and Terrorism), Slann/ Schechterman 1987 (Teil 1 Theory Building and Terrorism, Teil 2 Some Dimensions of Terrorism), Guelke 1995, (S 1-70), sowie am ausführlichsten wohl die Diskussionen in Stohl 1988 (Part I Theoretical approaches to the Study of Political Terrorism [273 S]), im Sinne der drei dargestellten und als allgemeingültig anerkannten Merkmale vgl auch Jenkins 1978 236f Zur Schwierigkeit der Begriffsbestimmung von Terrorismus, insbesondere hinsichtlich seiner politischen Motive siehe auch unten die Beispiele in Anmerkungen 109, die wiederzugeben versuchen, was im Amerikanischen kurz und knapp auf die Formel gebracht wird „One man's terrorist is another man's freedom fighter" Zur epistemologischen und ethischen Problematik der Begriffsbestimmung von ‚Terrorismus' vgl u a Wilkinson 1979
6 Vgl dazu auch oben in II 4

Staates „to protect its internal values from *external* threats." (*International Encyclopedia of Sociel Sciences*, vol. 11, 1968: 40; Herv. v. Verf.) Hier wird deutlich, dass der Begriff der Sicherheit bzw. der nationalen Sicherheit an das Konzept des nationalen Interesses gebunden wird. Ein politisch und sozialwissenschaftlich weithin geteiltes Verständnis davon, wann und wodurch Sicherheit bedroht sei, hat Morton Kaplan formuliert. Im Zuge der für das moderne Politikverständnis dominierenden Systemanalyse und ihrer empirischen Identifizierung des Systembegriffs mit dem (National)Staat hat Kaplan nationale Sicherheit bzw. nationales Sicherheitsinteresse nicht nur auf den Schutz des Gesamtsystems ‚Staat' bezogen, sondern auch auf den Schutz all seiner sog. ‚Subsysteme': „The security of the national system is closely linked to the security of the subsystem which makes up the national system." (ders. 1968: 42; vgl. auch Kaplan 1957, 1968, 1974)[7]

Betrachtet man die hier enthaltenen Merkmale des Schutzes innenpolitischer Werte und Güter vor äußeren Bedrohungen zusammen mit der Bezugnahme des Sicherheitsinteresses auf alle Teilsysteme des Gesamtssystems ‚Staat', so wird verständlich, warum Terrorismus und die Ziele seiner Aktionen als Bedrohung der nationalen Sicherheit bezeichnet werden: Denn er attackiert und gefährdet weniger die Gesamtebene des Staates als vielmehr seine infrastrukturellen, psychologischen, gesellschaftlichen und ökonomischen Teilsysteme. Die Auswirkungen des 11. September 2001 haben dies drastisch verdeutlicht, da seine Folgen nicht nur in den materiellen Schäden der unmittelbaren Anschläge bestehen, sondern auch und gerade in dem psychologischen Schock vor allem innerhalb der USA von der eigenen Verwundbarkeit, in wirtschaftlichen Konsequenzen (vor allem in der privaten Luftfahrt), in internationalen diplomatischen und auch militärischen Spannungen sowie in Fällen kultureller Diskriminierungen und innergesellschaftlicher Übergriffe. Das Merkmal des Ausgreifens nicht nur auf die Gesamtebene ‚Staat', sondern auch auf seine Subsysteme gilt im Übrigen für alle Phänomene, die unter dem Begriff der ‚comprehensive security' zusammengefasst werden (vgl. oben II.4.b).[8]

---

7   Zum Konzept der ‚national security' auch Kennan 1947, 1957, Waltz 1979, Kaufman 1985, Cimbala 1984, Brodie/Intriligator 1983, Krulak 1983, Brown 1983
8   Gerade an diesem Verständnis und dieser Bestimmung von Sicherheit, Sicherheitsbedrohung und den Abstufungen von Sicherheitsgefährdungen wird der *sozialkonstruktivistische* Charakter des Sicherheitsbegriffes deutlich, wonach die Bezeichnung von bestimmten Phänomenen und Handlungen als Sicherheitsbedrohungen und/oder -risiken eine Frage der sozio-politischen Perzeption und nicht objektiver Gegebenheiten ist, vgl dazu R Meyers 1979 75ff, Wendt 1992 391-410, Cohen 1979 Dies wird besonders für die Analyse staatlich-politischer Sicher-

*b) Transnationale terroristische Vereinigungen als politische Organisationen:
„strategic alliances" und die MNC-Metapher*

Im Jahre 1973 hat Samuel P. Huntington einen Essay mit dem Titel „Transnational Organizations in World Politics" verfasst. Darin untersucht er Organisations- und Handlungsformen transnationaler Vereinigungen und nennt als empirischen Anlass seiner Untersuchung die gewachsene Anzahl, Vielfalt und Größe sowie die veränderten politischen Handlungsoptionen transnationaler Organisationen in der Weltpolitik nach dem Zweiten Weltkrieg: „The increase in the number, size, scope, and variety of transnational organizations after World War II makes it possible, useful, and sensible to speak of a *transnational organizational revolution* in world politics." (ders. 1973:333) Die Diagnosen, die Huntington im Jahre 1973 trifft, haben heutzutage um so mehr Gültigkeit, als die historischen Gründe, die er nennt und die die Größe, Vielfalt und die Handlungsoptionen transnationaler Organisationen fördern, durch die weitere Ausdifferenzierung der Staaten- zur Gesellschaftswelt sowie durch die verstärkte Entwicklung von Informations- und Kommunikationstechnologien noch weitaus günstigere Bedingungen darstellen als vor gut 25 Jahren.

In Anlehnung an und gleichzeitiger Erweiterung der Bestimmung von Transnationalität nach Keohane/Nye (dies. 1972; vgl. auch oben in I.1.) begreift Huntington transnationale Organisationen als private Akteure. Dabei legt er den Schwerpunkt ausdrücklich auf den, wie er schreibt, „dramatic rise of relatively centralized, functionally specific, bureaucratic organizations which carry out their operations across state boundaries." (1973:335) Diesen Aspekt hätten Keohane/Nye zwar angesprochen, insgesamt jedoch zu wenig beachtet. Huntington nimmt demgegenüber die Funktionsweise transnationaler Organisationen unter der Perspektive ihrer grenzüber- und grenzdurchschreitenden Handlungen ausdrücklich in Betracht und fragt, welche spezifischen Merkmale die *Transnationalität* transnationaler Organisationen ausmachen.

---

heitskonzepte und die Frage bedeutsam, wie sich Staaten im internationalen Umfeld gegenuber dem Handeln anderer internationaler Akteure verhalten, das sie als Bedrohung ihrer eigenen Sicherheit empfinden Da es in den vorliegenden Untersuchungen in erster Linie jedoch nicht um staatliche Sicherheitspolitik und ihre Konzepte im Bereich des ‚counter-terrorism' (dazu erst in Kap V), sondern um die *Struktur* neuer, transnationaler Risiken geht, spielt die Frage der Perzeption hier eine untergeordnete Rolle *Dass* transnationaler Terrorismus eine Bedrohung ist und als solche *wahrgenommen* wird, ist dennoch wichtig In die gleiche Richtung argumentiert Olivier Brenningmeijer aus konstruktivistischer Perspektive mit Blick auf Sicherheitsprobleme jenseits nationaler Grenzen (‚beyond borders') und schreibt hierzu· „(Security and safety) are vague and subjective concepts which continuously change in the public's mind in an everchanging environment "(ders 2001:207)

Zur Beantwortung der Frage nach den spezifischen Merkmalen von Transnationalität und der damit verbundenen Akteursqualität unterscheidet Huntington in organisationstheoretischer Hinsicht die Begriffe ‚international', ‚multinational' und ‚transnational'. *International* sei eine Organisation dann, wenn sie von einem festen Sitz aus in mehreren Ländern tätig ist; die Bezeichnung *multinational* beziehe sich hingegen auf die personelle Zusammensetzung der Organisation; *transnational* nun meine die *operativen* Strategien einer Organisation, wenn sie mehrere Standorte hat und in mehreren Ländern gleichzeitig sowie im Verbund zwischen diesen Ländern und den einzelnen Standorten vernetzt tätig ist. Diese Unterscheidung ist wichtig, da sie die Besonderheit von Transnationalität gegenüber Inter- und Multinationalität unterstreicht. Durch ihre Betonung der Verbindungen und Vernetzungen zwischen verschiedenen operativen ‚Einsatzorten' jenseits nationalstaatlicher Grenzziehungen macht sie deutlich, warum die strukturellen Rahmenbedingungen der Offenheit der Staatenwelt und der Technologie Transnationalität erst ermöglichen bzw. in einem je gesteigerten Maße ermöglichen, je offener die Staatenwelt ist und je fortgeschrittener die Technologien sind. „What makes", so schreibt Huntington mit Blick auf den Shell-Konzern, „Royal Dutch Shell a transnational phenomenon is the nature and scope of the operations it performs, not the nature of the people who perform those operations or the nature of the people who ultimately control those operations." (1973:337)

An dieser Stelle kann eine theoretische Unterscheidung und ‚hierarchische' Anordnung zwischen den Begriffen der ‚Transnationalität', ‚Entgrenzung' und ‚De-nationalisierung' eingeführt werden.[9] So haben die drei Begriffe *keine* synonyme Bedeutung, da ‚Entgrenzung' und ‚Denationalisierung' der ‚Transnationalität' sowohl phänomenologisch als auch analytisch untergeordnet sind. Sie sind *Konsequenzen* von Transnationalität und transnationaler Politik. Anders formuliert: Transnationalität ist die Bedingung von ‚Entgrenzung' und von ‚Denationalisierung', wohingegen *die Bedingung von Transnationalität* ihrerseits in der Offenheit der Staatenwelt sowie in der (meist technisch gegebenen) Möglichkeit der Verbindung zwischen verschiedenen Operationszentralen und ihrer vernetzten Koordination zu sehen ist.[10]

---

9   Siehe zu diesen Begriffen bereits oben in der Einleitung sowie in I 1
10 In diesem umfassenderen Charakter liegt letztlich auch der Grund, von transnationaler Politik – und nicht von den perspektivisch engeren Begriffen der ‚Denationalisierung' oder ‚Entgren-

Nun beschreibt Huntington ausschließlich transnationale Unternehmen und Industriekonzerne und begreift diese aufgrund ihrer operativen Eigenschaften als transnationale politische Akteure. *Transnationalität bezieht sich also unter organisationstheoretischer Perspektive* – und dies bedeutet eine analytische Erweiterung der Begriffsbestimmung aus Kap. I.1. – *auf die operativen Eigenschaften und Möglichkeiten einer Organisation.* Neben empirischen Beschreibungen transnationaler Unternehmensstrukturen und ihrer operativen Strategien erkennt er unter analytischer Perspektive:

> „[ ] the emergence of transnational organizations on the world scene involves a pattern of cross-cutting cleavages and associations overlaying those associated with the nation-state A distinctive characteristic of the transnational organization is its broader-than-national perspective with respect to the pursuit of highly specialized objectives through a central optimizing strategy across national boundaries." (1973 338, 340)

Was macht Huntingtons Differenzierungen und Bestimmungen für die Analyse der Organisationsformen transnational agierender *terroristischer* Vereinigungen ergiebig? Es sind zwei Aspekte: *Zum ersten* macht die Unterscheidung von inter-, multi- und transnationalen Organisationen bzw. Organisationsmerkmalen deutlich, dass die Perspektive auf die operativen Organisationsstrukturen transnationaler Unternehmen – als Perspektive auf ihre *Transnationalitat–* unabhängig von der Frage nach dem Personal der Organisationen ist. Wird also im folgenden nach den Organisations- und Handlungsformen transnational operierender terroristischer Vereinigungen gefragt, so gilt diese Frage ausschließlich der Analyse von Transnationalität in dem genannten Sinne, offenbart sich diese doch geradezu an den operativen Organisationsstrukturen. So stellt auch Phil Williams mit Blick auf den Organisationscharakter transnationaler terroristischer und krimineller Vereinigungen unter Berufung auf Huntingtons Essay fest: „The activities of (those) ... transnational organizations ... differ in degree *rather than in kind* from other transnational organizations that also seek ... autonomy from state control." (ders. 1994:3; Herv. v. Verf.) Zur Analyse der Organisationsstrukturen transnationaler terroristischer Vereinigungen werden von Seiten der Terrorismusforschung deswegen vermehrt auch die in den 90er Jahren in den Wirtschaftswissenschaften formulierten Ansätze der ‚strategic alliances' und des ‚MNC-Metaphers' verwendet.[11]

---

zung' – als analytischem Grundkonzept für die vorliegende Studie auszugehen, vgl dazu bereits oben in Anmerkung 9

11 Zu erwähnen ist in diesem Zusammenhang der Versuch von Kent C Oots auf der Basis eines *rational choice*-Ansatzes den politischen Organisationscharakter des transnationalen Terrorismus zu untersuchen (ders 1986) Da die diesem Ansatz zugrunde liegende anthropologische

Diese Ansätze ermöglichen einen Vergleich der transnationalen netzwerkartigen Organisationsmerkmale kooperativer Zusammenschlüsse und Allianzen aus dem Bereich globaler Konzerne und ihrer Geschäftsbeziehungen mit terroristischen und kriminellen Vereinigungen. Die Produktionskette und ihre Verwaltungsaufgaben führen im Bereich globaler Unternehmensstrukturen zur Ausbildung funktionaler und sich gegenseitig ergänzender Arbeitsteilungen. Jede Unternehmenseinheit sowie jeder angeschlossene Produktions-, Zuliefer- und Dienstleistungsbetrieb findet danach Eingang in die Produktionskette und in die Verwaltungsstruktur, was er spezifisch im funktionalen Sinne am besten für die strategischen Ziele der Gesamtorganisation zu leisten im Stande ist. Die Auswahl erfolgt dabei unabhängig von dem nationalen Standort der Einheiten. Im Bedarfsfalle wird unabhängig von Standortfragen eine solche Einheit und/oder ein solcher Betrieb selbst geschaffen. Solchermaßen kreierte Kooperationen, die von sog. ‚feindlichen Übernahmen' bis hin zu freiwilligen ‚Joint Ventures' und spontanen Zusammenschlüssen reichen, werden als transnationale ‚strategic alliances' bezeichnet. Das strategische Moment wird dabei von den funktionalen Markterfordernissen bestimmt (vgl. dazu Gereffi/Korzeniewicz 1994; Buckely 1994; kontrovers hierzu Götz 1996). Strategische Allianzen weisen im allgemeinen einen hohen Grad an organisatorischer Disziplin, Regularität und Kontrolle auf (und sind damit von dem mehr flexiblen sog. ‚Global Core'-Konzept globaler Unternehmensführungen nach Pasternack/Viscio [1998] zu unterscheiden; vgl. dazu auch „Transnational Cooperations", *Encyclopedia of Sociology*, vol. 4, 1992; Bachmann 1991:854ff.). G.E. Osland und A. Yaprak haben in ihrer Studie „A Process Model on the For-mation of Multinational Strategic Alliances" (1993) vorgeschlagen, strategische Allianzen als grenzüberschreitende und grenzunabhängige Kooperationsformen zum Technologietransfer und zum Warenaustausch zu begreifen („across national and firm boun-

---

Annahme des *homo oeconomicus* jedoch einmal zu einer Vermischung der Perspektive auf entweder die Organisationsformen oder aber die Psychologie der Akteure führt (es sei denn man wurde die Organisationsform *aus* der psychologischen Disposition der Akteure ‚ableiten' wollen), und dadurch zweitens die vielfältigen und diffizilen Bemühungen in der Terrorismusforschung gerade bzgl der psychologischen Profile der Akteure ubergangen und diese letztlich durch ein eigenes Primat der Rationalitat substituiert werden, muss dieser Versuch als sehr fragwurdig beurteilt werden Hingegen begrundet sich die Analyse terroristischer Organisationsformen als ‚strategic alliances' und der MNC-Metapher aus einer empirischen, erfahrungsgeleiteten Beobachtung des tatsachlichen Netzwerkcharakters terroristischer Organisationen Der Ansatz von Oots bzw des *rational choice* spielt daruber hinaus in der Terrorismusliteratur auch keine weitere nennenswerte Rolle Aus Grunden der Vollstandigkeit sei er jedoch genannt, auch Sandler/Tschirrhart/Cauley 1983; zur Kritik an *rational choice*-Ansätzen in der Terrorismusforschung vgl auch Crenshaw 1990

daries"; S. 82). R. P. Lynch wiederum unterstreicht den strategischen As-pekt des gemeinsamen Interesses der Kooperationspartner und seiner dauerhaften Institutionalisierung (ders. 1993: 23ff.). Damit würden sich strategische Allianzen von taktischen Vereinbarungen (‚tactical arrangments') unterscheiden, die im Gegensatz keine dauerhafte Kooperation anstreben.

Auf der Grundlage dieses Verständnisses ist nach den Gründen zu fragen, *warum* Organisationen strategische Allianzen bilden. Williams schreibt hierzu: „In general terms, the development of strategic alliances can be understood as response by individual firms to the business environment and as an attempt to overcome their own limitations ... Linking with host-nation companies to facilitate access to new markets is a major reason that transnational firms form strategic alliances." (1994:4) R. Cuplan und E.A. Kostelak heben in ihrer Untersuchung „Cross-National Corporate Partnerships: Trends in Alliance Formation" (1993) das wichtigste Ziel strategischer Allianzen hervor, nämlich die Möglichkeit der Umgehung nationaler und internationaler Restriktionen und Regelwerke und die damit verbundene Erzielung synergetischer Effekte. Durch Allianzbildung (‚interorganzational networks', wie es auch heißt) würden die einzelnen Partner und Unternehmensteile kompetitive Vorteile bei der Umsetzung ihrer Ziele erreichen, die sie alleine nicht oder zumindest nicht mit der gleichen Effektivität durchsetzen könnten.

Indem terroristische Vereinigungen gemeinsame politische Ziele verfolgen, dabei an der Umgehung (und auch Zerstörung) nationaler und internationaler Regelwerke interessiert sind, mit größtmöglicher Effektivität vorgehen (oder zumindest größtmögliche Effektivität beabsichtigen), Wissens- und Technologietransfer betreiben, ihre Aktivitäten finanzieren müssen sowie an der weitgehenden Synergie all dieser Absichten und Ziele interessiert sind,[12] bilden auch sie strategische Allianzen. Unter organisationstheoretischer Perspektive sind sie daher mit Strukturen und operativen Strategien globaler Unternehmensnetzwerke vergleichbar: „Cooperation among those organizations is a natural activity particularly as they share the common problem of circumventing law enforcement and national regulations ... there is an added incentive for cooperation that stems from the illicit nature of the activity." (Williams, Ph. 1994:6)

Vor diesem Hintergrund wurde mit Blick auf die Organisations- und Handlungsformen transnationaler terroristischer Vereinigungen auch die sog. ‚MNC-

---

12 Vgl dazu im konkreten die folgenden Fallstudien unter III 2

Metapher' gebildet, die ihre Allianz- und Netzwerkbildungen sowie die Operationsweisen analog zu den Strukturen globaler Finanz-, Absatz- und Beschaffungsmärkte aus dem Bereich der Weltwirtschaft begreift (u. a. Williams 1994 sowie Bell bereits 1975). Wie die Beispiele im nächsten Abschnitt und wie insbesondere die Fallstudien in III.2. zeigen werden, kommt es, neben rein terroristischen Kooperationen und Allianzen, auch zu einer Reihe von Verflechtungen und Netzwerkbildungen zwischen terroristischen Vereinigungen mit kriminellen Gruppen (z.B. Waffensyndikaten und Drogenkartellen), mit legal operierenden Unternehmen und Finanzinstituten sowie auch mit souveränen Staaten.

c) Transnationaler Terrorismus im Kontext globaler Veränderungen und seine Einordnung durch U.S.-amerikanische Sicherheitsinstitute

In ihrem Buch *War and Antiwar* unterteilen Alvin und Heidi Toffler die Geschichte in drei Phasen je spezifischer Formen der Kriegsführung: die zur Zeit der sog. ‚agrarischen Periode', der ‚industriellen Revolution' und des gegenwärtigen ‚Informationszeitalters', das durch eine Digitalisierung der Gesellschaft gekennzeichnet sei (1995; auch Toffler 1991). Die spezifische Form der Kriegsführung im Informationszeitalter sei die ‚Information Warfare'. Das *International Policy Institute for Counter-Terrorism* nimmt diesen Begriff auf und bringt ihn in Zusammenhang mit der als neues Sicherheitsrisiko empfundenen Gefahr des transnationalen Terrorismus.[13] Die Strategie der „information warfare" und ihre Auswirkungen auf die Veränderung der sicherheitspolitischen Risiken sowie auf die Territorialgebundenheit von Politik und politischem Handeln kann als eine weitere historische Stufe in der Entstehung von Kriegsführungsstrategien gelten, die die, wie John Herz schreibt, „traditional relationship between war (between) territorial power and sovereignty" verändern (ders. 1976:114). Herz führt vier Typen auf, die in dieser Hinsicht der ‚information warfare' (von der er selbst im Jahre 1976 noch nicht spricht) historisch vorausgehen: a) economic warfare, b) psychological warfare, c) air warfare, d) nuclear warfare. Jeder dieser vier Typen hätte je auf seine Weise dazu beigetragen, die Konzeption wie auch die Realität jener „traditional hard-shell defense of states" in ihrer Funktion zu verändern und partiell aufzulösen. In diesem Sinne schließt sich der Typologie von Herz die Rede von der ‚information warfare' nahtlos an.

---

13 „Information Warfare The Perfect Terrorist Weapon",
http //www ict orgıl/articles/ınfowar htm (3 August 1999)

Die hier gebrauchte – und insbesondere im Kontext der Auswertung der Fallstudie weiter bemerkenswerte – Bezeichnung des Terrorismus als Krieg (‚warfare'), ebenso wie seine Behandlung als Sicherheitsbedrohung, mag auf den ersten Blick ungewöhnlich erscheinen. Für diesen Eindruck führt Anne E. Sabetta überzeugende Gründe an, die unmittelbar Bezug auf den im folgenden (III.2.b) zu behandelnden Zusammenhang zwischen Terrorismus, der Veränderung des staatlichen Souveränitätskonzeptes und der Auflösung der konventionellen Axiome des Sicherheitsdenkens nehmen. Sie schreibt in „Transnational Terror. Causes and Implications for Response" unter ‚An Inconsistent Attitude Towards Victimization':

> „The reasons for this inconsistent view towards victimization are difficult to determine exactly, but two explanations are offered here. Terrorism by private, non-state actors does not receive governmental authorization and is therefore generally viewed as an illegitimate form of conflict [wohingegen das Recht eines jeden souveranen Staates auf Kriegsführung und militarischen „Selbstverteidigung" zum Kanon des klassischen Völkerrechts gehörte, H B] . Another explanation may be our abhorrence of the indiscriminate and unpredictable nature of terrorist victimization . the terrorist's targets are global and are not limited to those of opposing or supportive *states* While the ravages of the conventional warfare are generally contained, the death and destruction caused by terrorist acts can occur anywhere, anytime, and to anyone."
> (1977 151; Herv v Verf)

In diesem Sinne urteilt auch einer der renommiertesten Terrorismusforscher, Brian Jenkins: „International terrorism is a kind of warfare ... It is warfare without territory, waged without armies as we know them. It is warfare that is not limited territorially ...". (Jenkins 1978:239) Dabei erlaubt die Bezeichnung von Terrorismus als Form der Kriegsführung (‚warfare') – entgegen möglichen landläufigen Bezeichnungen und Wahrnehmung terroristischer Gewalt als Pathologie, als irrgeführtes politisches Verhalten und/oder als abnorme und irreguläre gesellschaftliche und politische Erscheinung – eine rationale Auseinandersetzung mit ebenfalls rational und strategisch kalkulierenden Akteuren.[14] Der Begriff der ‚warfare' ermöglicht somit eine konzeptionelle Einordnung des Terrorismus in das Spektrum politischer Gewalt und seine Vergleichbarkeit mit anderen Formen und Mitteln des gewaltsamen Versuches zur Erreichung und

---

14 Auch Bruce Hoffman beschreibt in *Terrorismus Der unerklärte Krieg – Neue Gefahren politischer Gewalt* (2001) terroristisches Handeln als einen rationalen Entschluss, der im Höchstmaße auf strategisches und operatives Kalkül der Akteure gegründet sei

Umsetzung politischer Ziele.[15] So schreibt auch Paul Wilkinson in „Terrorist Targets and Tactics: New Risks to World Order":

> „'Terrorism' is one of the key concepts in the analysis of contemporary international politics. It is true that is has often been abused for propaganda purposes, but in this respect it is not different from 'democracy', 'imperialism', and 'national liberation' Among scholars of all disciplines who have studied political violence it is generally accepted that terrorism is a special form of political violence It is not a philosophy or a political movement. Terrorism is a weapon or method which has been used throughout history for a whole variety of political causes and purposes " (1994 179)

Unter Verwendung der oben diskutierten Bestimmungsmerkmale von Terrorismus spricht der ‚Deputy Chief' des *Counterterrorist Center* (DCI), John M. Deutch, in einer Rede über „International Terrorism. Challenges and Response" von einem „war of terrorism".[16] Dabei wird das Sicherheitsrisiko durch transnationale terroristische Aktivitäten als die zentrale Bedrohung nach dem Ende des Ost-West-Konfliktes bezeichnet. Die Herausforderungen, die dadurch an nationale Sicherheitspolitiken gestellt würden, seien um ein Vielfaches komplexer, unüberschaubarer und schwerer zu beherrschen als herkömmliche militärisch-bilaterale Konflikte. So urteilt ein (namentlich nicht genannter) ‚Senior Analytical Manager' des *DCI*: „Terrorism is unquestionably one of the major national security issues .. The sources of international terrorism today are more numerous, more varied, and more lethal that they were just a few years ago".[17] Winston Alley, ‚Associate Deputy Director for Intelligence' der *Central Intelligence Agency* (CIA), erweitert das terroristische Bedrohungsszenario auf die NATO und bezieht es in strategische Überlegungen ein. In einer Rede vor der *National Defense University* über „Transnational Threats to Nato in 2010" platziert er den

---

15 Vgl hierzu bspw die Selbstbezeichnung von Seiten der schiitischen Terrorgruppe Hisbollah aus einem im Libanon verbreiteten Handzettel zum ersten Todestag ihres ‚Märtyrers' Raghib Harb Mitte der 80er Jahre Hier heißt es „Our people could not withstand all this treason and decided to confront the imams of infidelity of America, France, and Israel The first punishment against these forces was carried out on 18 April and second on 29 October 1983. By that time, a real *war* had started against the Israeli occupation forces . Our struggle with usurpating Israel emanates from an ideological and historical awareness that this Zionist entity is aggressive in its origins and structure and is built on usurped land and at the expense of the rights of a Muslim people." („Open Letter to Downtrodden in Lebanon and the World", zitiert nach Laqueur/Alexander 1987 315-318; Herv v. Verf)
16 http://www cia gov/di/speeches/intlterr html (3 August 1999)
17 Rede vor dem World Affairs Council, San Antonio, Texas, am 7 Oktober 1996 „The International Terrorist Threat to US Interests", http //www cia gov/cia/di/ speeches/428141198.html (3 August 1999)

Terrorismus ebenfalls an oberster Stelle und entwirft folgendes – nach den Anschlägen vom 11. September 2001 und den Reaktionen der USA und ihrer Verbündeten gar einige Jahre früher eingetretenes – Szenario: „Transnational threats will ... loom large for NATO in 2010 .. The most direct threats will probably come from terrorism ... transnational threats (are) likely to be more complex and challenging for NATO to manage".[18]

Terroristische Aktivitäten, so ist als Zwischenergebnis *erstens* festzuhalten, werden als neues Sicherheitsrisiko empfunden. Aufgrund ihres nach dem Ende des Ost-West-Konfliktes und der daraus resultierenden Veränderungen der weltpolitischen Lage neu entstandenen, diffus politischen Charakters sowie aufgrund der strategischen Nutzung neuer Informations- und Kommunikationstechnologien wird dieses neue Risiko, so ist *zweitens* hervorzuheben, als ‚transnational' bezeichnet. Was unter dieser Kennzeichnung im politischen Diskurs verstanden wird, betont der Direktor des *CIA*, George J. Tenet, in einer Rede am 28. Januar 1998 über nationale Sicherheitsbedrohungen: „In today's world few events occur in isolation, and national boundaries are much less reliable shields against danger. Emblematic of this new era is an assortment of transnational issues that hold grave threats".[19] John McLaughlin, ‚Deputy Director for Intelligence' des *CIA*, listet noch weitere charakteristische Merkmale des transnationalen Charakters auf: „We are challenged track and warn about an increasing number of threats that transcend national boundaries and traditional categories ... Non-state actors - from multinational corporations to narcotrafficking syndicates - will develop and flourish to the point where many will have resources that exceed those of (some) states". Dies bedeute eine „new range of national security problems."[20]

In diesen Stellungnahmen[21] sind drei spezifische Charakterisierungen von Transnationalität auffällig, die hier nur genannt, dann im nächsten Abschnitt in

---

18 http //www cia gov/cia/di/speeches/428149198 html (3 August 1999)
19 http //www cia gov/cia/public_affairs/speeches/dci_speech_012898 html, (3 August 1999)
20 „New Challenges and Priorities for Analysis", in *Defense Intelligence Journal*, Fall 1997, http //www cia gov/cia/di/speeches/428149298 html (3 August 1999)
21 Hier mag sich eine quellenkritische Haltung gegenüber einem negativen ‚bias' der Analysen der *US Intelligence Community* einstellen, insbesondere nach den Skandalen um die Beweismittel gegen den Irak im Vorfeld des 3 Golfkrieges Dies ist insofern auch angebracht, als die öffentlichen Stellungnahmen, insbesondere des CIA, nicht losgelöst von dem politischen Kontext betrachtet werden können, in dem sie geäußert werden (seien dies Haushaltsdebatten im Kongress, in denen es auch um die Mittelverteilung für den CIA geht, seien dies Versuche der

den Fallbeispielen und ihrer Auswertung wieder aufgegriffen und vertieft werden. *Erstens*: Nationale Grenzen böten keinen verlässlichen Schutz mehr gegen die neuen Bedrohungen, da sie Grenzen durch- und überschreiten würden. *Zweitens*: Nicht-staatliche Akteure spielten eine gestiegene, neue und ernstzunehmende Rolle. *Drittens*: Transnationaler Terrorismus sei kein isoliertes Phänomen, sondern stünde mit weltweitem Drogenhandel und Waffenschmuggel in Verbindung, die in ihrem Organisationscharakter selbst wiederum transnationale Strukturen aufwiesen. Diese Merkmale des transnationalen Terrorismus beschreibt David Milbank wie folgt: „(A) threat or use of violence for political purposes when (1) such action is intended to influence the attitudes and behavior of a target group wider than its immediate victims, and (2) its ramifications transcend national boundaries ... Such action (is) carried out by basically autonomous non-state actors, whether or not they enjoy some degree of support from sympathetic states." (1978:54)

Wie sieht nun das, was die Sicherheitsexperten des *CIA* und anderer Geheimdienste[22] beschreiben, in der Praxis beispielhaft aus? Wie muss man sich die Aktivitäten und die Organisationsstrukturen transnationaler terroristischer Vereinigungen praktisch vorstellen? Dazu werden im folgenden fünf Fallbei-

---

Rechtfertigung der eigenen Arbeit und der Existenz des CIA, gerade nach zurückliegenden Diskussionen, ihn nach dem Ende des Kalten Krieges und dem Wegfall der sowjetischen Bedrohung zu schließen [vgl Richelson 1999]) Doch ist auf das mit diesen Stellungnahmen hier verbundene Erkenntnisziel hinzuweisen So ist es von untergeordneter Bedeutung, ob der transnationale Terrorismus nun die größte oder drittgrößte Bedrohung darstellt oder ob seine Ressourcen diejenigen von Staaten tatsächlich übersteigen oder nicht Verständigt man sich darauf, *dass* der transnationale Terrorismus eine neue Bedrohung im Sinne erweiterter Sicherheitsrisiken bedeutet, so interessieren hier die Stellungnahmen der Sicherheitsinstitute zur Illustration der eigentlich relevanten Frage nach dem *strukturellen* Charakter des transnationalen Terrorismus mit Blick auf seine Transnationalität Was also ist das Transnationale am *transnationalen* Terrorismus? Hierauf können die Stellungnahmen einen grundsätzlichen Eindruck vermitteln und ergänzen sich überdies mit den Urteilen wissenschaftlicher Literatur sowie weiterer, politisch unabhängiger Sicherheitsinstitute, dazu mehr im folgenden unter III 2

22 Es ist hier von besonderem Interesse anzumerken, welche Vereinigungen in den Profilstudien als ‚terroristisch' eingestuft werden So spielen in der Einbeziehung so mancher Vereinigungen politische Anschauungen und U S -amerikanischer Patriotismus eine teilweise große Rolle, so dass gelegentlich Vereinigungen als terroristisch bezeichnet werden, die lediglich eine andere Weltweltanschauung haben. Auch kann man sich des Eindrucks nicht erwehren, dass islamische Vereinigungen allzu voreilig als terroristisch bezeichnet werden, die gleiche Unschärfe besteht hinsichtlich der Trennung zwischen terroristischer Vereinigung hier und Freiheitsbewegung dort Ein passendes Beispiel hierfür ist gerade der aus Saudi-Arabien stammende Osama Bin Laden und die U S -amerikanische Haltung ihm gegenuber einmal zur Zeit des afghanischen Freiheitskampfes gegen die Sowjetunion einerseits sowie andererseits die gegenwärtige Einschätzung Bin Ladens als weltweit gefährlichstem Terrorist, dazu auch unten Anmerkung 132

spiele geschildert. Welchen theoretischen Stellenwert die Charakterisierungen des transnationalen Terrorismus für die Bestimmung und Analyse transnationaler Politik und ihrer Entterritorialität haben, ist dann Gegenstand von Abschnitt III.2.b. und Kap. IV.

III.2. Fallbeispiele und ihre Auswertung

Die bisherigen Beschreibungen des transnationalen Terrorismus sind zu vertiefen und im Sinne der Leitfrage nach den gewandelten territorialen bzw. entterritorialen Strukturen transnationaler Politik auf weitere empirische Hinweise zu befragen. Dazu werden die vier Konstruktionsaspekte des Territorialitätsprinzips, wie sie in ihrer Gültigkeit für das nationalstaatliche Paradigma identifiziert und in Kapitel II herausgearbeitet wurden, verwendet und Fallbeispielen über transnationale Handlungs- und Organisationsformen gegenübergestellt. Diese Gegenüberstellung zeigt, dass sich die Organisationsformen des transnationalen Terrorismus den Begrifflichkeiten und dem analytischen Instrumentarium der nationalstaatlich, territorial fixierten Konzeptionen von Politik und politischem Handeln entziehen.[23]

---

23 Für eine empirisch umfassendere Gesamtperspektive wäre interessant herauszufinden, welche staatlichen Politikfelder im einzelnen und wie stark von transnationalen Einflussfaktoren und Auflösungserscheinungen betroffen und welche akteursspezifischen transnationalen Handlungs- und Organisationsformen dafür jeweils verantwortlich sind Im Anschluss an diese Frage müssten transnationale Akteure und ihre Netzwerke typologisiert und ihr Einfluss auf die Auflosung und Überwindung nationaler und internationaler Ordnungsrahmen im einzelnen nachgewiesen werden Beispielhaft sei hier verwiesen auf die Untersuchungen von Mansbach/Ferguson/Lampert 1976, Harold 1979, Willets 1982 sowie von Prittwitz 2001 So unterscheidet Prittwitz fünf Kriterien zur Analyse von Netzwerken, denen er idealtypisch spezifische Formen empirisch zuordnet Policy-Netzwerke, Stadtenetzwerke, soziale Netzwerke, politische Netzwerke und kriminelle bzw. terroristische Netzwerke In der vorliegenden Studie wird ausschließlich die Akteursgruppe transnationaler terroristischer Vereinigungen betrachtet Unter *organisationsstrukturellen und handlungslogischen* Gesichtspunkten erscheint diese Gruppe als ausreichend repräsentativ, um allgemeine Überlegungen zur Analyse transnationaler Politik, speziell der Frage ihrer Territorialität bzw Entterritorialität zu verfolgen (siehe dazu bereits in der Einleitung) Prittwitz, ebenso wie dem Großteil der bundesdeutschen Netzwerkdebatten geht es im Unterschied zur vorliegenden Studie allerdings weniger um Organisationsstrukturen und Handlungslogiken von Netzwerken, sondern um die Rekonstruktion und Prognose von *Entscheidungsstrukturen,* siehe dazu wieder unten unter Anmerkung 32, Kap IV

a) Schilderung von fünf Fallbeispielen

Die VN-Initiative der USA gegen internationalen Terrorismus von 1972 und ihr Scheitern

Im Jahre 1972 unternahmen die USA im Rahmen der Vereinten Nationen eine Initiative zur Verhütung und Bekämpfung des internationalen Terrorismus, die sie als Entwurf einer Konvention der Generalversammlung der VN vorlegten.[24] Die U.S.-Regierung konnte ihr Vorhaben jedoch nicht durchsetzen, da der Entwurf abgelehnt wurde. Zwar fand er die Unterstützung der meisten westlichen Industrieländer, er scheiterte jedoch an dem Einspruch und der Ablehnung einer Reihe afrikanischer, lateinamerikanischer und arabischer Länder sowie an Indien, das zum Wortführer der Kritiker wurde. Für die Ablehnung wurden zwei Gründe ins Feld geführt: Zum einen sei entsprechend der in dem Entwurf enthaltenen Definition von ‚Terrorismus' (s.u.) nicht ausgeschlossen, dass auch nationale Befreiungsbewegungen als terroristisch eingestuft würden und zum Gegenstand der Ächtung würden. So gebe es politische Bewegungen in einzelnen Ländern, insbesondere in ehemaligen Kolonialstaaten, die aus jeweils unterschiedlicher Perspektiven einerseits – so beispielsweise aus der Perspektive der USA – als terroristisch, andererseits jedoch als politische Befreiungsbewegung gegen koloniale Vorherrschaft und Fremdherrschaft aufgefasst werden könnten. Diese Unklarheit könnte diese Länder ihres legitimen – und in der UN-Charta verankerten (Art. 1; vgl. auch Obote-Odora 1999) – Anspruchs auf nationale Selbstbestimmung berauben.

Zum zweiten wurde das Problem der staatlich-territorialen Zuständigkeiten bei der gesetzlichen und polizeilichen Verfolgung ‚terroristischer' Aktivitäten genannt, zu der sich die Länder bei Unterzeichnung verpflichtet hätten. So sei bei der in dem Entwurf vorgenommenen Definition nicht immer zweifelsfrei zu klären, welchen Hoheitsgebieten die zu verfolgenden Aktivitäten zuzuordnen seien und zu welchen Maßnahmen sich einzelne Staaten entsprechend verpflichten würden. Dieses Argument wurde besonders betont, da einmal die Strafgerichtsbarkeit einzelner Staaten auf extraterritoriale Straftaten im Bereich der

---

24 Die „1972 American Draft Convention on International Terrorism", *Official Records of the General Assembly*, 27th Session, 6th Committee, ‚Legal Questions', United Nations, New York 1974, siehe auch *Yearbook of the United Nations* 1972, S Kap III ‚Questions Relating to International Terrorism', S 639ff

Vertragspartner ausgedehnt werden sollte, und da sich zweitens die Vertragspartner zur Harmonisierung ihrer nationalen Rechtsregeln verpflichtet hätten. Damit sollte gewährleistet werden, dass Täter in jedem Vertragsstaat verfolgt und bestraft werden würden, ohne dass sich die Straftat in dem betreffenden Staat ereignet haben müsste.

Die in dem Entwurf vorgenommene Definition des ‚internationalen Terrorismus' bestimmte vier Kriterien zur Einteilung der zu verfolgenden Aktivitäten. Diese Definitionskriterien lassen es, im Rückblick auf die in III.1 herausgearbeiteten Bestimmungsmerkmale des transnationalen Terrorismus, als ratsam erscheinen, auch hier die Phänomene, auf die die U.S.-Initiative zielte, in ihrem Charakter bereits als *transnational* zu verstehen und hierin die zentralen Probleme der Einigung auf zwischenstaatliche Strategien zu verorten. So wurde definiert: ‚first, the attack had to take place or have effects outside of the territory of the state of which the offender was a national; second, the victims of the attack had to be citizens of a state other than the one on whose soil the attack took place; third, the attack had to be committed neither by nor against a member of the armed forces in the course of military hostilities; fourth, the attack had to be intended to damage the interests of or to obtain concessions from a state or international organization'.[25]

Trotz dieser sehr formalen Bestimmungen hegten einzelne Länder die genannten Bedenken. Das Scheitern der U.S.-Initiative und der Haupteinwand ihrer Kritiker, die die fehlende Möglichkeit der territorialen Zuordnung der bezeichneten grenzüberschreitenden Aktivitäten und daraus entstehende Folgeprobleme juristischer, polizeilicher und politischer Verantwortlichkeiten bei ihrer Verfolgung sachlich angemessen erkannten, stellt ein Beispiel sowohl für die Erkenntnis der fehlenden staatlich-territorialen Zuordnung transnationalen Handelns als auch für die Schwierigkeit einer multilateral und einstimmig akzeptierten Definition von internationalem bzw. transnationalem Terrorismus dar. So sah beispielsweise der Abgeordnete Indiens Jagota die folgenden Probleme als ungelöst und stimmte daher gegen den Antrag der USA:

---

25 Mit überraschender Deutlichkeit erkennt und benennt der belgische Außenminister Debergh als einer der einzigen den transnationalen Charakter der terroristischen Aktivitäten, auf die der Antrag zielte, vgl Official Records of the General Assembly, 27 Session, 1365th meeting, a a O , S 312 Zum Text des Entwurfes vgl *Yearbook of the United Nations* 1972, 643ff, zur weiteren Erläuterung auch Evans 1978 377ff

„(Great care) must be taken to ensure that the offence was so defined as not to affect the exercise of the right of self-determination and the legitimacy of the struggle against colonial and racist régimes and all forms of foreign domination "

Und

„The main difficulty would be to establish the jurisdiction of States Ordinarily, a State had full territorial jurisdiction, and it might also have jurisdiction over its own nationals for offences committed abroad, but under some systems the courts were not competent to try foreigners for offences committed abroad The question therefore arose whether some kind of universal jurisdiction should not be established for those offences, as in the case of the conventions on the safety of civil aviation However, the provision of universal jurisdiction might not in itself solve the problem of the effective suppression of terrorist acts "[26]

Schließlich beschloss die Generalversammlung, nachdem der Entwurf nicht verabschiedet werden konnte, die Einsetzung eines ad hoc-Ausschusses zum internationalen Terrorismus, der aus Vertretern von 35 Ländern bestehen und der sich mit Einzelfragen und -problemen befassen sollte. Die Zusammensetzung des Ausschusses sollte entsprechend einer ‚angemessenen geographischen Repräsentation' der Staaten erfolgen.[27] Der Ausschuss trat dann in den Folgejahren mehrmals zusammen, löste sich jedoch im Jahre 1979 auf, da keine Einigungen erzielt werden konnten. Aus der Pressestelle des Generalsekretärs der Vereinten Nationen heißt es dazu rückblickend im Jahre 1998:

„The item regarding international terrorism was first placed on the agenda of the General Assembly in 1972 States, however, were unable to agree on the definition of international terrorism [und Terrorismus im allgemeinen, H.B] and were divided on how to address the problem The Assembly's Ad Hoc Committee on International Terrorism established by the General Assembly was not able to resolve these fundamental differences Instead, it adopted a set of recommendations, focusing in particular on the legal obligations of States and on measures for international cooperation, which have become the basis of subsequent Assembly resolutions on the matter "[28]

Der Entwurf der USA und sein Scheitern in der Generalversammlung der VN verweisen für den Umgang mit transnationalen, sich der territorialen Verortbarkeit entziehenden Akteuren exemplarisch auf die Schwierigkeiten und Defizite

---

26 Vgl *Official Records of the General Assembly*, 27th Session, 6th Committee, 1365 meeting, a a O S 308, zur Argumentation der Kritiker vgl König 1991 848ff
27 Vgl dazu die Resolution 3034 der Generalversammlung vom 18 12 1972, 27 Session, dazu auch König 1991
28 „Terrorism", *Spokesman for the Secretary General*, Fact Sheet, United Nations (http //www un org/News/ossg/terrorism htm [10 Januar 2001])

multilateraler Beschlussverfahren, wonach Völkerrecht traditioneller Weise auf der Zustimmung aller Rechtsunterworfenen beruht bzw. beruhte.[29]

Der Anschlag in Israel 1972 auf den Flughafen Lod

In der Vergangenheit haben Terroristen in kleinen Gruppen, größtenteils unabhängig voneinander ihre Aktionen geplant und durchgeführt. Seit etwa den 1970er Jahren können jedoch, wie als einer der ersten Bowyer Bell in seiner Studie über transnationale Organisationsstrukturen terroristischer Gruppierungen gezeigt hat (ders. 1975), weltweit ausgedehnte Kooperationen und Netzwerke beobachtet werden. Ähnlich wie multinationale Unternehmen, so betont Bell, würden terroristische Vereinigungen ihre Netzwerke knüpfen, ihre Standorte verteilen und dabei territoriale Grenzen der Staaten im Aufbau ihrer Organisationen und in der Durchführung ihrer Aktivitäten ignorieren. Bell illustriert dies an Hand des Anschlages auf den Flughafen Lod in Israel im Jahre 1972, der hier kurz nachgezeichnet werden soll:

Die Vorbereitungen dieses Anschlages begannen im Jahre 1970 mit der Entführung einer japanischen Verkehrsmaschine nach Nord-Korea durch Mitglieder der japanischen ‚Roten Armee' (JRA, auch ‚Anti-Imperialist International Brigade' genannt). Die JRA galt bis zur Verhaftung ihrer Führerin Fusako Shigenobu als vornehmlich in Ostasien – neben Japan insbesondere auf den Philippinen und in Singapur – organisiertes und weit verzweigtes Netzwerk einzelner Kämpfer und Untergruppen. Die JRA unterhielt enge Verbindungen zu palästinensischen Terrorgruppen und zur marxistisch-islamischen ‚New Peoples Army' auf Mindanao (Philippinen).[30] In Nord-Korea kamen die Entführer dann mit George Habbash, dem Führer der Volksfront für die Befreiung von Palästina (P.F.L.P.), zusammen und trafen dabei Übereinkünfte über gemeinsame zukünftige Vorhaben. Von Nord-Korea aus gingen die japanischen Terroristen zur militärischen Ausbildung in den Libanon. Im Mai des Jahres 1972 flogen sie

---

29 Die politischen Konsequenzen hierzu werden in Kap V 2 diskutiert
30 Zur ausfuhrlichen Information uber die Japanische Rote Armee, ihre Grunderin und Fuhrerin Fusako Shigenobu und zur Vernetzung der JRA in mehreren ostasiatischen Landern vgl *Patterns of Global Terrorism*, 2000, United States Department of State, April 2001, Washington DC, ebenso „Legendary Japanese Red Army Leader Napped", in *Japan Economic Foundation*, Journal of Japanese Trade and Industry, Januar/Februar 2001 (http //www jef or jp/en/jti/ 200101_020 html [10 Okto-ber 2001])

nach Rom, wo sie Waffen von der italienischen Roten Brigade bekamen, mit denen dann der Anschlag in Israel durchgeführt wurde. Dabei eröffneten drei japanische Terroristen in der Halle des Flughafens Lod das Feuer auf wartende Passagiere. Insgesamt 25 Personen fanden den Tod, 71 wurden verletzt. Die internationale Koordination dieses Anschlages und die strategische Kooperation der ‚Japanischen Roten Armee' mit palästinensischen Terrorgruppen wird weiterhin durch die Absprache des Anschlages auf dem Flughafen Lod mit der Ermordung von 13 Mitgliedern der israelischen Equipe während der Olympischen Sommerspiele in München in demselben Jahr deutlich. In der Terrorismusforschung wird der Anschlag auf den Flughafen Lod und seine auf die operative Koordination mehrerer Organisationen zurückgehende Vorbereitung und Durchführung als ein erstes deutliches Beispiel des transnationalen Terrorismus gewertet, dessen Entstehung damit in die 1970er Jahre zurück verfolgt werden kann.

Die Entführung der ‚Achille Lauro' 1985

Die Entführung des italienischen Kreuzfahrtschiffes *Achille Lauro* im Jahr 1985 hat eine Reihe äußerst turbulenter und miteinander verwobener nationaler und internationaler Ereignisse und Krisensituationen hervorgerufen: So wurde Ägypten in eine tiefe innenpolitische Krise gestürzt, nachdem es auf internationaler Bühne eine Reihe empfindlicher Demütigungen erfahren hatte; in Italien stand die damalige Regierungskoalition vor einer Zerreißprobe und konnte nur aufgrund der überraschenden Beendigung der Affäre und seiner diplomatischen Erfolge überleben; und in den USA machte sich nach der Ermordung eines amerikanischen Staatsbürgers tiefe Entrüstung und ein Gefühl der Ohnmacht breit, das zu einem außenpolitischen Handeln der USA führte, wodurch Souveränitätsrechte Ägyptens und Italiens verletzt wurden. Im Verlauf der Entführung und ihrer Bemühungen zur Lösung wurde dadurch eine inter-nationale Krisensituation hervorgerufen, die nur durch die Zurückhaltung anderer Staaten und ihren gleichzeitigen Verzicht auf ihre Souveränitätsansprüche nicht weiter eskalierte.

Das Beispiel der Entführung der *Achille Lauro* verdeutlicht damit die nationale und internationale Verwobenheit transnationalen Handelns, ebenso wie es die Krisen- und Konfliktsituation illustriert, in die internationale Beziehungen zwischen souveränen Staaten durch das Handeln transnationaler Akteure gebracht werden können. Es zeigt sich, dass transnationale Akteure in der Lage sind, Handlungs- und Konfliktsituation zu evozieren, die jenseits der durch staatliche Souveränitätsrechte verregelten politischen Räume stattfinden. Sie übersteigen zudem auch die herkömmlichen Möglichkeiten erprobter, auf staatlichen Souveränitätsrechten basierter politischer Strategien. Um dies zu veranschaulichen, soll dieses Fallbeispiel etwas ausführlicher geschildert werden. Dabei wird auch der transnationale Organisations- und Kooperationscharakter terroristischer Vereinigungen deutlich.

Eine Schilderung des Verlaufs ergibt folgendes Bild: Am 7. Oktober 1985 übernahmen vier schwer bewaffnete Männer, die sich als Mitglieder der Palästinensischen Befreiungsorganisation PLO ausgaben, zehn Seemeilen vor der Küste Ägyptens kurz nach dem Auslaufen aus Alexandria gewaltsam das Kommando auf dem Kreuzfahrtschiff *Achille Lauro*.[31] An Bord waren 201 Passagiere zwölf verschiedener Nationalitäten und 344 Besatzungsmitglieder aus Italien und Portugal. Die Forderung der Terroristen lautete an die israelische Regierung, 50 Gefangene der PLO freizulassen. Andernfalls würden die Passagiere umgebracht. Die Nachricht der Entführung wurde über die Radiostation des Schiffes gesendet und zuerst von der schwedischen Küstenwache vor Göteborg aufgefangen. Die Entführer wiesen den Kapitän an, den syrischen Hafen Tartus anzulaufen und ihre Forderungen ein weiteres Mal über Funk zu senden. Des weiteren sollten alle Amerikaner, Briten und Juden (gleich welcher Staatsangehörigkeit) von den übrigen Passagieren getrennt werden. Die *Achille Lauro* erreichte Tartus am 8. Oktober.

Dort nahmen die Entführer Kontakt mit der syrischen Regierung auf und baten um ihre diplomatische Hilfe, um zwischen ihren Forderungen und den Regierungen der USA, Großbritanniens und Israels zu vermitteln. Nach einigen Stunden wurde klar, dass die Regierung in Damaskus auf nachhaltigen Druck

---

31 Dabei ist zu beachten, dass sich der offizielle Flugel der PLO, namentlich ihr damaliger Sprecher Abdel Rahman, von dem Vorfall distanzierte und ihn als einen Sabotageakt gegen den Friedensprozess im Nahen Osten bezeichnet hat So mutmaßten die *Central Intelligence Agency* (CIA) und die *Defense Intelligence Agency* (DIA) bei ihren eigenen Überlegungen zur Identität und Herkunft der Entführer und ihrer Verbindung zur PLO gar, dass die Entführung in erster Linie der Düpierung Yasir Arafats dienen sollte, vgl hierzu ebenso wie zu weiteren Darstellungen „The *Achillo Lauro* Hijacking (A)" und „The *Achille Lauro* Hijacking (B)", Kennedy School of Government, Case Program, Harvard Law School 1988 (C16-88-863 0 und C16-88-864 0) von Vlad Jenkins, ebenso Cassese 1989

der italienischen und der U.S.-amerikanischen Regierung ihre Kooperation mit den Entführern verweigerte und stattdessen umgehend weiteren diplomatischen Kontakt mit Italien und den USA suchte. Zudem verwehrte sie dem Schiff die Einfahrt in den Hafen von Tartus und verurteilte die Entführung öffentlich. Daraufhin wurde der erste (und einzige) Passagier ermordet, der U.S.-amerikanische Staatsbürger jüdischer Herkunft Leon Klinghoffer. Dann erging ein Befehl zur Weiterfahrt nach Libyen. Kurze Zeit später wurde wieder der Kurs geändert, nun nach dem ägyptischen Port Said. Auf dieser Fahrt wurde die *Achille Lauro* bereits von drei U.S. Kriegsschiffen eskortiert.

Am 9. Oktober erreichte die *Achille Lauro* Port Said und, aufgrund bis dato getroffener internationaler Vereinbarungen über ein freies Geleit der Terroristen nach Tunis, endete die Entführung zunächst als ein ägyptisches Schiff an der *Achille Lauro* anlegte und die vier Entführer an Bord nahm. Sie sollten mit einer ägyptischen Militärmaschine, in Begleitung von zwei Abgeordneten der PLO, einigen ägyptischen Diplomaten und ägyptischen Soldaten nach Tunis gebracht werden. Nach einem Irrflug der Boeing 737 der EgyptAir übers Mittelmeer, nachdem zuerst Tunesien und dann auch Griechenland die Überquerung ihres Luftraumes verweigert hatten, nahm sie wieder Kurs zurück nach Kairo, als vier U.S.-amerikanische Kampfflugzeuge vom amerikanischen Militärstützpunkt Saragota in Italien starteten und, für alle Beteiligten einschließlich der italienischen Regierung überraschend, die Maschine auf dem sizilianischen NATO-Flughafen in Sigonella zur Landung zwangen. Diese ohne internationale Absprache erfolgte Militäraktion der amerikanischen Regierung sorgte für Irritationen und nachhaltige internationale Spannungen, vor allem zwischen den USA, Italien und Ägypten. Die zwischenstaatliche Krise erreichte ihren Höhepunkt kurz nach der Landung der ägyptischen Maschine in Sigonella. Denn zur Überraschung der italienischen Behörden wurde die Boeing 737 nicht nur von amerikanischen F-14 Bombern, sondern zudem von zwei C-141 Truppentransportern der amerikanischen Luftwaffe eskortiert, in denen sich 50 Soldaten der Eliteeinheit ‚Delta Force' befanden. Daraufhin entstand nach der Landung folgende Situation: Die ‚Delta Force'-Truppen stürmten aus ihren Flugzeugen und umstellten die ägyptische Verkehrsmaschine. Gleiches taten auch 50 italienische Soldaten und Einsatzkräfte der Carabineri, so dass sich auf der Landebahn 100 schwer bewaffnete amerikanische und italienische Soldaten befanden, die jeweils den Auftrag ihrer Regierungen hatten, die Entführer in Gewahrsam zu nehmen. Die U.S.-Truppen blockierten daraufhin die Boeing mit Tanklastzügen, die italienischen Truppen ihrerseits versperrten den amerikanischen Truppentransportern den Weg. Durch hastige diplomatische Bemühungen und eine Flut gegenseitiger Telefonanrufe und direkter Konsultationen zwischen den USA und Italien, in die Militärs, Botschafter und schließlich auch die Regierungen verwickelt waren, löste sich diese heikle Situation auf und die Italiener nahmen die vier Entführer in Haft.

Hinter diesem Vorfall stand der völkerrechtlich umstrittene beiderseitige Anspruch der italienischen und der U.S.-amerikanischen Regierung auf Verhaftung und Verurteilung der Entführer. Die USA begründeten ihre Position mit der Ermordung eines U.S.-Bürgers; Italien betonte, dass die Entführer auf italienischem Territorium seien und das entführte Schiff unter italienischer Flagge gefahren sei. Zudem geriet die italienische Regierung in Konflikt mit Ägypten, da der ägyptische Präsident Hosni Mubarak die Italiener für das Schicksal der zwei PLO-Abgeordneten und der ägyptischen Soldaten verantwortlich machte. Dabei machte auf Mubarak wiederum die PLO wegen ihrer zwei eigenen Begleiter – Abul Abbas und Hani al Hassan – Druck und verlangte eine Gewähr für ihre sichere Rückkehr. So erklärte die ägyptische Regierung gegenüber den USA und Italien, dass sich die Abgeordneten der PLO, solange sie an Bord der Maschine der EgyptAir blieben, auf ägyptischem Territorium befänden, und dass sie ferner bereit wäre, die Maschine nötigenfalls mit Waffengewalt verteidigen zu lassen, wenn die amerikanischen oder die italienischen Truppen versuchen würden, die Entführer gewaltsam aus der Maschine zu holen. Da alle drei Regierungen und auch die PLO hart blieben, spitzte sich die Situation zunehmend zu. Es war nur den guten internationalen Beziehungen Italiens zur arabischen Welt und vor allem zu Ägypten im Rahmen einer langjährig fruchtbar geführten, multilateralen Mittelmeerpolitik einerseits, und der erprobten diplomatischen Zusammenarbeit einer im Jahre 1982 etablierten amerikanisch-italienischen Arbeitsgruppe zur Bekämpfung internationaler Kriminalität andererseits zu verdanken, dass eine für alle Parteien einvernehmliche Lösung gefunden werden konnte.

Diese Lösung bestand zunächst darin, dass die USA auf ihren Anspruch verzichteten, die Entführer selbst in den USA zu verurteilen. Dafür waren seitens der italienischen Regierung jedoch die Einräumung eines offiziellen Beobachterstatus während des Prozesses in Italien, einer freizügigen und eigenständigen Ermittlertätigkeit amerikanischer Behörden in Italien sowie schließlich das Versprechen der italienischen Regierung nötig, den Gerichtsstand von Sizilien nach Genua zu verlegen. Dieses Zugeständnis ermöglichte es der italienischen Regierung ihrerseits, die ägyptische Regierung davon zu überzeugen, dass sie die Sicherheit der EgyptAir-Maschine, ihrer eigenen Soldaten sowie der zwei PLO-Abgeordneten ausreichend gewähren könne.

Als die Boeing 737 dann am Abend des 11. Oktober um 22:01 Uhr vom Luftwaffenstützpunkt Sigonella nach Rom flog, wohin die Entführer zunächst gebracht werden sollten und von wo aus die PLO-Abgeordneten und die ägyptischen Soldaten nach Kairo zurückkehren sollten, wurde sie von vier Kampfflugzeugen der italienischen Luftwaffe begleitet, als ein letzter irritierender Akt von Seiten der USA stattfand. Drei Minuten nach dem Start startete ebenfalls von Sigonella eine amerikanische Trainingsmaschine T-39. Ohne jede Absprache innerhalb der U.S.-Regierung oder des Militärs sowie unter massiver Gefährdung italienischen Bodenpersonals in Sigonella tauchte Carl Stiner, Brigadegeneral der ‚Joint Chieffs of Staff' und militärischer ‚hardliner' in allen Verhandlungen, in einer autonom durchgeführten und persönlich zu verantwortenden Aktion in unmittelbarer Nähe der Boeing 737 auf. Nach heftigen Wortgefechten zwischen den italienischen Piloten und Stiner flog dieser dennoch bis nach Ciampino (Rom) mit, drehte dann ab und verschwand. Stiner vertrat bis zuletzt die skeptische Position, dass die ägyptische Maschine mit den Entführern gar nicht nach Rom, sondern direkt nach Kairo fliegen könnte.[32] Schließlich wurden die Entführer in Rom abgeführt und später in Italien verurteilt.

Innerhalb der sechs Tage der Entführung liefen die diplomatischen Bemühungen zur Lösung des Falles auf Hochtouren. Den aktivsten Part spielte dabei die italienische Regierung, die eine Doppelrolle einnahm, indem sie mit Staaten aus der arabischen Welt (Ägypten, Jordanien, Syrien und Tunesien) sowie der PLO auf der einen Seite und mit den USA und auch der Bundesrepublik Deutschland auf der anderen Seite nach Lösungsmöglichkeiten suchte. Des weiteren wurden von Seiten Italiens von Beginn an auch Pläne eines militärischen Eingreifens diskutiert, vor allem mit Unterstützung der britischen Regierung, die ihre Militärbasis Akrotiri auf Zypern den Italienern zur Verfügung stellte. Umso paradoxer mutet es an, dass die italienische Regierung, als dann

---

32 Diese Aktion veranlasste den U S.-Präsidenten Ronald Reagan zu einer ausführlichen brieflichen Entschuldigung bei dem italienischen Ministerpräsidenten Bettino Craxi

die USA alleine und ohne Absprachen militärisch eingriffen, nicht informiert wurde. Eine dritte diplomatische Initiative ergriff Italien, indem es die Vereinten Nationen und den Sicherheitsrat anrief (gleiches unternahmen Griechenland und Österreich), immerhin mit dem Erfolg, dass der damalige Generalsekretär, Xavier Pérez de Cuéllar, ebenso wie der Sicherheitsrat in öffentlichen Stellungnahmen den terroristischen Akt geschlossen verurteilten (vgl. die Resolution 579 [1985] des Sicherheitsrates sowie in der Folge die multilaterale Vereinbarung No. 29004 „Convention for the suppression of unlawful acts against the safety of maritime navigation").

Eine Intensivierung der diplomatischen Bemühungen sowie eine dramatische Verschärfung der Situation zwischen den vermittelnden Staaten, insbesondere zwischen den USA und Italien, wurde von Beginn an durch die Ermordung des U.S.-amerikanischen Passagiers Leon Klinghoffer hervorgerufen. Von da an liefen auch die Strategien der USA und Italiens zur Lösung des Konfliktes auseinander: So suchten die Italiener mit aller Energie eine friedliche Verhandlungslösung, wohingegen die USA, d.h. in erster Linie Präsident Ronald Reagan, unmissverständlich klargemacht haben, dass ein militärisches Eingreifen spätestens mit Ablauf des 8. Oktober erfolgen und jede Form der Verhandlung mit Terroristen abgelehnt werde. Ebenso seien die USA von Beginn an entschlossen gewesen, eine militärische Aktion zur Befreiung der *Achille Lauro* im Zweifelsfalle alleine durchzuführen, falls es politisch zu unüberwindbaren Differenzen über ein gemeinsames Vorgehen mit Italien kommen sollte.[33] Dem hielt der italienische Ministerpräsident Bettino Craxi während des ganzen Vorfalls entgegen, dass alleine Italien ein Recht auf ein militärisches Eingreifen habe, schließlich handele es sich um ein unter italienischer Flagge fahrendes Schiff.[34] Die Durchführung einer Militäraktion durch die Amerikaner düpierte die italienische Regierung und dann nicht minder auch die Ägyptens, zeigte sich

---

33 Dabei muss man bei der Beurteilung der US-amerikanischen Haltung in Rechnung stellen, dass die USA einen ähnlichen Ausgang wie einige Monate zuvor auf jeden Fall vermeiden wollten, als palästinensische Terroristen eine TWA Maschine von Europa nach Beirut entführten, ebenfalls ein US-amerikanischer Staatsbürger ermordet wurde und die Entführer dann entkommen konnten, vgl zum *Achille Lauro* Fall die ausführlichen Schilderungen in V Jenkins 1988 („The *Achillo Lauro* Hijacking (A)")

34 Italiens Pläne zum militarischen Eingreifen waren nur für den Fall einer extremen Notsituation vorgesehen Der italienische Ministerpräsident Craxi erklarte dazu, dass die italienische Regierung eine komplette *politische* Isolierung der Entführer auf diplomatischem Wege als erstes und vorrangiges Ziel verfolge, vgl dazu „The *Achille Lauro* Hijacking (A)", a a O

diese doch von Beginn an sehr kooperativ und war sie es schließlich, die durch die Durchführung des freien Geleits für die Terroristen zu einer Beendigung der Entführung maßgeblich beitrug."[35]

Transnationale Vernetzungen der Al Kaida

Ein Paradebeispiel der Vernetzung terroristischer Aktivitäten und Akteure ist Bin Ladens *Al Kaida*. Dabei gilt die Bin Laden-Gruppe als der Prototyp eines neuen Terrorismus, als eine Art privates Unternehmen, das auf modernstem Niveau ein weltweites Netz zur Unterstützung, Durchführung und Finanzierung des Terrorismus organisiert. Bin Laden nutzte dabei zur Aufrechterhaltung dieser Netzwerke etablierte und aus der Ökonomie bekannte Marketing- und Managementmethoden. Dies war sowohl innerhalb nationaler Geheimdienste, insbesondere des CIA, wie auch innerhalb der wissenschaftlichen Experten, die sich mit transnationalem Terrorismus beschäftigen, seit Jahren weithin bekannt. Seit den Anschlägen vom 11. September 2001, die der Verantwortung Bin Ladens und dem Terrornetzwerk der *Al Kaida* wohl zu Recht zugeschrieben werden, hat sich vermehrt auch der Journalismus mit dem transnationalen Terrorismus und den Verflechtungen beschäftigt, die hinter den Anschlägen zu entdecken waren.

Bezeichnend für die Hervorhebung des Netzwerkcharakters sind Artikel und Titel wie beispielsweise „Der Prinz und die Terror-GmbH",[36] „Großer Kopf einer hundertköpfigen Hydra",[37] „Nomaden des Terrors. Immer tiefer stoßen Fahnder weltweit in das Netz islamistischer Terroristen vor",[38] oder auch „Bin

---

35 Dabei muss man betonen, dass die Militaraktion der Entfuhrung der ägyptischen Maschine nach Sizilien keine koordinierte Aktion der U S -Regierung war, sondern auf eine autonome Aktion des Lieutenant Colonel des *National Security Concil* (NSC), Oliver North, und Vize Admirals der *Joint Chiefs of Staff*, Arthur Moureau, zuruckging, von der selbst Reagan, sein Außenminister George Shultz und der Verteidigungsminister Caspar Weinberger nicht vorher informiert wurden und woruber sie in den Stunden danach unterschiedliche Stellungnahmen abgaben, vgl „The *Achille Lauro* Hijacking (A)", ‚The NCS's Interception Plan', Kennedy School of Government, Case Program, S 18ff
36 So in *Der Spiegel*, Nr 38 v 15 09 2001, S 132ff
37 Nach *Suddeutsche Zeitung*, Nr 214 v 17 09 2001, S 5
38 Nach *Der Spiegel*, Nr Nr 41 v 8 10 2001, S 34

Laden. A master impresario",[39] „Bin Laden: Architect of Global Terrorism"[40] und „Bin Laden's Networks: Structure, Cells, Funding".[41] Aber auch von wissenschaftlicher Seite werden ähnliche Aussagen gemacht und gleiche Metapher verwendet, wie beispielsweise jüngst von den Terrorismusexperten Yonah Alexander und Michael Swetman in *Usama Bin Laden's Al-Qaida: Profile of Terror Network* (2001) sowie von Abraham Sofaer und Seymour Goodman in *The Transnational Dimension of CyberCrime and Terrorism* (2001). Schließlich sind es auch der Ansatz zur Analyse strategischer Allianzbildung, der aus den Wirtschaftswissenschaften erfolgreich in die Terrorismusforschung Eingang fand (vgl. oben III.1.) sowie die daraus abgeleitete MNC-Metapher, die die professionell organisierte, transnationale Netzwerkstruktur der *Al Kaida* hervorheben. Die folgenden Ausführungen sollen und können weder einen vollständigen noch aktuellen Eindruck des Terrorsnetzwerkes Al Kaida wiedergeben, zumal die Informationen und Berichte über seine Verbreitung, Aktivitäten und Beteiligten insbesondere nach den Anschlägen von Djerba und Bali im Herbst bzw. Frühjahr 2002, einer Reihe vereitelter Anschlagsversuche sowie dem Bericht der U.S.-amerikanischen Untersuchungskommission zu den Anschlägen vom 11. September 2001[42] in der Tat unüberschaubar geworden sind. Für die hiesigen Zwecke genügt allein eine Skizze der zurückliegenden Entwicklungen; über die fortdauernden Tätigkeiten dieses Netzwerkes und ihre Brisanz gibt es keine Zweifel.

Eine solche Skizze ergibt folgendes Bild: Der Kern der Gruppe ist um Bin Laden selbst organisiert und hatte seinen Sitz in den letzten Jahren abwechselnd im Sudan und in Afghanistan.[43] Von diesen Sitzen aus bestehen vielfältige Vernetzungen zu terroristischen Untergruppen der Organisation selbst sowie zu anderen Terrororganisationen. Innerhalb der Netzwerkorganisationen der *Al*

---

39 Nach http //www washingtonpost com/wp-dyn/articles/A20783-2001Sep12 html, (12 September 2001).
40 Nach. http //www washingtonpost com/wp-dyn/articles/A38213-2001Sep15 html, (15 September 2001)
41 Nach http //www washingtonpost com/wp-srv/world/binladen/front html, (20 September 2001).
42 Vgl hierzu http.//www thememoryhole org/911/joint-report (2 Oktober 2003)
43 Zur Person bin Ladens in biographischer und ideologischer Hinsicht vgl Reeve 1999, Bodansky 2001 sowie jüngst, auf der Grundlage von Erkenntnissen, die nach dem 11 September 2001 bekannt wurden, auch Landau 2002

Kaida existieren ferner Verbindungen zu Waffen- und Drogenkartellen,[44] zu den Regierungen einiger souveräner Staaten (u.a. Sudan sowie ehemals Afghanistan) und zu legalen Unternehmensformen, die in erster Linie der Finanzierung der terroristischen Unternehmungen und der Ausbildung der Aktivisten dienen. Wie die *New York Times* im Januar 2000 berichtete, stünden die Frontmänner der *Al Kaida* beispielsweise im Verbund mit internationalen Konzernen in den USA und anderswo, mit Behörden aus dem Sudan, würden Rekrutierungen innerhalb radikaler muslimischer Vereine in den USA vornehmen, unterhielten in den USA einen landesweit organisierten Klub mit dem Namen ‚Kenyan Charity', betrieben in Texas die sog. ‚Mercy International Relief Agency', als deren Geschäftsführer ein gewisser Mr. El-Hage fungiere, der als Führer muslimischer Gemeinschaften Bin Laden unter anderem bei der Besorgung eines Jets behilflich gewesen sei. Neuere Erkenntnisse, die in den Wochen nach dem 11. September 2001 gewonnen wurden, gehen davon aus, dass derartige Netzwerkverbindungen in mindestens 34 Ländern weltweit organisiert sind.[45]

Im Jahre 1979 ging Bin Laden vom Sudan – wohin er Mitte der 90er Jahre teilweise wieder zurückkehrte und zu dessen Regierung er dauerhaft gute Kontakte pflegte – nach Afghanistan, um dort den Widerstandskampf gegen die sowjetischen Besatzungstruppen mit zu organisieren.[46] Auch mit Hilfe seines

---

44 Zur Zusammenarbeit und Vernetzung zwischen Terrorismus und Drogen- und Waffensyndikaten siehe Martin/Romano 1992; zum Zusammenhang zwischen Terrorismus und ‚transnational organized crime' vgl Jamieson 1994 sowie Neal Pollard, „Terrorism and Transnational Organized Crime Implications of Convergence", *Terrorism Research Center* (http //www terrorism com/terrorism/crime shtml [10 Oktober 2001])

45 Vgl *New York Times*, 23 Januar 2000, S 1, 4 und 5 von Benjamin Weiser sowie statt vieler die Artikel „Viele mögliche Ziele für US- Vergeltungsschlage" (http // www tagesschau de/ archive/themen2001/terrorusa/hp-terrorusa html [12 Dezember 2001]), „Chamaeleon & Co Die Amerikaner jagen bin Laden Doch seine Organisation ist eine weltweit verzweigte Terror-GmbH – schlagkräftig auch ohne den Übervater" (in *Der Spiegel*, Nr 39 v 24 09 2001, S 14ff) sowie „Der Terror bekommt ein Gesicht Eindringen in die Logistik des Grauens" (in *Süddeutsche Zeitung*, Nr 212 v 14 09 2001, S 3)

46 Vgl dazu die Informationen des *International Policy Institute for Counter-Terrorism* (ICT) in Washington D C. „The war in Afghanistan was the stage for one of the last major stand-offs between the two superpowers, the United States and the Soviet Union The Americans at that time had the same goals as Bin Laden's mujahedin - the ousting of Soviet troops from Afghanistan In what was hailed at the time as one of its most successful covert operations, America's Central Intelligence Agency launched a $500 million-per-year campaign to arm and train the impoverished and outgunned mujahedin guerrillas to fight the Soviet Union The most promising guerilla leaders were sought out and ‚sponsored' by the CIA U S official sources are understandably vague on the question of whether Osama Bin Laden was one of the CIA's

Privatvermögens finanzierte er Werbekampagnen und Ausbildungslager innerhalb arabischer Staaten zur Rekrutierung junger Männer, die an dem Kampf gegen die Sowjetunion teilnehmen sollten. Die afghanische Regierung stellte ihm dafür Land und andere Ressourcen zur Verfügung. Als Bin Laden 1994 wieder in den Sudan zurückkehrte, begann von dort aus der Aufbau eines riesigen Netzwerkes aus und mit ‚legalen' Unternehmen. So gründete er mehrere Exportunternehmen im Bereich landwirtschaftlicher Produkte, ein Kreditinstitut, die ‚el-Shamel Islamic Bank' in Kharoum, und eine Baufirma. Mit Hilfe dieser Baufirma, der ‚el-Hijrah for Construction and Development Ltd.', und in Kooperation mit dem sudanesischen Militär baute er Ende der 90er Jahre den internationalen Flughafen in Port Sudan sowie eine 1200 Kilometer lange Autobahn von Khartoum nach Port Sudan. Im Februar 1998, mittlerweile wieder nach Afghanistan zurückgekehrt und unter dem Schutz der damaligen Taliban-Regierung stehend, gab er die weltweite Errichtung seiner Gesamtorganisation ‚The Islamic Front for the Struggle against the Jews and the Crusaders' bekannt.[47] Innerhalb dieser Gesamtorganisation spielen die Terrorgruppen ‚al-Gama'a al-Islamiyya' und ‚al-Jihad' eine zentrale Rolle.[48]

‚chosen' at that time Bin Laden's group was one of seven main mujahedin factions It is estimated that a significant quantity of high tech American weapons, including ‚stinger' antiaircraft missiles, made their way into his arsenal The majority of them are reported to be still there The Mujahedin were wildly successful In ten years of savage fighting they vanquished the Soviet Union What had begun as a fragmented army of tribal warriors ended up a well-organized and equipped modern army - once capable of beating a super power The departing Soviet troops left behind an Afghanistan with a huge arsenal of sophisticated weapons and thousands of seasoned Islamic warriors from a variety of countries " (http //www ict org il/inter_ter/orgdet cfm?orgid=74 [10. August 1999])

47 Zur Rückkehr bin Ladens nach Afghanistan unter den Schutz der Taliban, zu den Verwebungen und der Kooperation der *Al Kaida* mit den Taliban wie auch zur langjährigen Freundschaft bin Ladens mit Mullah Omar, vgl Rashid 2001

48 Siehe dazu Yael Shahar, „Osama Bin Laden. Marketing Terrorism", http //www ict org il/articles/articledet cfm?articleid=42 (3 August 1999), dazu auch die Schilderungen von James Phillips in ‚After World Trade Center Bombing U S needs stronger Anti-Terrorism Policy' „Ramzi Yousef, suspected mastermind of the February 1993 World Trade Center bombing, has underscored the global reach of terrorist networks was implicated in a bombing of an airliner in the Philippines in December, a plot to assassinate Pope John Paul II in January 1994, and an aborted attempt to bomb an American airliner in Thailand earlier this month [Oct 1994]

Yousef's ability to escape arrest and cross national borders undetected for two years indicates that he had extensive help in many different countries His considerable financial resources, large supply of false documents, and access to safe houses, explosives, local assistance, and information about his planned targets in far-flung regions of the world suggest that he enjoyed the backing of a well-organized network " (6 Oktober 1994, in ‚The Changing Face of Middle East Terrorism', *Heritage Foundation Backgrounder*)

In der Einschätzung U.S.-amerikanischer Sicherheitsinstitute und -behörden gilt und galt Bin Ladens *Al Kaida* als die gefährlichste, bestorganisierte und am schwierigsten zu bekämpfende terroristische Vereinigung. Das *International Policy Institute for Counter-Terrorism* (ICT) schreibt ihm und seiner Organisation u.a. folgende Attentate und Anschläge bereits während der 1990er Jahre zu: auf U.S.-amerikanische Einrichtungen in Riyadh (1995) und Dhahran (1996), auf das Yeminite Hotel (1992), den Tötungsversuch am ägyptischen Präsidenten Hosni Mubarak in Äthiopien (1995), den Anschlag auf das World Trade Center (1993), die Bombenanschläge auf die amerikanischen Botschaften in Tansania (1998) und Kenia (1998) sowie schließlich die Attentate vom 11. September 2001 in New York, Washington D.C. und in der Nähe von Pittsburgh. Der Direktor der *Central Intelligence Agency* (CIA), George Tenet, urteilte im Februar 1999: „There is not the slightest doubt that Usama Bin Laden, his worldwide allies, and his sympathizers are planning further attacks ... Despite progress against his networks, Bin Laden's organization has contacts virtually worldwide, including the United States".[49]

Das *Terrorism Research Center* veröffentlichte auf seiner Homepage (10. August 1999) die Transkription eines Interviews mit Bin Laden, das das *CIA* am 10. Juni 1999 per Funk von einem nicht zu spezifizierenden Ort in Afghanistan aufgefangen hat und aus dem eine Art „'declaration of war' against the United States" abgeleitet wird.[50] Vor dem ‚World Affairs Council' in Naples (Florida) wird Bin Laden von dem ‚Deputy Directorf' des *DCI-Counterterrorist Center*, Winston P. Wiley, bereits im November 1996 mit dem folgenden Aufruf an seine Anhänger zitiert: „'To kill Americans and their allies, both civil and military, is an individual duty for every Muslim who is able, in any country where it is possible'."[51] Das Erschreckende für die Sicherheit der USA, ihre Bürgerinnen und Bürger sowie für die sicherheitspolitische Infrastruktur der USA sei, dass

---

49 Am 2 Februar 1999 vor dem ‚Senate Armed Services Committee',
(http //www cia gov/cia/public_affairs/speeches/ps020299 html [3 August 1999])
50 Zur Kriegserklarung Bin Ladens gegen die USA vgl auch die ‚Fatwa', die am 23 Februar 1998 in der arabischen Zeitung ‚al-Quds al-Arabi' veröffentlicht wurde (http //www library cornell.edu/colldev/mideast/fatw2 htm [10 Mai 2002])
51 Dazu „Osama bin Ladin's Fatwah" (http //www ict org il/articles fatwah htm [12 April 2002]), auch „Inside the Mind of Osama Bin Laden" (http //www library cornell edu/colldev/ mideast/ladninsd htm [12 April 2002]), „International Islamic Front for Jihad Against the Jews and Crusaders Usama Ibn Ladin/Osama bin Laden (http //www library cornell edu/colldev/ mideast/qaida htm [12 April 2002]) sowie „International Terrorism Challenge and Response (http //www odci gov/di/ speeches/intlterr html) [3 August 1999]

die Umsetzung dieses Aufrufs auch tatsächlich erfolge, dass sie strategisch umgesetzt werde und aufgrund der globalen Organisationsstruktur der *Al Kaida* – und der 11. September hat dies unterstrichen – auch umgesetzt werden könne.

Zum Abschluss dieses Fallbeispiels seien noch zwei Einschätzungen aus Gutachten des *ICT* und des *US Department of State* aus dem Jahre 1999 zitiert, die die Vernetzungen der *Al Kaida* und ihrer Untergruppen unterstreichen:

> „Al-Qaida is a multi-national support group which funds and orchestrates the activities of Islamic militants worldwide. It grew out of the Afghan war against the Soviets, and its core members consist of Afghan war veterans from all over the Muslim world Al-Qaida was established around 1988 by the Saudi militant Osama Bin Laden Based in Afghanistan, Bin Laden uses an extensive international network to maintain a loose connection between Muslim extremists in diverse countries Working through high-tech means, such as faxes, satellite telephones, and the internet, he is in touch with an unknown number of followers all over the Arab world, as well as in Europe, Asia, the United States and Canada"[52];

sowie:

> „Currently, the UBLO appears to be the most dangerous terrorist threat to U S. diplomatic facilities and personnel overseas This organization reportedly has a presence in over 25 countries and its tentacles may spread to many more It is dangerous because it has a potentially global reach, it appears well-financed, it has the protection of one and possibly two states, it has a dedicated cadre, it engages in suicide attacks, it has an avowedly anti-American ideology, and it appears to have plugged into or provides support to terrorist groups around the world "[53]

Das Beispiel der „European Union Bank" von Antigua

Das fünfte Fallbeispiel, das hier vorgestellt wird, verdeutlicht in besonderer Weise das, was mit Ulrich Beck als ‚Entzugsmacht' transnationaler Akteure gegenüber staatlichen und zwischenstaatlichen Instanzen und Rechtsräumen bezeichnet werden kann (ders. 1998). Unter diesem Gesichtspunkt knüpft dieses Beispiel an das erste Fallbeispiel an.

---

52 http //www ict.org.il/inter_ter/orgdet cfm?orgid=74 (28 August 1999)
53 Cohen/Carpenter1999 (http //www state gov/www/policy_remarks/1999/990224 html [3 August 1999])

Anfang der 1990er Jahre vergab der karibische Kleinstaat Antigua[54] Lizenzen zur Gründung einer Freihandelszone für Bank- und Internetgeschäfte. Daraufhin gründete eine Gruppe russischer Staatsangehöriger eine Internet-Bank mit dem keinesfalls seiner Aussage entsprechend gerechtfertigten Titel ‚European Union Bank of Antigua'. Die Bank operierte als ‚offshore bank' und bot in erster Linie die Verwaltung von Einzahlungen (deposits) an.[55] Die Bank warb ausdrücklich damit, dass sie Geldgeschäfte durchführen könne, die von der Kontrolle nationaler und internationaler Finanzbehörden nicht belangbar seien. Zudem bot sie ihren Kunden den Erwerb der Staatsbürgerschaft von Antigua an. So hieß (und heißt) es beispielsweise in ihren Werbeslogans: „Get your money out of the country before your country gets the money out of you", „Do you want to escape the control over your life and property now held by modern Big Brother government?" oder auch „If you do not have at least two nationalities, you are the property of one government. A second passport is the best protection for your life, your money and your freedom".[56]

Die ersten Geldgeschäfte wurden mit Kunden aus Russland und den USA abgeschlossen; weitere folgten aus dem Umkreis internationaler Drogen- und Waffenkartelle sowie terroristischer Vereinigungen, unter ihnen vermutlich auch Bin Laden. Der Computerserver der Bank hatte seinen Standort in einem Bürogebäude in Washington D.C. und wurde von einem russischen Staatsangehörigen betrieben und verwaltet, der seinerseits wiederum von Toronto aus operierte. Durch Observationsstrategien des U.S.-amerikanischen *Federal Bureau of Investigation* (FBI) im Rahmen der Bekämpfung sog. ‚Information Warfare' wurde die ganze Sache schließlich aufgedeckt.

---

54 Antigua liegt in der ‚Caribbean Sea', südöstlich von Puerto Rico Es ist seit 1981 ein souveraner, unabhangiger Staat innerhalb des Britischen Commonwealth Antigua ist Mitglied in den Vereinten Nationen, in der Weltgesundheitsorganisation, in der UNESCO und in vielen regionalen Vereinigungen Als Haupteinnahmequellen der Wirtschaft von Antigua gelten der Tourismus und internationale Bank- und Kreditgeschafte (‚offshore financial sector'), vgl zu weiteren Angaben und Informationen auch das ‚World Fact Book' des CIA, http //www cia gov/ cia/publications/facbook/ geos/ac html (13 Oktober 2000)
55 Die Dienstleistungen, jeweils in einheimischer und in auslandischen Wahrungen moglich, umfassen insgesamt (wie aufgelistet in dem Internet-Auftritt „banking activities" nach http // www privacy-bulletin com/banks/bankantigua htm, 13 Oktober 2000) Call Accounts, Overdrafts, Foreign Currency Drafts, Travel Finance, Merchant Facilities, Term Deposits, Term Finance, Telegraphic Transfers, Mastercard, Foreign Exchange, Saving Accounts, Housing Finance, Trade Finance Lines, Visacard, Traveler's Checks
56 Nach http //www privacy-bulletin com/banks/bankantigua htm (13 Oktober 2000)

Für die im nächsten Abschnitt vorzunehmende Auswertung der Fallbeispiele ist hier die Tatsache interessant, dass die Behörden der USA, die diesen Fall aufdeckten, weder im Rahmen U.S.-amerikanischer Rechtsprechung noch auf der Grundlage völkerrechtlicher Vereinbarungen in der Lage waren, den Fall weiter zu verfolgen und die Beteiligten polizeilich oder unter Anwendung geltenden Rechts zu belangen.[57] Nach der Aufdeckung des Falls musste er somit ohne weitere juristische Konsequenzen wieder fallengelassen werden. Die Schwierigkeit und letztlich die Unmöglichkeit der politischen und juristischen Verfolgung transnationaler Organisations- und Handlungsformen aufgrund ihrer fehlenden territorialen Verortbarkeit – das, wie oben gesehen, auch das Hauptargument der Kritiker der U.S.-Initiative in den Vereinten Nationen aus dem Jahre 1972 war – wird an diesem Beispiel besonders deutlich.

b)   Auswertung der Fallbeispiele

ba)   Die Macht transnationaler Vereinigungen gegenüber dem staatlichen Gewaltmonopol

Die Diskussion des Zusammenhanges von Souveränität und Territorialität (Kap. II.2) ergab, dass das zentrale Kriterium für Souveränität in der territorialstaatlich bezogenen Monopolisierung und Zentralisierung staatlicher Gewalt besteht. Max Webers enge Verknüpfung des Politikbegriffes mit dem Staat und dem staatlichen Gewaltmonopol kennzeichnet ausschließlich staatliches Handeln bzw. Handeln mit Bezug auf den Staat als politisches Handeln. Ebenso erscheint nur politisches Handeln, das an dem staatlichen Gewaltmonopol partizipiert, dieses unmittelbar selbst verkörpert oder aber an dem Kampf um dieses Gewaltmonopol direkt beteiligt ist, als souveränes Handeln. Daraus folgt als notwendige Bedingung, dass souveränes Handeln immer in oder in unmittelbarem Bezug auf staatliche Institutionen – in ‚staatlich institutionalisierten Wertsphären' (nach Wolfgang Mommsen 1974) – stattfinden muss, um als souverän gelten zu können. Wenn sich nun politisches Handeln des weiteren dadurch als souverän kennzeichnet, dass es die Leitung des Staates oder die Beeinflussung

---

[57] Vgl hierzu das Hearing und Gutachten „The Threat from International Organized Crime and global terrorism" vor dem *Committee on International Relations* des U S -Reprasentantenhaus aus dem Jahre 1997 (Hearing before the Committee on International Relations, House of Representatives, 105th Congress, 1st Session, 1 Oktober 1997)

der Leitung des Staates, ebenso wie das Streben nach Machtanteil oder nach Beeinflussung der Machtverteilung bedeutet, dann bezieht sich die Bedeutung der politischen Souveränität ausschließlich auf die Durchsetzung bzw. Durchsetzungschancen des eigenen Willens *innerhalb* oder in *direktem Bezug* auf staatliche Institutionen.

Wie verhält es sich mit diesem Verständnis nun unter den Bedingungen transnationaler Politik? Sind die Handlungen nicht-staatlicher, transnational agierender Akteure, die bereits *per definitionem* nicht zwangsläufig in oder mit unmittelbarem Bezug auf staatliche Institutionen handeln (ja diese Sphäre ignorieren) oder an dem Kampf um *staatliche* Macht und Machtverteilung partizipieren, als nicht souverän zu bezeichnen? Ferner überwinden sie den nationalstaatlich-territorialen Bezugsrahmen, der doch als weiterer konstitutiver Anknüpfungspunkt den politischen Souveränitätsbegriff ausmacht.

Die Beispiele aus der Fallstudie zeigen, dass die Organisations- und Handlungsformen transnationaler Akteure Anlass geben, das traditionelle Souveränitätsverständnis für die Analyse transnationaler Politik in Frage zu stellen. Zur weiteren Diskussion werden die folgenden zwei Anhaltspunkte vertieft: *Zum einen* erlangen transnationale (hier: terroristisch agierende) Akteure gegenüber staatlich souveränen Akteuren und Institutionen einen Status, der das Gewaltmonopol von Staaten zu erodieren vermag; *zum zweiten* begründet sich dadurch eine Sphäre der Autonomie transnationaler Akteure jenseits des staatlichen Gewaltmonopols, wodurch dieses und die auf ihm basierende internationale Ordnung in Frage gestellt, unterwandert, umgangen und bedroht werden kann.

Der Entführungsfall der *Achille Lauro* und das Beispiel der ‚European Union Bank of Antigua' zeigen am eindringlichsten, wie das Gewaltmonopol von Staaten durch transnationale Akteure in Frage gestellt werden kann. Dabei wird vor allem deutlich, *dass* und *wie* sie Konflikte zwischen Staaten hervorrufen können, die diese Staaten dazu veranlassen, ihre Souveränitätsrechte sowie geltendes Völkerrecht zu verletzen. So ist unter völkerrechtlicher Perspektive zu dem Fall der *Achille Lauro* zu fragen: „(Which) states respected the general dictates of international law, and which preferred to go their own way?" (Cassese 1989:127) Wie aus den Schilderungen hervorgegangen ist, haben die USA militärische Optionen gewählt, Italien und Ägypten haben, mit beachtlichem Erfolg, den Verhandlungsweg gesucht. Dessen ungeachtet hat jedoch jeder dieser drei Staaten völkerrechtliche Vereinbarungen und Souveränitätsrechte verletzt: Die USA haben die Souveränitätsrechte von Italien und Ägypten verletzt und schließlich gegen Ägypten selbst militärische Gewalt angewendet;[58] Ägypten hat die multilateralen Vereinbarungen über Geiselnahme, die „International Convention Against the Taking of Hostages"[59] aus dem Jahre 1979, gegenüber den USA verletzt; und Italien hat einen Vertrag mit den USA über Gefangenenauslieferung aus dem Jahre 1984 gebrochen[60] und wichtige Informationen über die Ermordung Klinghoffers gegenüber den USA und gegenüber Ägypten zurückgehalten. Erschwert wurde die Frage der politischen und rechtlichen Zuständigkeiten und die Gültigkeit völkerrechtlicher Vereinbarungen zudem dadurch, dass die *Achille Lauro* vielfach durch internationale Gewässer kreuzte.

Die gezielte Evozierung von Konflikten zwischen souveränen Staaten durch transnationale Akteure kann als ein Beispiel für ihren vom staatlichen Gewaltmonopol unabhängigen Status gewertet werden. Zwar werden zwischenstaatliche Konflikte auch von Staaten selbst hervorgerufen; die besondere Stellung transnationaler Akteure liegt jedoch darin, dass sie von den Konflikten, die sie provozieren, selbst nicht unmittelbar, d.h. im Rahmen des Völkerrechts, berührt werden bzw. bis zu jüngsten Reformansätzen des Völkerrechts nicht berührt worden sind.[61] Wahrscheinlicher ist sogar der Fall, dass sie in der Erreichung ihrer strategischen Ziele von zwischenstaatlichen Konflikten profitieren. Aus dieser Position heraus wird die internationale Ordnung, speziell die Anerkennung geltenden Völkerrechts verletzt. Souveräne Staaten, ihre Souveränitätsansprüche und ihre Souveränitätsrechte können gegeneinander ausgespielt werden, ohne dass den verursachenden (transnationalen) Akteuren auf der Grundlage gleichen Rechts und gleicher Rechtsansprüche begegnet werden könnte (dazu auch Sabetta 1977:147f.). „Terrorists have ... succeeded in bringing nations to the point of hostilities short of war by creating situations in which the sovereignty of two states is in conflict", so schreiben hierzu Robert Kuppermann und Darrell M. Trent (dies. 1979:140).

---

58 Wie einige Jahre nach den Ereignissen bekannt wurde, hat der *CIA* und die *National Security Agency* (NSA) sogar Telefongespräche des ägyptischen Präsidenten Hosni Mubarak abgehört
59 Vgl dazu die „International Convention Against the Taking of Hostages", *United Nations Office for Drug Control and Crime Prevention*, 18 Dezember 1979 (http // www ciaonet org/ cbr/cbr00/video/ cbr_ctd/cbr_ctd_38 html [10 Oktober 2001]
60 Vgl. dazu „The *Achille Lauro* Hijacking (B), Kennedy School of Government, Case Program (C16-88-864 0), S 2f
61 Vgl dazu die Erörterungen in V 2 c

Hieraus lässt sich eine erste für die Bestimmung der Stellung transnationaler Akteure gewinnen. Diese Stellung wird durch den transnationalen Terrorismus in besonderer Weise unterstrichen, da hier eine Akteursgruppe betrachtet wird, deren ausdrückliches Ziel es ist, die staatliche und internationale Ordnung zu provozieren und zu zerstören: So können transnationale Akteure die Einzigartigkeit des modernen Staates, nämlich seinen Anspruch auf Souveränität und die daraus abgeleitete normative Forderung der wechselseitigen Anerkennung staatlicher Souveränitäten in der Internationalen Politik, wirkungsvoll unterwandern. Sie können staatliche Souveränitäten gegeneinander aufbringen und internationale Konflikte verursachen, ohne selbst Souveränität zu besitzen: „It has become evident in recent decades that ... the `uniqueness´ of the modern state ... does not consist (any more) in a monopoly of the means of violence", so Sheldon Wolin (ders. 1985:226). Betrachtet man in diesem Zusammenhang den Fall der Bank von Antigua, so wird für die Frage nach dem Status transnationaler Akteure deutlich, dass transnationale Akteure die genannten Positionen gerade deswegen einnehmen können, weil sie in einer Sphäre jenseits staatlicher Souveränitäten und Souveränitätsausübung agieren. Darauf haben Staaten im Rahmen ihrer traditionellen, an ihre Souveränitätsrechte gebundenen Handlungsmöglichkeiten keinen Zugriff. So mussten – wie oben erwähnt – das *FBI* und andere an der Aufdeckung des Falles beteiligte staatliche Behörden ihre Untersuchung beenden und die juristische Verfolgung fallen lassen, da für jene Ereignisse, die sie sich der territorialen Zuordnung politischen Handelns entzogen, kein geltendes Recht angewendet werden konnte (hierzu auch unter III.2.bc.).

Für diesen Sachverhalt sprechen auch die Umstände bei dem Entführungsfall der *Achille Lauro*, wie David E. Long in seiner Studie *The Anatomy of Terrorism* (ders. 1990:153ff.) unterstreicht. Er zeichnet diesen Fall detailliert nach und legt dabei besonderen Wert auf die Frage der juristischen Verurteilung der Entführer, die letztlich durch die italienischen Behörden stattfand. Long sieht diesen Ausgang jedoch nicht für juristisch eindeutig geklärt und betont, dass ein Recht zur Verurteilung genauso auf Seiten der ägyptischen wie der U.S.-amerikanischen Regierung bestanden habe: Einerseits habe die *Achille Lauro*, als die Entführer aufgaben und die Entführung zunächst als beendet gelten konnte, in einem ägyptischen Hafen festgemacht; andererseits sei das einzige Todesopfer ein U.S.-Bürger gewesen, was wiederum den USA ein Recht auf Verurteilung der Entführer eingeräumt hätte. Das entscheidende Problem, warum die juristische Verfolgung nicht eindeutig klärbar sei, liege – so die Konsequenz nach Long – in der aufgrund der souveränitätsrechtlichen Integrität staatlicher Hoheitsrechte begründeten territorialen Fixiertheit polizeilicher und juristischer Handlungsmöglichkeiten. Das Problem, das er hier herausarbeitet, ist somit wiederum der territoriale Entzug der zu verfolgenden Handlung.

Durch diese Form der Erodierung des staatlichen Gewaltmonopols, d.h. die Unabhängigkeit transnationaler Akteure von nationalen und internationalen Regelwerken, wird eine der traditionellen Staatenwelt und dem traditionellen Völkerrecht gegenüber autonome und konkurrierende Dimension nichtstaatlicher Gewalt aufgebaut, die aus verschiedenen, unabhängigen Gewaltzentren besteht. Analoge Beispiele aus einem anderen Bereich transnationaler Akteure – dem der globalen Wirtschaftsverflechtungen und des internationalen Wirtschaftsrechts – können hier entscheidende Hinweise und Analysekonzepte beisteuern.

In der Terminologie des Internationalen Wirtschaftsrechts hat sich mit Blick auf die Machtposition transnational agierender Wirtschaftsunternehmen die Bezeichnung von der „quasi-souveränen" Stellung dieser Unternehmen etabliert (u.a. Herdegen 1995:57ff.).[62] Damit wird auf zweierlei angespielt: *Zum einen* rücken diese Unternehmen aufgrund ihrer wirtschafts- und sozialpolitischen Macht gegenüber staatlichen Institutionen in eine Position, die es ihnen erlaubt, insbesondere gegenüber ökonomisch schwächeren Nationen, die rechtlichen Spielregeln hinsichtlich ihrer Standort- und Produktionsbedingungen zu diktieren. Ebenso können sie einzelne Staaten zu ihrem eigenen Vorteil gegeneinander ausspielen. Diese Machtposition, die sie gegenüber völkerrechtlich anerkannten Staaten und ihren Souveränitätsrechten in Einzelfragen auf eine gleiche Stufe stellt – ohne jedoch über souveränitätsrechtliche Anerkennung und dergestalt legitimierte Ansprüche zu verfügen –, begründet ihre Bezeichnung als

---

62 Herdegen schreibt „Die Tätigkeit transnationaler Unternehmen gibt vor allem aus der Perspektive der Entwicklungsländer zu einer ambivalenten Bewertung Anlass Solchen Unternehmen gegenüber lassen sich berechtigte nationale Regelungsinteressen wegen der territorialen Begrenzung oft nur unzureichend durchsetzen Manche transnationale Unternehmen verfügen gegenüber einzelnen Entwicklungsländern über ein politisches und wirtschaftliches Übergewicht bei Vertragsverhandlungen Daneben steht die Besorgnis, mit wirtschaftlicher Stärke paare sich die Einflussnahme auf die Innenpolitik des Gaststaates .. Nach einer vordringenden Ansicht sind solche Vereinbarungen möglich und verschaffen dem Unternehmen eine beschränkte *Völkerrechtssubjektivität* " (1995 57f, Herv v Verf), vgl dazu auch den Begriff der „partiellen Völkerrechtssubjektivität", in „Transnationale Unternehmen", in *Handbuch der Vereinten Nationen* 1991 854ff, hg V R Wolfrum

‚quasi-souverän'. Doch impliziert diese Bezeichnung noch einen *zweiten Aspekt*, der hier in Analogie zum transnationalen Terrorismus erhellend wirkt: Es geht dabei um die Konstituierung einer von staatlichen und internationalen Regelwerken unberührten und nicht belangbaren Machtsphäre: „Viele Unternehmen sind in der Lage, aufgrund der informationstechnologischen Annullierung der Entfernung Staaten oder einzelne Produktionsstandorte gegeneinander auszuspielen. Diese transnationale Entzugsmacht ist der Organisationsmacht von Staaten ... überlegen, weil sie nicht mehr, wie diese, territorial gebunden ist", so folgert Ulrich Beck (ders. 1998:18)

Transnationale Akteure sind in der Lage, so diese vorläufigen Auswertungen, in einer von staatlichem Recht und staatlichen Souveränitätsansprüchen auf Rechtswahrung und Rechtsverfolgung autonomen Sphäre zu handeln. Dabei sind ihre Handlungen innerhalb dieser Sphäre nicht *per se* als illegal zu bezeichnen, da sie sich bestehenden Rechtsregeln entziehen. Insofern gibt es kein Recht, vor dessen Hintergrund sie als ‚illegal' gelten und rechtskräftig verurteilt werden könnten. Teilweise gründet diese Stellung transnationaler Akteure auf der Basis ‚regulärer' staatlicher Souveränitätsrechte, wie das Fallbeispiel um die Bank von Antigua illustriert.[63] Jedoch nicht nur die Tatsache der Unkontrollierbarkeit dieser Sphäre durch staatliche Institutionen, sondern auch die Existenz dieser Sphäre als solcher und die Handlungen der Akteure innerhalb dieser entgrenzten und entterritorialisierten Sphäre, erodieren das staatliche Gewaltmonopol: Es werden Praktiken ausgeführt, Normen gesetzt und ‚Rechtsregeln' festgesetzt, auf die im traditionellen Sinne ausschließlich staatliche Institutionen das Monopol erheben.

Bei der weiteren Betrachtung der Fallbeispiele ist noch ein zusätzlicher Aspekt der Stellung transnationaler Akteure gegenüber souveränen Staaten und der internationalen Ordnung zu erkennen: Wie die Verwicklungen um die ‚European Bank of Antigua' und wie die Kooperation von Bin Ladens *Al Kaida* mit

---

[63] Vgl dazu ferner den Gutachter Jack Blum aus „The Threat from International Organized Crime and Global Terrorism", Hearing before the Committee on International Relations, House of Representatives, 105th Congress, 1st session, 1 Oktober 1997, S 39 „I mentioned Antigua because it is . obviously corrupt and so obviously selling its sovereignty to criminals It is one of about 50 countries worldwide in the business of selling national sovereignty and protection from the criminal laws of other countries, I have attached a Web site offering of a passport from the island of Dominica where for a cash payment you can get a passport and a name change The ad on Web site says 'It is perfect for someone who would like to leave his past behind'"

dem Sudan und dem Taliban-Regime in Afghanistan zeigen, kooperieren transnationale Akteure bei der Verfolgung ihrer Handlungsziele nicht nur untereinander, sondern auch mit souveränen Staaten, die ihre Handlungsziele teilen bzw. selbst am Rande der Legalität der internationalen Ordnung operieren. Dies kann die Position und die Handlungsoptionen transnationaler Akteure zusätzlich stärken und bisweilen überhaupt erst ermöglichen.[64] Dabei sind sie weiterhin nicht den Regeln völkerrechtlicher Vereinbarungen unterworfen, wobei sie militärische Strukturen ausbauen, Personal rekrutieren, sich staatlicher Souveränitätsrechte bedienen, Pässe ausstellen, Banken betreiben und ökonomische Monopole gründen. Sie etablieren dabei interne Sanktionen, Regelwerke und Verhaltensnormen.[65]

Zu illustrativen Zwecken dieses – nach dem Regimebegriff – als norm- und regelsetzend zu bezeichnenden Charakters transnationaler Akteure sei hier analog das Beispiel der internationalen privaten Schiedsgerichtsbarkeit ('international arbitration') transnationaler Unternehmen kurz betrachtet. Hierbei praktizieren transnationale Unternehmen in Fällen rechtlicher Streitigkeiten eine eigene Gerichtsbarkeit, indem sie ein Gremium bestimmen, das über einen Streitfall entscheiden soll und dessen Urteil sie sich durch zuvor getroffene vertragliche Vereinbarungen unterordnen. Vermittelnder und durch Verfahrens- sowie Prozessordnungen auch regelsetzender Kooperationspartner der Unternehmen ist die *Internationale Handelskammer* in Paris (*International Chamber of Commerce* ICC).[66] Durch das Recht und die Praxis der internationalen privaten Schiedsgerichtsbarkeit werden die Gerichtsbarkeit, der Gerichtsstand und die Urteilsfindung nationalen und internationalen Regel- werken entzogen. Ein solcher Schiedsspruch, der auf der Vereinbarung privater Akteure gründet, hat nach Mathias Herdegen (ders. 1995) ‚anationalen' Charakter (dazu auch Aksen/ Mehren 1982; Delaume 1981). Dadurch schließen transnationale Unternehmen staat-

---

64 Die im Zuge der Unterstützung bin Ladens durch die afghanischen Taliban entstandene Rede vom „Ruckzugsraum", wodurch Ausbildungslager, vor Verfolgung geschützte Kommandozentralen etc eingerichtet werden konnen, verdeutlicht diese Form der Kooperation, dazu mit Blick auf die Taliban und die *Al Kaida* Rashid 2001
65 Vgl. hierzu auch Ethan A. Nadelmann, „Global Prohibition Regimes The Evolution of Norms in International Society" (1990, auch ders. 1993), der den Regimebegriff auf nicht-staatliche und transnationale Akteure bezieht und dabei in vergleichender und historischer Hinsicht verschiedene ‚Regime' (sowie ihre Normen und Praktiken) untersucht, wie beispielsweise Sklavenhandel, Seeräuberei und Piraterie sowie Drogen- und Waffenhandel
66 Dazu auch „Recht und Praxis der Schiedsgerichtsbarkeit der Internationalen Handelskammer", Köln 1986, sowie Berg 1981, Schultsz et al 1982, Reiner 1989, zu den Schiedsgerichtsregeln der ICC und ihren entstaatlichen, ‚delokalen' Charakter vgl die kommentierte Sammlung von Craig/Park/ Paulsson 1998

liche Gerichtszuständigkeiten aus und unterlaufen das staatliche Gewaltmonopol (vgl. auch Rahmann 1984). Sie gelangen in eine autonome Position jenseits staatlicher und zwischenstaatlicher, auf dem Souveränitätsrecht einzelner Staaten fußender Regelungen. Die Autonomie transnationaler Unternehmen betont auch Karl Heinz Böckstiegel, wobei er die Parteiautonomie und damit zusammenhängend die Freiheit der Parteien darüber zu bestimmen, welches Recht im Schiedsverfahren zur Anwendung kommen soll, als mittlerweile umfassend anerkannten Grundsatz beschreibt (ders. 1999:142f.).

Der Hauptgrund und gleichsam die Möglichkeit für die Autonomie transnationaler Akteure bestehen abermals in der territorialen Verstreuung, Ausdifferenzierung und Vernetzung von transnationalen Handlungen und Handlungsorten. Dies verweist auf den Netzwerkcharakter transnationaler Organisations- und Handlungsformen, der nun näher betrachtet werden soll.

bb) Netzwerkbildungen transnationaler Akteure und die Auflösung nationalstaatlich-territorial integrierter Handlungsräume

Der territoriale Bezugspunkt des Integrationsbegriffes war – in Anlehnung an die Integrationstheorie Rudolf Smends – das Staatsgebiet, das seinerseits als Kern der Verfassung und ihres Geltungsbereiches verstanden wurde. Dabei waren zwei Aspekte von besonderer Bedeutung: *Erstens* wurde politische Integration als Gegenpol zu sozialer und politischer Differenzierung verstanden; *zweitens* galt der moderne Nationalstaat als die dem Integrationsbegriff zugrundegelegte Wirklichkeit. Damit ging die Bestimmung eines Politikbegriffes einher, der politisches Handeln als territorial gebundenes und territorial integriertes Handeln verstand. Die Integrationstypen der funktionellen und der persönlichen Integration, deren Merkmale erstens in politisch-kollektivistischen Lebens- und Interaktionsformen der permanenten Aktualisierung der staatlich-politischen Willensgemeinschaft sowie zweitens in der Unterordnung politischer Akteure unter einen zentralen, staatlichen Akteur bestanden, sind jene zwei Integrationstypen des traditionellen, nationalstaatlich orientierten Territorialitätsdenkens, die durch transnationale Politik am weitgehendsten aufgelöst werden.

Im traditionellen Integrationsverständnis bleiben die politischen Akteure im Sinne der funktionalen und persönlichen Integrationskraft und ihren kollektivistischen Interaktionsformen als nationalstaatlich integrierte politische Willensgemeinschaft an den Handlungsraum des Nationalstaates und der internationalen Ordnung gebunden. Unter den gewandelten Bedingungen transnationaler Politik sind diese Leistungen der funktionellen und persönlichen Integration nicht gewährleistet. Aber auch der Typus der sachlichen Integration bleibt nicht unberührt. Denn das hier vorausgesetzte Ziel politischen Handelns, dass in der Verwirklichung des Staates und seiner Einheit lag, korrespondiert nicht mit dem Handeln transnationaler Organisationen. Diese bilden weder einen Staat, noch eine territoriale politische Gemeinschaft. Im Gegenteil, ihr Handeln führt gerade zur Überwindung (national)staatlicher Einheiten sowie zur Erweiterung politischer Handlungsebenen. Was ist der entscheidende empirische Anhaltspunkt für die genannten Entwicklungen? Der Anhaltspunkt ist in den Organisations- und Handlungsformen transnationaler Akteure zu finden und besteht in der Bildung strategischer Allianzen und transnationaler Netzwerke. Diese etablieren gegenüber den Handlungsräumen der Nationalstaaten sowie gegenüber dem Modell der internationalen Politik horizontal verlaufende Akteursbeziehungen und Handlungsebenen unabhängig von territorialstaatlichen Grenzen. Zwar sind Netzwerkbildungen kein zwangsläufiges Kennzeichen von Transnationalität, jedoch stellen sie ein häufiges und strategisch bevorzugtes Organisationsmerkmal transnationaler Akteure dar.

Bei der Analyse von Netzwerkstrukturen transnationaler terroristischer Vereinigungen wirkt abermals die Analogie zur Organisationsstruktur global agierender Unternehmen aufschlussreich. Dies gilt insbesondere für die historische Entwicklung ihrer Kooperationsformen während der letzten Jahre und Jahrzehnte von der noch wenig entwickelten Zusammenarbeit ausschließlich terroristischer Gruppierungen Anfang der 1970er Jahre (vgl. das oben skizzierte Beispiel des Anschlages auf den Lod Flughafen in Israel) bis hin zu beispielsweise den strategisch professionellen Vernetzungen der Bin Laden-Gruppe mit anderen terroristischen Vereinigungen, mit Waffen- und Drogensyndikaten, mit legalen Unternehmensformen sowie mit souveränen Staaten.[67] So heißt es auch in „The threat from international organized crime and global terrorism", einem Hearing des *Committee on International Relations* vor dem U.S.-Repräsentantenhaus aus

---

67 Vgl dazu auch „The Growing Threat of Terrorism", *Public Report of the Vice President's Task Force on Combating Terrorism*, Februar 1986, U S Government Printing Office, Washington D C , S 2

dem Jahre 1997, in dem die Analogie zu dem ‚strategic alliances'-Ansatz ausdrücklich hervorgehoben wird:

> „International organized crime groups are the reverse of legitimate multi-national corporations
> . . Extremely profitable, they are even harder to regulate than the multi-national corporation whose activities span countries, and their growth has been prolific. Furthermore, the incentives for control are not there. Many countries lack economic alternatives and crime groups become dominant economic and political forces Off-shore banking centers thrive in such settings, drawing money steadily from countries with powerful crime groups and eager tax evaders International organized crime organizations are based on every continent While they are usually most active in regions closest to their home country, they are increasingly operating across continents, forming strategic alliances with local groups as needed "[68]

Bei dem Aufbau und der Umsetzung derartiger Netzwerke sind zwei politische Entwicklungen von entscheidender Bedeutung. Zum einen spielen die Rahmenbedingungen einer ‚offeneren' und ausdifferenzierteren Staatenwelt nach dem Ende des Kalten Krieges eine maßgebliche Rolle; zum zweiten wären derartige Kooperationen ohne den technischen Fortschritt im Bereich Information und Kommunikation nicht denkbar. Die Terrorismusforscherin Sabetta betont den zweiten Aspekt bereits in einer frühen Studie aus dem Jahre 1977 über Ursprünge und Entwicklungen des transnationalen Terrorismus. Dabei gilt ihre Aufmerksamkeit ausdrücklich der Frage der Transnationalität, wodurch sich neue Formen des Terrorismus von traditionellen Formen unterscheiden würden. So ermögliche der technische Fortschritt vor allem im Bereich der Kommunikation überhaupt erst die transnationale Koordination und Kooperation. Die operativen Handlungsmöglichkeiten terroristischer Vereinigungen würden dadurch erhöht und gestärkt, da sie über große Entfernungen ungeachtet der geographischen Restriktionen nationaler Räume und Grenzen jederzeit miteinander in Kontakt treten und kommunizieren könnten (dies. 1977). Diese Einschätzungen haben heutzutage um so mehr Gültigkeit, da die technischen Modernisierungen im Bereich der Kommunikation durch ihre weltumspannende Digitalisierung in einem Maße zugenommen haben, das in den 1970er und auch in den 1980er Jahren noch nicht abzusehen war. Ihre Bedeutung für terroristische Vernetzungen wird gegenwärtig folgendermaßen beurteilt:

---

68 „The Threat from International Organized Crime and Global Terrorism", Hearing des Committee on International Relations, House of Representatives, 105th Congress, 1st session, 1 Oktober 1997, S 96f

"Terrorism has become increasingly transnational as the networked organizational form has expanded .. Now that terrorism is increasingly sub-state . networking and inter-connectivity are necessary to find allies and influence others, as well as to effect command and control ICT's have facilitated this, and have also enabled multiple leaders to operate parallel to one another in different countries It therefore might be said that a shift is taking place from absolute hierarchies to hydra-headed networks, which are less easy to decapitate." (Whine 1998)

Die Folge hieraus ist eine *geographische Desintegration und Zerstreuung* von Handlungsorten und Standorten verschiedener Organisationseinheiten. Dies haben die Fallbeispiele, insbesondere um die Bank von Antigua, deutlich gemacht. Eine Studie des *FBI* aus dem Jahre 1999 unterstreicht die netzwerkartigen Zusammenhänge terroristischer Gruppen ebenfalls sehr anschaulich und kann hier illustrativ mit einbezogen werden. Diese Studie hat mit Blick auf verschiedene palästinensische Gruppen unter Führung der ‚Hamas'-Bewegung folgendes Bild ergeben: Sitz der Organisationszentrale in Tampa (Florida), ‚fundraising' mit Schwerpunkt in London und verlegerisch mit einer Zeitung (mit dem Namen *Filistan al Muslima*) ebenfalls in London bzw. von London aus tätig. Ähnliche Netzwerke werden auch von der ‚al-Gama'a al-Islamiyya'[69] berichtet. „(Terrorism) in the modern ... sense knows no political space, or state", so schreibt hierzu der Terrorismusforscher Michael Whine.[70]

Unter Rückblick auf den Erklärungsansatz der ‚strategic alliances' haben geographisch und global verstreut ausgebildete Organisationsstrukturen gegenüber lokal verortbaren Organisationen den strategischen Vorteil, dass sie schwieriger aufzudecken und rechtlich zu verfolgen sind. Dies verschafft ihnen gegenüber fest institutionalisierten und ‚stehenden' Organisationen den Vorteil der Anonymität: „Large, fixed monolithic ... structures are relatively easy targets. They are vulnerable to decapitation and other forms of dismantling. Looser, less formal network structures, in contrast, are resistant to such efforts and actually more difficult to contain." (Williams 1994) In einer historisch aufschlussreichen Schilderung von Schmugglerbewegungen zitiert Timothy Green einen britischen Grenzoffizier mit den folgenden Worten: Solche Organisationen seien wie ein Teller Spaghetti, „every piece seems to touch every other, but you are never sure where it all leads. Once in a while we arrest someone we are

---

69 Vgl „Armed Islamic Group (GIA)", *Patterns of Global Terrorism 2000*, United States Department of State, Washington D C , April 2000
70 Ebd , Schilderung der *FBI*-Studie ebenfalls nach Whine (http //www ict org il/articles/ articledet cfm?articleid=76 [10 August 1999])

sure is important. Well he may have been up to that moment, but once we get him, he suddenly becomes no more than a tiny cog. Someone else important pops up his place." (Green 1969:9)[71]

Edward Mickolus, der diese Entwicklung vor bereits gut zwanzig Jahren beobachtet hat, betont in „Trends in Transnational Terrorism" ebenfalls den strategischen Vorteil transnationaler Vernetzungen. Dabei legt er besonderen Wert auf die Tatsache, dass transnationale Gruppierungen durch die strategische Koordination und Kooperation in den Bereichen ihrer Finanzierung und ihrer Geldgeschäfte, der technischen und militärischen Ausbildung, der Waffenbeschaffung sowie von Reise- und Transportmöglichkeiten einen zunehmend größeren Status der Autonomie von und gegenüber staatlichen Institutionen und ihrer Kontrolle erhalten würden (ders. 1978:57ff.).

Die skizzierten Beispiele weisen auf die Herausbildung und Institutionalisierung von Akteursbeziehungen und transnationalen Handlungsfeldern hin, die in ihrer Gesamtheit an keinen einzelnen Staat, an kein Staatsgebiet und auch nicht an den Raum zwischenstaatlicher Politik gebunden sind. Dabei wiederholen sich in den Stellungnahmen verschiedener Wissenschaftler, Gutachter und Sicherheitsanalytiker immer wieder die Bezeichnungen der ‚Zerstreuung', ‚Vielköpfigkeit', ‚Unkontrollierbarkeit' sowie der ‚Verworren- und Verwobenheit' von Akteursbeziehungen. Diese Konnotationen weisen auf die transnationale *Desintegration* von Akteuren und Handlungsräumen hin, wobei der Begriff

---

71 Mit Blick auf den strategischen Vorteil disparater Organisationsstrukturen und autonomer Organisationseinheiten ist auch die Rede von sog Phantomzellen (‚phantom cells') weit verbreitet So schreibt z B Louis Beam in „Leaderless Resistance" „Utilizing the leaderless resistance concept, all individuals in groups operate independently of each other, and never report to a central headquarters or single leader for directional instruction Participants in a program of leaderless resistance through phantom cell or individual action must know exactly what they are doing and exactly how to do it . All members of phantom cells or individuals would tend to react to objective events in the same way through usual tactics of resistance Organs of information distribution such as newsletters, leaflets, computers etc which are widely available to all, keep each person informed of events allowing for a planned response that will take on many variations No one need issue an order to anyone " (ders 1992 13) Diese Art der verdeckten Arbeit und Geheimhaltung würde für terroristische Netzwerke bedeuten, dass im Kontext von polizeilichen und sonstigen Ermittlungen immer nur Teile der Organisationseinheiten entdeckt werden, wohingegen andere Teile wiederum ihre Verbindungen leugnen konnten (‚can deny any connection with the perpetrators'); dazu wieder in III 2 bd, vgl *Department of State*, ‚Report of the Secretary of State's Advisory Panel on Overseas Security' („Inman Report"), Juni 1985, Washington D C , S 10

der Desintegration vor dem Hintergrund des traditionellen Verständnisses nationalstaatlich integrierter Akteure zu verstehen ist. Die theoretischen Implikationen hiervon werden in Kap. IV.2. aufgegriffen und ausführlich unter der Frage diskutiert, welcher Handlungs- und Organisations*logik* desintegrierte transnationale Handlungsfelder unterliegen. Zunächst aber soll der Zusammenhang zwischen transnationalen Organisationen und gewandelten Grenzfunktionen ausgewertet werden.

bc) Der Wandel traditioneller Grenzfunktionen

In Kapitel II.3. wurden vier traditionelle Grenzfunktionen unterschieden: rechtliche, sozialpsychologische, ideologische und sicherheitspolitische. Im Folgenden wird nach dem Wandel dieser Funktionen unter den Bedingungen von Transnationalität gefragt. Die vorangegangenen Betrachtungen zur Verschiebung integrationstheoretischer Annahmen haben für die Frage nach dem Wandel territorialer Grenzfunktionen durch die Betonung transnationaler Organisations- und Operationsformen bereits wichtige Hinweise geliefert. Die einschneidendsten Veränderungen und Auflösungserscheinungen traditioneller Grenzfunktionen sind jedoch in ihrer sicherheits-politischen Bedeutung und in ihrer Funktion zur Bestimmung eines Rechtsraumes als territorial ab- und begrenzter Geltungsbereich von Rechtsvorschriften und Rechtsansprüchen zu beobachten.[72]

---

72 Zu dem sicherheitspolitischen Bedeutungswandel traditioneller Grenzfunktionen siehe unten unter III 2 bd) „Terrorismus als entterritorialisiertes Sicherheitsrisiko" Die ausführliche Behandlung dieses Aspekts bietet sich erst im nächsten Abschnitt an, da die Auflosung traditioneller Grenzen das entscheidende Merkmal transnationaler Sicherheitsrisiken ist bzw umgekehrt, die Beispiele transnationaler Sicherheitsrisiken sich in besonderer Weise eignen, um die Auflösungsphänomene traditioneller Grenzfunktionen zu illustrieren Hier sei in Anknupfung an die Verschiebungen traditionellen Sicherheitsdenkens (II 4) sowie im Vorausgriff auf die Auswertung der Fallbeispiele folgende Stelle aus Wolfgang Reinecke, *Global Public Policy* (ders 1998 224) wieder gegeben „The shifting demands on those charged with maintaining international security will transform the domestic politics of security policy In most cases the challenges emanating from globalization cannot be considered a threat to the collective security of a country, nor do they challenge the territorial integrity of nation-states The threats are more diffuse and selective, and seldom directed at an entire country Instead they tend to affect specific groups and, in some cases, a few individuals These threats emanate not from territorial states but from nonstate actors, using integrated, nonterritorial global networks in such domains as information processing and communications, finance, technology, and transport to realize their ambitions Such threats will be more difficult to anticipate and measure Policy coalitions to counter them will cut across territorial boundaries and form around functional spaces, bringing the very concept of 'national' security itself into question "

Veränderungen in dem territorialen Anknüpfungspunkt von Recht und Rechtsprechung weisen aber nicht nur auf Veränderungen der rechtlichen Grenzfunktionen, sondern auch der traditionellen, an den nationalstaatlichen Rechtsraum und seine territoriale Fixierung gebundenen Souveränitätsidee hin.[73] Die Ablösung der territorialen Anknüpfbarkeit von Recht und Rechtsprechung durch die Transnationalität der Organisationsformen terroristischer Vereinigungen betonten Kuppermann und Trent bereits Ende der 1970er Jahre. Indem der transnationale Terrorismus – sowohl in Anbetracht der Ziele möglicher Anschläge als auch der Organisationsformen zur Vorbereitung und Durchführung von Anschlägen – weltweit operiert, verdeutliche er idealtypisch das zentrale Merkmal von Transnationalität, nämlich die Überwindung nationaler und zwischenstaatlicher Rechtsräume und ihrer Regelungskompetenzen:

„Contemporary terrorism claims for itself a global battleground The transnational character of so many terrorist events reflects a fundamental element of the problem that is, the terrorists' exploitation of legal traditions that emphasize the sovereignty of the nation-state Terrorists do not define their field of action in terms of national boundaries " (dies 1979 140)

Für diese Umgehung traditioneller Rechtsräume stellt abermals die Entwicklung moderner Informations- und Kommunikationstechnologien den entscheidenden Grund dar. Denn die *Verstreuung operativer Handlungsorte* und die damit einhergehende *territoriale Diffusion* juristisch relevanter Tatbestände über nationale Grenzen hinweg, wird erst durch die technologische Vernetzung unterschiedlicher Operationseinheiten möglich. Gerade aber diese Diffusion führt zur Auflösung der traditionellen Grenzfunktion der Konstituierung sowie Ab-, Be- und Eingrenzung eines bestimmten Rechtsraumes. In Anlehnung an die Organisationsstrukturen der Bin Laden-Gruppe sowie mit Blick auf den Fall der Bank von Antigua heißt es in dem bereits erwähnten Gutachten „The Threat from International Organized Crime and Global Terrorism" aus dem Jahre 1997:

„The technology has blown away legal concepts that have worked on for centuries The concept of jurisdiction is gone .. If you can have a bank in Antigua that has non presence there, but it is considered Antiguan for legal purposes, you have got a devil of a problem The seond issue is the issue of the technology of border control, forgery, and counterfeiting of passports, travel documents and whatever "[74]

---

73 Siehe hier die Verbindungen zu oben III 2ba) sowie im weiteren in IV 2
74 Hearing before the Committee on International Relations, House of Representatives, 105th Congress, 1st session, 1 Oktober 1997, S 42

Das Problem der rechtlichen Zuordnung der Aktivitäten und der beteiligten Personen zu einem einheitlichen, in sich kohärenten und territorial fixierten System von Rechtsregeln bestand konkret darin, dass in dem Fall der Bank von Antigua mindestens fünf nationale und internationale juristische Regelwerke betroffen waren, von denen wegen der Diffusion des gesamten Handlungszusammenhanges jedoch keine Rechtsregel angewendet werden konnte: Es handelte sich bei den beteiligten Personen um Staatsangehörige verschiedener Nationalitäten, ebenso um verschiedene Standorte, an denen die Handelnden jeweils anwesend waren, von denen die Handlungen ihren Ausgangspunkt hatten und von denen aus sie begangen wurden. Der Sitz selbst war in Washington D.C. (insofern der ‚Standort' eines Internetservers überhaupt als Standort im traditionellen und juristischen Sinne bezeichnet werden kann); ferner sind die Souveränitätsrechte Antiguas betroffen, insofern es der Lizenzgeber war; zudem konnte niemand für die Bankgeschäfte haftbar gemacht werden, da beispielsweise der Direktor internationaler Bankzusammenschlüsse keine natürliche Person im juristischen Sinne sein muss;[75] und schließlich sind völkerrechtliche und bilaterale Vereinbarungen in die Klärung der juristischen Zusammenhänge involviert.[76] In dem genannten Gutachten des Ausschusses heißt es denn auch: „The problem is, who has the authority to investigate? Whose job is it to police the international ... system? And in the end, how will you ever bring any of the perpetrators to justice ... Under Antiguan law, the theft of the bank's assets was not illegal. So now the problem is, where is the crime committed?"[77] Jack A. Blum, einer der Hauptgutachter für den Ausschuss, beschreibt die Situation wie folgt:

> „The idea that jurisdiction is a function of geography does not work in the electronic age Electrons in cyberspace do not read maps Few if any international frauds take place within the borders of a single country We will have to change the way nations deal with each other in matters of exchanging evidence, allowing police to work across borders and even the way the international community deals with the question of sovereignty When I suggested to our

---

75 Mit dieser Bestimmung, die hier als Rechtslücke im internationalen Recht fungierte, aufgedeckt und genutzt wurde, warb Antigua zur Durchführung verdeckter und der Kontrolle und Strafverfolgung entzogener Geschäftstätigkeiten („An international bank corporation must have at least one director and a director need not to be a natural person", nach http //www privacy-bulletin com/banks/banktigua htm [10 Oktober 2001])
76 Die völkerrechtlichen Streitigkeiten und offenen Fragen, welches Land der Anspruch auf Verurteilung der Entführer der *Achille Lauro* zufalle – den USA oder Italien –, kann hier ebenfalls beispielhaft herangezogen werden, vgl. ebenso das Beispiel der gescheiterten VN-Initiative der USA 1972 und die Argumentation der Staaten, die den Antrag abgelehnt haben
77 A a O S 39

American law enforcement authorities that the bank was a criminal operation and should be shut down an agent on the case asked me .. ‚where the crime had been committed' .. investigation (is) difficult if not impossible."[78]

Die Problematik der fehlenden Möglichkeit der rechtlichen Zuordnung von Handlungen greift auch Herdegen in seiner Abhandlung über *Internationales Wirtschaftsrecht* (1995) auf, wobei hier die strukturelle Analogie zwischen terroristischen Netzwerkbildungen und transnationalen Unternehmen sowie die dadurch induzierten Probleme traditioneller Rechtspolitik und Rechtstheorie deutlich zu Tage tritt. Herdegen trifft für wirtschaftsrechtliche Sachverhalte folgende grundlegende Feststellung, die auf die Problematik der Verfolgung terroristischer Organisationen übertragen werden kann: „Als Anknüpfungspunkt für die Anwendung eines bestimmten nationalen Rechts kommen vor allem der *Ort der Handlung* ... (Territorialitätsprinzip), daneben bei Rechtsverhältnissen mit stark personalem Einschlag die Staatsangehörigkeit und der Wohnsitz in Betracht." (ders. 1995:31; Herv. v. Verf.) Da jedoch der Ort *der* Handlung im Falle transnationaler Vernetzungen und grenzüber- und grenzdurchschreitenden Verschränkung zwischen mehreren Handelnden an verschiedenen Orten *nicht* bestimmbar ist, stellt sich die Anwendung von nationalem und zwischentaatlichem Recht im Bereich transnationalen Handelns so schwierig dar.

In weiterer Analogie zum internationalen Wirtschaftsrecht gilt auch für transnationale terroristische Netzwerke und ihren Entzug aus staatlichen Rechtsräumen das rechtstheoretische Problem zwischen der Sitztheorie (auch ‚Theorie des effektiven Verwaltungssitzes') und der Gründungstheorie (auch ‚Inkorporationstheorie'). Nach der *Gründungstheorie*, die vor allem im anglo-amerikanischen Rechtskreis als maßgeblich erachtet wird, gilt für die Beurteilung rechtsrelevanter Tatbestände das Recht der Nation, in dem die Gesellschaft bzw. Organisation gegründet worden ist, selbst wenn die Organisation danach ihren Sitz in einen anderen Staat verlegt hat. Gemäß der *Sitztheorie* hingegen gilt das Recht des Staates, in dem die Organisation ihren *tatsächlichen* Verwaltungssitz hat, d.h. wo der Schwerpunkt ihres „marktrelevanten Verhaltens" (so Schnyder 1999:772) auszumachen ist. Die Verlegung des Sitzes von einem Staat in einen anderen ist dabei grundsätzlich mit einer Auflösung der Gesellschaft verbunden.

---

78 Jack A. Blum, „International Organized Crime The Larger Issues", Statement before the *Committee on International Relations*, House of Representatives, 105th Congress, 1st session, 1 Oktober 1997, S 109

Die Schwierigkeiten beider Theorien im Falle transnational vernetzter Organisationen ist leicht einzusehen. So kann der Sitz einer Organisation wie im Fall der geschilderten Beispiele nicht eindeutig entschieden werden; und selbst die juristische Dehnung dieses theoretischen Konzeptes, dass in solchen Fällen danach entschieden werden müsste, wo die für die Organisation *relevanten* Entscheidungen getroffen würden und wo der *Schwerpunkt* der Organisation liege, scheint in den geschilderten Fällen nicht anwendbar. Doch auch die gründungstheoretischen Annahmen haben ihr Dilemma. So ist im Falle der geschilderten Differenzierung und Zerstreuung einer Organisation und kooperierender Organisationseinheiten an verschiedenen nationalen Orten und nach unterschiedlichen nationalen Rechtsgrundsätzen die Frage, *wo* die Organisation gegründet worden sei, ebenso wenig entscheidbar (dazu ferner Großfeld 1986; Langefeld-Wirth 1986; Ebenroth/Bippus 1988). Die Sitztheorie, ebenso wie die Gründungstheorie gehen also beide von der Annahme einer in sich geschlossenen, kohärenten und einheitlichen Organisation aus. Diese Annahme kann im Falle transnationaler Organisationen nicht gemacht werden, deren Akteurscharakter – wie in III.2.bb) gesehen – als janusköpfig, verschlungen und schwer identifizierbar beschrieben wurde. Die Auflösung der traditionellen *rechtlichen Grenzfunktionen* durch die Entgrenzung transnationaler Organisationsstrukturen scheint eine unumstößliche Konsequenz globaler Politik zu sein.[79] Aktuelle Reformüberlegungen betonen zur Überwindung des Anknüpfungsproblems die Notwendigkeit der Harmonisierung internationalen Wirtschaftsrechts,[80] so beispielsweise im Bereich des europäischen Zivilverfahrensrecht der „Vorschlag für einen Rechtsakt zur Revision des Brüsseler Übereinkommens" vom 22. Dezember 1997 (zitiert in Schnyder 1999:773).

Eine weitere traditionelle Grenzfunktion war die Konstituierung und Sicherung eines *ideologischen* Raumes. Diese Funktion manifestiert sich in der Kon-

---

79 So schreibt auch Richard Perry, dass Lucken im internationalen Recht und die Moglichkeit seiner Umgehung eine ‚Ressource' zur Bildung transnationaler Organisationen sei („transnational resource for political organizing"), vgl Perry 2000, zur Problematik der Standortbestimmung und des Standortwettbewerbes im Rahmen globaler Wirtschafts- und Kapitalmärkte siehe auch Thiessen 1988, Wichmann 1992, Todt 1994, Lorz 1997 sowie mit deutlichem Bezug zu Territorialitat, Räumlichkeit und Raumstrukturen v a Maier/Toedtling 1995
80 Die Notwendigkeit der internationalen Harmonisierung nationaler Rechtsvorschriften wird gerade auch in der Anti-Terrorismuspolitik zunehmend betont, wo sich das Problem der Anknupfung und der damit verbundenden Verfolgung von Straftaten analog zu den hier aus dem internationalen Wirtschaftsrecht geschilderten Problemen stellt, mit Blick auf die Anti-Terrorismuspolitik ausführlicher unter V 2 c

trolle des Grenzverkehrs, der sowohl auf Personen wie auch auf Kommunikation und Information bezogen ist. Welche Veränderungen werden für diese Grenzfunktion durch die Transnationalität terroristischer Organisationen hervorgerufen? Nach dem Begriffsverständnis von ‚Terrorismus' gilt als übereinstimmendes Merkmal sein *politischer* Charakter. Wie ferner vor allem die Gutachter der RAND-Corperation und Brian Jenkins hervorheben (ders. v.a. 1978), zielen terroristische Aktivitäten auf die Schaffung einer psychologischen Atmosphäre der Angst und des Schreckens. Ihre Aktivitäten intendieren Publikumswirksamkeit und psychologische Effektivität. Damit verbindet sich nicht unbedingt die Erreichung und Umsetzung eines konkreten politischen Zieles (wenngleich dies, beispielsweise bei dem Versuch, durch Kidnapping im Gegenzug Gefangene freizupressen, auch der Fall sein kann), als vielmehr die Absicht, auf das eigene Anliegen und die eigene politische Idee aufmerksam zu machen. Dieses Merkmal des Terrorismus fasst Jenkins mit der Metapher ‚terrorism is theater' (ders. 1978; ähnlich auch Waldmann 1998), womit der Propagandaeffekt und die Publikumswirksamkeit terroristischer Aktionen unterstrichen werden sollte. Der Propagandaeffekt und der Kampf um die Herrschaft über gesellschaftliche Kommunikations- und Informationsstrukturen und um politische Meinungsbildung begründet einen *ideologischen* Charakter des Terrorismus.[81]

Hat die Transnationalität terroristischer Organisationen nun unter dem Aspekt der Ideologie einen Einfluss auf die Konstituierung neuer bzw. auf die Auflösung traditioneller ideologischer Grenzen und Räume? Nationalstaatliche Grenzen verlieren ihre traditionelle Funktion der Konstituierung eines ideologischen Raumes durch sowie dessen Abgrenzung nach Außen und dessen Kohärenzherstellung im durch die Herausbildung transnationaler ideologischer Räume. Politisch-ideologische Grenzen verlaufen bei zunehmender Denationalisierung auch entlang den horizontal verlagerten Grenzen transnationaler Gesellschaften. Vor allem aber konstituieren transnationale ideologische Grenzen *zusätzliche* ideologische ‚Räume'.[82]

---

81 Vgl dazu die ‚Ideologie'-Bestimmung in Kap II 3b
82 Auch hier bietet sich die MNC-Metapher und der Ansatz der ‚strategic alliances' als Analogie an So besteht der Wettbewerb einzelner globaler Großunternehmen zunehmend weniger in der heimischen Konkurrenz auf nationalen Märkten, sondern zunehmend in der Konkurrenz zu anderen ‚global player' auf dem Weltmarkt Die Propagierung des eigenen Produkts sowie die Exklusion alternativer Angebote, kurz Marketing und Merchandising, beziehen sich dabei nicht auf eine national begrenzte Konsumentenschaft, sondern auf einen globalen, in die Ideologie des Unternehmens einbezogenen Kundenkreis, vgl u a Williams, Ph 1994

Wichtig für jede Ideologie ist die Propaganda ihrer politischen Ziele, die Alternativoptionen ausschließt und die eigene Politik als *absolutum* erscheinen lässt. Der theatralische Effekt des Terrorismus und seine ideologische Wirksamkeit werden auch durch das betont, was als ‚Info Warfare' bezeichnet wird. Damit wird der Rolle von Medien bei der Möglichkeit der öffentlichen Selbstinszenierung terroristischer Gruppen sowie bei der Fremddarstellung terroristischer Aktionen eine entscheidende Rolle beigemessen.[83] Dem ideologischen Propagandaeffekt des Terrorismus spielen der Einfluss moderner Massenmedien, ihre globale Verbreitung und Reichweite bestens in die Hände. War die ideologische Propaganda terroristischer Gruppen zu ihrer Selbst- und Fremddarstellung bislang in viel stärkerem Maße an nationale Grenzen oder an die begrenzte Reichweite von Radio- und Fernsehsendern sowie an die begrenzte Menge ihrer Empfänger gebunden, so hat die Entwicklung und Verbreitung digitaler Informations- und Kommunikationstechnologien auch hier zu einer qualitativ neuen Stufe der Grenzüberschreitung geführt.[84] In den Worten von Stephen Sloan bedeutet dies:

> „ if indeed terrorism is ‚theater' and the people are the audience, the stage is changing CNN and other networks provide terrorists with a potential and almost instantaneous means for spreading their message for fear and intimidation The reality of video proliferation is just as significant as that of nuclear proliferation Some terrorist groups already have the ability to stage and videotape their acts, sending them out to either a broad or limited audience They can even transmit live events through low power transmitter stations Furthermore, the next generation of terrorists may produce highly imaginative presentations to seize the attention of a violence jaded public, one which has grown used to the now standard images of hooded terrorists holding hostages in embassies, prisons, or aircraft cabins " (Sloan 1998 4)[85]

---

83 Zum Zusammenhang zwischen Medien und Terrorismus sowie seiner terroristischer Propagandawirkungen siehe grundlegend Tugwell 1987, Terraine/Bell/ Walsh 1979, Poland 1988. Alexander 1981 sowie v a auch Crelinsten, „Power and Meaning Terrorism as a Struggle over Access to the the Communication Structure" (1987) sowie Michel Wieviorka, „The Media and Terrorism", 1993

84 Ein jüngstes Beispiel hierfür ist die Sendung und Propagandwirkung zahlreicher bin Laden-Videos über den arabischen Sender *Al-Dschahira*, die weltweit von nahezu allen Fernsehanstalten gezeigt wurden und auch aus dem Internet, beispielsweise von den Seiten von *CNN* und des deutschen Senders *ntv*, von jedem privaten Nutzer herunter geladen, verarbeitet oder auch verbreitet werden konnten, vgl dazu u a auch „Grosser Auftritt bei Al-Dschahira Der als seriös geltende TV-Sender verhalf den Worten bin Ladens und seines Stellvertreters zu weltweiter Verbreitung '" (in· *Suddeutsche Zeitung*, Nr 232 v 9 10 2001, S 6)

85 Dazu auch Anzovin 1986 7 Der Wandel der *sozialpsychologischen Grenzfunktion* durch die Auflosung traditioneller sozialer, territorial bestimmter Gemeinschaften und ihrer Identifizierung als einer Handlungsgemeinschaft soll hier ausgespart werden, da er mehr den soziologischen Aspekt der Entstehung transnationaler *Gesellschaften* betrifft Dieser Aspekt ist von der Bildung transnationaler politischer Akteure zu unterscheiden, da diese unmittelbar als politisch

bd) Transnationaler Terrorismus als entterritoriales Sicherheitsrisiko: Die Infragestellung des nationalen Sicherheitsbegriffes und die Entstehung transnationaler Risiken

Im vorigen Abschnitt, als die Fallbeispiele unter der Fragestellung nach dem Wandel traditioneller Grenzfunktionen ausgewertet wurden, wurde ihr Funktionswandel bzw. -verlust im sicherheitspolitischen Bereich unter den Bedingungen transnationaler Politik bereits kurz erwähnt. Dieser Aspekt soll nun vor dem Hintergrund der Fallbeispiele weiter behandelt werden.

Verglichen mit den Strukturen transnationaler Sicherheitsbedrohungen muss der traditionelle, nationale Sicherheitsbegriff in Frage gestellt werden. Verantwortlich für die Infragestellung des nationalen Sicherheitsbegriffes und seiner Unterscheidung in innere und äußere Sicherheit zeichnen in erster Linie der grenzüberschreitende Charakter neuer Bedrohungspotentiale durch die transnationalen Organisationsformen ihrer Akteure. Im Jargon U.S.-amerikanischer Sicherheits- und Militärexperten werden traditionelle Gefahren als zwischenstaatliche und staatlich verortbare Sicherheitsbedrohungen („state based threats') bezeichnet. Dieses Merkmal der staatlich-territorialen Fixierung von Sicherheitsbedrohungen habe sich im Kontext transnationaler Sicherheitsbelange jedoch geändert. Transnationale Risiken seien nicht mehr durch nationale Grenzen, Grenzziehungen und begrenzte Wirkungsradien territorial und räumlich gebunden. Dazu beispielhaft John McLaughlin, Sicherheitsanalytiker beim *CIA*:

> „We are challenged track and warn about an increasing number of threats that transcend national boundaries and traditional categories "[86]

Im gleichen Atemzug wird betont, dass gegen transnationale Sicherheitsrisiken territoriale, an Grenzen und Grenzziehungen gebundene Verteidigungsstrategien weitgehend nutzlos geworden seien: „(Against) ... transnational issues ... national boundaries are much less reliable a shield against danger."[87] Dazu auch der Assistant Secretary for Diplomatic Security des *US Department of State*, David Carpenter: „A transnational terrorist group is one that has or can operate in mul-

---

Handelnde auftreten, während transnationale Gesellschaften keinen direkten Akteurscharakter in dem hier behandelten und vorgestellten Sinne besitzen, vgl dazu wieder in Kap IV 2
86 http //www.cia gov/cia/di/speeches/428149298 html (3 August 1999), dazu auch http //www cia gov/cia/di/mission/oti html (3 August 1999)
87 So George Tenet, http //www cia gov/cia/public_affairs/speeches/dci_speech_01 2898 html (3 Au-gust 1999)

tiple countries. This type of group poses a more complicated threat since its threat projection is much wider than the indigenous terrorist group and consequently requires a wider dispersal of security resources."[88] Primär auf Gebietsverteidigung ausgerichtete Strategien würden in diesen Fällen nicht mehr ausreichen.

Diese Feststellungen werden durch die oben skizzierten Fallbeispiele der Organisations- und Handlungsstrukturen transnationaler terroristischer Vereinigungen belegt. In einem Gutachten des *Director of Central Intelligence* (DCI), das im Jahre 1996 dem ‚World Affairs Council' vorgelegt wurde, wird auf die globalen Organisationsstrukturen der *Al Kaida* unter besonderer Erwähnung des transnationalen Akteurstypus Bezug genommen („they are cosmopolitan and travel easily from one country to another"[89]). Da im Falle des Terrorismus die Sicherheitsbedrohungen bzw. die Durchführung eines Attentats unmittelbar an die Anwesenheit einer konkreten Person gebunden ist,[90] die Attentäter jedoch entsprechend dem kosmopolitischen Charakter ihrer Organisation weltweite Verbindungen und Netzwerke aufrechterhalten, seien die Bedrohungen weder lokal, regional und national eingegrenzt oder eingrenzbar. Die Organisations- und Handlungsstrukturen transnationaler terroristischer Vereinigungen hätten eine globale Reichweite und umfassten mehrere Länder gleichzeitig[91].

Diese Beschreibungen von Seiten U.S.-amerikanischer Sicherheitsinstitute der *Intelligence Community* stimmen mit den Analysen über globale Sicherheitsstrukturen und über Organisations- und Handlungsformen transnational organisierter terroristischer Vereinigungen von Seiten politisch neutralerer Einrichtungen überein. Im ‚Annual Defense Report' des *US Department of State* aus dem Jahre 1997 wird unter dem Titel „Responding to Terrorism" mit Blick auf globale Rahmenbedingungen und die bislang offene Frage nach ihren Strukturen die relative Instabilität und sicherheitspolitische Unberechenbarkeit der sich ausdifferenzierenden multipolaren Welt hervorgehoben. Die Veränderungen der sicherheitspolitischen Situation bedeute gleichzeitig eine Erweiterung

---

88 „Testimony before the Commerce, Justice, State Subcommittee", *House Appropriations Committee*, 1999
89 http //www cia gov/cia/di/speeches/428141198 html (3 August 1999)
90 Dies gilt zumindest solange bis Terrorgruppen nicht im Besitz von Massenvernichtungswaffen und raketengestützten Trägersystemen größerer Reichweite sind
91 http //wwwcia gov/cia/public_affairs/speeches/dci_speech_012898 html, auch
 http //www cia gov/cia/public_affairs/speeches/ps020299 html (3 August 1999)

der Risikofaktoren um ubiquitäre und allgegenwärtige Bedrohungen (*Annual Defense Report* 1997). Bereits einige Jahre zuvor hat Jenkins auf diesen Modus des spontanen, permanenten und überall möglichen Auftretens terroristischer Anschläge aufmerksam gemacht und diese Kriegsstrategie als einen ‚low level protracted war' bezeichnet. Wegen seiner territorialen Entbundenheit und seines plötzlichen und unberechenbaren Auftretens sei er auf kleiner Flamme und dauerhaft führbar. Er hebe damit die herkömmliche Unterscheidung zwischen Kriegs- und Friedenszustand auf.[92]

Dabei ermöglichen die ausgedehnten Handlungsoptionen transnationaler Organisationen überhaupt erst die terroristische Form der Kriegsführung, die ihrerseits auf veränderte globale Rahmenbedingungen zurückgeführt werden können. So betonen aktuelle Studien zur Auswirkung neuer Informations- und Kommunikationstechnologien auf räumliche Ordnungsstrukturen die durch ihre Nutzung möglich gewordene Überwindung raumgebundener Handlungsstrukturen und Handlungsbarrieren in einem bislang unbekannten Maße.[93] In sicherheitspolitischer Hinsicht ermögliche die Nutzung neuer Technologien dabei nicht nur die Überwindung von Grenzen zur Durchführung von Anschlägen zur Beschädigung und Zerstörung physischer Objekte und Infrastrukturen (seien dies Menschen oder auch Gebäude), sondern erlaube ferner die Entwicklung neuer Strategien der Kriegsführung, die als ‚Cyberwar' bezeichnet werden. Diese gelten gemeinhin als das auffallendste Beispiel einer entterritorialen und mit dem klassischen, territorial konzipierten Sicherheitsdenken unvereinbaren Form der Bedrohung. Michael Whine führt diese Zusammenhänge in einer längeren Studie für die RAND-Corporation mit dem Titel „Cyberspace - A new medium for Communication, Command and Control by Extremists" aus:

„It is not surprising that infrastructures have always been attractive targets for those who would do us harm In the past we have been protected by broad oceans and friendly neighbors To-

---

92 „The alternative to modern conventional war is low-level protracted war, debilitating military contests in which staying power is more important than firepower, and military victory loses its traditional meaning War and postwar lose their traditional meanings No nation or insurgent group can afford to mobilize all off its resources to fight for two generations", Jenkins 1978 243f , vgl dazu auch die Stellungnahme aus dem Bericht des *Secretary of State's Advisory Panel on Overseas Security* (‚Inman Report'), aus dem Juni 1985 „Armed conflict will not be confined by national frontiers " Dazu bereits vom Ansatz her oben in II 4b
93 Vgl. dazu Kern 1983, auch Scheuermann 1999, 2000, 2000a, ebenso die Analyen der Techniknutzung und die dadurch bedingten Moglichkeiten transnationalen Handelns von Huntington bereits aus dem Jahre 1973

day, the evolution of cyber threats has changed the situation dramatically. In Cyberspace, national borders are no longer relevant. Electrons do not stop to show passports Potentially serious cyber attacks can be conceived and planned without detectable logistic preparation They can be invisibly reconnoitered, clandestinely rehearsed, and then mounted in a matter of minutes or even seconds without revealing the identity and location of the attacker . ICT's act as a force-multiplier, enhancing power and enabling extremists to punch above their weight . Communication technology represents, in many respects, the ‚death of distance' and the national borders that once separated the attacker from their targets have ceased to exist "[94]

In einem Bericht der *President's Commission on Critical Infrastructrue Protection* aus dem Jahre 1997 heißt dazu auch, dass die hier als ‚netwar' bezeichnete Strategie in besonders markanter Weise die Transnationalität neuer Sicherheitsbedrohungen verkörpere, da in diesem Fall jede physikalisch-territorial manifestierte, wie auch funktionale Bedeutung von Grenzen aufgehoben sei.[95]

Die durch den Wegfall der räumlichen Distanz und der territorialen Verortbarkeit von Bedrohung und Akteuren evozierte Entgrenzung von Risiken bedeutet zugleich auch eine veränderte Herausforderung an sicherheitspolitische Gegenstrategien. Diesbezüglich herrscht in der aktuellen wissenschaftlichen Literatur und in den Analysen sicherheitspolitischer Institute weitgehend konzeptionelle Ratlosigkeit, da man (noch) primär mit der Diagnose der neuen Situation und ihren Herausforderungen beschäftigt ist. Dabei wird in erster Linie die Schwierigkeit der Prognostizierbarkeit terroristischer Strategien und ihrer Angriffsziele betont: „Life would be much easier if, as when assessing a conventional army, analysts could ... discern orders of battles and make predictions based on the enemy's known doctrine and strategy (as if in the case of) ... low intensity conflict and non-territorial terrorism", so schreibt Stephen Sloan in einer Studie über transnationalen Terrorismus und die sicherheitspolitischen Möglichkeiten der Gegenwehr, die er im Jahre 1998 für das *US Army War College* erstellt hat.[96] In dieser Studie untersuchte Sloan vor allem die Aktivitäten der *Al Kaida* und die ihr zugeschriebenen Anschläge auf das Yeminite Hotel (1992) und das World Trade Center (1993).

---

94 „Studies in Conflict and Terrorism", hg v. der RAND-Cooperation, 5 Mai 1999
95 So Martin Van Creveld, „The Transformation of War" in *President's Commission on Critical Infrastructure Protection* 1997 5, zur Bestimmung *funktionaler* Grenzen siehe oben in IV 3
96 Ders 1998 4, vgl in diesem Zusammenhang der strategischen Einschatzung auch das *NATO Alliance Strategic Concept* 1999· „The security of the Alliance remains subject to a wide variety of military and non-military risks which are multi-directional and often difficult to predict " (Approved by the Heads of State and Government, participating in the meeting of the North Atlantic Council, Washington D C , 24 April 1999) sowie Williams/Barkley 2001

In seinen Überlegungen zum entterritorialen Charakter transnationaler Bedrohungen weist auch Ruggie – neben der Unmöglichkeit, die Akteure derartiger Bedrohungen territorial zuordnen zu können – auf eine Veränderung der Objektbereiche und der strategischen Ziele transnationaler Sicherheitsbedrohungen, speziell des Terrorismus hin (ders. 1993). Denn während klassische Kriegsstrategien auf Territorialgewinn, Grenzbedrohungen und Grenzverschiebungen gezielt hätten (dazu auch oben in II.4.), seien die Strategien des transnationalen Terrorismus nicht auf Territorialgewinn ausgerichtet und stellten auch unter diesem Aspekt – neben dem entterritorialen Charakter der Organisationsformen der Akteure selbst – eine entterritoriale militärische Bedrohung dar.

Diese Beobachtung wird durch die bereits früher getroffene Diagnose von Jenkins unterstützt: „(The) objectives of terrorism are not those of conventional combat. Terrorists do not try to take ground or physically destroy their opponent's forces." (Jenkins 1978:235) Zudem, so Robert Kupperman vom *Center for Strategic and International Studies* der Georgetown Universität, müsse man unter den veränderten Bedingungen und ihrem Einfluss auf die strategische Gesamtsituation davon ausgehen, dass aufgrund der zweifachen territorialen Enthobenheit terroristischer Aktivitäten – *einmal* mit Blick auf die Verortbarkeit von Akteur und Bedrohung, *zweitens* hinsichtlich ihrer nicht auf Territorialgewinn bezogenen Handlungsziele – ihr Bedrohungspotential im Gegensatz zu traditionellen Sicherheitsrisiken einer *gesteigerten Dynamik* und *Flexibilität* unterliegen. Darin sieht er ein zentrales Merkmal für die Schwierigkeit ihrer strategischen Einordnung und der Konzeption von Gegenmaßnahmen. Denn das, was im traditionellen Sinne unter Verteidigung verstanden wurde – nämlich in erster Linie der Schutz durch Grenzen und die Abwehr bzw. Zurückdrängung des Gegners von den eigenen Grenzen – sei zum Schutz nicht mehr effektiv anwendbar.[97]

---

[97] Vgl dazu bereits die Hinweise oben in den Anmerkungen in Abschnitt II 4 („de-terrence' und ‚contaiment'), Kupperman zitiert aus dem „Imnan Report", Department of State, *Report of the Secretary of State's Advisory Panel on Overseas Security*, Juni 1985, Washington D C , S 10f Dazu auch Mickolus 1978 45 „Transnational terrorism has often been described as violence for effect It differs from military concepts of war as a strategy in that it does not attempt to hold a specific piece of territory by military engagement Rather, it attempts to give the impression that the terrorist group is able to strike with impunity, that its small, numerically weak band should be considered a credible threat, and that governmental authorities cannot guarantee security to members of the society under its protection " Hier wird wieder die oben dargestellte Einbeziehung des transnationalen Terrorismus in das Konzept der ‚comprehensive security' deutlich, das Risiken umfasst, die nicht nur auf die gesamtsystemische Ebene des Staates, sondern gerade auch auf seine Subsysteme zielen Die Ziele des Terrorismus verkörpern genau solche Angriffe auf subsystemische Einheiten und erweitern damit die klassischen, auf Territo-

Die Fragwürdigkeit traditioneller, territorial gebundener Axiome sicherheitspolitischen Denkens im Kontext transnationaler Bedrohungen zeigt sich besonders deutlich mit Blick auf die strategischen Denkfiguren der Abschreckung (‚deterrence') und der Eindämmung (‚containment').[98] Das Konzept der nuklearen wie auch der konventionellen Abschreckung beruht auf der Vorstellung der territorialen Gebundenheit und Fixiertheit des gegnerischen(r) Akteurs(e). Nur unter dieser Bedingung kann dieser (können diese) – unter der Androhung für sie selbst nicht kalkulierbarer Konsequenzen – davon abgeschreckt und zurückgehalten werden, gewisse Schritte zu unternehmen, die ihre eigene Sicherheit und ihre eigene territoriale Integrität verletzen würden.[99] Ähnliches gilt für die Strategie des ‚containment': Nur ein Gegner, der territorial verortbar und selbst in seinen Aktionen territorial gebunden ist, kann im Rahmen eines kollektiven Verteidigungssystems eingegrenzt und beherrscht werden.[100]

Transnationale Sicherheitsrisiken – so kann zusammengefasst werden – machen einmal die Unterscheidung in innere und äußere Sicherheit hinfällig; zweitens entstehen erweiterte, entterritoriale Sicherheitsbedrohungen, die mit den herkömmlichen Axiomen nicht fassbar sind. Der Grund hierfür liegt in der nicht mehr möglichen territorialen Zuordnung der Akteure, wofür wiederum der grenzüberschreitende Netzwerkcharakter ihrer Handlungs- und Organisationsformen verantwortlich ist.

---

rialgewinn und -besitz sowie Grenzbedrohungen zielenden Strategien konventioneller und auch raketengestutzter Kriegsführung In den ersten Wochen nach den Anschlagen vom 11 September 2001 wurde dies verstarkt bewusst, hierzu Stanley Hoffmann, „Vom neuen Kriege" (in DIE ZEIT, Nr 42 v 11 10 2001, S 3), Herfried Munkler, „Die brutale Logik des Terrors" (in Suddeutsche Zeitung, Nr. 225 v 29 /0 09.2001, S S1) sowie auch die Artikel „Redefining Defense" (htpp //www washingtonpost com/wp-dyn/articles/A59537-2001 Sep19 html [19 9 2001]), „Nach den Anschlagen in New York und Washington muss der Begriff ‚Krieg' neu definiert werden " (in Suddeutsche Zeitung, Nr 213 v 15 /16 09 2001, S 13) Aktuell im Deutschsprachigen grundlegend hier Munkler 2002

98 Vgl dazu die Diskussion der Territorialgebundenheit von ‚deterrence' und ‚containment' in II 4
99 Vgl dazu auch Ernest H Evans (1978), „American Policy Response to International Terrorism Problems of Deterrence", in Livingston 1978, ebenso McCrea 1994, der genau diese Dynamik, im Zusammenhang mit der Radikalitat und Unberechenbarkeit terroristischer Aktivitaten, für das Scheitern der ‚deterrence'-Strategie verantwortlich macht
100 Die Tatsache, dass wir zur Zeit in der U S.-amerikanischen Sicherheitspolitik gegenuber dem transnationalen Terrorismus ein Revival klassischer, staatlich betriebener und auch unilateral forcierter Strategien beobachten können, heißt nicht, dass dies langfristig auch effektiv ware Vgl die aktuelle „National Security Strategy" und ihre strategische Einordnung im Anti-Terrorismuskampf bei Behr 2004a

III.3. Zusammenfassung und Ausblick auf Kapitel IV

Nachdem die Fallstudie und ihre Auswertung eine Reihe empirischer Anhaltspunkte der Entterritorialität transnationaler Politik aufgezeigt hat, steht nun der Versuch an, entterritoriale Politik idealtypisch zu erfassen, begrifflich zu präzisieren und ihre Handlungs- und Organisationslogik theoretisch-konzeptionell auszuformulieren. Einschränkend sei erwähnt, dass dabei keine allgemeine Diskussion von Veränderungen des Souveränitätskonzeptes, integrationstheoretischer Annahmen, der Grenzfunktionen und der internationalen Sicherheit im Zeichen globaler Politik beabsichtigt ist, sondern lediglich solche Aspekte dieser Konzepte diskutiert werden, die für die Analyse der Entterritorialität transnationaler Politik konzeptionell bedeutsam sind. Die Indikatoren transnationaler Politik, die die partielle Auflösung und Überwindung des traditionellen Territorialitätsprinzips begründen, seien zur Wiederholung tabellarisch dargestellt (siehe nächste Seite).

Tabelle 3 Indikatoren gewandelter Territorialitätsprinzipien:
Entterritoriale ‚Strukturen' transnationaler Politik

Prinzipien/ Analyse-Kriterien	Nationale Sicherheits- vs. transnationale Sicherheitsrisiken	Integration vs. Desintegration und Ausdifferenzierung	Grenzen/Begrenzung vs. Entgrenzung	Staatliche Souveränität vs. Konkurrenz nichtstaatlicher Akteure um Autonomie
	Sicherheitsrisiken und Konflikte transzendieren nationale Grenzen; transnationale Konfliktlinien	'cross-national cooperation' transnationaler Akteure untereinander sowie mit Staaten	Bedeutungsverschiebungen nationaler Grenzen in Hinsicht ihrer: - Funktion der Sicherheitsgewährung	Transnationale Entzugsmacht global vernetzter und agierender Akteure
	- haben eine unbegrenzte globale Reichweite	Weltweite Organisation von Akteuren auf jedem Kontinent	- Funktion der Schaffung eines homogenen und verbindlichen nationalen Rechtsraums	Etablierung einer gegenüber nationalen und internationalen Regelwerken autonomen Machtsphäre;
	- sind nicht territorial verortbar (keine 'state based threats')	'hydra-headed net-works'; Verwobenheit; geographische Desingration und Zerstreuung	- ideologischen Funktion der Ab- und Eingrenzung politischer Räume	„quasi-souveräne Stellung transnation. Akteure partielle Völkerrechtssouveränität transnationaler Akteure
	- sind nicht voraus- und vorhersagbar	Funktionale Kooperation strategischer Allianzen	- sozialpsychologischen Funktion	
	- zielen nicht auf Territorialgewinn			

IV ‚Strukturen' und Logik entterritorialer Politik

Vorbemerkungen

Bei dem Versuch, die Strukturen und Logik globaler Politik konzeptionell zu bestimmen, herrscht in der Literatur weitgehende Ratlosigkeit. Zwar haben die Diskussionen aus Kapitel I.1. gezeigt, dass in den letzten drei Dekaden der Theorieentwicklung in der Internationalen Politik eine zunehmende Aufmerksamkeit für transnationale Politik entstanden ist. Dies trifft insbesondere für Ansätze der Interdependenztheorie, der Regimetheorie und der sog. Weltpolitik (‚world politics') zu. Doch insoweit diese Theorieansätze weitgehend im Disput mit realistischen, neorealistischen und institutionalistischen Theorievarianten um die theoretisch-konzeptionelle Analyse struktureller Veränderungen in der internationalen Politik – insbesondere nach dem Ende des Ost-West-Konfliktes – liegen, drehen sich die Diskussionen primär um die Validität bestehender Theorieansätze und ihre Reformulierungen sowie um die Synthetisierung von früher als exklusiv verstandenen Theoremen. Die eigenständige Betrachtung und konzeptionelle (Weiter)Entwicklung transnationaler Politik trat hinter diesen Diskussionen jedoch zurück.

Dabei wird mehr und mehr die Meinung vertreten durch, dass die Konzepte des Realismus, des Neorealismus und des liberalen Institutionalismus für die Analyse transnationaler Politik eine unzulässige Reifizierung ihrer Hypothesen bedeuten. Mit dieser Kritik wird die historische Relativität, also die Veränderbarkeit und historische Transformation solcher Konzepte wie ‚Staat', ‚Souveränität', ‚Grenzen' und nicht zuletzt auch des Konzeptes der ‚Territorialität' betont. Dadurch scheint sich in der Theorie der Internationalen Politik, vorangetrieben vor allem durch den Konstruktivismus (v. a. Wendt u.a. 1992, Ruggie u.a. 1993), langsam auf breiterer Front durchzusetzen, was in der Theoriegeschichte der Sozialwissenschaften seit Alfred Schütz (1962) und Georg Simmel, spätestens aber seit Peter L. Berger/Thomas Luckmann (dies. 1980 [1966]) zum weithin anerkannten Theoriebestand gehört: nämlich die Tatsache der sozialen

Konstruktion politischer Wirklichkeit, was letztlich überhaupt die Bedingung ihrer historischen Kontingenz bedeutet.[1] Insofern sind die aktuellen Theorieentwicklungen, die sich um die Reformulierung traditioneller Ordnungskonzepte der internationalen Politik, um ihre theoretische Neufassung oder um Synthetisierungen zur erweiterten Analyse globaler Strukturveränderungen bemühen – seien sie im einzelnen mehr ‚strukturalistisch' oder ‚konstruktivistisch' geprägt – generell zu begrüßen.[2]

Dennoch bleibt eine Lücke bestehen und ein Desiderat zu füllen: Die aufgrund der Veränderungen in der Internationalen Politik als notwendig eingesehene Reformulierung politikwissenschaftlicher Konzepte geschieht fast ausschließlich mit Blick auf staatliche Politik bzw. auf die Analyse und Konzeption ihrer Auswirkungen auf staatliche Politik. Dies bedeutet, dass beispielsweise empirische Strukturveränderungen, die zu einer Infragestellung des Konzeptes staatlicher Souveränität führen (so die Proliferation und das netzwerkartige Agieren nicht-staatlicher Akteure), vornehmlich unter der Perspektive diskutiert werden, welche Veränderungen dies für das Konzept der Souveränität bedeutet und welche Konsequenzen daraus für den *Nationalstaat* folgen. Nur mit Ausnahmen wird in der Politikwissenschaft jedoch die Frage diskutiert, *ob* und *inwieweit* strukturelle Veränderungen zu der Notwendigkeit führen, neue Strukturkonzepte für die Analyse transnationaler Politik zu entwerfen: *Führen also strukturelle Veränderungen transnationaler Politik dazu, dass auch und selbst Reformulierungen traditioneller Strukturkonzepte – insbesondere insoweit diese Reformulierungen unter dem Paradigma des ‚Staates' stehen – transnationale Strukturen und deren Logik konzeptionell nicht erfassen können und zu ihrer Analyse nicht anwendbar sind?* In diesem Kapitel wird versucht, die Strukturmerkmale transnationaler Politik – wie sie in der Tabelle 3 dargestellt wurden – begrifflich zu präzisieren. Dabei wird sich zeigen, dass die traditionellen Strukturkonzepte zur Konzeption der Entterritorialität transnationaler Politik in der Tat unpassend erscheinen.

---

1   Die Behauptung von der ‚sozialen Konstruktion politischer Wirklichkeit' heißt nicht, dass es keine materiellen Strukturen dieser Wirklichkeit gäbe. Sie zielt hingegen auf die *ordnungspolitische Bedeutung*, die materiellen Strukturen theoretisch beigemessen wird und spricht sich gegen die Vorstellung aus, politische Ordnungskonzepte seien eine Art spiegelbildlicher Reproduktion der materiellen Wirklichkeit; zum Verhältnis von Konstruktivismus und Strukturalismus, wie ich es hier zugrundelege, vgl. auch Behr 2001.
2   Es würde zu weit führen, hier einzelne Literaturangaben zu nennen, die diese Debatten widerspiegeln. Zum groben Überblick – mit weiterführenden Literaturangaben – sei auf Maghroori/Romberg 1988 und Schaber/Ulbert 1994 verwiesen.

Zu dieser Vermutung führt zunächst nur folgender Erkenntnisprozess: Die mangelnde Fähigkeit mittels traditioneller Konzepte transnationale Strukturen begrifflich und analytisch zu erfassen, verdeutlicht ihre begrenzte Anwendbarkeit auf staatliche, territorial gebundene Politik. Dies wurde in den Beispielen aus der Fallstudie deutlich. Andererseits ist es aber gerade die empirische Tatsache, dass es solche transnationalen Strukturmerkmale gibt, die auf eine weitere, nämlich entterritoriale Dimension von Politik hindeuten. Denn vergegenwärtigt man sich die vier Einzelaspekte des traditionellen Territorialitätsprinzips (Sicherheit, Integration, nationalstaatliche Grenzfunktionen und Souveränität) und versucht nun, Entterritorialität von Politik zu denken und zu konzeptionalisieren, so stellen sich die folgenden Fragen: *Wo* handeln Akteure, wenn nicht im politischen Raum bzw. im Zwischen-Raum der Nationalstaaten? *Wie* sind sie selbst und in Bezug zueinander konstituiert und organisiert, wenn nicht als national integrierte und national identifizierbare Akteure? *Wie* findet die Ausübung politischer Macht statt, wenn nicht im Bezugsrahmen des traditionellen Souveränitätsverständnisses? Und *wie* sind schließlich die Strukturen globaler Sicherheits- und Konfliktszenarien beschaffen, wenn nicht im Sinne internationaler Sicherheitsbedrohungen und der Rationalität ihrer territorialgebundenen Axiome? Diese Fragen drängen sich aufgrund der empirisch beobachtbaren Strukturen transnationaler Politik auf. Sie können zunächst jedoch nur vom logischen Status her beantwortet werden; d.h. dahingehend, *dass* eine transnationale politische Wirklichkeit angenommen werden kann.

Diese Wirklichkeit liegt nachweislich jenseits der politischen Realität, die – wissenschaftlich – bekannt ist, da sie mit den traditionellen, territorialfixierten Analysekonzepten nicht fassbar ist. Um die oben erwähnten Fragen zu beantworten und die Strukturen und Logik transnationaler Politik nicht nur zu ‚vermuten' (wo A, da auch B, bzw. wo ein Handeln, da auch eine ‚Ordnung' des Handelns), sondern empirisch überprüfen und theoretisch formulieren zu können, bedarf es zur Erfassung und Analyse transnationaler Politik der Überwindung der traditionellen, territorialgebundenen Konzepte der Sicherheit, der Integration, der nationalstaatlichen Grenz- und Raumbestimmung und der Souveränität sowie einer daran anschließenden Diskussion transnationaler Strukturkonzepte. Erst deren annähernd gesicherter Wissensbestand ermöglicht dann eine Formulierung sozialwissenschaftlicher Theorien und Modelle zur Analyse und Erklärung transnationaler Politik.

Mit diesen Vorbemerkungen soll nicht angedeutet werden, dass traditionelle Konzepte generell überholt seien. Allein für die Konzeption und Analyse transnationaler Politik und ihre Entterritorialität stellt sich die Frage ihrer Überwindung. Dazu weisen die jüngsten Theorieentwicklungen gelegentlich den Weg, zumal wenn sich die Autoren der historischen Kontingenz internationaler Strukturen bewusst sind.

IV.1. Epistemologische Perspektiven

Die Infragestellung kausaler Aussagen und Prognosen bei der Analyse transnationaler Politik

Auch wenn in der Literatur ein ausgeprägtes Bewusstsein von der historischen Umbruchssituation globaler Entwicklungen zu bemerken ist, so scheint ein Grund für die noch mangelnde analytische Durchdringung transnationaler Politik und der Entterritorialität auf epistemologische Grundfragen zurückführbar. So stellen sich die meisten Versuche der Beschreibungen globaler Politik als eine Negation traditioneller Konzepte nationaler und internationaler Politik dar. Bezeichnend ist hierfür im Deutschen das Präfix „De-" (wie „Dekomposition", z.B. Offe 1987:313; „Denationalisierung", z.B. Zürn 1998). Wenngleich mit diesen Beschreibungen zutreffend Teilaspekte einer prozesshaften Auflösung nationaler und internationaler Ordnungsstrukturen erfasst werden, so wird durch die Negation doch primär das Nicht-Sein von etwas angezeigt, ohne dass neue Strukturen konzeptionell und analytisch erfasst würden. In diesem Sinne kritisiert auch Rosenau, dass die meisten Erklärungsansätze kein Instrumentarium böten, dass Neue zu verstehen, geschweige denn zu erklären: „The ‚Cold War has ended'-explanation", die überdies zu einer Standarderklärung geworden sei, „describes only what no longer prevails, but it does not subsume the bases for anticipating what lies ahead. Accordingly ... the collapse of the Soviet Union, the Persian Gulf War, and other such developments must be viewed as outcomes and not as underpinnings of change. They are, in effect, the surfacing dynamics which reach deep into societies and their relationships to each another." (ders. 1998:51)

Gleiches gilt für die Vorsilbe „Ent-", wie im Falle von „Entterritorialisierung" und „Entgrenzung" (Dittgen 1999; Brock/Albert 1995): Auch hier wird der Prozesscharakter einer Auflösung traditioneller Ordnungsstrukturen in den

Vordergrund gestellt, womit gleichfalls ein bedeutsamer Aspekt globaler Politik angesprochen wird. Verpasst wird es hingegen, die Perspektive auch für die Analyse eines neuen Zustandes globaler Politik zu eröffnen. Dabei besteht das Problem, dass durch die prononcierte Betonung der Prozessmetapher die Vorstellung nahegelegt wird, als würde *der* Prozess *der* Globalisierung die bestehende nationalstaatliche Ordnung irgendwann, am Ende des Prozesses, aufgelöst haben. Prägnant, jedoch mit Blick auf die Gleichzeitigkeit von denationalisierenden Auflösungs- und nationenbildenden, den Nationalstaat stärkenden Neukonstituierungsprozessen undifferenzierter als von den oben genannten Autoren, wird die Auflösungsmetapher beispielsweise von Jessica Mathews vertreten: „National governments are not simply losing autonomy ... The steady concentration of power in the hands of states that began in 1648 with the Peace of Westphalia is over ... The absolutes of Westphalian system – territorially fixed states where everything of value lies within some state's borders; a single, secular authority governing each territory and representing it outside its borders; and no authority above states – are all dissolving." (dies. 2000:159)

Ein solch teleologischer und unilinearer Prozess ist jedoch im globalen Maßstab nicht zu beobachten. Vielmehr bleibt die nationalstaatliche und internationale Ordnung durchaus bestehen und bildet sich in Form neuer Nationalismen und der Neuentstehung kleinerer nationalstaatlicher Einheiten an bestimmten Orten des Globus sogar in verstärktem Maße aus. So liegt auch hier das eigentliche Problem, entgegen der *ausschließlichen* Betonung eines Prozesses von denationalisierenden Auslösungserscheinungen, in der konzeptionellen Erfassung des ‚Neuen' als eines Zustandes globaler Politik und als qualitativer Zunahme politischer Handlungsebenen und -optionen.

Dies sieht beispielsweise auch Zürn, ohne dass er dem begrifflich Rechnung trägt. So weisen seine Metaphern der ‚Denationalisierung als Chance' und der ‚Ungleichzeitigkeit' von Denationalisierungsprozessen auf die Entstehung eines neuen Zustandes globaler Politik insofern hin, als er damit die Existenz transnationaler ‚Räume' bezeichnet, die von der politischen Regulierung souveräner Staatlichkeit ausgenommen seien und die sich deswegen von den Regulierungsmöglichkeiten internationaler Politik auseinander entwickelt hätten. Die Betonung des Prozesshaften, wie sie sich in den Präfixen „De-" und „Ent-" ausdrückt, darf sich jedoch, so richtig sie ist, nicht zu einer Teleologie der Auflösung verselbständigen, die den Zustand transnationaler Politik als mittlerweile eigenständig etablierter Handlungsebene aus den Augen verliert.

Eine Teleologie der Auflösung ist für die Entstehung transnationaler Politik unzutreffend. Zwar tritt sie in Konkurrenz zur nationalstaatlichen und internationalen Ordnung, löst diese jedoch weniger auf, als dass sie sie umgeht, ignoriert und um neue Ebenen politischen Handelns ergänzt. Der hier verwendete Begriff der „Entterritorialität" zur Bezeichnung eines zentralen Merkmals transnationaler Politik trägt, als Oxymoron, dem Doppelcharakter des Prozesshaften *und* des Zustandes transnationaler Politik Rechnung.[3] So deutet auch Jan A. Scholte ‚Globalisierung' als „the spread of ‚supraterritorial' and ‚transborder' relations", wodurch eine globale und eigenständige ‚Sphäre' von Politik (‚distinctive transnational spheres') neben und jenseits (‚alongside') des territorialen Bezugsrahmens der Nationalstaaten und der internationalen Ordnung entstanden sei. „(The) territorial*ist* assumptions which underpin modern understandings of ‚international relations' become untenable ... Borders are not so much crossed as transcended." (ders. 1997:429f.)

Die Betonung *epistemologischer* Aspekte der gegenwärtigen politisch-historischen Umbruchssituationen ist, neben der Hervorhebung *materieller Ressourcen* und *strategischen Handelns* zur Gestaltung der Übergangsphase, vor allem auch in konstruktivistischen Theorieansätzen zu finden. Überträgt man diese Differenzierung auf transnationale Politik, so beziehen sich die materiellen Ressourcen auf die Handlungsressourcen transnationaler Akteure, z.B. ICTs[4] sowie die Auflösung der bipolaren Staatenwelt; die strategischen Aspekte zielen auf die Handlungs- und Organisationsformen transnationaler Akteure; offen bleibt hingegen die Frage nach den epistemologischen Aspekten der Konzeption transnationaler Politik.

---

3   Der Begriff der „Entterritorialität" folgt nicht der Regel abstrakter Rationalität und Begriffslogik Das besagt bereits sein paradoxer Charakter als Oxymoron, vgl dazu bereits Anm 3 In Anlehnung an die Überlegungen von Alan Beyerchen (1997) handelt es sich hierbei auch um eine *Metapher*. „A metaphor is usually a statement that is paradoxical It is literally false according to the rules of abstract rationality (i e logic), but it is true according to the rules of imaginative rationality It is an essential ‚gate' in our cognitive processing It is a crucial way we understand one thing as another Each such ‚gate' is much more than a word Metaphors are indicators of networks of meanings and entailments that dilate or constrain both our perceptions and our conceptions " (ders 1997 163)
4   Zum Zusammenhang zwischen neuen Informations- und Kommunikationstechno- logien als Ressource transnationaler Politik und der Entterritorialisierung von Politik, insbesondere durch die technische Ermöglichung transnationaler Netzwerkbildungen, vgl Frissen „The trend towards ‚deterritorialisation' produced by ICTs undermines the political system which is territory-bound " (ders. 1997 115)

Nach James Burk unterscheidet sich die erkenntnistheoretische Situation bei der Analyse transnationaler Politik maßgeblich von dem weitgehenden wissenschaftlich-konzeptionellen Konsens und den hier zur Verfügung stehenden Begriffen während der Zeit des ‚Kalten Krieges'. Die Blockbildung und die sie beherrschende Ost-West-Konfrontation hätten einen empirischen Rahmen zum Verständnis internationaler Beziehungen vorgezeichnet, der ihre Analyse, verglichen mit der heutigen Situation, relativ einfach gemacht habe. Es hätten klare und eindeutig fassbare Ideologien, Symbole, Akteure und Strukturgegebenheiten zur Verfügung gestanden, auf denen die Analysen konzeptionell aufbauen konnten. Die Konzepte und die wissenschaftliche Terminologie des Kalten Krieges seien jedoch nicht mehr anwendbar, und ein neuer Analyserahmen in der Internationalen Politik sei noch nicht gefunden worden. Dies habe sich selbst eine Dekade nach dem Ende des Ost-West-Konfliktes nicht geändert. Zwar sei die Bezeichnung ‚post-Cold War' im Umlauf, doch konstatiert und kritisiert Burke – ähnlich wie oben für die Konnotationen mit „De-" und „Ent-" festgestellt wurde – deren offensichtlich derivativen Charakter. Das Fehlen neuer Konzepte und Begriffe, ja selbst einer geeigneten Sprache führt Burke auf den neuen Charakter globaler Handlungsfelder zurück, die einen qualitativ anderen Charakter hätten als historische Modelle, die uns bekannt seien: „What narratives ... will best explain the new situation? That remains an unanswered question. But it is no wonder (nor cause of lament) that we have no ready answer as we did for the Cold War. The international order today is qualitatively different from what is was through the Cold War and long before." (Burke 1998:6f.; zum wissenschaftlichen Verständnis der internationalen Ordnung zur Zeit des Kalten Krieges auch Bull 1977).

Nach Ruggie bedeutet die Entstehung transnationaler Politik und mit ihr der Entterritorialität politischer ‚Ordnungen' das Ende der Moderne als historischer Zeitspanne und wissenschaftlich-kulturelles Projekt. Das dominante politische Kennzeichen der Moderne war nach Ruggie die Entwicklung des Staatensystems territorial fixierter, nationalstaatlicher politischer Ordnungen als eines Modus der Organisation des politischen Raumes („a mode of organizing political space"; 1993:147). Dieser Modus der politischen Organisation zeichnete sich als historisch neuartige Konstruktion aus, die im 17. Jahrhundert politisch wirkungsmächtig wurde. Diese Konstruktion des internationalen Systems, dessen Kernelemente „territorially disjoint, mutual exclusive, functional similar sovereign states" gewesen seien (1993:151), habe einer eigenständigen, historisch kontingenten inneren Logik unterlegen. Durch Gegenüberstellungen des modernen Staatensystems[5] mit ‚vormodernen' Ordnungsformen sowie durch die Betonung, dass sich auch das moderne Staatensystem habe historisch etablieren und durchsetzen müssen, ebenso wie es einem Vorgang der ‚sozialen Konstruktion' unterlag, verweist Ruggie auf die aktuelle Notwendigkeit, die wissenschaftliche Perspektive durch eine veränderte Epistemologie zu erweitern. Denn die Kontingenz des modernen Staatensystems gilt nicht nur im historischen Rückblick für seine Entstehung, sondern auch mit Blick auf seine Überwindung und Erweiterung durch transnationale, entterritoriale Politik. Was den meisten Bewohnern heutiger Nationalstaaten nicht vorstellbar sei, nämlich ein politisches System, das sich *nicht* auf ein bestimmtes Territorium beziehe,[6] sei ebenso wenig Reflexionsgegenstand der meisten (und Ruggie meint alle nicht-konstruktivistischen) Theorien in der Internationalen Politik.

Doch sei das moderne Staatensystem durch die ‚Postmoderne' abgelöst worden, was veränderte wissenschaftliche Epistemologien nötig mache. „Post World War II realism and liberal institutionalism", so schreibt Ruggie, „are but the latest incarnations of realist and idealist thought, and neither ... has much to say about fundamental transformation today." (ders. 1993:146) So sei auch in wissenschaftlicher Hinsicht das Projekt der Moderne an ein Ende gekommen, da die neuen Strukturen globaler Weltpolitik außerhalb der theoretischen Reichweite der Internationalen Politik liegen. Dabei denkt Ruggie in erster Linie an internationale Regimebildungen und supranationale Integrationsverbände. Doch nicht nur realistische und institutionalistische Ansätze seien auf ihre Grenzen verwiesen, sondern das *Paradigma des rationalistischen Wissenschaftsmodells* schlechthin.

Mit Blick auf die Analyse transnationaler Politik scheinen diese Sichtweise und die damit verbundene Forderung nach einem Paradigmenwechsel angebracht. Zu viele Widersprüche und Unvereinbarkeiten entstehen bei dem Versuch, die Strukturen entterritorialer Politik mit den Theoremen widerspruchsfreier und allgemeingültiger Grundannahmen (Hypothesen) und rationalistisch-

---

5   Mit ‚nicht territorial fixierten Herrschaftssystemen' (z B Nomadenstämme), ‚nicht territorial fixierten Differenzierungen von Herrschaftseinflussen' (z B Verwandtschaft) und ‚territorial fixierten, aber nicht wechselseitig exklusiven Systemen' (z B mittelalterliches Europa)
6   Vgl dazu die Raum- und Territorialitätsmetaphysik in den Traditionen der politischen Theorie, die oben in Kap II, insbesondere in II 3 , diskutiert wurde

kausaler Aussagelogik (v.a. Prognosen) zusammen zu bringen. Diese Einsicht ist prinzipiell nicht neu (vgl. dazu in Kap. I.1.), wird jedoch in den letzten Jahren verstärkt vorgetragen. So schreiben auch Ferguson und Mansbach, dass die Attraktivität naturwissenschaftlicher Methoden, von denen sich in der Nachkriegszeit viele Politik- und Sozialwissenschaftler angezogen gefühlt hätten, für die Internationale Politik zu der Herausbildung eines Paradigmas bestehend aus drei Annahmen geführt habe: der Nationalstaat als zentralem Akteur der internationalen Politik, der inhaltlichen und konzeptionellen Trennung von nationaler und internationaler Politik sowie dem Streben nach Macht als dem dominanten Handlungsmuster internationaler Akteure. Dabei sei der Vorteil einer paradigmatischen Handhabung dieser drei Annahmen darin gesehen worden, dass sie die Forschung vereinheitlichen und somit zu gesteigertem Erkenntnisgewinn führen würden. Denn nicht jeder Wissenschaftler hätte sich zu Beginn seiner Forschungen von Neuem Gedanken über seinen Ansatz sowie seinen Methoden- und Theoriegebrauch zu machen. Man habe sich auf etablierte Theorien berufen können (dies. 1988:13ff.). Diese wissenschaftstheoretische Ausgangslage habe sich geändert, und so stellen sie, im Anschluss an G.R. Boynton, die rhetorische Frage, ob die Aufstellung von Hypothesen, der Versuch ihrer widerspruchsfreien Operationalisierung und die Vorstellung von der Möglichkeit kumulativen Wissens im Anblick globaler Politik überhaupt Sinn macht (vgl. Boynton 1976).

Zu einer ähnlichen Beurteilung kommt auch Rosenau, wenn er Erklärungen politischen Handelns im Zeitalter ‚turbulenter Weltpolitik' (ders. 1990) auf der Grundlage systemfunktionalistischer und kausaler Annahmen und Modelle verwirft und die Notwendigkeit zum Umdenken betont. Dabei geht er vor allem von Unregelmäßigkeiten und – gemessen an den Annahmen kausaler Logik – ‚Widersprüchen' bei der Formation transnationaler Akteure und ihrer Handlungen aus. Dadurch erhielt die internationaler Politik einen Grad an Komplexität, dem traditionelle Denkmuster nicht gerecht würden. Denn der Handlungsraum transnationaler Akteure verändere sich stetig parallel zu ihrer strategischen und grenzüberschreitenden Neubildung, die Handlungsziele von Akteuren seien nicht langfristig kalkulierbar oder gar prognostizierbar, und schließlich verschwinde die Identität von Akteuren sowohl mit Blick auf ihre territoriale Zuordnung als auch hinsichtlich der territorialen Zuordnung ihrer Handlungen. Kausalität und systemtheoretische Handlungsmodelle verloren dadurch ihre Erklärungskraft für den Bereich globaler Weltpolitik. So fragt er: „How can we assess a world pervaded with ambiguities? How do we begin to grasp a political space that is continuously shifting, widening and narrowing, simultaneously undergoing erosion with respect to many issues and reinforcement with respect to other issues? How do we reconceptualize politics so that it connotes identities and affiliations as well as territorialities? How do we trace the new or transformed authorities that occupy the new political spaces created by shifting and porous boundaries?" (Rosenau 1997a:73ff.)

Für die Theorie der Internationalen Politik bedeutet dies einen schweren Schlag, da das rationalistische Wissenschaftsmodell in ihrer Theoriebildung als nahezu unangefochtenes Paradigma fungierte. Dies gilt – mit einigen, den hier genannten Ausnahmen – bis hin zu den Anfängen des Konstruktivismus, sog. ‚complexity theories' und postmoderner Ansätze. Sie alle bestreiten gemeinsam die Möglichkeit allgemeingültiger Annahmen und kausaler Schlussfolgerungen und fordern die Perspektivität von Erkenntnis und Erklärung sowie eine ausdifferenzierte Gegenstandsbestimmung komplexer gewordener Strukturen, sei dies auf Akteure oder auf Politikfelder bezogen. „Initial behavior and outcomes often influence later ones, producing powerful (and nonlinear) dynamics that explain change over time and that cannot be captured by labeling one set of elements ‚causes' and other ‚effects' ... Despite the familiarity of the idea that social action forms and takes place within a system, scholars and statesmen as well as the general public are prone to think in non-systematic terms", so Robert Jervis (ders. 1997:56, 64).

In einer kritischen Auseinandersetzung mit der Leistungsfähigkeit ‚komplexer Theorien'[7] – und im Paradigmenwechsel gegenüber seiner intellektuellen Biographie –, beschreibt auch Rosenau die paradigmatische Norm der *Prognosefähigkeit* sozialwissenschaftlicher Theoriebildungen als Fiktion und betont demgegenüber die *Verstehensleistung* als Aufgabe neuer, den globalen Strukturveränderungen angepasster Theorien: „Understanding and not prediction is the task of theory." (ders. 1997a:91)[8] Auch Charles Doran bestreitet die

---

7 Vgl dazu Gell-Mann, „The Simple and the Complex" (1997) sowie in IV 2b)
8 Mit dem Begriff „understanding" (dt als ‚Verstehen' ubersetzbar) spielt Rosenau nicht auf den Verstehensbegriff der klassischen Hermeneutik an, sondern vielmehr darauf, dass es notwendig sei, vor der Anwendung kausaler Erklärungsmodelle sich durch eine Beschreibung globaler politischer Strukturen der Anwendbarkeit sozialwissenschaftlicher Theoriemodelle im Anblick dieser (veranderten) Strukturen zu vergewissern – oder ob es notwendig wird, neue Theorien und Modelle zu entwickeln (wie er es in *Along domestic-foreign frontiers* selbst versucht) Der zu untersuchende Gegenstand, so konnte man Rosenau hier wiedergeben, bestimmt die An-

Prognostizierbarkeit globaler politischer Entwicklungen: Nachdem eine Prognose aus vier Teilen bestünde – nämlich Aussagen darüber zu treffen, *was* passieren wird, *wann* und *wo*, und ferner auch *wie* etwas passieren wird – müsste jeweils genug Wissen angesammelt werden, um davon in kausaler Folge auf den Ereignisgegenstand, seinen Zeitpunkt und -ort sowie auf die Art und Weise seiner Ereignisform schließen zu können. Dabei gelte: „The fewer the data points, the more difficult the forecast." (ders. 1999:14) Die Realität transnationaler und entterritorialer Politik werfe jedoch zwei entscheidende Hindernisse für die Prognostizierbarkeit auf:

Erstens stünden die Nichtlinearität, Multiplität und Interdependenz transnationaler Handlungszusammenhänge ihrer Prognose entgegen (dazu auch Smith/ Seltini 1997; Satchell/Timmermann 1995); zweitens basiere die Vorhersage politischer Ereignisse auf der Berechenbarkeit von Handlungen sowie auf dem Wissen über den/ die Handelnden selbst, was im Falle globaler Akteure nicht in einem ausreichenden Maße möglich sei. Was jedoch (und lediglich) möglich sei, so Doran, sei eine Analyse und Bestimmung der *Bedingungen*, unter denen transnationale Politik stattfinde: „(What is possible) is the theoretical and empirical (historical) assessment of the process and its dynamics to determine the *conditions* that give rise to ... non-linearity, analyses that could predict that such a nonlinearity will occur but not predicting when ... The point here is that regardless of how accurate forecasts of a particular process have been prior to a nonlinearity, and subsequent to it, no forecasting technique can predict ... nonlinearity." (ders. 1999:21)

Der ‚Angriff' des Poststrukturalismus in den Internationalen Beziehungen

Der radikalste Angriff auf das wissenschaftstheoretische Paradigma der Internationalen Politik (‚International Relations') und ihrer Basiskonzepte erfolgt durch

---

wendbarkeit von Theorien Wenn auch dies ein Grundsatz sozialwissenschaftlicher Hermeneutik ist, so geht es im vorliegenden Fall doch nicht, wie im Falle der klassischen Hermeneutik, um ein „Sinnverstehen" des Gegenstandes, sondern um eine Beschreibung seiner für die Analyse maßgeblichen Strukturen, die eben nicht mehr durch die methodischen Prämissen von Kausalıtat und systemtheoretisch modellierten Handlungszusammenhangen erfasst werden konnten (vgl zu dieser Problemstellung in methodıscher Hinsicht bereits ders 1967, 1984)

den Poststrukturalismus.[9] Alle fundamentalen ‚Wahrheiten', die die Disziplin in den letzten 50 Jahren bestimmt haben, werden in Frage gestellt, einer Neubewertung unterzogen und gegebenenfalls dekonstruiert. Dabei erkennen poststrukturalistische Autoren die Vielfalt unterschiedlicher Ansätze und Theoriediskussionen innerhalb der Internationalen Politik an, sehen diese jedoch, ebenso wie ihre eigene Kritik, vornehmlich als historisch bedingte Auseinandersetzungen mit den Denkfiguren des Realismus und Neorealismus.[10] Der für den Poststrukturalismus paradigmatische Zusammenhang von Wissens- und Machtstrukturen spielt bei dieser Beurteilung eine herausragende Rolle.

So wird der wissenschaftliche ‚Diskurs' der Internationalen Politik, vornehmlich sein U.S.-amerikanischer Ursprung der ‚International Relations', als politische Ideologie und als Instrument der Macht begriffen. In dem gleichen Sinne, in dem Stanley Hoffmann die ‚International Relations' als eine ‚American Social Science' beschrieben hat, die auf dem Rücken der USA als Weltmacht reite, die in dieser Rolle ihre eigenen Entstehungs- und Existenzbedingungen finde und in dem wissenschaftliche Einrichtungen zu ‚Küchen der Macht' geworden seien (Hoffmann 1977), versteht auch Justin Rosenberg die ‚International Relations' als einen Metadiskurs. Er habe zur Rationalisierung staatlicher Machtansprüche und des außenpolitischen Verhaltens moderner Nationalstaaten, insbesondere der USA, beigetragen und diesen Machtansprüchen gedient: „The recieved categories of realist common sense", so Rosenberg, „were provided by *the* State" (ders. 1994:32).

Dementsprechend zielt einer der Hauptkritikpunkte, die von Seiten des Poststrukturalismus am Realismus/Neorealismus geübt wird, auf die Prämisse von Staaten als den entscheidenden Handlungseinheiten im internationalen System sowie auf den Ansatz vom anarchischen Grundcharakter der Staatenbeziehungen, woraufhin sich ein ‚balance-of-power'-Denken als kognitives Grundmuster in der Internationalen Politik herausgebildet habe. Die poststrukturalistischen Annahmen von Wissens/Macht-Relationen sowie von ‚Diskursen' als den

---

9   Ich vermeide hier und im folgenden die Bezeichnung ‚Postmoderne' und ihre Abwandlungen und schließe mich hier im wesentlichen der Argumentation Benhabib 1992, 1995 sowie der Selbstkritik von Lyotard 1999 an

10 Zur Bedeutung realistischer Ansätze in den Internationalen Beziehungen vgl auch Hollis und Smith 1990.40 „A recent survey of the international relations literature in the English language academic journals conducted by Alker and Biersteker revealed that the vast majority of those articles were based on Realist (or neo-realist) assumptions "

herrschenden kognitiven Einflüsse, die grundlegende politische Denkhaltungen und wissenschaftliche Theoriebildungen bestimmen würden,[11] beziehen sich jedoch nicht nur auf die *konzeptionellen* Grundlagen der Internationalen Politik, sondern auch und gerade auf deren *epistemologische* Voraussetzungen. Dabei muss betont werden, dass poststrukturalistische Ansätze in der Internationalen Politik keinen in sich geschlossenen, systematischen Ansatz darstellen. Ihr Wert besteht jedoch därin, dass sie eine Sammlung korrektiver Ideen anbieten,[12] um die traditionellen Denkweisen mit Blick auf die Analyse transnationaler Politik zu hinterfragen und für ihre Konzeption alternative Denkanstöße zu geben. Eine Ausweitung poststrukturalistischer Ansätze auf die gesamte Disziplin und ihre Themenfelder käme daher einer sachlich ungerechtfertigten Radikalisierung und Verallgemeinerung ihrer Aussagen gleich (vgl. dazu bereits in der Einleitung; in diesem Sinne auch Albert 1994).

Gemeinsam ist den poststrukturalistischen Ansätzen somit vor allem ihre epistemologische Kritik an traditionellen Denkschemata der Disziplin. Für den vorliegenden Kontext der Konzeption transnationaler Politik scheint insbesondere die Infragestellung von drei Annahmen fruchtbar zu sein: *erstens* die Annahme einer logischen Kohärenz zwischen wissenschaftlichen Annahmen und Aussagen; *zweitens* die Annahme einer Identität zwischen einer, wie auch immer gearteten metaphysischen Substanz und der politischen ‚Ordnung der Dinge'; sowie *drittens* die Annahme von binären Struktur sozialer und politischer Wirklichkeiten.[13] „These ‚laws' of thought", so schreibt John Lechte, „not only presuppose logical coherence, they also allude to something equally profound and characteristic of the tradition in question, namely, that there is an essential

---

11 Zur Übertragung der Relation von ‚Wissen', ‚Macht' und ‚Diskurs' auf die Inter-nationalen Beziehungen siehe, in Anlehnung an die Arbeiten von Michel Foucault, James F Keely „Foucault treats power as a network of relations, not a commodity or resource It is a structuring phenomenon, defining a space of interaction or a field of possibilities . The network of relations in a society is the field within which a discourse is articulated in practice and has its productive effects Knowledge and power are connected, since knowledge defines and organizes structures or relations yet at the same time is implemented and therefore becomes a social reality in this network " (ders. 1990 96)
12 Hier vor allem zum Begriff und Konzept der ‚Macht' sowie zum Begriff des Ortes als Alternative zum Grenz- und Raumbegriff einer vornehmlich auf den Nationalstaat bezogenen Theoriebildung, vgl dazu unter in IV 2 a) und b)
13 Diese Kritik bezieht sich im Übrigen nicht nur auf die Disziplin der Internationalen Beziehungen, sondern auf die bestimmenden Dispositionen westlichen politischen und philosophischen Denken insgesamt; vgl. dazu Lévinas 1983, 1987, 1988, Derrida 1984, 1994, 1997, Lyotard 1999

reality - an origin - to which these laws refer ... Clearly these ‚laws' imply the exclusion of certain features, to wit: complexity, mediation, and difference - in short, features envoking ‚impurity', or complexity. This process of exclusion takes place at a general, metaphysical level, one, moreover, at which a whole system of concepts ... governing the operation of thought in the West, came to be instituted." (ders. 1994:106)

In dem Maße, in dem die vorherrschenden Kategorien und die Konzepte, wie auch ihre ideologische Ausrichtung an den Typus des modernen Nationalstaates gebunden und dem Paradigma des Staates entlehnt seien, sei ihre analytische Bezugseinheit die Territorialität und Räumlichkeit von Politik. Rob Walker schreibt hierzu, dass die gegenwärtigen Entwicklungen transnationaler Politik als unmittelbare Herausforderungen an das traditionelle Paradigma der ‚Räumlichkeit' („spatial resolution"; ders. 1993:1) zu verstehen seien. Dementsprechend falle es schwer, sich eine ausdifferenzierte politische Wirklichkeit vorzustellen und zu konzipieren, die mehr und etwas anderes sei, als lediglich Ableitungen und flüchtige Modalitäten (‚transient modes') staatlicher und zwischenstaatlicher Politik. Der mit den Kategorien von Identität und Kohärenz einhergehende, epistemologisch bedingte Ausschluss heterogener globaler Strukturen, lässt sich an dem Beispiel des traditionellen Souveränitätskonzeptes und der Vorstellung von der Territorialgebundenheit politischer Herrschaft veranschaulichen. So fußt die Konzeption von der Exklusivität des souveränen Staates als Quelle und als Subjekt legitimer politischer Herrschaft auf der erkenntnistheoretischen Figur der Exklusion und Neutralisierung von Differenz und Kontingenz. Diese Figur findet ihre politische Manifestation in dem Prinzip der wechselseitig exklusiven Territorialität und Räumlichkeit moderner Staatlichkeit.[14] Unter völkerrechtlichen Gesichtspunkten wird dem durch die Anerkennung territorialer Integrität Rechnung getragen (auch Ashley 1989:307ff.).

Als einen Endpunkt der Dekonstruktionen, die poststrukturalistische Ansätze an den traditionellen Kategorien und Konzepten der Internationalen Politik vornehmen, und gleichsam als Anfangspunkt konstruktiver theoretischer Aufbauarbeit, steht die Forderung nach einer *Entterritorialisierung politischer Theorien* mit Blick auf globale Strukturveränderungen (so James Der Derian

---

14 Dazu auch Jean Gottmann „The concept of sovereignty (is) . a rather negative one based on the authority and exclusivism of the state within the established territorial frame " (ders 1975 49)

1987).¹⁵ Diese Forderung hat zwei Implikationen: eine epistemologische und eine konzeptionelle. Als epistemologisches Programm erinnert der Begriff der ‚deterritorialisation' an den Begriff der ‚exteriorité' von Emanuel Lévinas (ders. insbes. 1987; vgl. dazu auch Behr 1995). Die notgedrungen metaphorischen Beschreibungen einer Reihe postmoderner Autoren – die programmatisch zunächst in die Dekonstruktion traditioneller Theorien und Konzepte münden, dort jedoch stehen zu bleiben und nach einigen Jahren bereits auch wieder zu enden drohen (vgl. z.b. die Selbstkritik von Lyotard; ders. 1999) – entsprechen, in größerer Klarheit formuliert, dem, was bei Nietzsche *Perspektivität* bedeutet. Dabei geht es um einen perspektivischen Wechsel von Betrachtungsweisen, Erklärungsansätzen und Realitätskonzepten.¹⁶ Ein und ‚derselbe' Gegenstand erscheint dann unter vielfältigen Realitäten seiner selbst, von denen eine jede so ‚real' und ‚wahrhaftig' ist wie jede andere. Die Multidimensionalität und Vielheit ist damit weniger eine Tatsache der Betrachtung, als sie der historischen Kontingenz (‚Genealogie') und der sachlichen Heterogenität der Gegenstände (z.B. internationaler und globale ‚Ordnungsstrukturen') selbst zukommt. ‚Exteriorité' und ‚deterritorialisation' sind somit gegenstandsinduzierte und sachnotwendige epistemologische Erfordernisse multipler perspektivischer Betrachtungsweisen gegenüber der räumlichen Ungebundenheit transnationaler Politik und transnationalen politischen Handelns.

Dem Begriff der ‚deterritorialisation' unterliegt jedoch auch eine Forderung im Bereich konzeptioneller Entwicklungen. Denn er zielt auch auf die Überwindung dessen, was Greven als die ‚Bezogenheit sozialwissenschaftlicher Gegenstandsbestimmungen auf nationalstaatlich begrenzte Räume' bezeichnet hat,¹⁷ und was John Agnew und Stuart Corbridge in *Mastering Space* als „territoriale Falle" sozialwissenschaftlicher Theoriebildung beschreiben (dies. 1995:78-100; ebenso Agnew 1994).¹⁸ ‚Deterritorialization' zielt damit ebenso auf die Überwindung der territorial und räumlich fixierten Konzepte der nationalen Sicher-

---

15 Dazu Der Derian „The method is to disturb habitual ways of thinking and acting in international relations, the goal is to provide new intelligibilities and alternative possibilities for the field " (ders 1989 4) Die politische Realität der internationalen Beziehungen brauche ein neues „script"
16 Vgl dazu Kaufmann 1988 sowie Nietzsche selbst 1993
17 Vgl dazu bereits in der Einleitung
18 Die territoriale und nationalstaatlich räumliche Fixierung theoretischer Konzepte trifft nach J B Walker in besonderem Maße auf die politikwissenschaftliche Teildisziplin der Internationalen Beziehungen zu „(International Relation's theory) has been one of the most spatially oriented sites in modern social and political thought", so schreibt er (ders 1993 13)

heit, der Integration, der Grenzfunktionen und der Souveränität. Im folgenden wird deshalb nach konstruktiven Ansätzen gesucht, um die Entterritorialität transnationaler Politik im Bereich der Sicherheit, der Integration, der Grenzfunktionen und der Souveränität begrifflich und konzeptionell zu erfassen.

Es zeigt sich dabei, dass die eigentliche Frage bei der analytischen Konzeption transnationaler Politik nicht lautet, inwieweit territorial konstruierte Analysekonzepte reformuliert und angeglichen werden können, sondern *ob* sie für das Verständnis entterritorialer Politik zutreffen, was alternative Konzepte wären und wie diese entwickelt werden können. Dabei geht es nicht darum, eine bestimmte Theorie anderen Ansätzen vorzuziehen. Um eine solche Entscheidung und ein solches Urteil fällen zu können, ist die politikwissenschaftliche Auseinandersetzung um die theoretisch-konzeptionelle Erfassung der Entterritorialität transnationaler Politik, ihrer Implikationen und Konsequenzen noch zu neu. Vielmehr geht es darum, den Beitrag einzelner Ansätze aus dem Spektrum der aktuellen Literatur aufzunehmen und zur weiteren Auswertung der Ergebnisse aus der Fallstudie konstruktiv zu verarbeiten.

Die epistemologischen Überlegungen zur Komplexität und Nonlinearität und die in der neueren Literatur beobachtbare Absage an empirisch-analytische Untersuchungsverfahren zur Analyse transnationaler Politik wirft nachträglich ein Licht auf das Verfahren der Fallstudie. Zwar scheinen Fallstudien nicht zur großen Theoriebildung und Verallgemeinerbarkeit ihrer Ergebnisse geeignet; jedoch sind sie zum Studium transnationaler Politik eine insofern angemessene Methode, als die Interpretation von Einzelfällen eine gesichertere Erkenntnisgrundlage verspricht als hypothesenartige Zuspitzungen beobachtbarer Phänomene und der Versuch einer stringenten Deduktion universell verallgemeinerungsfähiger Aussagen. Denn insbesondere aufgrund der Anonymität von Netzwerkakteuren und der mittels kausalen und systemischen Handlungs- und Strukturmodellen nicht zu fassenden Relation zwischen globalen Akteuren und ihren Handlungen, Handlungsursachen und Handlungsfolgen entstünde eine Vielzahl von Invariablen, die im Rahmen deduktiver Aussagelogik nicht zu beherrschen wäre (vgl. auch Sullivan 1982:204ff.; Albert 1998:56; Doran 1999).[19]

---

19 Vgl in diesem Zusammenhang auch Harry Eckstein, „Case Study and Theory in Political Science" (1992), der die zentrale Bedeutung von politischen Theorien in ihrer Entdeckung und Formulierung von Regelmäßigkeiten (,regularity') in der Struktur bestimmter politischer Phänomene sowie in der Interaktion politischer Akteure sieht Solche Regelmäßigkeiten seien

Die noch zu entwickelnden Konzepte zur Erfassung und Analyse transnationaler Politik wären somit erst die *Voraussetzung* zur Durchführung detaillierterer empirischer Studien und Hypothesenformulierungen. Dementsprechend bedienen sich die Ansätze, die sich mit der Entterritorialität globaler Politik beschäftigen, ebenso wie die vorliegende Studie zum Verständnis und zur Konzeption des ‚Neuen' bislang oftmals einzelner, die Strukturen und Logik globaler Politik lediglich veranschaulichender metaphorischer Beschreibungen und Analogien. Bourdieu schreibt hierzu aufschlussreich:

„Analogical reasoning based on the reasoned intuition of homologies (itself founded upon knowledge of the invariant ... fields) is a powerful instrument ... It allows you to immerse yourself completely in the particularity of the case at hand without drowning in it, as empiristic idiography does, and to realize the intention of *generalization* not through the extraneous application of formal .. conceptual constructions, but through this particular manner of thinking the particular case .. This mode of thinking .. allows you to think relationally a particular case constituted as a ‚particular instance of the possible' by resting on ... structural homologies that exist between different fields".(ders /Wacquant 1992.233f)

IV.2. Entterritoriale Handlungs- und Organisationslogiken transnationaler Politik

a) Transnationale Machtsphären, Netzwerke und funktionale Differenzierungen

Vom Konzept der Souveränität zum Begriff der Macht

Souveränität ist eine Funktion *staatlicher* Autonomie, die national und international in dem Maße effektiv und je effektiver ausgeübt werden kann, in dem staatliche Institutionen in ihrem markierten und nach außen hin abgegrenzten Territorium im Besitz des Gewaltmonopols uneingeschränkt politisch handeln können. Charles de Visscher spricht in diesem Sinne von einer ‚international social and political function' (ders. 1957). Die Autonomie des Staates ist damit eine *Bedingung* seiner Souveränität. Die bisherigen Untersuchungen haben

---

nicht unbedingt kausale Gesetze, sondern auch Beschreibungen historischer Muster (‚genetic patterns') der Entstehung bestimmter Phänomene und Handlungsweisen sowie ihrer Kontextbedingungen zur Folgerung allgemeiner Aussagen über die Gegenstände Dazu seien Fallstudien zur empirischen Erkenntnis solcher Regelmäßigkeiten geeignete Verfahren, deren einziges, unhintergehbares Erfordernis es sei, dass sie durch ein klares Erkenntnisinteresse gekennzeichnet und strukturiert sowie, mit Blick auf das theoretische Ziel, in ihrer Darstellung und Materialauswahl sparsam und spezifisch angelegt seien

gezeigt, dass diese Voraussetzung durch das Handeln transnationaler Akteure weniger als je zuvor in der Geschichte des neuzeitlichen Staates gewährleistet ist. Staaten sind durch transnationale Akteure mit Blick auf ihre Souveränität und ihr Gewaltmonopol zu ‚penetrierten Systemen' geworden.[20] Dies bedeutet – über die Annahme von nur graduellen Veränderungen hinaus (so u.a. Dittgen 1999) – eine *qualitativ* neue Situation, die Konsequenzen für das Konzept wie für die Realität staatlicher Souveränität mit sich bringt.

Ebenso wirft dies jedoch die Frage auf, wie das Handeln *transnationaler Akteure*, insbesondere transnationaler Netzwerke, konzeptionell zu fassen ist. Dabei scheidet das Konzept der Souveränität aus, da es sich ausschließlich auf staatliche Institutionen und staatliche Akteure bezieht.[21] Der Begriff der ‚quasi-souveränen' Stellung transnationaler Akteure (Herdegen) ist unter konzeptionellen Ansprüchen unzureichend, da er derivativ ist und durch die Verwendung und die Betonung des Souveränitätsaspektes zudem eine falsche Assoziation nahelegt. Auch die Bezeichnung transnationaler Akteure als „sovereign free" (Rosenau 1998:59) zielt zwar in die richtige Richtung und trifft ein Teilcharakteristikum transnationaler Akteure, ‚verrät' jedoch unter konzeptionellen Gesichtspunkten recht wenig über ihre Stellung, da auch sie eine Bestimmung *e negativo* enthält.

Ich möchte hingegen einen Schritt zurückgehen und auf den Begriff der Autonomie Bezug nehmen, der dem Konzept der Souveränität vorausgeht und als *Bedingung* staatlicher Souveränität darüber Auskunft gibt, was zur Souveränitätsausübung gewährleistet sein muss. Da Autonomie ihrerseits in konstitutiver Beziehung zur Macht und Machtausübung steht und *eine* notwendige (nicht eine ausreichende) Bedingung von Macht darstellt, liegt in den der Sou-

---

20 Begriff nach Rosenau 1971
21 Dies wird deutlich durch das Konzept der Souveränität moderner Nationalstaaten, wie es in Kap II 2 in Anlehnung an Max Weber vorgestellt und diskutiert wurde, ebenso wird dies deutlich an den verschiedenen Souveränitätskonzepten in den Internationalen Beziehungen, in denen durchweg – und in, wenn auch impliziter Anlehnung an Webers Konzeption konsequenterweise – auf das Handeln staatlicher Akteure sowie auf Veränderungen des Souveränitätskonzeptes und seiner Konsequenzen für den Nationalstaat und die internationale Ordnung abgehoben wird „(None) of these traditions has paid attention to the ways that the practices of non-state agents produce, reform, and redefine sovereignty and its cons-titutive elements", so Biersteker/Weber (1996 11), die diese Traditionen ausführlich diskutieren, vgl zur Staatsbezogenheit des Souveränitätskonzeptes in den Internationalen Beziehungen auch Bartelson 1995, Krasner 1999, Jackson 1999

veränität vorausliegenden Begriffen der Autonomie und der Macht der gemeinsame Ausgangspunkt für eine Konzeption der Stellung transna-tionaler Akteure. Ebenso kann damit der Bereich beschrieben werden, in dem transnationale Akteure Staaten und staatlichen Gewaltmonopolen gegenübertreten.

Transnationale Akteure, als selbst nicht per Souveränität legitimierte Akteure, stellen demnach zuallererst nicht die Souveränität von Staaten in Frage, sondern zunächst die Autonomie und damit die uneingeschränkte Machtausübung (das Gewaltmonopol) des Staates in seinem Territorium. Erst als Folge davon wird staatliche Souveränität in Frage gestellt. „The problem is not loss of legal sovereignty but the loss of autonomy. States will have the policy instruments to implement their policies but they are less and less able to use them in order to arrive at objectives which they have chosen", so Keohane/Nye (dies. 1977:353; vgl. dazu auch die Diskussionen in I.1.). Autonomie bezeichnet bei Keohane und Nye den zentralen Ansatzpunkt ihrer Interdependenztheorie, denn die Interdependenz zwischen staatlichen und nicht-staatlichen Akteuren ist schließlich der Grund für die Autonomieeinschränkung von Staaten. Das Verhältnis zwischen Autonomie, Macht und Souveränität, das hier zugrunde liegt, lässt sich folgendermaßen darstellen (siehe nächste Seite):

Abbildung 3   Autonomie-Macht-Beziehungen

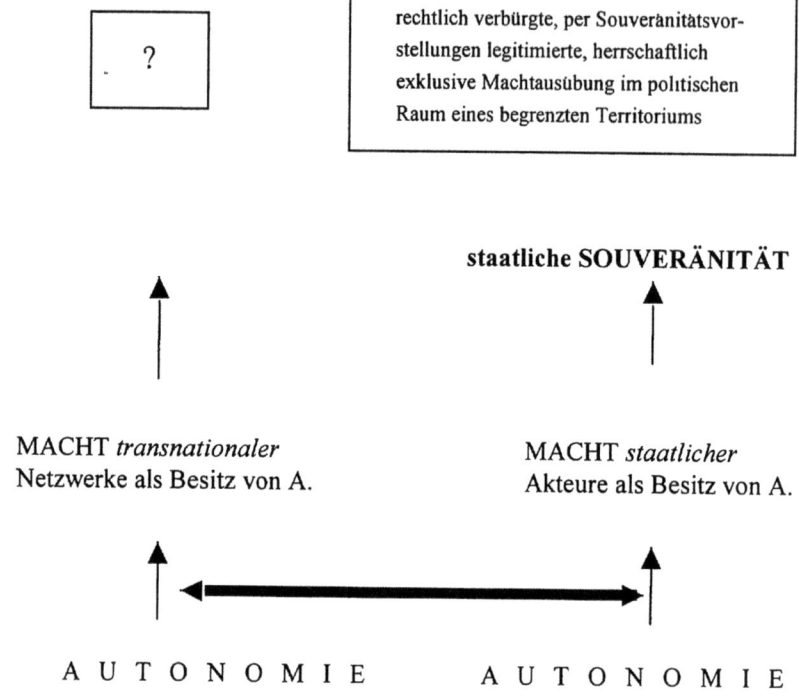

(Die vertikalen Pfeile markieren Bedingungs- und Konstitutions*verhältnisse* [nicht Ressourcen]; der horizontale Pfeil bezeichnet den Bereich und den konzeptionellen Ansatzpunkt staatlich-nichtstaatlicher Konkurrenzverhältnisse.)

Die Rationalität des modernen Staates und die Logik seiner Machtausübung folgt – klassisch hierzu Weber – der Zweckrationalität in der Wahl der Mittel zur Erreichung seiner Ziele. Die Entwicklung des modernen Staates ist hiernach eine Bewegung der zunehmenden Rationalisierung, „that is ... calculating the most instrumentally efficient means for the achievement of goals." (Wolin

1985:221) Diese Logik staatlicher Macht erfordert gleichsam eine Bestimmung der (scheinbar) rationalsten Mittel, die die Erreichung und Umsetzung selbst gesteckter Ziele am effizientesten ermöglichen sollen. „(This) understanding of power was one (of) inquiry into cause and effect relationships. Knowledge of causes allows man to reproduce effects at will, that is, to exercise power and to reproduce it endlessly." (Wolin 1985:238) Neben der rationalen Bestimmung von Zweck-Mittel-Relationen ist zur Erfüllung dieser Logik staatlicher Macht die uneingeschränkte Kontrolle und Beherrschung sowohl über die einzusetzenden Mittel wie auch über die Formulierung der Ziele unabdingbare Voraussetzung. Dies aber bedeutet nichts anderes als Autonomie in der Bestimmung der Ziele und in der Wahl der Mittel sowie das Monopol in der Anwendung der Mittel. Erst wenn diese Autonomie gewährleistet ist, sind die Logik staatlicher Machtausübung ausreichend erfüllt und die Bedingungen für Souveränität gewährleistet. Transnationales Handeln folgt einer anderen Logik. Aus dieser differenten Logik heraus treten transnationale Akteure in Konkurrenz zu dem staatlichen Autonomieanspruch und schränken staatliche Institutionen in der autonomen Bestimmung ihrer Ziele sowie in der Wahl der zur Zielerreichung notwendigen und effizienten Mittel ein. Claus Offe ist hier (wenngleich er, wie oben in IV.1. kritisiert, einer teleologischen Auflösungsmetapher anzuhängen scheint) zu zustimmen, wenn er schreibt, dass „gegenwärtig eine Umkehr der Entwicklungsrichtung (stattfinde), durch die über Jahrhunderte hinweg ... die Ausbildung des modernen Staates gekennzeichnet war", nämlich die „zur effektiven Durchsetzung des Gewaltmonopols." (ders. 1987:313)

In einer empirischen Studie über nichtstaatliche Akteure kommen Mansbach, Ferguson und Donald Lampert bereits 1976 zu dem Ergebnis, dass „(intrastate) nongovernmental actors ... just as autonomous as nation states" seien (dies. 1976:275). Hier wird keine Konkurrenz um ein gemeinsames Maß an Macht beschrieben, die das Verhältnis zwischen transnationalen und staatlichen Akteuren bestimmt. Jedoch könnte die Stellung transnationaler Akteure auch nicht aus einer solchen Konkurrenz oder einem derartigen Kampf abgeleitet werden. Selbst wenn eine solche Konkurrenz und ein solcher Machtkampf in den politischen Arenen stattfindet und es zahlreiche und komplexe Wechselbeziehungen zwischen staatlichen und nicht-staatlichen Akteuren gibt, so geht es doch nicht um Anteile an gemeinsamen Ressourcen und Gütern. Es geht um einen ‚Kampf' in durchaus gleichen Arenen (‚issue areas'), *nicht* jedoch auf der Grundlage gemeinsamer Handlungsstrukturen und -logiken. Vielmehr stehen sich zwei Logiken kontingenter und agentenspezifischer Machtstrukturen gegenüber, denen unterschiedliche Autonomieverhältnisse zugrunde liegen. Transnationales Handeln erfolgt aus der Logik transnationaler Machtsphären und Autonomiebedingungen, ungeachtet der Tatsache, ob es in Konkurrenz zu staatlichen Institutionen tritt oder nicht. Insofern kann transnationales Handeln weder aus diesem Konkurrenzverhältnis heraus, noch mit der Logik staatlicher Machtausübung verstanden und erklärt werden. „A complex multi-centric world of diverse, relatively autonomous actors has emerged, replete with structures, processes, and decision rules *of its own*", so formuliert Rosenau den Hinweis, der die Richtung für die weitere Konzeption transnationaler Macht liefert (ders.1998:59; Herv. v. Verf.).

Diese ‚Regeln' oder auch Logik transnationalen politischen Handelns zu bestimmen, gehört zu den größten Herausforderungen gegenwärtiger Theoriediskussionen in den Internationalen Beziehungen. Die Vermutung einer von staatlicher Rationalität abweichenden Logik transnationaler Politik lässt sich – über empirische Beispiele der Fallstudie hinaus – dadurch ergänzen, dass die Rekonstruktion handlungsspezifischer Ursache-Wirkungszusammenhänge, die den rationalen Machtparameter moderner Staatlichkeit ausmachen, im Kontext netzwerkartiger, territorial ungebundener und nicht identifizierbarer Akteure nicht möglich ist. Es besteht kein ausreichendes, feststehendes und verlässliches (‚erprobtes') Wissen über Akteure, ihre Organisationsstrukturen und Handlungsfelder, um die Handlungen, Handlungsabläufe und Machtstrategien transnationaler Akteure rational rekonstruieren zu können. „Alliance formation is ... multilevel, multi-dimensional, and unpredictable", so urteilt Väyrynen (ders. 1997:48) in seiner vergleichend-empirischen Studie über strategische Netzwerkbildungen ‚kleiner' Staaten einerseits und mächtiger transnationaler Akteure andererseits.[22] Die daraus folgende Konsequenz für eine veränderte Machtanalyse beschreibt Albert Bressand: „In such environment, power will tend to reside in the capacity to influence interconnection and access rather than (like it is the case with states; H.B.) in the capacity to enforce boarders, a change that .. has deep repercussions for the national and international society." (ders. 1989: 26)

---

22 Siehe dazu auch oben in IV 1 die Diskussionen zur mangelnden Prognosefähigkeit transnationaler Politikprozesse Prognosefähigkeit, so ist hier zu ergänzen, ist eine, wenn nicht *die* zentrale Bedingung erfolgreicher zweckrationaler Mittelwahl, d h eine Bedingung staatlicher Machtlogik

Bei der Konzeption eines geeigneten Machtbegriffes für das Handeln transnationaler Akteure besteht ein vielversprechender Ansatz in der Zusammenführung des Weberschen Machtbegriffes mit der Machtkonzeption von Michel Foucault.[23] Zunächst sind drei Merkmale festzuhalten, die in die Konzeption eines solchen Machtbegriffes einfließen müssen: *Erstens* beruht Macht auf Autonomie, d.h. auf der Freiheit, die Ziele des eigenen Handelns selbst zu bestimmen und dafür die notwendigen Mittel anzuwenden. *Zweitens* stellt Macht keine Ressource oder ein Gut dar, das in einem bestimmten Maß vorhanden ist, benutzt werden kann und irgendwann ausgeschöpft ist. Die Metapher des ‚Kampfes *um* Macht' weckt somit falsche Assoziationen. Vielmehr geht es um einen ‚Kampf' um individuelle Autonomie, um auf der Grundlage von Autonomie machtvoll handeln zu können. *Drittens* ist die Macht transnationaler Akteure an ihr Handeln selbst gebunden, d.h. Macht entsteht und regeneriert sich durch ihr Handeln selbst.

Macht ist somit ein Attribut politischen Handelns, das auf Autonomie beruht und in der Relation zwischen Akteuren ausgeübt wird und permanent neu entsteht. In dem Versuch der Übertragung des Foucaultschen Machtbegriffes auf die Analyse internationaler Regime und transnationaler Netzwerkstrukturen kommt James Keely zu folgendem Ergebnis: „Foucault treats power as a network of relations, not a commodity or resource. It is a structuring phenomenon, defining a (field) of interaction." (ders. 1990:96) In Ergänzung des Weberschen Machtbegriffes, wonach Macht die Chance zur Durchsetzung des eigenen Willens auch gegen den Willen anderer bezeichnet,[24] hat man es im Falle transnationaler Machtstrukturen mit Netzwerken zu tun, die, in einem wettbewerbsähnlichen Verhältnis um Autonomie *von* und *mit* staatlichen, zwischenstaatlichen und anderen nichtstaatlichen Akteuren, sich Chancen eröffnen, ihren eigenen Willen durchzusetzen. Dies erschließt transnationale Machtsphären, die nicht *a priori* gegeben sind, sondern erst im Ringen um Autonomie neu entstehen. Macht erwächst im Kontext transnationaler Politik somit aus einer Netzwerkstruktur, in die die Akteure eingebunden sind und an der sie partizipieren. Erst durch diese Partizipation werden sie machtvoll. Diese Art der Macht artikuliert sich immer erst im Handeln selbst, d.h. sie ist relational. Nichts anderes legt im Grunde auch der Webersche Machtbegriff nahe: Durchsetzung des Willens *bei*

---

23 Vgl Foucault u a 1974,1991
24 *Wirtschaft und Gesellschaft*, 1972, Kapitel I ‚Soziologische Grundbegriffe', § 16

anderen kann nur in der Interaktion und Relation zu anderen Akteuren stattfinden. Der Unterschied transnationaler Macht zu dem traditionellen Begriff der Macht bei Weber liegt jedoch darin – und hier kommt die Ergänzung durch Foucault ins Spiel –, dass die Macht transnationaler Netzwerke nicht auf etablierten, festumrissenen, letztlich per Souveränitätsidee geschützten und integren (nationalstaatlichen) Institutionen, Räumen, Raumstrukturen und dadurch *verbürgten* und einklagbaren Gütern, Potentialen und Ressourcen beruht, sondern sich *im* strategischen Handeln und *initiiert durch* das Handeln transnationaler Netzwerkagenten selbst erst herausbildet. Ebenso bildet sie sich zurück, sobald Netzwerke ihre Strukturen, ihre Organisationsformen, ihre Handlungsziele und ihre Teilnehmer ändern.

Macht und Machthandeln werden damit zu einem Kennzeichen politischer und sozialer Interaktion *sui generis*. Sobald gehandelt wird, entstehen Beziehungen zwischen zwei oder mehreren Agenten, die, unabhängig von den Inhalten des Handelns, immer auch Machtbeziehungen sind. „Als Gegenstand der Analyse wählt man dann *Machtverhältnisse* und nicht eine Macht ... Tatsächlich ist das, was ein Machtverhältnis definiert, eine Handlungsweise, die nicht direkt und unmittelbar auf die anderen einwirkt, sondern eben auf deren Handeln ... Macht existiert nur *in actu*", so Foucault (ders. o.J.:34f.) Dabei wird ‚Macht' nicht negativ oder positiv zu konnotieren, sondern vielmehr als konstitutives Element des Handelns zu begreifen sein, das der Interaktion und der mit jedem Handeln verbundenen Aktualisierung akteursspezifischer Autonomie inhärent angehört (dazu auch Golden 1995:300).[25]

Hierdurch kommt dem konstruktivistischen Charakter politischer Machtstrukturen und Machtbeziehungen im Bereich transnationaler Politik besondere Bedeutung zu. Dies liegt im wesentlichen daran, dass die Logik transnationaler Machtrelationen keine Rationalität im Sinne beherrschbarer und zu Strukturen verfestigter Ursache-Wirkungsverhältnisse zwischen der Formulierung von Handlungszielen, der Auswahl bestimmter und vor allem beherrschbarer Mittel und schließlich dem Erreichen der gesteckten Handlungsziele kennt und zulässt. Diese Logik entspräche der Zweckrationalität des modernen Staates. Die Logik

---

25 Die Ausformulierung des Zusammenhangs zwischen Handeln und Autonomie bzw zwischen Handeln und der Aktualisierung individueller Autonomie ist nach wie vor klassisch bei Hannah Arendt, *Human Condition* (1958) zu finden, vgl dazu auch die Bestimmung des Machtbegriffes bei Matz (ders 1975)

transnationaler Macht hängt hingegen in viel stärkerem Maße von der Kreativität des Handelns transnationaler Akteure ab, für die sich im amerikanischen Sprachgebrauch die Bezeichnung der ‚strategic broker' etabliert hat. Die Logik ihres Handelns ist prinzipiell *a-strukturell*, da es im Vergleich zu staatlichem Handeln in weitaus geringerem Maße prognostizierbar ist, keinen vergleichbar logisch-kausalen Handlungszusammenhängen und keinen etablierten und dauerhaften Akteursformationen folgt. „Out of such interaction a network of causation is fashioned that is so thoroughgoing and intermeshed as to render impossible the separation of causes from effects", so folgert Rosenau hieraus (ders. 1998:53).

Die Selbstorganisation der Akteure, die Dynamik ihrer Handlungen und die Eigenlogik ihrer Handlungsrelationen bedingen sich durch permanente Neuentwürfe und strategische Erfordernisse. So nutzen sie nicht nur die Handlungsspielräume, die staatliches und zwischenstaatliches Handeln nicht abdeckt und nicht regulieren kann, sondern sie schaffen selbst die Bedingungen und die Umgebung mit, unter denen sie funktionieren. Indem sie sich als entterritoriale und flexible Netzwerke organisieren, entziehen sich *aktiv* staatlichen und zwischenstaatlichen Ordnungsmustern. Damit schaffen sie permanent neue, nicht prognostizierbare und nur schwierig identifizierbare Handlungsräume und -optionen. „(It) is the quintessential demonstration of a non-linear system highly sensitive to the initial conditions under which it operates", so Beyerchen (ders. 1997:163).[26] Dabei sind diese Bedingungen unablässig (neu) konstruiert, ohne etablierte und dauerhafte Strukturen auszubilden. „Self-organization is the emergence of new entities or ... aggregate patterns of organization and behavior arising from the interactions of agents ... There are multiple levels of ... complex ... systems in which humans operate individually and collectively ... (The) rules that determine the interactions between these entities are .. not fixed laws of nature." (Maxfeld 1997:176)

Durch ihren konstruktivistischen und relationalen Charakter verliert Macht ihre statisch-strukturelle, an messbare Ressourcen und Kräfteverhältnisse gebundene Funktion und wird zu einer im Höchstmaße *kontextabhangigen, der Handlungs- und Situationsspezifik endogen innewohnenden Variable;* nochmals

---

26 Verantwortlich hierfür scheint eine *Logik der Funktionalität* zu sein, nach der sich Handlungsziele und die akteursspezifische Zusammensetzung von Netzwerken funktionsspezifisch konstituieren, dazu unten mehr

Foucault: „Machtausübung ist keine rohe Tatsache, keine institutionelle Gegebenheit, auch nicht eine Struktur, die besteht oder zerbricht: sie schreibt sich fort, verwandelt sich, organisiert sich, stattet sich mit mehr oder weniger abgestimmten Prozeduren aus." (ders. o.J:42) Mag der eine Akteur in einer bestimmten Situation als machtvoll erscheinen und andere Akteure dazu bringen, nach seinem Willen zu handeln, so ist er in einer anderen Situation machtlos. Jede Machtbeziehung ist von Kontexten abhängig, in denen das Politikfeld (‚issue area'; ‚domain') , in dem gehandelt wird, ebenso eine entscheidende Rolle spielt, wie die spezifischen Anliegen und die Netzwerkverbindungen der unterschiedlichen Akteure.

Mansbach unterscheidet diesbezüglich zwischen ‚tangiblen' und ‚intangiblen' Machtressourcen, wobei sich ‚intangible' Ressourcen auf die Knotenpunkte innerhalb eines Netzwerkes und die daraus kontextuell entstehenden Machtrelationen beziehen (ders. 2000:146f.). Zwar ist Mansbach dem Ressourcenbegriff weiter verhaftet, weswegen er den territorial ungebundenen Charakter transnationaler Machtbeziehungen und ihre funktionale Netzwerklogik (s.u.) sowie ihren relational-interaktiven Entstehungsprozess nicht in den Blick bekommt sieht. Doch die Unterscheidung in ‚tangible' und ‚intangible' Merkmale von Macht gibt – ungeachtet der weiterhin am Ressourcenbegriff verhafteten Vorstellung – eine passende Beschreibung der Unterschiedlichkeit zwischen einem Macht- und Souveränitätsbegriff im Bereich internationaler Politik einerseits und einem Machtbegriff für die Analyse transnationaler Politik andererseits.

Was für die binnengesellschaftliche Analyse von Macht, vor allem nach den Schriften von Foucault, mittlerweile zu einem weit akzeptierten Konsens sozialwissenschaftlicher Theoriebildung geworden ist, nämlich die soziale Fragmentierung und Differenzierung von Macht, ist auch in der Theorie Internationaler Beziehungen in den letzten Jahren zunehmend rezipiert worden und verdient hier im Anschluss an die bisherigen Betrachtungen besondere Beachtung. Denn die Dominanz der traditionellen, durch die maßgeblichen Einflüsse des Realismus und Neorealismus nahegelegten Perspektive auf den souveränen Staat als entscheidendem außenpolitischen und internationalen Akteur, legte eine bestimmte Konzeption von Macht nahe. So kritisieren Mansbach und Vasquez: „Students of realpolitik and realism generally failed to appreciate that the actor itself ... is a variable, and instead assumed that global politics could be defined a priori as the interaction of sovereign states." (dies. 1981:159) Macht und das Streben nach Macht seien dadurch auf *staatliche* Macht und das Handeln staatlicher Akteure eingeschränkt worden.

Macht und Machtverhältnisse wurden überwiegend auf messbare und gegeneinander abwägbare staatliche Ressourcen wie Wirtschaftskraft, militärische Stärke, Landesgröße, Populationsstärke etc. reduziert. Die ‚balance-of-power'-Metapher und die Denkfigur eines machtpolitischen Nullsummenspiels sind als Resultanten dieses Verständnisses zu interpretieren. Und schließlich schienen sich Machtbesitz und Machtrelationen als Einheiten abzubilden, die an den als homogen imaginierten Akteur ‚Staat' gebunden waren. Der Metapher des Kampfes der Staaten gegeneinander *um* Macht ist ein weiteres Beispiel dieses Verständnisses, wonach Macht als Kampf um eben jene Ressourcen *der* Macht verstanden wurde, die es zu ergattern und verteilen galt.[27] „Territorial sovereignty (and its underlying concept of power; H.B.) and the state's resolution of the problem of order within its boundaries contrasts with the foreign anarchy beyond them. Outside state boundaries there is only struggle for power between the individuals of international relations: sovereign states", so paraphrasieren Agnew/Corbridge die klassische Konzeption (dies. 1995: 95).

David Eastons Politikbegriff der ‚authoritative allocation of values', der im Rahmen des Systembegriffes auch in die Theorien der Internationalen Beziehungen Eingang fand, ist hier symptomatisch. Denn er legt die Assoziation nahe und scheint auf der Vorstellung aufzubauen, dass es eine bestimmte und begrenzte Menge von Gütern gäbe, die unter einer bestimmten Anzahl von Empfängern zu verteilen sei. Diese Konzeption von Politik als Verteilungskampf um Güter der Macht entspringt unmittelbar dem Politikbegriff Eastons.[28] Für die

---

27 Vgl hierzu beispielsweise Bruce Russett, der in einer Faktoranalyse die Variablen der Bevolkerungsstärke, des Bruttosozialproduktes sowie der Landesgröße kombiniert und zur Bestimmung akteurspezifischer Machtverhältnisse benutzt hat Paradoxerweise fand dies unter dem Anspruch statt, Ressourcen- und Machtverteilungen im Rahmen veränderter und globalisierter Weltpolitik zu bestimmen und zu ermitteln, ders 1967.

28 Selbst wenn Easton die machttheoretische Vorstellung eines „struggle for power" kritisiert und die Vorstellung, wonach Macht ein statisch zu beschreibender ‚Besitz' sei, für naiv hält, so ist Macht bei ihm dennoch als Besitz einer regierenden Elite konzipiert, die autonom über ihren Einsatz und damit über die Verteilung gesellschaftlicher Güter *für* die Gesellschaft entscheidet (‚authoritative'), vgl Easton 1953 insbes 41f, 129f und 143f Die Emphase des Eastonschen Machtbegriffes liegt nach dieser Interpretation weniger auf dem Aspekt der *autoritativen* Verteilung von Gutern, als auf dem Aspekt der *Verteilung von* Gütern selbst, die (d h die Verteilung) Macht konstituiere

Konzeption transnationaler Machtrelationen muss auch dieses Verständnis überwunden werden. Die obige Ergänzung des Weberschen Macht- und Politikbegriffes zur Konzeption transnationaler Machtrelationen wird hier nachträglich begründet. „The final assumption that international relations can be treated as a single unidimensional issue - *the struggle for power* - has been most severely challenged ... world politics is not confined to a single elite of nation-states that struggle for power, but there are significant actors in world politics, and the kind of behavior they will engage will vary according to the issue area." (Mansbach/Vasquez 1981:10f.; Herv. v. Verf.)[29]

Doch nicht nur der Websche Machtbegriff und die realistische Konzeption von Macht bedürfen der Ergänzung. Auch der Machtbegriff des Interdependenzansatzes nach Keohane und Nye muss, wenngleich sie transnationale Beziehungen behandeln, erweitert werden. Denn die Nähe ihrer Konzeption von Macht zu der Definition von Weber bzw., anders formuliert, die Tradition des Weberschen Begriffes in den Internationalen Beziehungen wird deutlich, wenn sie schreiben: Macht ist die Fähigkeit eines Akteurs, einen anderen Akteur auch gegen dessen Willen zu etwas zu bewegen, was diese unter vergleichbaren Kos-

---

29 Vgl dazu auch den Ansatz der sog „Power Transitions Theory" nach ihrem Begründer A F K Organski (ders. 1958, 1965, Tammen et al 2000) Im ausschließlichen Mittelpunkt dieses Ansatzes, obgleich es ausdrücklich darum gehen soll, einen Ansatz zur Weltpolitik zu formulieren, der die Prognosedefizite ‚alter' (in erster Linie sind damit realistische und neorealistische Ansätze gemeint) Theorien überwindet, stehen Nationalstaaten Diese werden in einem hierarchischen System einer Machtpyramide (‚power pyramid') angeordnet, das von ‚dominant powers' bis ‚small powers' reicht Dabei wird Macht ausdrücklich als strukturelle, messbare und ressourceabhängige Größe verstanden, über die Staaten souverän verfügen Unterschwellig liegt der Power Transition-Theory dabei normativ ein Hegemonialstaatsmodell zugrunde Nichtstaatliche Akteure spielen in diesem Theorieansatz keine Rolle Dies ist keineswegs *per se* kritisierbar, merkwurdig hingegen ist es schon, da es ihren Vertretern doch explizit um Weltpolitik und um die Erklärung internationaler Ordnungsstrukturen, insbesondere nach dem Ende des Ost-West-Konfliktes, geht Die Power Transitions-Theory ist somit ein Ausdruck des traditionellen Machtverständnisses, das die Entstehung transnationaler Machtrelationen nicht in den Blick bekommt „Power Transition" so heißt es von einem ihrer aktuell führenden Vertreter, „describes a hierachichal system All nations recognize the presence of that hierarchy and the relative distribution of power therein The distribution of power is uneven and in the hands of few Defining power is central to the theory of Power Transition as relative power establishes the precondition for war and peace in the international system Power is defined as the ability to impose on or persuade an opponent to comply with demands In the lexicon of Power Transition theory, power is a combination of three elements the number of people who can work and fight, their economic productivity, and the effectiveness of the political system in extracting and pooling individual contributions to advance national goals Power Transition postulates that a country's power is a function of population, productivity, and relative political capacity Power is measured by these three key elements" (Tammen et al 2000 6ff)

ten ansonsten nicht tun würden (dies. 1977:11). Allerdings, und das zeichnet ihre Konzeption wiederum aus und macht sie hier partiell anschlussfähig, betonen sie durch die Differenzierung des Machtbegriffes in Potentiale und Ressourcen einerseits und in die tatsächliche Kontrolle über Politikergebnisse andererseits auch einen relationalen Charakter transnationaler Machtbeziehungen, der – und das ist hier entscheidend – durch eine Asymmetrie zwischen staatlichen und nicht-staatlichen Akteuren entstehe. Den Grund für eine solche Asymmetrie sehen sie in ungleichen Abhängigkeitsverhältnissen zwischen staatlichen und transnationalen Akteuren, d.h. in der jeweiligen Behauptung und in dem Streben nach Autonomie zur Ausübung von Macht sowie in den daraus entstehenden jeweiligen Einschränkungen und Freiräumen. Trotz dieser richtigen und auf die Verhältnisse transnationaler Politik anwendbaren Beobachtungen bleibt ihre Machtkonzeption zur Analyse transnationaler Politik revisionsbedürftig, da die Vorstellung von einem *a priori* den Akteuren (mit)gegebenen Machtpotential als Handlungsressource letztlich dominiert (vgl. dies. 1977:11f.; vgl. dazu auch Kegley/ Wittkopf 2000:383, die in *World Politics. Trends and Transformation* Macht ebenfalls als „measurements of countries' relative *power potential*" beschreiben). Diese Vorstellung trifft für staatliche Akteure und zwischenstaatliche, nicht jedoch für transnationale Politik zu.

Insofern das Handeln transnationaler Akteure auf die Erreichung individueller Autonomie zielt, um im eigenen Handeln Macht erlangen und in Machtrelationen erfolgreich handeln zu können, zeigen die Konzeptionen von Macht als (messbarer) Ressource sowie von der Einheit der Macht hier ihre Grenzen. Macht in funktionalen Netzwerkstrukturen hingegen zerfällt, differenziert sich, löst sich auf und entsteht nur und immer nur an den Berührungspunkten, an denen gehandelt wird. Ihre Träger sind die transnationalen Akteure. In dem Maße, in dem diese ihre Formationen und Zusammensetzungen sowie ihre Handlungs- und Organisationsformen ändern, werden Machtrelationen differenziert und neu ausgebildet. „(It) seems desirable to think ... with respect to types of actors that are hetero- geneous; ... no actor is permanent in the sense of maintaining readily distinguishable boundaries between its internal and external environment." (Young 1972:136; in diesem Sinne auch Mansbach/Vasquez 1981:161) Dadurch wird Macht fragmentiert, Machtrelationen überlagern sich und bilden heterogene, vielfältige Geflechte.[30]

---

30 Cornelius F Murphy, Jr, schreibt hierzu „Whenever power is fragmented into separate units, decisive allegiance is ultimately to the parts rather than the whole " (1999 159) Diese Beobachtung bringt Murphy dazu, die Strukturen globaler Politik mit dem Metapher der ‚Anarchie' zu beschreiben Er versteht dabei ‚Anarchie' jedoch nicht in dem Sinne, wie ihn der Realismus als

Die Orte der Macht sind die Knotenpunkte der Netzwerke und die Berührungspunkte, an denen die Handelnden interagieren und an denen ihre Handlungen in Beziehung treten. Im Gegensatz zu dem Prinzip staatlicher Souveränität als dem nationaler und internationaler Politik unterliegenden Ordnungsmerkmal spricht Rosenau mit Blick auf globale Politik demzufolge auch von einem Prozess der *Umverteilung* von Macht („processes of authority relocation"; ders. 1998:58) sowie von Verschiebungen der Orte der Macht von staatlichen hin zu nichtstaatlichen Akteuren („shifts of the loci of authority";ders. 1997:4).[31] Während staatliche Souveränität als territorialgebundene exklusive Machtausübung und exklusiver Anspruch auf Autonomie staatlicher Akteure zu verstehen ist, kennzeichnen sich transnationale Machtrelationen durch Überlagerungen und Dezentralisierung in entterritorialisierten Kontexten sowie durch Verschiebungen und Fragmentierungen zwischen wechselnden, ebenfalls territorial ungebundenen Akteuren und Netzwerken. Agnew und Corbridge sprechen diesbezüglich von einer „deterritorialisation of political powers" (dies. 1995:xi), Ferguson und Mansbach von einer „declining importance of territory as a source of power." (dies. 1999:79) Jessica Mathews beschreibt in „Power Shift" die Situation wie folgt: „In a network, individuals or groups link for joint action without building a physical or formal institutional presence. Networks have no person at the top and no center. Instead, they have multiple nodes where collections of individuals or groups interact for different purposes." (dies. 2000:159)[32]

Struktur der souveränen Staatenwelt versteht Die Anarchismusmetapher ist zum Verständnis transnationaler Politik heuristisch ergiebig und wird deswegen weiter unten in diesem Kapitel wieder aufgegriffen; zur Fragmentierung und Diffusion transnationaler Machtbeziehungen auch Strange 1995

31 Englisch „authority" verstehe ich hier analog zu deutsch „Macht" und „Machtausubung", das *Oxford Learners Advanced Dictionary* listet folgende Bedeutungen auf, die sich mit diesem Verständnis decken „Power to give orders and make others obey", „cause people to realize that one has the power to make them obey"

32 Bei Netzwerkanalysen denkt man im deutschsprachigen Kontext vor allem an die Studien von Renate Mayntz und Fritz Scharpf Es soll hier kurz darauf eingegangen werden, warum diese Studien an dieser Stelle nicht weiter in die Argumentation eingebaut und verwendet werden Im Mittelpunkt der Uberlegungen von Mayntz und Scharpf stehen die Begriffe der Problemlosungsfähigkeit und der Steuerungsfähigkeit transnationaler Netzwerke Empirisch nehmen sie dabei Bezug auf die EU und die Europäische Integration Im Sinne der Frage nach Handlungsfähigkeiten und Handlungskompetenzen von Policy-Netzwerken und ‚policy'-orientierten Netzwerkanalysen geht es Mayntz und Scharpf dabei vor allem um Entscheidungsstrukturen und Entscheidungsprozesse innerhalb von Netzwerken Wenngleich in ihrem Ansatz auch staatliche Entgrenzungsprozesse und das Zusammenwirken staatlicher und nicht-staatlicher Akteure Berucksichtigung finden und als entscheidende Grunde für das Entstehen von Netzwerken gewertet werden, so signalisiert ihr Konzept der Policy-Netzwerke „eine tatsachliche

An den ‚neuen' Orten der Macht treffen transnationale Akteure mit anderen transnationalen Akteuren sowie mit staatlichen Akteuren zusammen, um im Rahmen bestimmter Politikfelder zeitlich begrenzt und unter dem Primat ihrer eigenen strategischen Zielerreichung zu interagieren. Neben der Transformation staatlichen Handelns und staatlicher Machtausübung, die dadurch bedingt ist, dass an diesen Knotenpunkten staatliche Institutionen transnationalen Akteuren gegenüberstehen und ihnen mit bislang ungewohnter Aufmerksamkeit begegnen müssen, ebenso wie sie, je nach Handlungsfeld (‚issue area'), ebenbürtige Akteure antreffen, entstehen nicht nur neue Formen von Macht, sondern es bilden sich vor allem auch neue *Sphären von Macht* aus. Diese weisen eigenständige Formen der Rationalität und Autonomie auf, ‚unterwandern' staatliche Souveränitätsansprüche und stellen die Autonomie und damit die ‚operative Souveränität' (Reinecke 1998) staatlicher Institutionen in Frage. Sie ‚penetrieren' staatliche und zwischenstaatliche Räume.

Zum Verständnis für die Durchsetzung, Durchkreuzung und Penetrierung staatlicher und zwischenstaatlicher Räume der Souveränität durch transnationale Machtrelationen empfehlen Agnew und Corbridge die Analogie zur mittelalterlichen Herrschaftsmetapher des *imperium in imperio*. Dieses Bild ist aufschlussreich. Denn es beschreibt nicht nur die Konkurrenz um Autonomie zur Ausübung jeweiliger Machtansprüche und den – mit dem mittelalterlichen Ringen weltlicher Herrscher um Freiheit von Einflüssen der Kirche vergleichbaren[33] – exklusiven Anspruch des Staates auf Souveränität in seinem Gebiet. Vielmehr umschreibt diese Metapher auch die effektive Präsenz, das tatsächliche Handeln und die autonome Machtausübung transnationaler Akteure *in* staatlichen Räumen und mit Bezug auf staatliche Institutionen. Ferner spielt sie auf die eigenständige Dimension (‚*imperium* in imperio') transnationaler Politik an. Ihre Merkmale spielen eine wichtige Rolle innerhalb transnationaler Macht und Machtverhältnisse sowie in der Autonomieeinschränkung souveräner Staaten, jedoch *ist* sie nicht die Macht des Staates, noch ist sie ein Teil staatlicher Macht und auf sie fixiert. Sie ist ihr gegenüber autonom, steht in Beziehung zu ihr und

---

Veränderung in den politischen Entscheidungsstrukturen" (Mayntz 1993.40) und bezieht damit eine grundsätzlich andere Perspektive als dies in den hier vorgetragenen Überlegungen der Fall ist, in denen es um Organisationsstrukturen von Netzwerken und ihren theoretischen Stellenwert geht, vgl ferner Scharpf 1993, Scharpf/ Mayntz 1995, Scharpf 1998a, Scharpf 1999

33 Dazu klassisch Marsilius von Padua, *Der Verteidiger des Friedens* (1971 [1324]) sowie Kantorowicz 1990

ist, da sie kein Teil territorial definierter Souveränität exklusiver staatlicher Macht und Machtansprüche ist, entterritorial: Sie ist ein ungebundenes ‚imperium *in* imperio'.[34]

Es lässt sich somit zusammenfassen, dass die Erscheinungsweise transnationaler Macht und Machtrelationen kein System darstellt, das von Staaten und nationalen Regierungen auf der Grundlage ihrer territorial gebundenen Ressourcen und Handlungsoptionen dominiert wird. Die ‚spheres of authority', von denen Rosenau mit Blick auf transnationale Akteure spricht (ders. 1997:38ff.), bezeichnen jene Dimensionen, in denen und aus denen heraus transnationale Akteure handeln. Sie ermöglichen und stellen die Bedingungen dar, die für transnationale Akteure nötig sind, um Handlungsautonomie gegenüber staatlichen und anderen transnationalen Akteuren zu erlangen. Gleichsam sind in diesen Sphären die relationalen Gefüge transnationaler Machtbeziehungen eingebettet. Die Logik dieser Sphären resultiert aus der Tatsache, dass sie nicht mit den Räumen staatlicher und internationaler Souveränitätsansprüche und -praktiken deckungsgleich sind: Sie existieren relativ[35] unabhängig (*autonom*) davon, überlagern die traditionelle hierarchische Struktur nationalstaatlicher und internationaler Politik und ergänzen diese um neue Optionen politischen Handelns.

Entscheidend dabei ist, dass transnationale Machtsphären keinen politischen Raum im traditionellen Sinne der nationalen und nationalstaatlichen Raummetaphysik beschreiben: Sie sind ungebunden von territorialen Fixierungen und Bestimmungen, transzendieren nationalstaatliche Grenzen und entziehen sich zentrierten Ordnungsstrukturen. Die Entterritorialität transnationaler Machtsphären geht dabei auf die Organisationsformen transnationaler Akteure selbst und ihre globalen Netzwerkbildungen zurück. Die erst durch das Handeln erfolgende Konstituierung derartiger Sphären, die gleichsam die Bedingungen des Handelns selbst bereitstellen, kommt hier zu einer weiteren Bedeutung. Deswegen muss im übernächsten Abschnitt über ‚Transnationale Netzwerke' der Charakter transnationaler Akteure theoretisch näher bestimmt werden. Zuvor jedoch werden die Funktionsbedingungen bzw. ‚Funktionsparameter' der Sphären der

---

34 Diese Metapher kann nicht nur auf die Stellung von Bistümern im Reich, sondern auch auf die Stellung der Fürsten und Reichsstädte im ‚alten Reich' übertragen werden, vgl dazu oben Anmerkung 33, Kap I
35 Das heißt, dass transnationale Macht, trotz der weitgehenden Autonomie transnationaler Akteure, immer auch abhängig von staatlichem Handeln und seinen Versuchen der Regulierung sind, vgl dazu die Diskussionen in Kap V

Macht herausgearbeitet, da diese inhaltlich mit den Faktoren globaler Transformationsphänomene nach Ruggie[36] deckungsgleich sind. Ebenso wird zum Verständnis transnationaler Machtrelationen eine Analogie zum Machtkonzept anarchistischer Theorien vorgeschlagen. Beides gibt weiteren Aufschluss über den entterritorialen Charakter transnationaler Machtrelationen.

Nach Rosenau sind für die Transformation internationaler Politik drei Parametern verantwortlich, die die Entstehung globaler ‚Ordnungen' und die Entwicklung von einer staatszentrierten Welt nationaler und internationaler Politik hin zu einer globalen, transnationalen multizentrischen Welt bedingen. Er nennt diese Makro-, Mikro-Makro- und Mikroparameter und fasst darunter „the overall structure of global politics", „the authority structures that link macro collectivities to citizens" sowie „the skills of citizens" (1998:52). Die Transformation dieser Parameter, daraus entstehende Strukturphänomene und ihre dezentralisierenden Dynamiken werden in folgender Tabelle dargestellt:

Tabelle 4   Faktoren globaler Veränderungen und ihre Dynamiken

Parameter	Von	Zu(r)
Mikro	Arbeits- und Produktionsgesellschaft	Wissens- und Informationsgesellschaft
Makro-Mikro	Traditionell, staatlich verhaftete und verfassungsrechtlich verankerte Machtstrukturen	Krise traditioneller Machtstrukturen durch nichtstaatliche, autonome Akteure und neue Handlungskriterien für die Legitimität staatlicher Macht
Makro	Anarchisches Staatensystem	Ausdifferenzierung des Staatensystems in multizentrische Subsysteme

(nach Rosenau 1998:54)

---

36   Dazu oben in III 1.

Es ist hier von untergeordneter Bedeutung, ob die Phänomene im einzelnen richtig benannt sind. Entscheidend sind vielmehr die Bereiche, in denen Veränderungen und Umbrüche stattfinden und die als die zentralen Bedingungsfaktoren für die Entstehung transnationaler Politik identifiziert werden. So können der Mikroparameter individueller Fähigkeiten einer Wissens- und Informationsgesellschaft mit dem Transformationsfaktor der *epistemologischen Grundlagen*, der Makro-Mikro-Parameter der Machtstrukturen und der Entwicklung neuer Macht- und Handlungskriterien mit dem Aspekt *strategischen Handelns*, und schließlich der Makroparameter der Ausdifferenzierung des Staatensystems in dezentrale Subsysteme mit *den materiellen Handlungsressourcen* nach der Typologie von Ruggie gleichgesetzt werden. Die Verwobenheit und Interdependenz der einzelnen Parameter ist hier am interessantesten zwischen dem Mikro-Makro- und dem Makroparameter. Denn diese Parameter sowie ihre Wechselbeziehungen beschreiben und identifizieren genau jene Bereiche, in denen die Machtrelationen transnationaler Akteure entstehen und in denen – durch Ausdifferenzierung dezentraler Subsysteme gegenüber der nationalstaatlichen und zwischenstaatlichen Staatenwelt – die Autonomisierung transnationaler Akteure stattfindet.[37]

---

[37] Ein interessanter Ansatz ist in diesen Zusammenhangen auch das ‚Mehrebenenmodell' und die Differenzierung verschiedener Formen des Regierens, wie es Kohler-Koch et al mit Blick auf die Europaische Union entwickeln (vgl dies et al 1998, 1999) Der Ansatzpunkt ihrer Untersuchungen liegt in der Frage nach den „Veränderungen die sich aus (dem) neuen europaischen System [gemeint ist das europaische Mehrebenensystem aus Regionen, Nationalstaaten, subnationalen Einheiten und gesellschaftlichen Akteuren] fur Regieren ergeben " (1998 15) Wenngleich ihr Ansatz - *was ihn hier heuristisch, nicht jedoch konzeptionell ergiebig macht* - letztlich staatsbezogen bleibt (da es letztlich um die supranationalen Institutionen der Europaischen Gemeinschaft bzw um den Einfluss auf diese durch verschiedene regionale und nichtstaatliche Akteure geht, und da sie ferner einen durchgangig staatszentrierten [Eastonschen] Politikbegriff unterlegt), so werden durch die Unterscheidung verschiedener Formen („Idealtypen") des Regierens doch eine Reihe wesentlicher Strukturmerkmale transnationaler Politik betont So weist der vierte Idealtyp, die sog „network governance", der im Kontext europaischer Mehrebenenpolitik der am wenigsten staatszentrierte Typ des Regierens ist, auf folgende Merkmale hin „absence of central authority", „autonomous actors", „functionally specific network structures", „interests evolve and get redefined *in* the process between the participants of the network" (1999·5f.), vgl dazu auch Sharpe 1993

Exkurs: Die Anarchismusmetapher

Als heuristische Metapher und Analogie sich zur Beschreibung transnationaler Macht als entterritorialisierter, fragmentierter und autonomer Beziehungen bietet sich die Anarchismusmetaphorik an, wie sie beispielsweise Richard Falk in *The End of World Order. Essays in Normative International Relations* (1983) in Anlehnung vor allem an die nachrevolutionäre und postutopische Anarchismusdiskussion um die Mitte des 20. Jahrhunderts entwirft. Falks Metapher des Anarchismus darf hier nicht verwechselt werden mit der Rede von der anarchischen Staatenwelt, wie sie die realistische Schule geprägt hat. Zum einen bezieht sich Falk nicht ausschließlich auf souveräne Nationalstaaten und ihr Verhältnis zueinander, sondern auf ‚global politics' und damit auf das Ensemble unterschiedlicher, international agierender Akteure. Zum zweiten, und das ist der entscheidendere Unterschied, bedeutet ‚Anarchie' hier nicht die Abwesenheit *jeglicher* Ordnungsstrukturen, wie sie im Rahmen der Hobbes-Rezeption und der Übertragung seines ‚Krieges aller gegen alle' auf die Ebene internationaler Beziehungen verstanden wurde. Für Falk bedeutet die Gleichsetzung von Anarchie mit Unordnung (‚disorder') eine theoretische Nachlässigkeit, wodurch Erkenntnismöglichkeiten über internationale Ordnungsstrukturen versäumt würden: „This lack of attention ... reflects the popular association of anarchy with disorder, while by almost everyone's definition, disorder is precisely the opposite of the primary desideratum of global reform." (ders. 1983: 277)

Demgegenüber sei es nicht die scheinbare Ohnmacht nationalstaatlicher Regierungen, eine internationale Ordnung oder ein Mindestmaß derselben aufzubauen und aufrecht zu erhalten, sondern lediglich ihre Schwäche, globale Institutionen zu gründen, die für eine anarchische Position reizvoll sei und die die Anarchismusmetapher nahe legen würde. Der ‚anarchische' Blick zielt somit kritisch auf die Stärke und Präsenz von Institutionen und ‚erfreut' sich an deren Schwäche in der Weltpolitik. Ziel und Idee eines so verstandenen Anarchismus sind es nicht, politische Ordnung generell abzulehnen: „The anarchist position is characterized mainly by its opposition to bureaucratic centralism of all forms and by its advocacy of libertarian socialism. This attempt to delineate the anarchist position is less extreme than the dictionary definition of anarchism as the absence of government." (Falk 1983:279) Die hier enthaltenen – und in dieser Hinsicht einer radikalliberalen Position nahestehenden – politischen Ideen sind also die einer minimalen und minimal notwendigen Regierung, nicht die keiner

Regierungen, sowie die der libertären Selbstregierung. Diese Position wird beispielsweise auch von dem modernen Anarchisten Paul Goodman vertreten und folgendermaßen ausgeführt: „My own bias is to decentralize and localize wherever it is feasible, because this makes for alternatives and more vivid and intimate life." (ders. 1966:127)

Diesem Moment der Dezentralisierung, das sich mit einem wesentlichen Strukturmerkmal transnationaler Machtrelationen trifft, fügt Falk ein weiteres Merkmal des Anarchismus hinzu, das noch treffender als Analogie zu transnationaler Politik heuristisch angewendet werden kann. Anarchistisches Denken selbst hat, wie die Konzeptionen eines starken Internationalismus und nationenübergreifender Solidarität gesellschaftlicher, meist revolutionärer Kräfte (Arbeiterschaft, Gewerkschaften etc.) nahe legen, einen transnationalen und entterritorialen Charakter. Die klassischen Anarchismustheorien von Pierre J. Proudhon, Michail Bakunin und Peter A. Kropotkin, ebenso wie die modernen Varianten von Daniel Guérin (1970), Herbert Read (1971) und Paul Goodman geben davon ausführlich Zeugnis. „(Anarchistic) thinking", so Falk weiter, „has a notable antiterritorial bias which tends to condemn national frontiers as artificial and dangerously inconsistent with the wholeness of its humanist affirmations." (Falk 1983:281)

Der heuristische Wert der Anarchismusmetapher für transnationale Politik liegt damit auf drei Aspekten: Die Entstehung transnationaler Sphären der Macht trifft sich mit dem anarchistischen Gedanken (und Plädoyer) der partiellen Auflösung staatlicher Herrschaft *sowie* mit der Entstehung einer autonomen Sphäre der politischen Selbstregulierung jenseits staatlicher und zwischenstaatlicher Steuerungsmöglichkeiten und -kompetenzen. Die damit zusammenhängende Verlagerung, Verschiebung und Diversifizierung von Orten der Macht und der Machtausübung korrespondiert mit dem anarchistischen Gedanken der allgemeinen Dezentralisierung politischer Macht. Und die transnationale Handlungs- und Organisationslogik der Funktionalität (s.u. im nächsten Abschnitt) schließlich geht mit dem anarchistischen Grundkonzept der Minimierung nationaler Identitätspolitiken einher, allen voran der Minimierung der nationalstaatlichen Idee der Integration. Zusammenfassend lässt sich deswegen sagen, dass die Anarchismusmetapher, in *Anlehnung an* libertäre Anarchismustheorien, ergiebige, wenngleich weiter zu elaborierende Verständnismöglichkeiten von den Machtverschiebungen im Kontext transnationaler Politik hin zu territorial ungebundenen Machtrelationen vermittelt.

Im folgenden wird der Charakter und die Handlungslogik transnationaler Akteure näher zu bestimmen sein. Im Mittelpunkt steht dabei die *funktionale Ausdifferenzierung* transnationaler Netzwerke und Handlungssphären sowie die Entterritorialität transnationaler Akteure selbst, was schließlich die territorial ungebundenen Machtrelationen erst ermöglicht.

Transnationale Netzwerke und die Konstitutierung entterritorialisierter und funktionaler Sphären politischen Handelns

„A (global) actor . should be defined neither by the ascriptive quality of sovereignty nor by the descriptive characteristics of territoriality, instead it should be defined by the behavioral attribute of autonomy Autonomy refers to the ability to undertake behavior that could not be predicted by reference to other actors or authorities " (Mansbach/Ferguson/Lampert 1976 3)

Diese, bereits vor gut 25 Jahren formulierte Beobachtung ist heutzutage, da die Anzahl und die Autonomie transnationaler Akteure zugenommen haben, noch um vieles relevanter. Nachdem die Aspekte Autonomie, Macht und Souveränität auf den vorigen Seiten diskutiert wurden, und die Entterritorialität transnationaler Machtrelationen auf die territoriale Ungebundenheit der Akteure selbst zurückgeführt wurde, muss nun die Bedeutung der Entterritorialität transnationaler Akteure näher bestimmt werden. Ebenso soll ihr Verhältnis untereinander eingehender reflektiert werden. Mansbach et al. nennen für diese weiteren Schritte entscheidende Hinweise. Unter der Metapher des ‚panoply of global actors' unterscheiden sie sechs Akteurstypen, die in wechselseitigen Beziehungen unter- und zueinander stehen. Von dem ‚interstate governmental actor' (IGO), dem traditionellen Nationalstaates, dem ‚governmental non-central actor', dem ‚intrastate nongovernmental actor' und dem individuellen Akteurs, unterscheiden sie schließlich den ‚interstate nongovernmental actor'. Sie bezeichnen diesen auch als „‚transnational or ‚crossnational' ... type of actor (that) encompasses individuals who reside in several nation states but do not represent any of the governments of these states." (dies. 1976:39)[38]

Im Gegensatz zu den anderen Typen stellen transnationale Akteure als netzwerkartige Organisationen – mit der Ausnahme transnationaler Organisationsformen vor allem religiöser Vereinigungen[39] – historisch ein relativ neuarti-

---

38 Zur Bestimmung transnationaler Akteure siehe auch oben in III 1 b)
39 Dazu bereits oben Anmerkung 14, Kap II, ebenso unten Anmerkung 55 in diesem Kapitel

ges Phänomen dar. Ihre Proliferation vor allem in den letzten 25-30 Jahren und ihr autonomes Handeln, in Zusammenhang mit ihren vielfältigen Verflechtungen und Berührungspunkten mit anderen Akteurstypen, veranlasste Ferguson et. al. von einem komplexen und verwobenen System globaler Weltpolitik zu sprechen: „The concept of conglo-merate refers to a mixture of various materials or elements clustered together with-out assimilation. In economics the term is used to describe the grouping of firms of different types under a single leadership ... the complex conglomerate system ... (relates) ... to the existence of many autonomous actors of different types and their grouping into diffuse, flexible, and situationally-specific alignments." (dies. 1976: 42; 43) So richtig diese Beobachtungen und so zutreffend ihre Konzeption autonomer Akteure und situativ-spezifischer Akteursorientierungen und -allianzen sind, so müssen sie mittlerweile doch als unzureichend und überholt bewertet werden. Entscheidendes Kriterium hierfür ist das Bild der Unterordnung von Akteuren unter eine einzelne Autorität. Diese Beschreibung setzt erstens einen deutlich identifizierbaren Einzelakteur voraus, ebenso wie sie zweitens eine, dem Merkmal der Autonomie und des Autonomiestrebens entgegen gesetzte, Struktur eines hierarchischen Verhältnisses zwischen transnationalen Akteuren impliziert. Beide Annahmen treffen nicht (mehr) zu, wie die Ausführungen im letzten Abschnitt und wie neuere Komplexitätstheorien nahe legen. Der entscheidende Grund dafür, dass beide Annahmen scheitern, liegt in der Auflösung eines identifizierbaren Akteurs. Die netzwerkartige, Grenzen überschreitende und Teilnehmer sowie ihre kurzfristigen Handlungsziele strategisch wechselnde Organisationsform transnationaler Akteure macht es zunehmend unmöglich, sowohl im Interaktionsgeflecht einzelne Akteure zu erkennen und zu sondieren, als auch – im Sinne eines Ursache-Wirkungsverhältnisses – Akteur(e), Handlungskontexte und Handlungsfolgen klar unterscheiden zu können. „Interaction can be so intense and transformative that we can no longer ... distinguish between actors and their environment, let alone say much about any element in isolation", so Jervis zu dieser Beobachtung (ders. 1997:62).

Zwar arbeiten auch Komplexitätstheorien weiterhin mit einem Systembegriff – was mit den wechselseitigen Beziehungen der Akteure begründet wird –, doch lösen sie diesen gleichsam wieder auf, indem sie das Kernstück des systemischen Handlungsbegriffes negieren, nämlich kausal rekonstruierbare Rückwirkungen zwischen bestimmten Handlungen, Handlungsfolgen und Akteuren (sog. ‚feedback loops' oder ‚feedback processes'). Dementsprechend wird von komplexen ‚Systemen' gesprochen, in denen Akteure mit voraussagbaren und rekonstruierbaren, innerhalb angebbarer und entlang von Innen/Außen-Differenzen zu unterteilenden systemfunktionalen und systemspezifischen Handlungen und Handlungsabläufen brechen. „The global system is not simply a political ‚system'. It is a mix of social, economic, and political phenomena that interact to constitute global relations", so Robert Denemark (ders. 1999:53).

Diese Beschreibung der Interaktionsweise globaler Politik spielt gerade auf ihren den Systembegriff überwindenden Charakter an, da sich transnationale Handlungs- und Organisationsformen angebbaren Innen/Außen-Grenzen entziehen, ebenso wie die Unmöglichkeit einer systemspezifischen Zuordnung von Akteuren angesprochen wird. Das traditionelle systemtheoretische Integrationstheorem, aber auch das neuere systemtheoretische Inklusionstheorem – wonach soziale Akteure entweder in ein System integriert sind und hierin systemspezifische Rollen übernehmen und Rollenerwartungen erfüllen (so die traditionelle Auffassung nach Durkheim und Parsons) oder aber in verschiedene systemspezifische Funktionszusammenhänge ‚multiinkludiert' sind (so die neuere Auffassung nach Luhmann)[40] – werden dadurch in Frage gestellt. Denn beide Theoreme setzen einen eindeutig identifizierbaren, wenn auch in mehrere Handlungszusammenhänge involvierten Akteur voraus. Gerade diese Voraussetzung scheint jedoch im Kontext transnationaler Netzwerkstrukturen nicht gegeben.

Die Auflösung des/der Einzelakteurs/e in transnationalen Netzwerkstrukturen, die sowohl durch die Verwobenheit als auch durch die strategischen, an jeweiligen Handlungszielen orientierten Fragmentierungen und simultanen Neubildungen von Netzwerken begründet ist, trifft mit dem entterritorialen Charakter transnationaler Politik zusammen. Dieser Zusammenhang kann nun näher ausformuliert und dreifach bestimmt werden: Auf der Basis von Netz-

---

40 Vgl hierzu Armin Nassehi „Der mainstream seit Durkheim bindet die Bedingung der Möglichkeit sozialer Ordnung an die Inklusion aller partikularen Gruppen [in] einer Gesellschaft Den Hohepunkt dieser Entwicklung stellt sicherlich Parsons' Strukturfunktionalismus dar, für den Exklusion und Desintegration bestandsgefährdende, dysfunktionale Gefahren bedeuten In [modernen, ausdifferenzierten] Gesellschaften kann Inklusion (nun) keineswegs als Integration gedacht werden (Luhmann) Inklusion in der modernen Gesellschaft kann vielmehr ausschließlich als Multiinklusion gedacht werden, d h als gleichzeitige und unvermittelte Teilhabe von Menschen [bzw sozialen und politischen Akteuren] an unterschiedlichen Funktionszusammenhangen " (ders. 1999a 135f) Eine vergleichbare Konzeption soziopolitischer Integration als Ermoglichungsbedingung sozialer Gemeinwesen und politischer Ordnungen lieferte bereits die Integrationstheorie von Rudolf Smend, vgl oben Kap II 1

werkstrukturen und der Unmöglichkeit der Bestimmung ihrer territorialen Zugehörigkeit bilden sich Netzwerkformationen aus (deren Logik weiter unten bestimmt wird), die durch wechselnde Einzelakteure, intensive Interaktionsbeziehungen und dynamische Machtrelationen gekennzeichnet sind. Daraus folgt eine Verschmelzung einzelner Netzwerkakteure miteinander sowie mit ihren Handlungskontexten und -bedingungen (die sie, wie oben gesehen, in starkem Maße selbst mit produzieren).

Aus organisationstheoretischer Perspektive beschreibt Robert Maxfeld die Fragmentierung und Neubildung von Akteuren wie folgt: „Each time a new project is started, a team is named ... which is vested with full responsibility for success of the project, then dissolved when the project is completed. In most ... organizations the concept of team - small groups of experts in their own domain, formed to work together on a problem that requires expertise from all their domains - is a standard organizational management tool ... Successful ... organizations view organizational structures and design as tools to help organizations function, not as ends in themselves." (Maxfeld 1997:190) Diese Beschreibung greift auch Rosenaus Begriff der „fragmegration" (ders. 1997, 1997a; 1998) auf: Akteure, Akteursformationen und Handlungsstrukturen zerfallen und bilden sich gleichzeitig an anderer Stelle neu. Akteure „are learning, reacting, adapting, and changing even as they persist, as sustaining continuity and change *simultaneously*." (ders. 1997a:91; Herv. v. Verf.) Transnationale Akteure erscheinen dadurch als ein heterogenes Ensemble unterschiedlicher Organisationen, Netzwerke und Individuen: „each ... has its own timescale, and each .. has new kinds of relationships and properties." (Maxfeld 1997:176) Die Möglichkeit territorialer Ungebundenheit und die raumtranszendierende Ausdifferenzierung von Akteursbeziehungen sind ihrerseits Bedingungen *und* Resultat der transnationalen Vernetzung politischer Handlungen und Organisationsformen.

Differenzierung und Entterritorialität erscheinen als Gegenbewegungen zum traditionellen Konzept der staatlichen Integration von Akteuren in nationalen und internationalen Strukturen. Mit Georg Simmels Theorie sozialer Differenzierung, wonach Differenzierung als effizienzsteigernde Autonomisierung gesellschaftlicher Funktionsbereiche zu verstehen ist, kommt man dieser Bewegung transnationaler Politik analytisch näher (Simmel 1992). Auch Webers Modernisierungsprozess, verstanden als Ausdifferenzierung unterschiedlicher Handlungssphären mit je individuellen Rationalitätsformen und Eigengesetzlichkeiten (Weber 1972a) weist ein Stück des Weges zur Konzeption transnationaler Politik und ihrer ausdifferenzierten Handlungsebenen. Ihre Betonung der Autonomisierung, der Funktionalität und der Eigengesetzlichkeit ausdifferenzierter Bereiche und Akteure kann zur Erklärung transnationaler Politik verwendet werden und markiert den konzeptionellen Unterschied transnationaler Politik zu den traditionellen territorialgebundenen, nationalstaatsfixierten und identitätspolitischen Integrationskonzepten, wie sie beispielhaft von Smend ausformuliert wurden. Sowohl die sachliche Integration als ‚einheitlich motivierender Lebenszusammenhang', wie die persönliche Integration als ‚staatliche Führung, Repräsentation und kollektive Willensbildung', wie auch die funktionelle Integration als ‚kollektivierende Lebensformen' fassen die Realitäten transnationaler Differenzierungsprozesse nicht.

Allerdings bedürfen Simmels und Webers Konzepte der Ergänzung durch den Aspekt der Entterritorialität transnationaler Handlungsebenen.[41] Die von ihnen benannten Strukturmerkmale bisheriger Modernisierungsprozesse erhalten durch die Entterritorialisierung global agierender Netzwerke eine neue Qualität: Autonomie, Funktionalität und Eigengesetzlichkeit können in entgrenzten, entterritorialisierten und von staatlichen Ordnungsmustern losgelösten Kontexten ungleich ausgeprägter praktiziert werden als in Fällen der territorialen Gebundenheit politischer Akteure und ihrer Handlungen. Entterritorialität bedeutet hier, auf der Grundlage global aus-greifender Handlungs- und Organisationsformen, eine praktische Steigerung bzw. Steigerungsmöglichkeit der genannten Modernisierungsmerkmale – die dementsprechend von vielen auch als ‚postmodern', als ‚Zweite Moderne' oder auch als ‚postnational' bezeichnet wird.

Da all diese Bezeichnungen jedoch eine teleologische Prozessmetapher der Auflösung und letztendlichen Überwindung nationalstaatlicher Ordnungsgefüge sowie die Vorstellung von der Ungleichzeitigkeit zwischen nationalen, internationalen und globalen Politikprozessen beinhalten (so bereits in IV.1.), hier

---

41 Das gleiche galte im Übrigen für die Integrationstheorien nach Emile Durkheim, Talcott Parsons, Karl W Deutsch und Niklas Luhmann, die zwar *zunehmend* weniger eine physischgeographische Einheit als Gegenstand der Integration annehmen und stattdessen mehr von funktionalen Differenzierungen handlungsspezifischer Systemebenen ausgehen (vgl dazu Nassehi 1999b sowie oben in Anmerkung 1, Kap II) Für die Analyse transnationaler Politik mussten jedoch ihre Ansätze konsequent um die Aspekte der Entterritorialität und des schwach institutionalisierten und nicht systemischen Funktionszusammenhängen gehorchenden Organisationscharakters ergänzt werden

hingegen transnationale Politik als Erweiterung politischen Handelns und politischer Organisationsformen verstanden wird, die neben weiterhin bestehenden staatlichen und zwischenstaatlichen Ordnungsmustern existiert, möchte ich mich keinem dieser Begriffe anschließen.[42] Zwar sind *auch* auflösende Tendenzen transnationaler Politik gegenüber Nationalstaaten zu beobachten; zur Bezeichnung einer globalen Gesamttendenz scheint jedoch de – oben bereits erwähnte – Begriff der ‚fragmegration' (nach Rosenau) für angebrachter, da er der Wechselseitigkeit und Gleichzeitigkeit von Auflösungs- *und* Konstitutionsphänomenen transnationaler Politik, wie auch dem Wechselverhältnis zwischen staatlichen und globalen Entwicklungstendenzen und damit der Komplexität transnationaler Politik überhaupt erst gerecht wird.[43]

Transnationale Politik muss nun in einem weiteren Schritt unter dem Aspekt ihrer Entgrenzung diskutiert werden (dazu in IV.2.b). Zuvor bietet es sich jedoch an, die Logik transnationaler Akteursformationen und Handlungsorientierungen zu bestimmen, da diese unmittelbar mit der Entterritorialität transnationaler Politik in Beziehung steht und als treibendes Moment entgrenzten Netzwerkhandelns fungiert. Es war bisher von situativen Veränderungen von Netzwerkformationen, von wechselnden Handlungsorientierungen und Netzwerkteilnehmern, von zielspezifischen Akteurs- und Netzwerkallianzen, von nicht rekonstruierbaren und prognostizierbaren Handlungsabläufen und -ursachen sowie von der Dezentralisierung, Fragmentierung und Ausdifferenzierung transnationaler Machtrelationen die Rede. Diese Merkmale transnationaler Politik sind durch die Ergebnisse der Fallstudie veranschaulicht worden. Ebenso

---

42 Die Eigenständigkeit transnationaler Politik, zu der die politische Ausdifferenzierung entterritorialer und autonomer Netzwerke und ihrer Handlungsformen gegen- über staatlicher und zwischenstaatlicher Politik führt, ist in ihrem institutionellen Charakter schwierig zu beschreiben Es dürfte im wesentlichen von dem *Grad* ihrer Institutionalisierung abhängen, inwieweit transnationale Politik einen ‚polity'-Charakter hat oder nicht Sehr weit gehen diesbezüglich Joseph Camilleri und Jim Falk, die den ‚polity'-Charakter transnationaler Politik explizit hervorheben „(A) new polity (emerged) cultivating a renewed sense of wholeness, with no clear demarcated boundaries set by state territoriality or statist notions of national identity " (dies 1992 255) Ratsamer scheint hingegen die vorsichtigere, und durch die Beispiele der Fallstudie empirisch zu stutzende Variante von Richard Falk zu sein, von „policy forming areas" zu sprechen (ders 1999 168)

43 Vgl. dazu auch Gearoid O Tuathail und Timothy Luke, die unter Bezugnahme auf die Frage der Territorialität transnationaler Politik von einer Gleichzeitigkeit und doppelten Dynamik aus Deterritorialisierung und Reterritorialisierung sprechen („double dynamic of deterritorialization and reterritorialization", „deterritorialization and reterritorialization at the same time", vgl dies 2000 1, 6)

existiert über ihre Entstehung in der Literatur weitgehender Konsens, wenngleich einzelne Merkmale in ihrer Bedeutung und Konzeption kontrovers beurteilt werden. Die Antwort auf das verursachende Moment hinter den genannten Strukturmerkmalen transnationaler Politik, also die Antwort auf die Logik transnationaler Netzwerkformationen und ihres Handelns steht jedoch noch aus. Diese Antwort verweist auf den Begriff der *Funktionalität*.

Es können drei funktionale Bedeutungen von Transnationalität unterschieden werden. Alle drei Bedeutungen stehen in einem gemeinsamen Bezug zur Entterritorialität. *Zunächst* bilden transnationale Akteure globale Netzwerke, indem sie strategische Allianzen mit anderen, meist selbst transnationalen Akteuren eingehen, die in einem funktionalen Verhältnis zu ihren je eigenen Handlungszielen stehen. Die Kooperationsaspekte und Handlungsbeziehungen sind derart organisiert und strukturiert, wie sie der Zielerreichung im funktional besten Sinne dienlich sind. Innerhalb des Funktionsparameters spielen zwar auch ideologische und Identitätsgesichtspunkte eine Rolle, doch sind auch diese den strategischen Erfordernissen untergeordnet. Dabei lässt sich beobachten, dass ideologische und identitätsspezifische Akteurseigenschaften den funktionalen Erfordernissen untergeordnet oder in ihrem Sinne überhaupt erst aus- und umgebildet werden. Das oben dargestellte Fallbeispiel der Bank von Antigua und die Verflechtung der Akteure mit je unterschiedlichen Handlungszielen zeugt von der Veränderung akteursspezifischer Handlungsweisen durch Netzwerkbildungen sowie von der funktionalen Überlagerung divergierender Rollen der beteiligten Akteure: „(There) exists a rich galaxy of units ‚out there', other than sovereign nation states, that interact with one another for (individual; H.B.) ends ... an individual may belong to several units and become active in them for different purposes", so beschrieben Mansbach und Vasquez diesen Aspekt (dies. 1981:159).

Die funktionale Ausrichtung und Zielorientierung der je eigenen Handlungsformen,[44] führen somit zu einer strategischen Formation von Akteuren, Netzwerken und Allianzen. Man sucht sich die Kooperationspartner, mit denen die eigenen Ziele am effektivsten zu erreichen sind. Effektivität bedeutet hier funktionale Zielerreichung unter gleichzeitiger Beibehaltung der individuellen Autonomie, da nur sie weitere funktionale Koalitions- und Allianzbildungen

---

44 Sog „transnational functional linkages", so Mansbach/Ferguson/ Lampert 1976 158

erlaubt. Dies hat zur Folge, dass sich Akteure und Netzwerkformationen spontan, von außen betrachtet scheinbar beliebig und permanent neu zusammenfinden, konstituieren, auflösen und wieder neu bilden, je nach dem, was für den einzelnen Akteur unter funktionalen Gesichtspunkten am strategisch sinnvollsten ist. Akteure und Akteursbeziehungen fragmentieren und integrieren sich gleichzeitig zu immer neuen Netzwerken. Rosenaus Begriff der ‚fragmegration' erhält hier eine zusätzlich funktionale Komponente. Dabei ist jeder Akteur nicht nur Teilhaber und Mitspieler in einer Netzwerkformation, sondern kann gleichzeitig in mehreren, sich überlappenden und scheinbar unvereinbaren Akteursbeziehungen stehen. Den/einen einzelnen Akteur zu identifizieren wird zunehmend erschwert, da auch hier – analog zu poststrukturalistischen Theoremen über die Auflösung und Dekonstruktion des Subjektes, ebenso wie analog zu dem Inklusions- und Exklusionstheorem funktionaler Differenzierung nach Luhmann – Akteure in mehreren Netzwerkbeziehungen *gleichzeitig* verwoben sind (dazu auch Maxfeld 1997:177f.).

Dergestalt funktional strukturierte transnationale Netzwerkformationen[45] und die Dialektik zwischen Fragmentierung und Integration legen – so die *zweite* funktionale Bedeutung transnationaler Politik – einen anderen akteursbezogenen Integratonsbegriff nahe als traditionelle integrationstheoretische Annahmen. Bezog sich die Orientierung und Loyalität nationaler Akteure in den integrationstheoretischen Konzepten der sachlichen, persönlichen und funktionellen Integration ausschließlich auf den Nationalstaat und auf nationale Identitätspolitiken, so wird der Referenzrahmen für die Loyalität, die Handlungsorientierung und die Formation transnationaler Akteure von Funktionalitätskriterien ihrer Handlungsstrategien gebildet. Albert spricht diesbezüglich von der „Ausdifferenzierung von Referenzsystemen" (ders. 1998:51). War der im klassischen Sinne integrierte Akteur als der nationalstaatlichen Institutionenordnung und dem nationalen Kollektiv einverleibt konzipiert worden, und waren sein Handlungsfeld und seine Handlungsoptionen dadurch auf den Nationalstaat bzw. den zwischenstaatlichen Bereich fixiert, so lösen sich transnationale Akteur von dieser Fixierung und folgen der funktionalen Handlungslogik entterritorialisierter Netzwerke. Helmut Willke bezeichnet solche Netzwerke als „laterale Weltsysteme" und schreibt: „Ihre Bezugsgröße im Sinne eines territorialen Referenzsystems ist nicht mehr die nationale Gesellschaft ... sondern das Netzwerk."

---

45 „Functionally pragmatic transnationalism", so Brzezinski 1991/92 6

(ders. 1992:363) Damit entsteht ein neuer Begriff der ‚Integration': Integration bedeutet im Kontext transnationaler Politik die funktionale Formation entterritorialisierter Netzwerke, unabhängig von nationalstaatlichen Grenzen und Räumen.

Schließlich, so klang bereits an, bedeutet die Handlungs- und Organisationslogik der Funktionalität einen weiteren Faktor der Entterritorialität. Denn vereinigen transnationale Netzwerke unter den Gesichtspunkten ihrer Organisationsformen bereits entterritorialisierte, global agierende Akteure, so ermöglicht das Moment der Funktionalität – neben strukturellen und materiellen Voraussetzungen – Entterritorialität überhaupt erst unter handlungstheoretischen Aspekten: Akteure können, auf der materiellen Grundlage globaler Netzwerkbildungen (dezentralisierte Staatenwelt und neue Informations- und Kommunikationstechnologien), die Orte ihres Handelns unabhängig von nationalen Grenzen prinzipiell frei wählen. Dies enthebt sie der territorialen ‚Fixiertheit' (Simmel) nationaler und internationaler Akteure. Gleichzeitig schafft die freie Wahl der Handlungsorte und ihre transnationale Vernetzung weitere Möglichkeiten der effektiven Funktionserfüllung: Man wählt, vernetzt sich und interagiert an den Orten, an denen die effektive Erreichung und Umsetzung der Handlungsziele strategisch am besten möglich ist. Ist es – um einen Vergleich aus der Fallstudie zu wählen – beispielsweise die ‚European Union Bank' auf Antigua, die die besten Bedingungen zur Realisierung der eigenen Geschäfte ermöglicht, so wählt man diesen Ort, gegebenenfalls als ‚virtuellen Internet-Ort', um seine Geschäfte zu tätigen, auch wenn man selbst in Russland oder im Sudan ansässig ist und von dort aus in wiederum anderen Netzwerken agiert.

Die drei funktionalen Bedeutungen entterritorialisierter Netzwerkfunktionalität, die auf der organisationsstrukturellen Entterritorialität transnationaler Akteure selbst beruht und gleichzeitig Entterritorialität in neuem Maße ermöglicht, ziehen zahlreiche Konsequenzen für die Bedeutung und den Wandel traditioneller Grenzfunktion nach sich. Dies wird im nächsten Abschnitt erörtert.

b) Transnationaler ‚Ort' statt Territorialität und Raum

Wie lassen sich die Veränderungen traditioneller Grenzfunktionen im Bereich transnationaler Politik weiter konkretisieren und theoretisch ausformulieren?

Die Beantwortung dieser Frage wird mit dem Großteil der aktuellen politikwissenschaftlichen Debatten *inhaltlich* übereinstimmen, jedoch *konzeptionell* und *begrifflich* einen anderen Weg einschlagen: Es handelt sich um die gemeinsame Diagnose der Entgrenzung transnationaler Politik, des Bedeutungsverlustes territorialer Grenzen sowie den damit zusammenhängenden und im folgenden näher zu untersuchenden Funktionswandel nationaler Grenzen. Die Abweichungen jedoch bestehen in der Konzeption der durch transnationale Politik entstehenden – wie es nun zumeist missverständlicher Weise heißt – neuen politischen ‚Räume'.[46]

Es würde zu weit führen, die Verwendung des Begriffes vom politischen Raum bzw. im Englischen ‚space' in den aktuellen Diskussionen im einzelnen nachzuweisen. Doch bis auf wenige Ausnahmen wird der Raumbegriff zur Bezeichnung und Konzeption globaler Politik weiter verwendet. Und dies geschieht selbst dort, wo die Auflösung und Überwindung nationaler Räume und zwischenstaatlicher Raumordnungen durch transnationale Akteure, wo Bedeutungsverschiebungen und -verluste territorialer Grenzen wie auch die partielle Ersetzung territorialer durch funktionale Differenzierungsmuster angemessen gesehen, analysiert und beurteilt wird.[47] So wird beispielsweise von dem „Entstehen ... (von) Ordnungsmuster(n) jenseits der territorialstaatlichen Aufteilung des internationalen Systems" gesprochen (so Albert 1998:51f.), wobei diese

---

46 Die Bedeutung *supranationaler* Integration und die Entstehung supranationaler Räume als einer weiteren, jedoch von transnationalen ‚Räumen' abweichenden Form der Entstehung entgrenzter politischer Handlungsebenen sollen hier unberucksichtigt bleiben, vgl dazu auch in Kapitel II 1, ferner dazu spezifisch Kohler-Koch/Edler 1998, Jorges/Neyer 1998, Schulten 1998, Scharpf 1998 Das ‚Problem' der Entgrenzung stellt sich hier, im Vergleich zu transnationaler und globaler Politik, in weniger ‚radikaler' Weise, da die Handlungsebenen bspw der EU (oder auch der ASEAN und NAFTA) zwar in nationalstaatlich entgrenzten, dafür jedoch regional reterritorialisierten Grenzen und Raume angesiedelt sind, vgl dazu auch oben Anmerkung 1, Kap II

47 Einen innerhalb der sozialwissenschaftlichen Debatten ungewohnlichen und am Rande stehenden - und hier wegen seiner Gleichsetzung von ‚Raum' und ‚Ort' auch weiter nicht verwendeten - Raumbegriff konzipieren Knopfel/Kissling-Naef (dies 1993) Fur sie bedeutet die Ortsgebundenheit von Politik und politischem Handeln gerade die Verraumlichung von Politik, wobei sie traditionelle, d h an den Staat gebundene Vorstellungen von politischem Raum unberucksichtigt lassen Dabei verstehen sie unter ‚Ort' den lokalen Ort bzw „regionale Milieus" in ihren klimatischen, gesellschaftlichen und politischen Konkretisierungen ‚Raum' wird dann gleichgesetzt mit der additiven Gesamtheit solcher Orte ‚Verraumlichung' heißt bedeutet dementsprechend, „dass offentliche Politiken, um uberhaupt Wirkung zu entfalten, in den ortlichen bzw regionalen Kontext eingewoben werden " (dies 1993 269)

Ordnungsmuster dann als „räumlich" beschrieben und charakterisiert werden.[48] Gegen die Verwendung des Raumbegriffes zur Analyse transnationaler Politik wird hier die These vertreten, dass mit dem Bedeutungswandel und Bedeutungsverlust territorialer, und teilweise auch funktionaler, Grenzen der Raumbegriff in sich zusammenfällt, da dieser an territoriale Begrenzungen, zumindest jedoch an die Aufrechterhaltung der *Funktionen* der traditionellen Grenzbedeutungen gebunden ist. Die Abhängigkeit des Raumbegriffes von Grenzen und Grenzfunktionen gilt selbst dann, wenn der politische Raum nicht mit dem begrenzten Territorium eines Staates gleichgesetzt bzw. darauf reduziert wird, sondern darüber hinaus auch solche Merkmale wie „Identität", „gemeinsame nationale Sinnhorizonte" und „nationale kulturelle Verständigungs- und Kommunikationsmuster" impliziert werden (vgl. dazu Greven 1998:262 sowie die Kapitel II.2. und II.5.). Die Verwendung des Raumbegriffes in entgrenzten und entterritorialisierten Kontexten macht somit konzeptionell keinen Sinn. Seine Ausdehnung auf entgrenzte und entterritorialisierte Handlungskontexte führt höchstens zu seiner analytisch-konzeptionellen Unklarheit. Bevor dies im einzelnen dargelegt werden kann, muss der territoriale Bedeutungsverlust traditioneller Grenzfunktionen näher betrachtet werden. Die Forderung von Falk und Camilleri „to reassess the meaning, structure and interaction of boundaries" (dies. 1992:249), die diese Forderung selbst nur erheben, jedoch nicht einlösen, muss somit zunächst aufgegriffen und weiter verfolgt werden.

Bei der Diskussion territorialstaatlicher Grenzfunktionen wurden im zweiten Kapitel vier Bedeutungen unterschieden, die Grenzen in ihrer traditionellen Konzeption einnehmen und zu garantieren hatten: die rechtliche, sozialpsychologische, ideologische und sicherheitspolitische Funktion. Die Ergebnisse der Fallstudie haben verdeutlicht, dass die rechtlichen und die sicherheitspolitischen Funktionen territorialer Grenzen durch die Netzwerkfunktionalität transnationaler Handlungs- und Organisationsformen eingeschränkt bzw. aufgehoben werden: Für die Auflösung der rechtlichen Grenzfunktionen war der Begriff der ‚transnationalen Entzugsmacht' bezeichnend; die Verschiebung traditioneller sicherheitspolitischer Grenzfunktionen wird im nächsten Abschnitt IV.2.c) noch ausführlicher diskutiert. Sowohl in der Auseinandersetzung staatlicher und zwischenstaatlicher Institutionen mit transnationalen Akteuren, als auch zwischen

---

48 Diese, im weitreichenden Konsens mit ihren Analysen, nur punktuelle, doch konzeptionell wichtige Kritik trifft beispielsweise auch auf Ruggie, Ferguson, Mansbach und Kohler-Koch zu

transnationalen Akteuren selbst, sind sicherheitspolitische und rechtliche Funktionen *territorialer* Grenzen bedeutungslos geworden. Hier werden allenfalls territoriale Grenzen durch funktionale Differenzierungsmuster ersetzt.

Sind nationale und internationale Akteure und ihre Handlungen *territorial* innerhalb und entlang staatlicher Grenzziehungen und staatlicher Hoheitsgebiete identifizierbar, verortbar und, im Falle rechtlicher Angelegenheiten, territorial bestimmten nationalen und zwischenstaatlichen Rechtsräumen zuweisbar, so manifestieren sich transnationale Akteure bestenfalls nur durch ihr Handeln in *handlungs- und organisationsspezifischen Funktionsbereichen* Doch auch dies gilt nur mit Einschränkungen: Denn in praktischer Hinsicht ist die Identifizierung transnationaler Akteure sowie ihrer Handlungen und Handlungsfolgen durch die netzwerkbedingte Auflösung des ‚klassischen', als Einheit gedachten Akteurs und durch seine Verschmelzung mit seinen Handlungskontexten erschwert bzw., wie einige Autoren unterstrichen haben, unmöglich geworden.

Dementsprechend scheitert hier in den meisten Fällen auch der Versuch, die Auflösung territorialer rechtlicher und sicherheitspolitischer Grenzen und ihrer Grenzfunktionen als Umwandlung in ‚Systemgrenzen' (u.a. Luhmann 1982; 1997: 145-171) zu begreifen, die im Sinne funktionaler Differenzierungen neuartige Inklusions- und Exklusionsmechanismen schaffen und dadurch die Kontroll- und Regulativfunktionen territorialer Grenzen übernehmen würden. Denn die Konstitutionsbedingung eines jeden Systems ist seine Grenze zu einer Umwelt, die nicht zu *diesem* System gehört. Die heterogene, hybride und mit ihrer Umwelt verschmelzende Akteursformation transnationaler Netzwerke macht es jedoch unmöglich, transnationale Akteure als ‚System' in Relation zu ihrer Umwelt zu identifizieren.[49] Mit Blick auf die sicherheitspolitische und die rechtliche Funktion von Grenzen im Kontext transnationaler Politik muss folglich nicht nur eine Entterritorialisierung des Grenzbegriffes diagnostiziert werden; vielmehr liegt hier ein allgemeiner Bedeutungsverlust von Grenzen *auch* im Sinne ihrer funktionalen Differenzierungsleistungen vor.

Anders verhält es sich mit den ideologischen und sozialpsychologischen Funktionen territorialer Grenzen: So findet im Bereich ideologischer und sozial-

---

49 Das andere, oben in IV 2 a) genannte Argument, transnationale Akteure wegen einer nicht mehr gewahrten rationalen Rekonstruierbarkeit nicht als ‚System' begreifen zu können, ergänzt diesen Aspekt

psychologischer Grenzfunktion zwar ebenfalls eine Entterritorialisierung statt, doch dafür kann eine Modifikation territorialer in ausdifferenzierte Funktionsgrenzen beobachtet werden. Zwar bleibt auch unter dieser Perspektive das Problem der Auflösung ‚des' Akteurs bestehen. Doch sind ideologische und sozialpsychologische Ausdifferenzierungen jene zwei Ab-, Aus- und Begrenzungsbereiche transnationaler Politik, in denen überhaupt strukturelle Integrationsphänomene stattfinden. Denn entsprechend einem neu gewonnenen Integrationsverständnisses formieren sich transnationale Akteure unter ideologischen und sozialpsychologischen Gesichtspunkten zwar nicht mit Bezug auf territoriale Grenzen, wohl aber entlang funktionaler Grenzbereiche. So entstehen entsprechend der funktionalen Effektivität strategischer Allianzbildungen ‚quer' zu nationalen und zwischenstaatlichen ideologischen Räumen transnationale Ideologiesphären. Ihre funktionalen Grenzen sind jedoch um vieles durchlässiger und flexibler als es ideologische Grenzen zwischen Nationen sind. Sie sind von einer permanenten möglichen Variabilität entsprechend den Netzwerkfunktionalitäten strategischer Handlungsallianzen geprägt und fungieren daher lediglich als funktionale und entterritorialisierte Netzwerkgrenzen. Die Fragmentierung, Neubildung und Hybridität legen daher auch transnationaler ideologischer Grenzziehungen fest.

Ähnliches gilt für sozialpsychologische Grenzfunktionen, deren zentrales Merkmal im traditionellen Sinne in der Möglichkeit einer identitätsstiftenden ‚Einschmelzung' (Simmel) des Einzelnen in eine Einheit jenseits seiner persönlichen Individualität gesehen wird.[50] Nun ist es aus ausgewiesenen Gründen nicht möglich, von transnationalen Netzwerken als ‚Einheit' zu sprechen. Dementsprechend löst sich der Begriff der Identität als homogene Einheit des Akteurs auf. „The outcome is a heterogeneous pattern of overlapping allegiances". (Falk/Camilleri 1992:166) Analog zu der Mehrdimensionalität und Hybridität der Netzwerke und Netzwerkbildungen konstruiert sich auch das Individuum in transnationalen Lebensbezügen seine Identität als ‚multiple Identität' (dazu u.a. Appadurai 1991, Pries 1998, Albrow 1998).[51] Ich möchte diese Aspekte hier

---

50 Der Vollständigkeit halber sei hier auch auf die andere Seite der Medaille verwiesen, nämlich auf die sozial und politisch ebenso ausgrenzende und Kollektive als ‚fremd' stigmatisierende Wirkung von Grenzen, auch dies erkennt Simmel, beschreibt damit den ambivalenten Charakter von Grenzen und beurteilt diesen insgesamt kritisch, vgl ders 1992a; Behr 1998

51 Die Art individueller Identitätsbildung in transnationalen Kontexten ist vergleichbar mit der Stellung des Individuums in den multiplen Bezügen multikultureller Gesellschaften, dazu auch Rowan/Cooper 1999, Behr/Schmidt 2001

nicht unnötig ausweiten. Es dürfte deutlich geworden sein, dass transnationale Integrationsvorgänge zu neuen, und zwar funktionalen ideologischen und sozialpsychologischen Differenzierungs- sowie Ein- und Abgrenzungsphänomenen führen.

Betrachtet man nun alle vier traditionellen Grenzfunktionen gemeinsam unter den Bedingungen transnationaler Politik, so ist festzustellen, dass sich zwei (die sicherheitspolitische und die rechtliche) Funktionen auflösen,[52] zwei (die ideologische und die sozialpsychologische) hingegen modifizieren und ihre territorialen Bedeutungen durch funktionale Integrations- und Differenzierungsleistungen ersetzt werden. Unter Gesichtspunkten der politischen Steuerung nehmen die ersten beiden, zumindest in der wissenschaftlichen Literatur und im Bewusstsein politischer Eliten, den bedeutenderen Platz ein. Das heißt aber auch: Die Konsequenzen, die deren Auflösung mit sich bringen, scheinen für politische Veränderungsprozesse sowie für deren wissenschaftliche Konzeption bedeutsamer. So kann für den Fortgang der Diskussionen festgehalten werden: „(The) central issue is (now) the very nature of the political domain", in dem transnationale Akteure handeln (Falk/Camilleri 1992: 249).

Damit ist – da, wie oben erwähnt, diese ‚domain' zumeist als transnationaler ‚Raum' bezeichnet wird – der Punkt erreicht, wo der Bedeutungswandel territorialer Grenzen analytisch die Überwindung des Raumbegriffes nötig macht. Dabei empfiehlt es sich, über die Politikwissenschaft hinaus insbesondere aktuelle Debatten aus der politischen Geographie mit einzubeziehen, da hier entscheidende Anregungen für die politikwissenschaftliche Diskussion zu finden sind, die ihrerseits bei der Diskussion des Raumbegriffes noch stark traditionellen Vorstellungen verhaftet ist.

---

52 Fur *rechtliche* Grenzfunktionen gilt die Auflosung zumindest solange, als es nicht zu integrierten globalen Rechtsgemeinschaften und Rechtsinstitutionen kommt Dies ist jedoch noch nicht absehbar Sollte dies geschehen, dann ware hier zumindest die territoriale Grenzfunktion durch eine funktionelle Differenzierung ersetzt. Die im Interaktionsbereich transnationaler Unternehmen bereits praktizierte Rechtsform der sog ‚privaten Schiedsgerichtsbarkeit', eine in der Terminologie des internationalen Wirtschaftsrechts ‚entterritorialisierte', ‚denationale' oder auch ‚a-nationale' Form des Rechts (Herdegen 1995), bedeutet einen Schritt in die Richtung rechtlich-funktionaler Integrationsbereiche auf globaler Ebene Hier von einer Ersetzung der traditionellen Rechtsfunktion territorialer durch funktionale Grenzen zu sprechen, ist jedoch verfrüht, da dieser Bereich (noch) zu wenig institutionalisiert erscheint, siehe auch Geimer 1999, Hingst 2001, Voigt 1999/2000, Myres/Florentino 1994

In den modernen Sozialwissenschaften gibt es *en grosso modo* zwei gängige Ansätze zur Konzeption des politischen Raumes. Gemäß dem ersten, in der Politikwissenschaft, insbesondere in der Internationalen Politik dominierenden Ansatz wird Raum als begrenztes nationales Territorium verstanden, „as a series of blocks defined by state territorial boundaries" (Falk/Camilleri 1992:79; dazu auch oben Kap. II.) Der zweite, insbesondere in der traditionellen politischen Geographie und in der Wirtschaftsgeographie bedeutsame Ansatz betrachtet Raum unter stärker strukturellen Gesichtspunkten als territoriale Distrikte, Bezirke, Kreise, Regionen, Nationen und supranationale Integrationsverbände. Beiden Raumkonzeptionen unterliegt die Annahme von der Existenz von Territorialität und Grenzen. Zur Aufrechterhaltung des einen wie des anderen Raumbegriffes müssen alle genannten Grenzfunktionen gewährleistet sein, da sie nur gemeinsam den politischen Raum konstituieren und nur unter der Annahme aller vier Funktionserfüllungen der Raum als politischer Raum konstruiert werden kann. Der in Kapitel I und II heraus gearbeitete Zusammenhang von modernem Politik- und Staatsbegriff und Territorialität ergänzt sich hier mit den notwendigen Funktionsbedingungen politischer Räumlichkeit, d.h. mit der Erfüllung der sicherheitspolitischen, rechtlichen, sozialpsychologischen und ideologischen Grenzfunktionen. Denn wenn auch nur eine dieser territorialen Grenzfunktionen nicht erfüllt ist, dann sind die notwendigen Bedingungen zur Aufrechterhaltung des Raumbegriffes nicht gewährleistet.

Die einzelnen Raumparameter und mit ihnen die Aufrechterhaltung des Raumbegriffes erscheinen jedoch nur dann erfüllt, wenn sich die einzelnen Territorialitätsprinzipien empirisch mit den entsprechend gewährleisteten Grenzfunktionen ergänzen. Dies lässt sich mit der folgenden Übersicht veranschaulichen, die zur empirischen Überprüfung des Raumbegriffes an Hand der Erfüllung der Raumparameter „Grenzfunktionen" dient. Um diese Skizze möglichst offen zu gestalten und damit einen ‚offenen' Raumbegriff zu ermöglichen, der nicht nur nationalstaatliche und zwischenstaatliche, sondern auch regionale, lokale und supranationale Handlungsebenen umfasst, sollen, neben den territorialen Grenzfunktionen, auch *funktionale* Begrenzungs- und Differenzierungsleistungen berücksichtigt werden: Denn je offener die Optionen zur Erfüllung der notwendigen Grenzfunktionen, um so spezifischer kann die Nichterfüllung der Raumbedingungen im Falle transnationaler Politik verdeutlicht werden.

Abbildung 4   Territorialität, Grenzfunktionen und Raumparameter

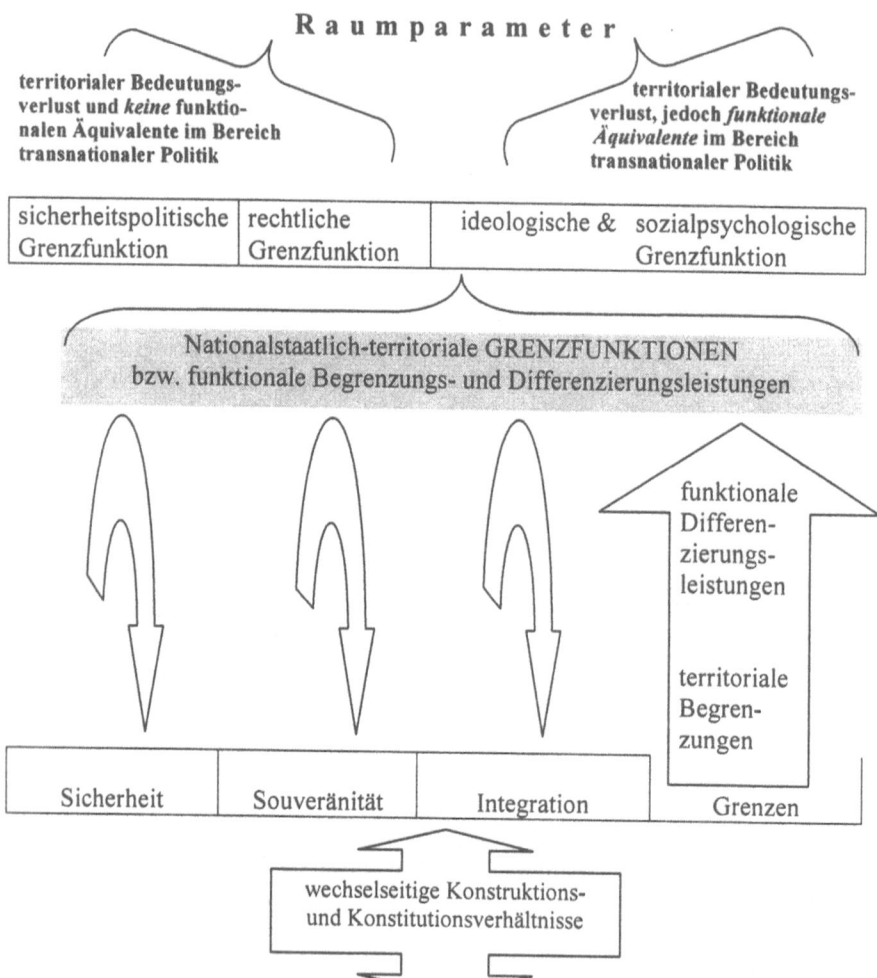

Aus der Übersicht kann eine weitere Logik transnationaler Politik gefolgert werden, die die zwei bisher identifizierten Merkmale der entterritorialisierten Netzwerkfunktionalität und der asymmetrischen Machtrelationen um ein drittes Merkmal ergänzt: Denn eine empirische Überprüfung jeweiliger Begrenzungs-, Differenzierungs- und Erfüllungsverhältnisse der Raumparameter gibt Aufschluss darüber, ob ein bestimmtes politisches Handlungs- und Ereignisfeld als Raum bezeichnet werden kann oder nicht. Denn wie bereits bemerkt, so kann nur dann von einem politischen Raum ausgegangen werden, wenn *alle* Raumparameter und ihre untergeordneten Funktions- und Begrenzungsleistungen – sei dies durch die Gewährung territorialer Grenzfunktionen oder funktionale Äquivalente – erfüllt sind. Eine empirische Überprüfung der Gewährleistung bzw. Nicht-Gewährleistung von Begrenzungs- und Differenzierungsleistungen zeigt somit verschiedene *Formen und Grade der territorialen und funktionalen Entgrenzung* und *Enträumlichung* von Politik an.[53]

Die Übersicht wird daher als ein Modell zur Überprüfung und Typologisierung von Entgrenzungen nationaler, supranationaler und transnationaler Handlungsebenen vorgeschlagen. In Anwendung auf transnationale Politik ergibt sich folgendes Bild: Die sicherheitspolitische Schutzfunktion von Grenzen kann sowohl in ihrem territorialen Sinne wie auch im Sinne funktionaler Grenzziehungen durch transnationale Akteure umgangen werden; ebenso verhält es sich mit der rechtlichen Grenzfunktion. Im Falle ideologischer und sozialpsychologischer Grenzfunktionen konnte hingegen die Ersetzung territorialer durch funktionale Grenzen beobachtet werden. Daraus wird in Anlehnung an die Bedingungs- und Konstitutionsleistungen des Raumbegriffes nach dem obigen Modell gezeigt, dass im Bereich transnationaler Politik eine entgrenzte Dimension politischen Handelns vorliegt, in der neue Handlungszusammenhänge, Integrationsverbände und Akteure (Netzwerke) entstehen, in der jedoch territoriale Grenzfunktionen partiell durch funktionale Grenzen ersetzt werden. Doch sind die Grenzfunktionen zur vollständigen Erfüllung der Raumparameter wegen der territorialen und funktionalen Auflösung sicherheitspolitischer und rechtlicher Grenzfunktionen nicht gegeben. Die Anforderungen an die Konstitutionsverhältnisse eines politischen Raumes sind somit nicht gewährleistet. Deswegen muss im Kontext transnationaler Politik die Verwendung des Raumbegriffes

---

53 Vgl dazu auch Falk/Camılleri, die von „different degrees and forms of spatiality" und „complex patterns of interaction between them" sprechen, *ohne* allerdings nähere Angaben zu machen uber die Grade und Formen von Raumlichkeit bzw Entraumlichung, dies 1992 147f

aufgegeben werden.[54] Hier schließt sich die Frage nach einem gegenüber dem Begriff des Raumes alternativen Begriff für das Handlungs- und Ereignisfeld transnationaler Politik an. Die Antwort auf diese Frage verweist auf ihre *dritte Logik*.

Es lässt sich aus der Literatur eine lange Reihe von Bezeichnungen zur Charakterisierung transnationaler Politik aufführen: ‚Dimension', ‚Sphäre', ‚Feld', ‚Ebene', ‚Bereich' (‚domain'), ‚policy forming area' etc. Ich habe mich diesen Bezeichnungen bislang angeschlossen und sie gelegentlich nur kurz kommentiert. Der Versuch, einen alternativen Begriff zu finden, wurde bis zu diesem Punkt aufgeschoben. Hier nun soll der Begriff des ‚Ortes' eingeführt und als transnationale Alternative zu dem auf nationalstaatliche und zwischenstaatliche Politik bezogenen Begriff des Raumes vorgeschlagen werden. Der Begriff des Ortes bezeichnet somit das dritte handlungs- und organisationslogische Merkmal transnationaler Politik. Entgegen möglichen Vermutungen, transnationale und globale Politik wegen der Infragestellung des Raumbegriffes als ortlos zu bezeichnen, ist zu betonen, dass natürlich auch transnationale Politik ihren konkreten (und gelegentlich auch territorial spezifizierbaren) Ereignisort hat. Die Frage auf das *Wo* transnationaler Politik kennt somit eine konkrete Antwort. Dieser Ereignisort soll *Ort* heißen. Denn der Begriff des Ortes kennzeichnet – bezüglich der Fragen ‚*Wo* findet transnationale Politik statt, wenn nicht im ‚Raum'?' und ‚Was sind dementsprechend die Merkmale transnationaler Politik, die ihr Ereignisfeld bestimmen?' – dieses *Wo*.

Mit dem Begriff des Ortes wird nicht auf die *Wirkungsfelder* transnationaler Politik angespielt, wie dies durch die Betonung eines Wechselverhältnisses zwischen ‚global' und ‚lokal' (‚globalism'/‚localism'), d.h. zwischen sowohl weltweiter und unbegrenzter als auch lokaler und regionaler Auswirkungen globalisierter Politik, ausgedrückt wird (vgl. den Begriff der ‚glocalization'; Robertson 1998). Demgegenüber geht es hier um die Bestimmung des *Ereignisfeldes*

---

54 „The global calls into question spaces defined by national political boundaries", so dazu auch Dirlik (ders 2000 3, dazu auch Dirlik/Roxam 2001) Anders mag es sich, aber dies bedurfte eigener Untersuchungen unter Verwendung des obigen Modells und unter Berücksichtigung re-territorialisierender Tendenzen, im Bereich *supranationaler politischer Handlungsebenen* verhalten Hier wäre ebenfalls im einzelnen zu untersuchen, inwieweit welche Grenzfunktionen (territorial und/oder funktional) aufrechterhalten sind Unter gewissen Annahmen wurde sich hier dann ein Begriff des *funktionalen Raumes* (‚functional space', vgl Falk/Camilleri 1992) im Falle vollständig gewährter funktionaler Differenzierungsleistungen anbieten

transnationaler Politik. Dieses Ereignisfeld kann auch als Handlungsfeld bezeichnet werden, in dem transnationale Politik stattfindet, und ist somit zu unterscheiden von ihren *Auswirkungen*. Es geht also um den Ort, an dem transnationale Akteure ‚zusammenkommen', sowie um die Frage, wie dieser begrifflich bestimmt und konkretisiert werden kann. Da ein konkretes ‚Zusammenkommen' von Akteuren durch die Netzwerkorganisation transnationaler Akteure jedoch nicht immer gewährleistet sein muss, damit eine Handlung ‚stattfindet', geht es, so kann man im weiteren formulieren, auch um den Versuch, die Knotenpunkte zu bestimmen, an denen sich Handlungen ereignen und Handlungsfolgen induziert werden.

Denn da Handlungen, Handlungsursachen und Akteur nur schwer bzw. tendenziell *nicht* erkannt, rational rekonstruiert und identifiziert werden können, bedeutet es einen wichtigen Schritt für die Analyse transnationaler Politik und ihrer globalen Bezugsrahmen, wenigstens die Bedingungen und Bedingungsmerkmale zu bestimmen, unter denen sie stattfindet; oder, wie Falk/Camilleri es ausdrücken, „to render the invisible visible" (dies. 1992:53). Dieser Versuch liegt diesem abschließenden Kapitel insgesamt zugrunde; er tritt hier jedoch in besonderem Maße hervor, da die Begriffsverwendung des ‚Ortes' als Alternative zu einer unzulässigen (Weiter)Verwendung des Raumbegriffes weniger als die bisherigen Konzeptionen an die aktuelle politikwissenschaftliche Literatur anknüpft.

So belaufen sich wertvolle Hinweise aus der politikwissenschaftlichen Literatur auf eher prinzipielle und richtungsweisende Anmerkungen, wie: „Can (we) specify what initial conditions will lead to what ... outcomes? No ... Indeed (we) cannot even anticipate whether a ... outcome will occur or, if it does, the *range within which it might fall* ... (It) has been shown that even the slightest change in an initial condition can result in an enormous deviation from what would have been the outcome in the absence of the change." (Rosenau 1998:88; Herv. v. Verf.) Oder auch: „Because actions change the *environment* in which they operate, identical but later behavior does not produce identical results." (Jervis 1997:60; Herv. v. Verf.) Konkreter sind hier die Geographen Agnew und Corbridge, die den Zusammenhang zwischen Territorialität, Grenzfunktionen und Räumlichkeit bzw. deren transnationale Überwindung ansprechen, wenn sie von einer „deterritorialization of space into *places*" sprechen (dies. 1995:227; Herv. v. Verf.; auch Agnew 1987). Doch unter weiteren konzeptionellen Gesichtspunkten der Spezifizierung dessen, was sie ‚places' nennen, ist auch ihre Konzeption ergänzungsbedürftig. Das gleiche gilt bereits für die früheren Beschäftigungen von Agnew mit dem Konzept des Raumes, wenn er schreibt: „(The) varied sources of ... ‚denationalization' (and the dissolution of the national) ... provide an opening of a multidimensional concept of place." (ders. 1989:4) Auch hier folgten jedoch keine Spezifizierungen der von ihm angesprochenen ‚Multidimensionalität'.

Ein Klassiker der Sozialwissenschaften hingegen weist sich durch seine analytische Tiefe aus, die für die Konzeption transnationaler Politik und ihrer dritten Logik den Begriff des ‚Ortes' empfiehlt. Georg Simmel, in die bisherigen Überlegungen in erster Linie als Raummetaphysiker eingegangen, erkennt, neben der räumlichen Fixiertheit von Politik, eine weitere politische Organisationsform, die er als transnational bezeichnet. Diese Organisationsform sei nicht an das Prinzip des Raumes gebunden, sondern weise sich durch das Ortsprinzip aus. Er nennt dafür beispielhaft die Transnationalität der Organisationsform der katholischen Kirche.[55] Indem die katholische Kirche unabhängig von Nationen und Nationalstaaten weltweit organisiert sei, in Form der Bistümer eigene lokale Machteinheiten unterhalte (vgl. oben die Metapher ‚imperium in imperio') und der Ort eines Kirchgebäudes, gleich wo es stehe, überall die gleiche Grundbedeutung und Funktion für die Gläubigen einnehme, habe man es unter organisationstheoretischer Perspektive mit einer Vielzahl funktional gleichwertiger Orte zu tun. Diese seien miteinander vernetzt und würden auf dieser Grundlage die katholische Kirche in ihrer Gesamtheit repräsentieren (Simmel 1992). Da es Simmel in diesem Teil über die *Formen der Vergesellschaftung* jedoch primär um die räumliche Ordnung der Gesellschaft geht, belässt er es bei diesen Hinweisen. In Anknüpfung daran kann jedoch weitergefragt werden, welche Merkmale transnationaler Politik der Begriff des Ortes wiederspiegelt und wie diese zu systematisieren sind.

Der Begriff des Ortes erfüllt als handlungs- und ereignisortspezifisches Merkmal transnationaler Politik die im vorigen Abschnitt herausgearbeitete entterritorialisierte Netzwerkfunktionalität, ebenso wie er dem Integrationsverständnis der Funktionalität gerecht wird, d.h. der funktionalen Gleichzeitigkeit aus Differenzierung und Integration. Er entspricht ferner dem Anspruch nationa-

---

55 Vgl dazu auch Haynes 2000, Rudolph/Piscatori 1997

ler Ungebundenheit und räumlicher Entgrenzung, die ihrerseits als Voraussetzungen und Folgen von Netzwerkeffektivität und funktionaler Integration transnationaler Netzwerke erkannt werden konnten. Denn es ist eine Bedingung derartiger Effektivität und Funktionalität, dass die Akteure ihren Handlungsort frei wählen können. Die je speziellen Eigenschaften des Ortes gewähren somit erst die Funktionalität und Effektivität des Handelns. Gleichzeitig aber existieren solche Orte nicht *a priori*, sondern werden durch das Handeln erst bestimmt und geschaffen. Analog zu der Bedeutung des nationalen Raumes – der einerseits als ‚soziale Tatsache' durch Handeln überhaupt erst geschaffen und ‚ausgefüllt' wird, dann aber, sobald er konstituiert ist, die Bedingungen für das Handeln und für die Existenz nationaler und internationaler Ordnungsstrukturen gewährt – ist der Ort eine *Bedingung* transnationaler Politik und ihrer Entterritorialität. „(Places) are not given, but produced by human activity ... Place consciousness is closely linked to ... globalism ... If the local is not to be conceived without reference to the global, it is possible to suggest that the global cannot exist without the local, which is the location for its producers ... not to speak of transnational institutions themselves", so Arif Dirlik (ders. 2000:2, 5; auch Lefebvre 1974).

Dieses sowohl Konstitutions-, wie auch Bedingungsverhältnis des Ortes entspricht der Variabilität transnationaler Handlungsfelder gemäß der strategischen Effektivität in der Erreichung von Handlungszielen. Es ist beispielsweise ziemlich gleichgültig, ob es – wie in dem illustrierten Fall – die Bank von Antigua ist, die als Handlungsort fungiert, oder irgendein anderer, äquivalenter Dienstleistungsort irgendwo auf der Welt, solange dieser die notwendige Funktionalität für die strategischen Ziele der Akteure gewährt. Es gibt hier keine ideologischen, psychologischen oder nationalen Loyalitäten wie in staatlichen und zwischenstaatlichen Handlungskontexten. *Der* Ort ist variabel, d.h. er ist kein fester Standort im traditionellen Sinne, sondern wird je nach Handlungsziel, Akteursformation und effektiver Strategie (Netzwerkfunktionalität) gewählt und neu geschaffen. Er kennzeichnet sich durch seine Funktionserfüllung. Ferner ist er potentiell multipel, d.h. entsprechend der funktionalen Variabilität von Handlungszielen und Akteursformationen gibt es eine Vielzahl äquivalenter Orte.

Diese Multiplität des Ortes deutet damit auf die funktionale Äquivalenz verschiedener Orte hin. Kein Ort hat gegenüber einem anderen Ort einen Vorteil außer den Vorteil, den der jeweils gewählte Ort unter Effektivitäts- und Funktionalitätsgesichtspunkten gegenüber anderen Orten bietet. Der ‚Wert' des Ortes liegt in seiner Funktionalität. Diese wird jedoch gleichsam relativiert durch die äquivalente Funktionalität anderer, prinzipiell unzähliger anderer Orte. An einem Beispiel aus der Fallstudie illustriert bedeutet dies: Die Wahl des ‚World Trade Center' auf Manhattan in den Jahren 1993 und 2001 als Handlungsort terroristischer Gewalt korrespondiert in perfid-perfekter Weise mit der funktionalen Erfüllung terroristischer Handlungsziele, da es einmal um Publikumswirksamkeit sowie zweitens um Effektivität der Handlung geht. Somit ist dieser Ort der funktional angemessenste Ort. Jedoch keinesfalls der einzig mögliche Ort gewesen. Die damit angezeigte Funktionalität, Variabilität und Multiplität des Handlungsortes unterstreicht eine weitere Logik der Entterritorialität und verweist damit auf den größten Unterschied des Ortsbegriffes zum Begriff des Raumes.

Denn es stellt sich die Frage nach der Territorialität und der Begrenztheit des Ortsbegriffes selbst. Insofern der Ort nämlich konkreter Ort der Handlung ist, an dem das Handeln transnationaler Akteure stattfindet und sich ereignet, liegt die Frage nahe, inwieweit auch das konkrete transnationale Handlungsereignis territorial gebunden und der Ort selbst begrenzt ist. Hierauf gibt es zwei Antworten: Zunächst zeichnet sich der ‚Ort', über seine Funktionalität, Variabilität und Multiplität hinaus, durch seine *Immaterialität* aus. Dies bedeutet, dass der Ort nicht zwangsläufig ein territorialer Ort sein muss, sondern allgemein das Ereignis symbolisiert und den Knotenpunkt markiert, an dem das Handeln transnationaler Akteure konvergiert und Handlungsfolgen induziert werden. Die einzelnen Handlungen, die zu Folgehandlungen und Handlungsfolgen führen, ebenso wie die Handlungsfolgen selbst, können wegen der Nichtlinearität und Nichtkausalität transnationalen Netzwerkhandelns nicht unbedingt unterschieden und rekonstruiert werden. Deswegen können auch die Orte und Knotenpunkte, an denen sich konkrete Handlungen und Induktionen von Handlungsfolgen ereignen, nicht zwangsläufig als materielle geographische Orte bestimmt werden. Die Immaterialität des Ortes als dessen viertes Attribut hängt somit wesentlich mit dessen fünftem Merkmal zusammen, nämlich der transnationalen *Vernetztheit* der Orte unter- und miteinander. Durch die Vernetztheit funktionaler Differenzierungen von Handlungen und Handlungsfolgen wird die Anzahl potentieller Handlungsorte permanent erweitert, gleichzeitig jedoch durch die Parallelität mehrerer Handlungskomponenten stetig differenziert.[56]

Immaterialität und Vernetztheit des Ortes geben somit die Antwort auf die Frage nach der Territorialität und der Begrenztheit des Ortes wieder. Wenn *der Ort transnationaler Politik* prinzipiell auch das Merkmal der Immaterialität in sich trägt, dann kann er nicht zwangsläufig territorial gedacht werden oder territorial begrenzt sein. Schließlich ist er, worauf sein Attribut der Multiplität verweist, nicht unbedingt als konkreter Ort einer bestimmten Handlung oder Handlungsfolge aus dem Geflecht vernetzter und unterschiedlichster Handlungskomponenten heraus sondierbar und erkennbar. Die Orte transnationalen Handelns und ihr Ineinandergreifen, wie sie beispielsweise durch die Nutzung moderner Informations- und Kommunikationstechnologien ermöglicht werden – man denke beispielsweise an ‚virtuelle Internet-Orte', verbunden mit der Standortlosigkeit mobiler Kommunikationsmittel –, sind das beste Beispiel für die Konvergenz der genannten fünf Attribute des Ortsbegriffes, d.h. der *Funktionalität, Variabilität, Multiplität, Immaterialität und Vernetztheit.*[57]

---

56 Dieses Verständnis konvergiert mit dem Ortsbegriff auch in etymologischer Hinsicht, da die Bedeutungen von ‚Ort', auch niederl. ‚oord' oder aengl. ‚ord', „unmittelbar am Ort des Geschehens" sowie die Abwandlung ‚orten' auf „die *augenblickliche* Position bestimmen" hinauslaufen; vgl *Herkunftswörterbuch, Etymologie der deutschen Sprache* 1989, Dornseiff, *Der deutsche Wortschatz* 1970 Analog zu diesem Verständnis ist auch engl ‚place' Wenngleich ‚place' in der Umgangssprache wie auch wissenschaftlich sehr viele Bedeutungen aufweist, so laufen diese doch in der Bedeutung zusammen, wonach ‚place' einen spezifischen, kleinen Teil oder eine spezifische Position in einem größeren Ganzen bezeichnet, die mit einem individuellen, jedoch wegen der Augenblicklichkeit des Geschehens nicht immer bestimmbaren im Ganzen des Geschehens nicht eindeutig einzuordnenden und zuzuordnenden Zweck verbunden wird, vgl *Oxford Dictionary* 1982, 1989, auch Deleuze 1983, 1994 Der Aspekt der Immaterialität unterscheidet den Ortsbegriff, so wie er hier verstanden wird, von den Konzepten der ‚Lokalität' und der ‚Regionalität', die demgegenüber im geographisch materiellen Sinne verstanden werden und ähnlich wie das Konzept der ‚Nation' von den Aspekten der Territorialität nicht zu trennen sind Vgl dazu u a Robertson 1998, auf den der Lokalitätsbegriff im Rahmen sozialwissenschaftlicher Globalisierungsdiskussionen zurückgeht, zum Konzept der „Region" vgl u a Kohler-Koch 1996, 1997, Link 1998

57 Der geschilderte Fall der ‚European Union Bank of Antigua' ist auch hier ein insofern anschauliches Beispiel, als sich selbst ein als staatlich identifizierbares Handeln (nämlich das Handeln Antiguas durch die Schaffung einer Freihandelszone für Internet- und Bankgeschäfte auf der Grundlage seiner staatlichen Souveränitätsrechte) in einem territorial unbestimmbaren und nicht rekonstruierbaren Gemenge von Handlungskomponenten – in diesem Fall unter rechtlich-territorialen Anknüpfungspunkten – entgrenzt und mit diesem Gemenge verschmilzt

Tabelle 5: Merkmale nationalstaatlicher und zwischenstaatlicher sowie transnationaler Politik: vorläufige Resultate

	Souveränitäts/ Macht/Autonomierelation	*Integration/Fragmentierung politischer Akteure*	*Territorialität/ Räumlichkeit & Entterritorialität, Entgrenzung und 'Ort'*
Nationalstaatliche und zwischenstaatliche Ordnungen	Souveränitäts-/Territorialitätsrelation: Macht als territorial gebundene Ressource; Herrschaft als Gebietsherrschaft,	staatliche-territoriale Integration; Integration als nationaler Werte- und Ordnungsbegriff	Territoriale und grenzspezifische Konstitutions- und Differenzierungsverhältnisse; Raumparameter
Entterritorialisierte, transnationale Politik	Autonome und asymmetrische Machtbeziehungen	Netzwerkfunktionalität; funktionale Gleichzeitigkeit aus Integration und Differenzierung	'Örtlichkeit': Funktionalität, Variabilität, Multiplität, Vernetztheit und Immaterialität des Ortes

c) *Asymmetrie und die Dezentralisierung transnationaler Konflikte und Konfliktlinien: ‚virtuelle Konflikte'*

Die Bedeutung der bisher herausgearbeiteten Logiken transnationaler Politik wird verstärkt, wenn man den Blick auf die Erweiterung nationaler und internationaler Sicherheitsbedrohungen richtet. Dabei bedeutet die Proliferation transnationaler Risiken keinen Anachronismus zwischenstaatlicher Konflikte, jedoch hat sich die Sicherheitsfrage, ebenso wie die *Bedingungen*, unter denen Sicherheit gewährleistet werden kann, durch das verstärkte Handeln nicht-staatlicher, transnationaler Akteure sowie durch ihre steigende Autonomie verändert. Diese Veränderungen begründen die These, dass der Nationalstaat seine klassische sicherheitspolitische Aufgabe zunehmend weniger erfüllen kann.[58] Im Weiteren soll nun auch nach der Logik dieses Handlungsfeldes gefragt werden.

Bereits im Rahmen der vier traditionellen Konstruktionsprinzipien staatlich-territorialgebundener Politik war die Sicherheitsfrage und die Konzeption ‚nationaler Sicherheit' jener Aspekt mit der größten praktisch-politischen Bedeutung. Auch im Bereich transnationaler Politik bleibt die Sicherheitsfrage der Aspekt mit der größten politischen Relevanz. Souveränität bzw. transnationale Machtrelationen, Integration bzw. Ausdifferenzierung transnationaler Netzwerke sowie Grenzfunktionen bzw. die ‚Örtlichkeit' transnationaler Politik werden demgegenüber eher als untergeordnete Handlungsbereiche wahrgenommen. Dies täuscht jedoch über den tatsächlich gleichen Status der genannten Aspekte als wesentlichen Strukturmerkmalen transnationaler Politik hinweg. Denn natürlich gibt es eine *nationalstaatliche* Politik der Souveränitätswahrung, der nationalen Integration sowie der Sicherung und Aufrechterhaltung von Grenzfunktionen, ebenso wie eine *transnationale* Autonomie- und Macht-, Netzwerk- und Standortpolitik existiert, die staatliche sowie zwischenstaatliche Gegenpolitiken hervorruft (z. B. Regime, regionale Integration, Mehrebenenpolitiken). Der stärkere praxisorientierte Gehalt der sicherheitspolitischen Fragestellung erklärt sich alleine daraus, dass transnationale Akteure mittlerweile mächtig genug sind und auch so wahrgenommen werden, um die eigene nationale Akteursqualität und nationale Sicherheitsinteressen ernsthaft zu bedrohen.[59]

Veränderte Handlungsdimensionen, eine neue Vielfalt von Risiken und Akteuren, eine wachsende Komplexität, eine veränderte Wahrscheinlichkeit und Größenordnung von Konflikten, die Dynamik und Multidimensionalität transnationaler Politik und ihrer Verflechtungen, sowie Interdependenzen mit staatlicher Politik weisen (auch) auf transnationale Risiken hin und führen zur Neukonzeption des Sicherheitsbegriffes;[60] ebenso machen sie eine strukturelle Neubestimmung dieser Sicherheitsrisiken erforderlich.[61] Auf deren *Logik* bezieht sich die nun offene Frage.

---

58   U a Zangl/Zürn 1999 142, ebenso bereits Zürn 1998, sowie ausfuhrlich oben in Kap II 4
59   Siehe dazu bereits die Ausführungen in Kap II 4
60   Siehe dazu oben den Begriff und die Diskussionen zur ‚comprehensive security', Kap II 4
61   Siehe dazu die Ergebnisse der Fallstudie aus III 1 sowie Tabelle 3

Die sicherheitspolitische Herausforderung durch transnationale Risikofaktoren und die damit veränderten Rahmenbedingungen für Sicherheit und Sicherheitswahrung werden vielfach betont: „Surely the most central need today is to redefine the fundaments of the international security order." (so Ruggie 1995:21) Denn galt – mit der Ausnahme des Partisanenkampfes (s.u.) – traditioneller Weise der ‚Feind' als be-kannt und schienen die Gefahren und politischen Herausforderungen deutlich erkennbar,[62] so scheint für transnationale Politik das Gegenteil zu gelten: „If there are enemies to be contested, challenges to meet, dangers to avoid, and responses to be launched, we are far from sure what they are." (Rosenau 1997a:73; auch ders. 1994) Und in Bezug auf die Anonymität der Akteure, die durch ihre entterritoriale Netzwerkorganisation und die Auflösung identifizierbarer Einzelakteur bedingt ist, erscheint als eine der größten Herausforderungen überhaupt die *Identifizierung* transnationaler Risiken: „(The) challenge to national security planning and force protection programming is how to visualize ... threats." (Glabus 1998:195) Welche Logiken können für transnationale Sicherheitsrisiken identifiziert werden? Und wie konvergieren diese mit den bisher erarbeiteten Merkmalen transnationaler Politik?

Zu Beginn dieses Abschnittes wurde das für transnationale Politik typische Merkmal entterritorialisierter und fragmentierter Machtbeziehungen herausgearbeitet. Macht wurde hier, im Gegensatz zu traditionellen Konzepten von Macht als Ressource, als jeder Interaktion endogene Variable beschrieben, die erst im und durch Handeln entsteht. Wie machtvoll ein Akteur potentiell ist, ergibt sich aus seiner Autonomie gegenüber anderen staatlichen wie nichtstaatlichen Akteuren. Und wie machtvoll ein Akteur tatsächlich ist, zeigt sich nicht an messbaren Ressourcen, die er sein Eigentum nennen kann, sondern immer erst in der *Beziehung zu* anderen Akteuren, d.h. in der Stellung, die er gegenüber anderen Akteuren bezüglich der Erreichung seiner Handlungsziele einnimmt. In solchen Machtrelationen können, in Abhängigkeit von den zu verhandelnden Handlungsgegenständen und konkreter politischer Handlungsfelder, scheinbar kleine und an Machtressourcen ‚arme' Akteure unerwartete Stärke erlangen und an Einflüssen gewinnen. Unter der Perspektive der traditionellen Konzeptionen von Macht (und Souveränität) sind solche Relationen sowie die damit verbundenen fragmentierten Orte der Macht weder erkennbar noch analytisch fassbar.

---

62 Vgl dazu vor allem oben in Kap II 4

In den aktuellen sicherheitspolitischen Diskussionen werden solche Relationen und die dadurch unter sicherheitspolitischer Perspektive entstehenden Bedrohungen als *asymmetrisch* und das als Bedrohung empfundene Handeln transnationaler Akteure als *asymmetrische* Kriegsführung bezeichnet. „The concept of asymmetrical warfare is a ...much discussed issue in [e.g. the] U.S.defense literature these days. Joint Vision 2010 (JV 2010), the Quadrennial Defense Review (QDR), and the National Military Strategy (NMS) are just a few of the documents that express concern about it ... (In) the modern context, asymmetrical warfare emphasizes what are ... perceived as unconventional or nontraditional methodologies", so Charles Dunlap zu den strategischen Einschätzungen des Pentagon (ders. 1998:1).

Asymmetrie bedeutet in diesem Zusammenhang jede sicherheitspolitisch relevante Relation zwischen zwei oder mehreren Akteuren, in denen *disparate* Verhältnisse bezüglich der Verfügung und dem Einsatz militärischer Mittel beobachtbar sind. Lloyd Matthews schreibt dazu: „In formal terms, we can define asymmetry as any military significant disparity between contending parties with respect to the elements of military power broadly construed." (ders. 1998:20) Allerdings, und das sagt der Begriff der Asymmetrie hier aus, ist die Verfügung und der Einsatz konventionell überlegener militärischer Mittel *kein* Indiz für die Effektivität und die Macht des Handelns. Effektivität und Macht des Handelns zeigen sich erst in der konkreten Situation, in der die jeweiligen Mittel und Strategien zum Einsatz kommen sowie in der *dadurch entstehenden* Relation, in die die Akteure zueinander gebracht werden. „Asymmetries invite the study of the fact that elements of military power are never applied in a vacuum, but always in particular political, economic, cultural, religious, psychological, geographic and climatic contexts that qualify the utility of each element of power and condition the way each acts against the other elements of power." (ebd.) Diese Beobachtung von der Kontextabhängigkeit der Effektivität militärischer Mittel ist an sich nichts Neues (vgl. u.a. bereits Machiavelli, *Discorsi*, ‚Zweites Buch'), jedoch erfährt sie im Bezugsrahmen transnationaler Politik eine gesteigerte Relevanz gegenüber traditionellen Mitteln der Kriegsführung.

Das in der Fallstudie gewählte Beispiel des transnationalen Terrorismus ist in besonderem Maße ein solcher Fall asymmetrischer Kriegsführung. Mit vergleichsweise geringfügigen Mitteln können im traditionellen Sinne als unverhältnismäßig zu bezeichnende Wirkungen erzielt werden. Gezielte und strategisch wirksame ‚Nadelstiche' können eine Supermacht gefährlich verwunden. Im Sinne des in Kapitel III betonten, nicht auf Territorialgewinn und -besitz ausgerichteten strategischen Interesses transnationaler terroristischer Vereinigungen, ist der Anschlag auf das ‚World Trade Center' im September 2001, insbesondere unter Berücksichtigung der damit einhergehenden psychologischen und infrastrukturellen Verwundung der USA als militärischer Supermacht, ein herausragendes Beispiel der Asymmetrie. „Asymmetric warfare is a set of operational practices aimed at negating advantages and exploiting vulnerabilities rather than engaging in traditional force-to-force engagements." (Herman 1997:176) Asymmetrische Kriegsführung wird somit zu einer bevorzugten Strategie von Akteuren, die im traditionellen Sinne messbarer Machtressourcen und -potentiale als ‚schwach' zu bezeichnen sind. „The incentive to engage in asymmetric warfare is usually greatest for the weakest party against a stronger ... Asymmetric concepts .. are atypical and presumably unanticipated by more established militaries, thus catching them off-balanced and unprepared. "(ebd.)

Die potentielle Macht, die transnationale Akteure in sicherheitspolitischen Fragen erlangen können, erwächst ausschließlich aus der asymmetrischen Relation, die sie gegenüber anderen, beispielsweise staatlichen Akteuren einnehmen können. Um in diese Position zu kommen und um diese Relation strategisch nutzen zu können, ist ihre Transnationalität die beste Voraussetzung. Erweitert man diese Perspektive, so fällt auch der Guerilla- und Partisanenkrieg (in historischer Perspektive dazu ‚klassisch' Engels 1870 [1971]) unter die Form asymmetrischer (und entstaatlichter) Kriegsführung. Ein Beispiel ist hier der erfolgreiche Kampf der afghanischen Widerstandskämpfer gegen die Sowjetunion in den 1980er Jahren, als eine militärisch ‚schwächere' Partei einer Supermacht unter Ausnutzung spezifischer geographischer, klimatischer und politischer Kontextbedingungen die Grenzen ihrer Macht aufgezeigt hat. Auch hier enthüllte sich militärische Macht als ein asymmetrisches Verhältnis. Aufschlussreich ist hierzu auch Carl Schmitts Behandlung des Partisanen (ders. 1963).

Für Schmitt erhält der Partisanenkämpfer vor allem unter Bedingungen der Entstaatlichung und der Enthegung des Krieges politische Bedeutung, wodurch er sich als ein eigenständiger politischer Typus gegenüber den definierten Merkmalen staatlicher und völkerrechtlich geregelter Kriegsführung auszeichnet. Entgegen dem Kennzeichen der staatlichen „Hegung des Krieges" (Schmitt 1950:112), die sich vor allem durch die Unterscheidung in Kombattanten und

Nichtkombattanten charakterisiere und wonach militärische Handlungen gegenüber Nichtkombattanten geächtet werden, verkörpert der Partisan Irregularität und Mobilität: Für das Phänomen des Partisanen müssen im Kontext herkömmlicher Kriegs- und Gewalttheorien ‚neue' Kategorien und Typologien der politischen Einordnung gebildet werden. Er eröffnet durch seine Irregularität und Mobilität im Vergleich zu kriegführenden, staatlichen Armeen einen „theoretischen Freiraum" (so Llangue 1990:61). Der Partisan und seine Beschreibung nach Schmitt können damit als ein Beispiel entstaatlichter ‚Kriegsführung' gelten, das zusätzlich zum Terrorismus den Begriff der Asymmetrie beleuchtet.

Der Unterschied jedoch, Asymmetrie als das zentrale Kennzeichen einer gewandelten globalen Sicherheitssituation und nicht nur als ein strategisches Beispiel zu verstehen, hängt entscheidend mit der Entstehung von Transnationalität als neuer eigenständiger Dimension politischen Handelns zusammen: also mit der Proliferation transnationaler Risikofaktoren, der Entwicklung und Nutzung moderner Informations- und Kommunikationstechnologien, der Entwicklung neuer Waffentechniken, der multipolaren Ausdifferenzierung der internationalen Staatenwelt sowie schließlich mit der netzwerkartigen Organisation transnationaler Akteure selbst:

„(The present focus on asymmetric warfare is a manifestation of) the profound changes in the international political arena coupled with the equally significant transformation of warfare created by technological change . Military strategists and planners (are forced) to reassess the future of conflict environment (and) to label and to identify major characteristics in the changing conflict environment " (Sloan 1998:173)

Denn genau in dem Maße, in dem die Orte der Macht fragmentiert und die Machtverhältnisse durch die Kontextbedingungen, in denen die Handlungen stattfinden, bedingt sind, stellen sich transnationale Sicherheitsrisiken als globales, heterogenes Feld asymmetrischer Machtrelationen dar. Wenn in aktuellen Analysen, Dokumenten und in der wissenschaftlichen Literatur von Nonlinearität, Unkalkulierbarkeit und Unvorhersehbarkeit neuer Sicherheitsrisiken gesprochen wird, dann liegt der Grund dafür in ihrer beschriebenen Heterogenität und Asymmetrie. Nicht nur, dass sich ein dergestalt gegliedertes Risikospektrum den traditionellen Denkfiguren und Konzepten entzieht. Mehr noch: Zwar kann seine Logik benannt und herausgearbeitet werden, doch dem politisch-praktischen Bedürfnis nach Kalkulierbarkeit der Machtvektoren, die hier am Spiel sind, kommt ihre Analyse allein noch nicht unmittelbar näher. „The process of calculating the resultant of the various vectors of power wielded by two asymmetrically related opponents ... can be quite problematic." (Matthews 1998:20) Dies gilt um so stärker, als im folgenden für den Bereich transnationaler Risikofaktoren zwei weitere Konvergenzen – neben der des transnationalen Machtbegriffes – mit den bisherigen Logiken transnationaler Politik aufzufinden sind.

Ein zweites Konvergenzkriterium besteht mit der oben beschriebenen *Netzwerkfunktionalität* der Organisations- und Handlungsformen transnationaler Akteure. Mit dieser Netzwerkfunktionalität ging die Auflösung des klassischen, als Einheit gedachten Akteurs Hand in Hand. *Der* transnationale Akteur löste sich in den Verwebungen, funktionalen Fragmentierungen und Neubildungen globaler Netzwerkstrukturen auf und kann nicht mehr als eine handelnde Einheit identifiziert werden. Damit stand die Schwierigkeit einer rationalen Rekonstruktion von Handlungsursachen und Handlungsfolgen in Zusammenhang. Da beispielsweise durch terroristische Gruppen ausgeführte Attentate und Anschläge an die unmittelbare Präsenz von Handelnden gebunden sind, kann zwar der einzelne, vor Ort konkret Handelnde (so beispielsweise der durchführende Akteur einer terroristischen Handlung) erkannt und sichtbar werden; die Entstehung der Handlung, die Absehbarkeit des dadurch entstehenden Risikos sowie das agierende Handlungsnetzwerk, in das der durchführende Akteur eingebunden ist und das seine Handlung überhaupt erst ermöglicht, sind, wenn auch teilweise rekonstruierbar, so jedoch nicht als Ganzes erkennbar. Die oben zitierte Notwendigkeit, transnationale Risikofaktoren überhaupt erst sichtbar zu machen („to visualize') sowie Wissen über ihre Struktur und die Handlungslogik der Akteure zu bekommen, wird hier in ihrer ganzen Tragweite deutlich: „The exact nature of changes in behavior of other agents and introduction of new agents is not only unpredictable, but *unknowable*", so Maxfeld zu dieser neuen Herausforderung (ders. 1997:194; Herv. v. Verf.).

Wenn – wie oben in II.4. argumentiert – Sicherheit und Sicherheitsbedrohungen keine objektiv gegebene Tatsache, sondern von jeweiligen Perzeptionen abhängig sind, dann wird die Beschwörung transnationaler Sicherheitsrisiken, insbesondere des transnationalen Terrorismus, als größte Gefahr nach dem Ende des Ost-West-Konfliktes verständlich. Denn ungeachtet nationaler Einfärbungen einschlägiger Sicherheitsexperten und -institute,[63] ist doch die Diagnose zutref-

---

[63] Vgl dazu oben die kritischen Anmerkungen in Kap III, insbesondere in III 1

fend, die sie hinsichtlich der Anonymität (Nonlinearität, Unkalkulierbarkeit, Nichtprognostizierbarkeit, fehlende Identifizierbarkeit der Akteure) transnationaler Sicherheitsrisiken vornehmen. Nicht nur gewohnte sicherheitspolitische Konzepte der Analyse von Bedrohungen und Risiken versagen und traditionelle Strategien scheinen nicht mehr anwendbar. Hingegen glaubt man auch von einer nur *potentiellen*, jedoch realen Gefahr zu wissen und sie zu antizipieren, ohne sie jedoch zu ‚sehen' und ohne sie einschätzen, prognostizieren und auf einen bestimmbaren Gegner ausgerichtete Gegenmaßnahmen entwerfen zu können. Dies drückt sich in der Redewendung und angemessenen Diagnose aus, Risiken seien ‚at any instant at many `presents''.

Hier kommt nun das *dritte Konvergenzkriterium* der ‚Örtlichkeit' ins Spiel. Der Begriff des Ortes wurde oben an Hand der Merkmale seiner Funktionalität, Variabilität, Multiplität, Vernetztheit sowie seiner möglichen Immaterialität bestimmt. Ergänzend zu den bislang genannten zwei Konvergenzkriterien erfüllt der Ort eine dritte Logik transnationaler Sicherheitsrisiken: Denn wenn transnationale Risiken nicht antizipierbar und prognostizierbar sind, dann bedarf es, neben den Merkmalen asymmetrischer Machtrelationen und der fehlenden Identifizierbarkeit von Akteuren, einer weiteren Bedingung: Diese betrifft das *Wann* und *Wo* des Ereignisses. Da diese zu einer Prognose bekannt sein müssen, folgt im Umkehrschluss, dass sie im Falle von Nichtprognostizierbarkeit unbekannt und verhüllt bleiben müssen. Wenn nun das Ereignisfeld transnationaler Politik und transnationalen Handelns der ‚Ort' ist, dann erfüllen die genannten Ortscharakteristika auch für transnationale Sicherheitsrisiken die noch fehlende Bedingung, um von ihrer Anonymität ausreichend sinnvoll sprechen zu können: Ihrer Nonlinearität, Unkalkulierbarkeit, der zeitlichen Nichtprognostizierbarkeit und der fehlenden Identifizierbarkeit von Akteuren gesellen sich die Eigenschaften der Örtlichkeit hinzu, die auch eine Prognose, *wo* beispielsweise ein terroristisches Attentat stattfinden wird, nur beschränkt zulassen.

Dies bedeutet, dass es Orte mit unterschiedlicher Wahrscheinlichkeit für terroristische Attentate gibt. Diese Wahrscheinlichkeit ist von ihrer Attraktivität im Sinne terroristischer Handlungslogik abhängig. Orte mit hoher öffentlicher Aufmerksamkeit, mit infrastrukturell herausragender Bedeutung sowie Symbole staatlicher Macht sind mit höherer Wahrscheinlichkeit Ziele und Gegenstand terroristischer Aktionen als ‚lediglich' die Entführung eines Zivilflugzeuges oder Attentate auf Einzelpersonen. Die Geschichte transnationaler terroristischer

Attentate von dem Anschlag auf den Flughafen Lod in Israel, über die Entführung der *Achille Lauro*, den Anschlag auf das ‚World Trade Center, 1993, die Botschaftsanschläge in Kenia und Tansania 1998 bis hin zu Anschlägen vom 11. September 2001 zeugen von einer Auswahl zunehmend ‚attraktiver' Orte, wobei die Durchführung der Attentate und ihr ansteigender, erfolgreich bewältigter logistischer Aufwand in direkter Linie mit den gestiegenen Handlungsoptionen transnationaler Akteure zu sehen ist.

Prinzipiell jedoch können transnationale Sicherheitsrisiken an variablen und mehreren, funktional äquivalenten Orten auftreten, wobei die als Sicherheitsrisiko wahrgenommenen Ereignisse miteinander vernetzt stattfinden. Die Ereignisse diversifizieren sich und *ein* Ereignis ist dort, wo es stattfindet, nicht die Totalität dieses Ereignisses, sondern nur ein Teil eines zusammenhängenden Netzwerkes von Ereignissen. Der Gesamtkontext von Ereignissen ergibt sich aus strategisch notwendigen Kooperationen und Operationen zur effektiven Erreichung der Handlungsziele, ist aber selbst genauso wenig erkennbar, wie das Einzelereignis in seinem *Wo* und *Wann* prognostizierbar ist. Die Zuverlässigkeit von Aussagen über den Ort transnationaler Handlungen beschränkt sich auf Wahrscheinlichkeitsaussagen. Denn die Variabilität macht einen Ort einem anderen Ort funktional gleichwertig. Die Mutiplität des Ortes unterstreicht diese funktionale Gleichwertigkeit; und die Vernetztheit der Orte unter- und miteinander lassen ein transnationales Sicherheitsrisiko lediglich als Teil eines, immer nur partiell zu erkennenden, Gesamtzusammenhanges erscheinen.[64]

Mit Blick auf den transnationalen Terrorismus, der die Logik transnationaler Sicherheitsrisiken exemplarisch verkörpert und praktiziert, spricht Sloan deswegen auch von einer „ambiguous conflict environment." In einem solchen sicherheitspolitischen Umfeld würden entscheidende Gegenstrategien und ‚Siege' wegen der Vernetztheit und der bloßen Partialität einzelner, örtlich stattfindender Ereignisse zunehmend unwahrscheinlicher (Sloan 1998:178f.; in diesem Sinne auch Dobson [1987] mit dem Topos des ‚never ending war'). Nach

---

64 Vgl. zur Anonymität von Netzwerken und Netzwerkakteuren im Zusammenhang mit den Attentaten vom 11 September 2001 auch. „Die Ahnungslosigkeit der Geheimdienste", in *Suddeutsche Zeitung*, Nr 211 v. 13 09 2001, S 2 sowie „Why didn't we know" (http //www time com/time/nation/article/0,8599,175025,00 html [20 September 2001]), die immer nur partiell zu erkennenden Akteursbeziehungen und Handlungszusammenhänge werden durch die nur puzzleartigen und Fahndungserfolge staatlicher Behörden um die Attentate und Attentäter des 11 September unterstrichen

Robert Steele bedeuten transnationale Risiken die Entstehung einer sicherheitspolitischen „virtual world" (ders. 2000:133).

In dem Begriff der Virtualität vereinen sich die Merkmale der Asymmetrie, der Anonymität und der Örtlichkeit transnationaler Konflikte und Konfliktlinien. Virtualität deutet somit auf die vierte Logik transnationaler Politik hin, die sich an den bislang sichtbar gewordenen Strukturen transnationaler Sicherheits- und Risikofaktoren am deutlichsten abzeichnet. Dabei kann vermutet werden, dass der Begriff der Virtualität als Schlüsselbegriff für das Verständnis transnationaler Politik dient. Denn wenn die hier heraus gearbeiteten Merkmale transnationaler Politik und ihre Konvergenz mit den bislang diskutierten sicherheitspolitischen Logiken sich in dem Begriff der Virtualität verdichten, dann drückt Virtualität die *situationsspezifischen und kontextabhängigen Handlungs- und Organisationslogiken transnationaler Politik aus*. Um dies zu prüfen, wird der Begriff der Virtualität im nächsten Kapitel diskutiert. Zunächst kann jedoch Tabelle 5 um die Bestimmung der transnationalen Sicherheitsproblematik vervollständigt werden (siehe nächste Seite).

Tabelle 6: Merkmale nationalstaatlicher und zwischenstaatlicher sowie transnationaler Politik

	Souveränitäts-/Macht/Autonomierelation	*Integration/Fragmentierung (fragmegration) politischer Akteure*	*Territorialität und Räumlichkeit sowie Entterritorialität, Entgrenzung und 'Ort'*	*Nationale/Internationale Sicherheits u. transnationale Sicherheitsrisiken*
Nationalstaatliche und zwischenstaatliche Ordnungslogiken	Souveränitäts/Territoralitätsrelation: Macht als territorial gebundene Ressource; Herrschaft als Gebietsherrschaft	Staatliche-territoriale Integration; Integration als nationaler Werte- und Ordnungsbegriff	Territoriale u. grenzspezifische Konstitutions- und Differenzierungsverhältnisse, Raumparameter	Axiome der territorialen Verortbarkeit von Akteuren und Bedrohungen, Prognostizierbarkeit und mittel- bis langfristige Straegiekonzepte
Entterritorialisierte, transnationale Politik	Autonome und asymmetrische Machtbeziehungen	Netzwerkfunktionalität; funktionale Gleichzeitigkeit aus Integration und Differenzierung	'Örtlichkeit'-Funktionalität, Variabilität, Multiplität, Vernetztheit und ‚Immaterialität' des Ortes	Asymmetrische Machtbeziehungen; Nicht-Identifizierbarkeit der Akteure; transnationale, d.h. 'örtliche' Konflikte und Konfliktlinien; 'virtuelle Bedrohungen'

V Zum Verhältnis transnationaler und staatlicher Politik

Vorbemerkungen

Unter der Überschrift „Zum Verhältnis transnationaler und staatlicher Politik" werden im Folgenden zwei Perspektiven aufgegriffen: einmal soll die Logik transnationaler Politik präzisiert werden; dies soll zum zweiten dazu dienen, durch Transnationalität entstehende, spezifische Herausforderungen staatlicher und zwischenstaatlicher Politik herauszuarbeiten. Dazu wird zunächst der Begriff der Virtualität aus dem letzten Kapitel wieder aufgenommen und phänomenologisch als heuristisches Instrument zur idealtypischen Bestimmung transnationaler Politik entwickelt (V.1.). In V.2. wird die Frage aufgegriffen, mit welchen Herausforderungen *staatliches* Handeln konfrontiert ist, wenn es, wie im Falle des Terrorismus, auf den Bereich transnationaler Politik kontrollierend und steuernd zugreifen möchte. Die idealtypische Zuspitzung transnationaler Politik auf das Beispiel des Terrorismus und die Diskussion der Herausforderungen an staatliche Strategien am Maßstab dieser Zuspitzung zielt zwar *empirisch* lediglich auf solche Akteure, die die Möglichkeiten von Transnationalität im Extremmaße nutzen (wie terroristische Vereinigungen), vermag dafür jedoch die Erfordernisse staatlicher Strategien deutlich zu erkennen.

Staatliche und zwischenstaatliche Steuerungsbemühungen sind beispielsweise für den Bereich wirtschaftlicher Transnationalität („ökonomische Globalisierung') im Vergleich zur Sicherheitspolitik nicht in gleichem Maße ausgeprägt, da unter dem Paradigma liberaler Wirtschaftspolitik die prinzipielle Freizügigkeit unternehmerischen Handelns staatlicherseits zumindest zugestanden wird. Dies gilt selbst dann, wenn es auch hier (aufgrund kritisch beurteilter Globalisierungskonsequenzen wie Abbau des Sozialstaates und Demokratiedefizit) Bemühungen gibt, den Verlust staatlicher Steuerungskapazität auf transnationaler Ebene durch supranationale und internationale Regimebildungen und Regulierungssysteme aufzufangen und Steuerungsmechanismen zu konstruieren (dazu u.a. Link 1998; Scharpf 1998, 1999; Habermas 1998; Hirst/ Thompson 1998; Guéhenno 1996; Scharpf/Mayntz 1995; Zürn 1998; Streek 1998). Die praktische Bedeutung staatlicher Steuerungsstrategien transnationaler Politik ist im Bereich der Sicherheit und Sicherheitspolitik jedoch am höchsten, da es sich hier ausdrücklich gegen einen Staat, Gesellschaften und die internationale Ordnung gerichtete Aktivitäten handelt.

Die Frage nach der sicherheitspolitischen Praxis zielt auf das Problem der operativen Strategien von Staaten gegenüber dem ihrer Ordnungsmacht potentiell entzogenen Handeln transnationaler Akteure. Die operativen Strategien von Staaten stehen dabei vor dem Problem, dass die traditionellen und etablierten Ordnungs- und Regelungsinstrumente auf den politischen Raum und die Territorialität von politischen Handlungen und Akteuren Bezug nehmen, während sich transnationales Handeln eben jenen Bezugsgrößen entzieht.[1] Die Folge hiervon ist, dass sich staatliche operative Strategien auf die Strukturmerkmale und -logiken der Entterritorialität transnationaler Politik beziehen müssen, um sie überhaupt kontrollieren und steuern zu können. Dabei rechtfertigt sich das Interesse staatlicher Steuerung und Regulierung allerdings nicht von selbst. So kann transnationale Politik im Gegensatz zu Steuerungs- und Verregelungswünschen staatlicher Akteure auch als kreativer politischer Freiraum von staatlicher Kontrolle verstanden werden.[2] Regelungsbedarf entsteht jedoch dann, wenn direkte, gegen Staaten und ihre Zivilbevölkerungen gerichtete sicherheitspolitische Bedrohungen und Gewaltakte vorliegen.

V.1. Die Virtualität transnationaler Politik

Die in Kapitel IV.2. herausgearbeiteten Merkmale transnationaler Politik verdichten sich – so wurde am Ende von IV.2.c) behauptet – in dem Begriff der Virtualität. Dies soll nun vertieft werden. Der deutschsprachige Begriff der Virtualität hat zwei grundlegende Bedeutungen. Zum einen knüpft er direkt an seinen lateinischen Ursprung ‚virtus' – gleich Tüchtigkeit, Tugend und Mannhaftigkeit – an und bezieht sich hierbei auf eine einer Person innewohnenden

---

1   Vgl dazu auch die Debatten im *PVS*-Sonderheft 10 (1979) „Raumordnung und staatliche Steuerungsfähigkeit" sowie im Gegensatz dazu und in Anlehnung an jüngere Phänomene der politischen Entgrenzung die aktuelleren Debatten um staatliche Steuerungsfähigkeit, in denen es ausdrücklich um die Frage der Verregelung und Kontrolle transnationaler Politik geht (so bspw Scharpf 1998, 1998a, Kohler-Koch/Edler 1998, Bieling/Deppe 1996, Junne 1996)
2   Dieses Verständnis liegt den Schriften beispielsweise von Held (u.a. 1995, 1998 sowie ders /Archibugi/Köhler 1998) und Barber (u.a. 1984, 1992) zugrunde

Kraft und Stärke. Im Englischen wird ‚virtual' als „effective, potent, powerful" beschrieben; ‚virtuality' zeige dementsprechnd eine „possession of force or power" und eine „power or operative influence" an, die „specific virtues" und „certain capacities" besitze.

Die zweite Bedeutung konkretisiert diese Kraft als „Möglichkeit entsprechend der Anlage". Ausführlicher sind auch hier die englischsprachigen Beschreibungen, die den potentiellen, d.h. nicht permanent aktualisierten, jedoch entsprechend der Natur eines ‚Dings' prinzipiell möglichen und permanent aktualisier*baren* Charakter der Kraft, Effektivität und Einflussnahme gegenüber der Umwelt betonen. Virtualität wird bezeichnet als „essential nature or being, apart from external form or embodiement" oder auch als ein „*virtual* (as opposed to an actual) thing". In der Lutherischen Lehre beispielsweise galt die Eucharistie als virtuelle Präsenz Jesu Christi; in der modernen Computer- und Softwarewelt bezeichnet der Begriff der Virtualität den Zustand eines Dings als „not physically existing but made by software to appear to do so from the point of view of the program or user."[3]

Politisch sehr anschaulich wird der Begriff ‚virtuell' beispielsweise im *Universal-Lexikon aller Wissenschaften und Kuenste* von 1746 definiert: „Virtualiter, der Krafft nach, durch eine richtige Folge, ist ein metaphysisches Kunstwort. Es hat die Bedeutung, dass etwas von dem andern in Ansehung der Existenz und des Wesens nicht würklich, sondern nur der Kraft nach gesaget wird, z.B. der König ist allenthalben seines Landes, nicht formaliter, als wäre er würklich an allen Orten, sondern virtualiter, weil er überall seine Bedienten hat, die statt seiner da sind." (Band 48) Der König und die Macht des Königs gelten also insofern als virtuell, als er nicht selbst an jedem Ort körperlich anwesend ist, wohl aber weil seine Herrschaft durch Repräsentanten, auch ohne seine eigene körperliche Anwesenheit, an jedem Ort als machtvoll erfahren wird.

Die Folgerung, die Achim Bühl aus derartigen Bestimmungen zieht, dass nämlich der Begriff ‚virtuell' ein Paradox enthalte, indem es von der Existenz von etwas ausgeht, das doch nicht wirklich sei (ders. 1997:76f.), ist nicht schlüssig. Gegenüber der Annahme nämlich, dass das Virtuelle nicht ‚wirklich' sei,

---

3   Diese Zitate nach *The Oxford English Dictionary*, vol XIX, sowie nach *Duden, Das große Worterbuch der deutschen Sprache*, Bd 6, siehe gleiche Beschreibungen ferner in *The American Oxford Dictionary of Current English*, 1999

muss (wie weiter unten gezeigt wird) für das Virtuelle von einer anderen *Seinsweise* als der des real Gegenständlichen gesprochen werden. Das Verständnis des Virtuellen als einer anderen Seinsweise kommt dem nahe, was auch Vilém Flusser betont: nämlich ‚virtuell' als die Eigenschaft eines realen Dings zu betrachten, die es bereits besitzt, *bevor* es und die auszeichnet, *wenn* es aus dem Bereich seiner Möglichkeit ins Konkrete, real Wirkliche und Greifbare umschlägt. Dabei geht er davon aus, dass diese Veränderung sich jedoch nicht von selbst ereignet, sondern von bestimmten Bedingungen abhängig ist (vgl. ders. 1993, 1995). So sind zum Beispiel Simulationen in der Computerwelt von Hardware, Software und ihrem minutiösen Zusammenspiel abhängig; die virtuelle, jedoch reale und allgegenwärtige Herrschaft des Königs beruht auf einem funktionierenden hierarchischen System von Untertanen und Repräsentanten; und die virtuelle Präsenz von Jesus Christus in der Eucharistie geht zurück auf die Symbolkraft der geweihten Hostie und ihre Wirkung auf die Gläubigen.[4]

Virtualität bezeichnet somit einen bestimmte *Seinsweise*, der sich von einem Zustand der permanenten Dinghaftigkeit unterscheidet. Dieser Zustand ist real, wenngleich nicht zwangsläufig materialisiert und aktualisiert. Seine dinghafte Materialität und Aktualität ist nicht *per se*, sondern von bestimmten Bedingungskontexten und ihrem Verhältnis zu dem entsprechenden Ding abhängig. Virtualität ist somit, wie Hans Heinz Holz betont, ein „Seinsverhältnis", das zwischen dem Ding und seinen strukturellen Bedingungskontexten besteht (ders. 1990:834). Der Begriff der Virtualität fasst die Realität eines Dings somit als relationales und nicht als dinghaft und substantielles Sein auf. Relational heißt, dass die Aktualisierung der virtuellen Seinsweise eines Dings von seinem Verhältnis zur Gegebenheit bestimmter materieller Strukturen abhängig ist. *Virtualität deutet damit ein reales Seinsverhältnis an, dessen Aktualisierung jedoch von bestimmten strukturellen Bedingungen abhängig, aber jederzeit möglich ist, sobald diese Bedingungen gegeben sind.*

---

4 Die Kontingenz des Virtuellen von spezifischen Bedingungen und die Abhängigkeit seiner Manifestation hin zu einer konkret greifbaren Präsenz wird häufig übersehen Das Virtuelle wird dann mit Scheinrealitäten gleichgesetzt, anstatt es als eine andere Seinsweise zu begreifen Vgl anstatt vieler Claude Cadoz, der das Virtuelle als das begreift, „was im Realen steckt, was *in sich* alle notwendigen Bedingungen zu seiner eigenen Verwirklichung trägt " (ders 1998, Herv v Verf)

Die Bedingungen, unter denen sich eine virtuelle Seinsweise verwirklicht, treffen mit den Bestimmungsmerkmalen transnationaler Politik zusammen (vgl. oben Tabelle 6). Deswegen kann Virtualität als die umfassende Logik von Transnationalität bezeichnet werden. Dies gilt insbesondere, da transnationales Handeln die *spezifischen* Bedingungen, unter denen es sich aktualisiert, permanent selbst erschafft (d.h. in erster Linie sich Handlungsspielräume jenseits staatlicher Kontrolle eröffnet und eröffnen muss, um effektiv sein zu können), wobei es die strukturellen Bedingungen, unter denen es sich überhaupt aktualisieren kann, bereits vorfindet und vorfinden muss. Des weiteren ergänzen sich die Bestimmungsmerkmale von Virtualität und transnationaler Politik, da das konkrete Ereignis transnationalen Handelns sowie seine spezifischen Bedingungen weder absehbar, noch prognostizierbar, noch eindeutig in ihrer Aktualisierung bestimmbar sind. Inwieweit dies für jedes politische Handeln gilt, mag eine offene Frage sein: Für transnationales Handeln gilt dies wegen seiner Asymmetrie und Nonlinearität jedoch in weitaus stärkerem Maße als für territorial gebundenes und bestimmbares Handeln. Zwar können die Strukturen und ihre Logik, in die transnationales Handeln eingebettet ist, herausgearbeitet und benannt werden. Angaben über die je konkrete Aktualisierung trans-nationalen Handelns – über das, *was* passieren wird, sowie über das *Wann*, *Wo* und *Wie* dieses (potentiellen) Ereignisses – können jedoch nur sehr eingeschränkt und bisweilen überhaupt nicht mehr gemacht werden.

Holz gibt mit Blick auf die Bedingungskontexte und die situationsspezifischen Relationen eines virtuellen Dings zu diesen Kontexten, unter denen sich seine Virtualität zu seiner Aktualität entwickeln kann, folgende allgemeine Bestimmung: Die Relation ist „die aus der Wechselwirkung der materiellen Entitäten hervorgehende Eigenschaft ... der zufolge jedes [virtuelle Ding] in den Veränderungen dieser oder jener Eigenschaften die Besonderheiten der Einwirkungen anderer materieller Entitäten, denen es ausgesetzt ist, reproduziert bzw. transformiert." (ders. 1990:825) Dies kann abermals auf transnationale Politik übertragen werden, da transnationales Handeln seine Bedingungen selbst reproduziert und im Sinne seiner eigenen Logik derart transformiert, dass diese Bedingungen zum Aktualisierungs- und Erscheinungsgrund seiner selbst, d.h. des Handelns wie der Akteure, werden. *Dies bedeutet, dass transnationale Politik erstens in bereits entgrenzten staatlichen Kontexten stattfindet und sich transnationale Akteure entterritorial organisiert, wobei es zweitens zu weiterer Entgrenzung und Entterritorialisierung politischer Handlungsebenen führt.*

Um die Abhängigkeit des Virtuellen bzw. transnationaler Politik von strukturellen Bedingungskontexten weiter zu erhellen, bietet es sich an, die heideggerianisch geprägte Phänomenologie von Holz durch den medienwissenschaftlichen Ansatz von Flusser zu erweitern. Flusser konkretisiert die Kontingenz des Virtuellen durch den Begriff des ‚Einbildner' und verlagert damit die Möglichkeit der Veräußerlichung des Virtuellen in einen Bereich außerhalb des Virtuellen selbst. Indem der Betrachter nämlich mit Hilfe eines Mediums, beispielsweise des Computers, aktiv seiner Einbildungskraft (Imagination) eine äußere Form verleihe, werde das Virtuelle überhaupt erst real und erhalte eine konkrete Gestalt, z.b. in Form von (Computer)Bildern. Wenn man das abermals auf die Logik transnationaler Politik überträgt, dann unterstreicht dies weiterhin, dass Transnationalität überhaupt erst stattfinden und praktiziert werden kann, wenn es bestimmte Bedingungen bereits vorfindet – selbst wenn es diese Bedingungen dann im Sinne seiner Eigenlogik weiter transformiert und dadurch der Eindruck entsteht, als *sei* sie autonom (vgl. Flusser 1992:39ff.; 1990:123). *Dies weist neben einer spezifischen Eigendynamik ferner auf die Anfälligkeit und Sensibilität transnationaler Politik hin, da sie in starkerem Maße als territorial fixierte und territorial bestimmbare Politik strukturell fluide ist und zudem von einer Vielzahl von Variablen abhängt, die sie nicht eigenständig herstellen und/ oder garantieren kann.*

Die durch asymmetrische Machtbeziehungen und die ‚Örtlichkeit' bedingte Abhängigkeit transnationalen politischen Handelns von bestimmten Kontexten (z.B. Informations- und Kommunikationstechnologien und internationale Strukturen der Multipolarität, Ausdifferenzierung und Neukonstituierung der Staatenwelt), erfordert die bereits immer schon aktualisierte Realität dieser Kontext- und Strukturbedingungen. In der Phänomenologie wird dieses Abhängigkeit metamophorisch als Phänomen der „Widerspiegelung" beschrieben: „Der Spiegel selbst [d.h. übertragen: die Strukturbedingungen transnationaler Politik; H.B.] ist ein reelles Ding ... Das im Spiegel Erscheinende ist hingegen ein virtuelles Bild ... Gerade, weil das Spiegelbild kein reelles ist, wie ein Gemälde oder eine Photographie, erblicken wir im Spiegel das Ding selber – wobei dieses ‚selber' mit dem Index ‚virtuell' ausgestattet ist." (Holz 1990:833) Die Bedingungen transnationales Handelns sind somit gleichsam der ‚Spiegel', in dem es sich nicht nur aktualisiert, sondern *in* denen es selbst erst sichtbar wird. ‚To render the invisible visible', so drückten Falk/Camilleri dieses Verhältnis und die sozialwissenschaftliche Herausforderung bei der Analyse transnationaler

Phänomene aus. Das heißt einmal, dass transnationales Handeln nur in den und an Hand der Strukturen, in die es eingebettet ist, sichtbar wird (es ‚spiegelt' sich in diesen wider), wobei zweitens dieselben Strukturen die Bedingungen dafür sind, dass es sich überhaupt erst aktualisieren kann. Auch dies gilt für transnationale Politik in stärkerem Maße als für staatlich-territorialgebundene Politik, die in dauerhaftere, institutionaliserte und in weitgehend öffentlich transparente Strukturen eingebunden ist.[5]

Ob und inwieweit es gelingt, das Unsichtbare sichtbar zu machen, hängt dabei von zwei Faktoren ab: einmal von dem gewählten Medium bzw. Spiegel der Konkretisierung des Virtuellen sowie zweitens von der Kontrolle der Ermöglichungsbedingungen des Virtuellen. Dies kann politisch auf staatliche Strategien im Umgang mit Transnationalität bezogen werden, die ihre Entfaltung dann kontrollieren können, wenn diese Strategien der Logik transnationaler Politik angepasst sind bzw. diese Logik sogar selbst übernehmen.[6]

Man kann sich diesem Argument nicht nur phänomenologisch, sondern auch bild- und wahrnehmungstheoretisch mit der Theorie des Widerstreits nach Edmund Husserl nähern (vgl. ders. 1980; auch Wiesing 2002) und kommt für die Übertragung dieser Heuristik auf transnationale Politik zu ähnlichen Ergebnissen. Für Husserl besteht der entscheidende Akt der Wahrnehmung, beispielsweise eines Bildes, in einem ‚Widerstreit', den der Betrachter in das Bild hineinlegt oder den das Bild durch seine spezielle Eigenschaft nahe legt. Bei einem Gemälde wäre dies beispielsweise der Stil, den der Maler gewählt hat, um etwas auf eine bestimmte Art und Weise in Szene zu setzen und sichtbar zu machen;[7] von Seiten des Betrachters wären dies, wie Husserl sagt, die „Auffassungsinhalte", die in die Wahrnehmung hineingelegt werden und wodurch ein Bild erst zu einem Bild würde (ders. 1980:46). Der Widerstreit ist somit eine

---

5 Der in Kapitel I 1 (Anm 18) gegebene Hinweis auf Demokratie als Organisationsbedingung transnationaler Politik konkretisiert empirisch die phänomenologische Herleitung ihrer substantiellen Abhangigkeit von äußeren Strukturen Ferner ergänzt sich die Spiegelmetapher mit dem Argument von Bourdieu, dass der transnationale ‚Raum' die Bedingungen seiner Existenz und logischen Struktur nicht in sich selbst tragen wurde und herstellen konnte (siehe oben S 57).
6 Was genau dies bedeutet und welche Einsichten hierzu die phanomenologischen Diskussionen erbringen, ist Gegenstand des nachsten Abschnittes VI 2 „Die Herausforderungen staatlicher Politik"
7 Wiesing bezeichnet den Stil als die „bildimmanente Form des Widerstreits" (ders 2002 9)

Friktion, die der Betrachter in die Wahrnehmung hineinbringt. Ein Bild wird dadurch zur Veranschaulichung ‚gebracht'. „Der Widerstreit ist somit ... eine transzendentale Bedingung der Bildlichkeit". (Wiesing 2002:7)

Der Stil, den ein Maler zur Darstellung einer bestimmten Sache verwendet, bewirkt ebenso wie die Auffassungsinhalte des Betrachters eine *strukturelle Transformation* der zur Abbildung gebrachten Sache, die die Sache sichtbar und erst zum Bild macht. Bleiben wir bei der Bildtheorie und der Bedeutung des Bildes, nun speziell des Panoramabildes. Wie Husserl betont, würde das Panoramabild (auch kunstgeschichtlich) im Gegensatz zum ‚widerstreitenden Bild' den Versuch bedeuten, den Widerstreit aufzuheben und eine Wahrnehmung ohne jede Friktion zu evozieren. Das Panoramabild wolle ‚täuschen' (Husserl 1980:40f.), indem das Dargestellte für etwas unbedingt Reales gehalten werden solle. Da eine solche Täuschung in der Tat auch gelänge, werde erst durch einen Widerstreit und eine Friktion, die in das Bild und die Wahrnehmung ‚hineingebracht' werden müssen, jene strukturelle Transformation geleistet, die notwendig ist, um das Panoramabild als Bild wahrzunehmen.

Eine solche Transformation (z.B. der Stil oder Auffassungsinhalte; vgl. auch oben Flussers „Einbildner") mache das Abgebildete dann überhaupt erst als Bild erkennbar: „Eine Nachahmung ohne jegliche stilistische Transformation des Nachgeahmten muss man für das Original selbst halten." (Wiesing 2002:9) Wiesing überträgt nun diese bildtheoretischen Eigenschaften des Panoramabildes auf die Virtualität und bezeichnet diese als „erfolgreiche Überwindung von Widerstreitphänomenen." (2002:11; auch ders. 1997) Dementsprechend liegt es dann an der Art und Weise der Betrachtung, d.h. des Zugriffes auf das Abzubildende, *ob* und *wie* man den Gegenstand erkennt und wahrnimmt: ob er – wie ein Panorama – mit dem Hintergrund und dem Horizont verschwimmt und keine Grenzen zu den Dingen um sich herum aufweist; oder ob man eine Betrachtung, einen Zugriff, ein Instrument entwickelt und somit einen Widerstreit konstituiert und in die Wahrnehmung etwas ‚hineinbildet', wodurch der Gegenstand abgebildet und als bildhafter Gegenstand sichtbar wird. Das bedeutet aber, dass eine darstellerische Konstitutionsleistung des Virtuellen und ein spezieller Zugriff auf das Virtuelle nötig ist, um es und seine Eigenschaften zu veranschaulichen, zu durchschauen und zu erkennen. Es muss sichtbar gemacht *werden*.

Wenn man transnationale Politik idealtypisch mit dem Attribut der Virtualität charakterisieren kann, dann folgt hieraus: Es sind politische Wahrnehmungs- und Handlungsstile nötig, die an die Logik des Transnationalen angepasst sind, um eine Sichtbarmachung von Akteuren, Handlungszusammenhängen und wahrscheinlichen Handlungsorten zu erreichen und um folglich einen Zugriff auf transnationale Politik zu konstituieren. Ansonsten bleibt transnationale Politik ein Panorama, in dem Akteure und Handlungen verschwimmen und sich mit und in ihrem Kontext auflösen. Die Diskussionen und die Infragestellung des Systembegriffes in postmodernen Ansätzen zur Internationalen Politik (siehe oben IV.1. und IV.2.a), mithin die Infragestellung des Territorialitäts- und Grenzbegriffes haben auf ein solch panoramahaftes Verschwimmen globaler, netzwerkartiger Akteure und ihrer Handlungen hingewiesen.[8]

Phänomenologisch weiter gedacht bedeutet dies: Im Widerstreit (in der Friktion, im ‚Spiegel') wird das Bespiegelte als ein Virtuelles sichtbar: „Zur Spiegelung gehört immer ein zweites Ding, das im Spiegel als Bild gesetzt wird und für sich erscheint, aber im Setzen-für-sich als an sich Seiendes vorausgesetzt wird ... Die Virtualität des Spiegelbildes ist das Indiz für die Existenz der bespiegelten Wirklichkeit. Das Gespiegelte ist ontisch abhängig vom Bespiegelten. An sich selbst aber zeigt der Spiegel diese Abhängigkeit nicht, phänomenal ist das Spiegelbild ein Moment des Dingseins des Spiegels selbst ... Der Unterschied zwischen Spiegel und dem Bespiegelten liegt also im Spiegel selbst." (Holz 1990:832; dazu auch Hegel im 6. Kapitel, ‚Reflexion', *Wissenschaft der Logik*; 1970:34ff.) In dieser philosophischen Bestimmung der Aktualisierung von Virtualität liegen abermals zwei konvergente Erkenntnismetaphern zur Bestimmung transnationaler Politik.

Erstens: Es wird nun deutlich wird, dass diese Kontextabhängigkeit die epistemologische Konsequenz der Perspektivität beinhaltet. Perspektivität war bereits ein zentrales Argument in den oben referierten Diskussionen über die epistemologische Erfordernisse zum Studium transnationaler Politik, wie sie seit

---

8   Vgl in diesem Zusammenhang auch den Globalisierungsbegriff von Gearóid Ó Tuathail, wonach Globalisierung die Abkehr von der Territorialität staatlich strukturierter Politik und dabei insbesondere von ihren deutlich definierten Handlungs*grenzen* und *-horizonten* bedeutet (ders 2001 125), in der gleichen Richtung argumentiert auch Delbrück, wonach Globalisierung einen Prozess der Entterritorialisierung und der Auflosung grenzgebundener politischer Handlungs- und Wahrnehmungsmuster beschreibe (ders 2001 16f)

einigen Jahren in der Internationalen Politik diskutiert werden. Allerdings fehlte den obigen Erörterungen ihre philosophische Genauigkeit, die an dieser Stelle nachgeliefert werden kann. Denn ohne die materielle Vorhandenheit des Spiegels und ohne die besondere Beschaffenheit seiner Oberfläche gibt es auch keine Spiegelung, so lässt sich die Begründung der Perspektivität der Spiegelung zusammenfassen. Übertragen bedeutet dies wiederum, *dass die jeweiligen Strukturen und die Situation, in denen transnationales Handeln konkret stattfindet (d.h. Oberfläche des Spiegels), transnationale Politik (d.h. das Gespiegelte) je in Abhängigkeit von den spezifischen Macht-, Netzwerk- und Ortsrelationen transnationaler Akteure zu anderen transnationalen, wie auch zu staatlichen Akteuren (d.h. von der ‚Oberfläche des Spiegels' und von dem ‚Winkel der Spiegelung') verschieden zum Ausdruck.*

Zweitens: Das Argument aus den Vorbemerkungen zu Kapitel IV, dass die Existenz einer eigenständigen Handlungs- und Organisationslogik transnationaler Politik zunächst nur mittels eines wechselseitigen Erkenntnisprozesses vermutet werden könne, trifft nun mit der phänomenologischen Beobachtung zusammen, dass das Spiegelbild ein Indiz für die Existenz der bespiegelten Wirklichkeit sei. Dies bedeutet, dass eine Reihe von Indizien für die Realität transnationaler Politik sowie für ihre Strukturen und Strukturmerkmale bekannt sind, ohne die Strukturen bereits selbst zu kennen und theoretisch bestimmen zu können: So dienten die Strukturen transnationaler Politik, die am Ende von Kapitel III benannt werden konnten und in Tabelle 3 aufgelistet wurden, als derartige Indizien; doch konnten hier noch nicht ihre Logiken erkannt und ausformuliert werden.

Die Logik transnationaler Politik ließ sich ihrerseits nur über eine theoretisch-konzeptionelle Bestimmung dieser Strukturen herausarbeiten. Und da in diese Strukturen die Organisationsformen transnationalen Handelns – als das empirisch Sichtbare und als das an materiellen Strukturbedingungen Erkennbare – eingebettet sind, stand am Anfang der Analyse transnationaler Politik eine Betrachtung transnationalen Handelns und seiner Organisationsstrukturen selbst. Der Ansatz von Bourdieu, über den ‚Habitus' der Akteure auf die Strukturen ihres Handlungsfeldes zu schließen sowie davon ausgehend die Logik des Handlungsfeldes zu rekonstruieren, erhält durch die philosophische Spiegelmetapher eine zusätzliche Begründung und Bestätigung.

So wird dieses wechselseitige Verhältnis in der philosophischen Terminologie der Spiegelmetapher als das ‚Eingefangensein des Virtuellen im Spiegel' konkretisiert. Denn einerseits spiegelt dieses ‚Eingefangensein' eine reale Existenz des Gespiegelten wider; andererseits ist in diesem Spiegelbild doch lediglich die Struktur des Gespiegelten erkennbar (Holz 1990:830). Denn die gespiegelten Dinge sind schließlich in ihrem virtuellen Sein außerhalb des Spiegels und zeigen sich je nach Spiegelbeschaffenheit und ihrem eigenen Standort neu und andersartig. An Hand dieses „In-seins", d.h. der perspektivischen Aktualisierungen der virtuellen Dinge im Spiegel, können ihre Strukturen erfasst und kann auf die Logik dieser Strukturen gefolgert werden. Diese Folgerung jedoch ist ein theoretischer Prozess, da die Logiken der Dinge aus ihrem virtuellen Sein heraus nicht von selbst, sondern immer nur als strukturelle Abbilder zu erkennen sind. „(Wir) können nicht um das Spiegelbild herumgehen, um seine Rückseite kennen zu lernen; was das Spiegelbild nicht zeigt, ist an ihm auch nicht vorhanden ... weder den Raum, in dem es erscheint, gibt es ... wirklich, noch die körperliche Ausgedehntheit, die es ‚vorspiegelt'." Was im Abbild nicht enthalten ist, ist die im Spiegel nicht sichtbare Seite eines Dings, die dennoch ein realer Bestandteil des virtuellen Dings insgesamt ist. Doch „(die) Repräsentation ist notwendig unvollständig." (Holz 1990:834)

Transnationale Politik kann nur in den Abbildern ihrer Spiegelung, d.h. ihrer situativen, kontextabhängigen und sich nur im Handeln vollziehenden Aktualisierung, in Momentaufnahmen erkannt und durch eine Reihe solcher Momentaufnahmen (d.h. durch Fallstudien) beispielhaft in ihren Strukturen bestimmt werden. Dies gilt wegen der entterritorialen Netzwerkorganisation transnationaler Akteure, wegen der damit verbundenen potentiellen Anonymität sowie wegen der mangelnden Rekonstruierbarkeit von Handlungsursachen und Handlungsfolgen für transnationales Handeln in weitaus stärkerem Maße als für politisches Handeln, das in räumlich-territorial bestimmbare, weniger flexible und daher überschau- und beobachtbare Strukturen eingebunden ist. Unmittelbar nach seinen Aktualisierungen entzieht sich transnationales Handeln wieder der empirischen Betrachtung und rationalen Rekonstruktion.

Dabei entspricht die Unvollständigkeit der Repräsentation des Virtuellen in seinem Spiegelbild der oben genannten unvollständigen Wahrnehmung eines Akteurs als lediglich *eines* Teiles und *eines* Teilhabers in einer verschlungenen Netzwerkstruktur, wobei diese Netzwerkstruktur als der eigentliche und gesamte, jedoch in seiner Anonymität unerkennbare ‚Handelnde' fungiert. Des weiteren korrespondiert dies in sicherheitspolitischer Hinsicht mit der oben geschilderten Wahrnehmung der Unkalkulierbarkeit und Schockhaftigkeit transnationaler Sicherheitsrisiken, da sich immer nur ein Teil dieser Bedrohungen der Erkenntnis preisgibt. Das Ausmaß der tatsächlichen Macht dieser Risiken kann nur unsicher und nur in Abhängigkeit davon angegeben werden, wie weitreichend die Erkenntnis (staatlicher) Sicherheitsorgane in die Zusammenhänge transnationaler Strukturen vorgedrungen ist.[9]

Der Begriff der Virtualität und die philosophische Spiegelmetapher konvergieren letztlich noch mit der für alle Merkmale transnationaler Politik entscheidenden Struktur der Entterritorialität und Raumlosigkeit. Transnationale Politik und ihre Virtualität sind zwar als ortsspezifisch im Raum, jedoch als selbst raumlos bestimmbar. Denn der Begriff der Virtualität und die Spiegelmetapher legen die Vermutung nahe, dass das Gespiegelte im Spiegel nur virtuell, d.h. als Immaterielles und Gespiegeltes enthalten ist. Durch diese Bestimmung ergibt sich ein Anschluss an das Attribut der Immaterialität des transnationalen Ortsbegriffes. Da das Gespiegelte auch im Spiegel und im Spiegelzustand nur virtuell als Bild seiner selbst vorhanden ist und seine Erscheinungsformen ändert, sobald die Bedingungen seiner Aktualisierung (Spiegelung) nicht gewährleistet sind oder sobald sich diese ändern, hat der Ort der Spiegelung keine materiellen Attribute.

---

9   Dabei gilt zu beachten, dass auch der nicht-staatliche Terrorismus territorial-staatlich verortbar ist, indem sich terroristische Gruppen auf den Territorien bestimmter Staaten aufhalten und indem Attentate (zumindest mit der Ausnahme sog ‚cyper attacks') spezifisch ortsgebunden stattfinden (vgl dazu oben die Rede von sog „Ruckzugsraumen bspw der *Al Kaida* in Afghanistan unter dem Schutz der Taliban) Jedoch sind diese Gruppen eben nur ‚verortbar', d h sie sind lediglich in ihren momentanen Aufenthalts- und Handlungsorten spezifizierbar (vgl. zum ‚Ort' oben in IV 2 b) Daraus allerdings, entgegen der These der Entterritorialitat, eine Territorialgebundenheit des neuen Terrorismus, seiner eigenen Ziele sowie angemessener Gegenstrategien zu folgern (so Link 2001 9), erscheint hingegen nicht konsequent und auch verharmlosend, da – wie die zurückliegenden Erorterungen gezeigt haben – solch territorial erkenn- und spezifizierbare Gruppen, Personen und Einheiten eben nur einen Teil einer entgrenzten Gesamtorganisation und eines größeren Netzwerkes darstellen, das in seiner Totalität gerade nicht territorial begrenzt und bestimmbar ist Ó Tuathail bezeichnet solche Versuche, entterritorialisierte Gefahren (dann doch wieder) territorial fixieren zu wollen, als unstimmige Abweichung von modernen geopolitischen Erkenntnissen und Konzeptionen der Entterritorialitat entgrenzter Handlungs- und Organisationsformen transnationaler Akteure, ferner bezeichnet Ó Tuathail diesen Versuch als politisch bemerkenswert, da hier durch eine unangemessene Reterritorialisierung politische Beherrschbarkeit vorgetauscht werde (vgl ders 2001)

Der Ort einer Handlung, an dem sich transnationale Akteure handelnd aktualisieren, muss somit nicht immer und nicht zwangsläufig fassbar und konkret bestimmbar sein: Entweder er ist immateriell, so beispielsweise im Falle von ‚Internet-Orten' als Ereignisfeld transnational vernetzten Handelns,[10] oder aber ein spezifischer Ereignisort einer Handlung repräsentiert nur einen Teil eines vernetzten Handlungszusammenhanges, wobei an anderen Orten Teile derselben Handlung versetzt stattfinden. *Ein einzelner Ort oder ein Zentrum transnationaler Handlungen sind somit nicht fassbar, denn wären sie dies, dann müssten sie begrenzte und bestimmbare Raumstrukturen aufweisen.*

Mit Blick auf die Abhängigkeit des Gespiegelten von strukturellen Bedingungskontexten seiner Spiegelung liefert die Spiegelmetapher weiter folgende Beschreibung, die sich auf die Analyse der Raumlosigkeit und Örtlichkeit transnationaler Politik übertragen lässt: „(Innerhalb) der ... wechselseitigen Bedingtheiten ist [all] diesen Zusammenhängen nur dann Genüge getan (wenn noch) ein principium individuationis auftaucht, das selbst als ein Moment der Allgemeinheit des Bedingungszusammenhanges muss begriffen werden können." (Holz 1990:837, der mit dem Begriff des ‚principium individuationis' auf Leibniz [ders. 1879, 1965] und dessen Konzeption des ‚Monadensystems' anspielt.) Dieses Prinzip ist die einem jeden virtuellen Ding innewohnende, individuelle Eigenschaft der Singularität durch den Ort, an dem es sich befindet und an dem es sich je spezifisch aktualisiert.

Die Spiegelmetapher, die die Raumlosigkeit des Gespiegelten philosophisch beschreibt, stimmt mit den Merkmalen der ‚Örtlichkeit' transnationaler Politik überein: Dabei dient der Ort der Spiegelung in eben der gleichen funktionalen Weise, wie der transnationale Ort der Aktualisierung des Handelns transnationaler Akteure. Er ist, in all seiner Singularität, funktional, multipel und variabel. Es gibt prinzipiell eine endlose Reihe von Spiegel‚orten', jeder hat seine eigene singuläre Beschaffenheit, reproduziert dadurch je unterschiedliche Spiegelbilder und erfüllt doch dieselbe Funktion *der* Spiegelung.

---

10 Dazu oben in IV 2 b , vgl in dieser Richtung auch Negroponte 1995 (und seinen Begriff der „bit states") und Lyotard 1985 (der von einem Zeitalter des Immateriellen spricht), die diese potentielle Eigenschaft transnationaler Politik m E jedoch zu stark betonen, von der Tendenz her jedoch zutreffende Beobachtungen machen

Die Diskussion auf den letzten Seiten konnte die Handlungs- und Organisationslogiken transnationaler Politik durch den Begriff der Virtualität zusammenfassen und analytisch verdichten. Zur Übersicht folgende Tabelle, in der die Ergebnisse dieser Diskussion zusammenfassend dargestellt werden.

Tabelle 7: Virtualität als Schlüsselbegriff transnationaler Politik

(1) Transnationale Politik ist an bestimmte Strukturbedingungen (siehe Tabelle 3) gebunden. Dieser Satz gilt nicht im Umkehrschluss, d.h. transnationale Politik findet *nicht* dann zwangsläufig - und nicht zwangsläufig unter konsequenter Ausnutzung dieser Bedingungen – statt, wenn diese Bedingungen gegeben sind.
(2) Wenn transnationale Akteure bestimmte strukturelle Handlungsbedingungen vorfinden, dann verändern sie diese im Sinne ihrer eigenen *entterritorialen* Handlungslogik (siehe Tabelle 5 und 6) sowie ihrer je spezifischen strategischen Handlungsziele. Die konsequente strategische Nutzung dieser Logik ermöglicht eine Anonymität von Akteuren, die nur dann in Erscheinung treten und erkennbar werden, *wenn* sie handeln *und* wenn diese Handlung auf einen Akteur ursächlich zurückgeführt werden kann. Dies ist jedoch nicht zwangsläufig gewährleistet.
(3) Je nach dem Grad der strategischen Nutzung transnationaler Netzwerkbildungen, asymmetrischer Machtbeziehungen und den Ortscharakteristika können transnationale Akteure die Erscheinungsform transnationaler Politik, bis hin zur Unkenntlichkeit und Anonymität von Akteur und konkreter Handlung, verändern, indem sie die ihr Handeln ermöglichenden Strukturbedingungen selbst weiterentwickeln.
(4) Kraft ihrer charakteristischen Eigenschaften kann transnationale Politik mit Blick auf Akteur und Handlung unkonkret und unsichtbar bleiben, da sie nicht an Territorialitäts- und Raumstrukturen gebunden ist. Es können dann lediglich die Bedingungen spezifiziert werden, unter denen sie steht bzw. durch Steuerung dieser Bedingungen können Akteure sichtbar werden, da diese Bedingungen ihr Handeln selbst erst ermöglichen. Die Abhängigkeit transnationaler Politik von bestimmten Strukturbedingungen bedeutet andererseits auch ihre große Anfälligkeit und Sensibilität bei einer Veränderung dieser Bedingungen. Daraus folgt: *Transnationale Politik lasst sich uber die Kontrolle, jedoch nur uber die Kontrolle ihrer Strukturbedingungen steuern. Wegen der Anfalligkeit transnationaler Politik kann sie einerseits sehr effektiv gesteuert werden; andererseits jedoch kann die Steuerung ihrer Strukturbedingungen nur situativ und punktuell erfolgen, d.h. nur dort, wo sich die Strukturen zeigen*

V.2. Die Herausforderungen staatlicher Politik

Staatliche Instrumente, um auf die Macht transnationaler Akteure, ihre Handlungslogik und ihren Handlungsort politischen Einfluss zu gewinnen, bestehen im allgemeinen in zwei Strategien: *einmal* durch regionale Integration; *zweitens* durch die Bildung politischer Regime auf zwischenstaatlicher Ebene zu bestimmten Politikfeldern. Wie auch immer solche Formen der Kooperation im einzelnen aussehen mögen, entscheidend für die politische Auseinandersetzung mit Transnationalität ist die Frage, inwieweit sie auf transnationale Politik und die Orte ihres Handelns überhaupt Zugriff haben. Dabei ist es von zentraler Bedeutung, dass staatliche Steuerungsmaßnahmen die Handlungs- und Organisationslogiken transnationaler Politik erfassen, um hier regulierend eingreifen zu können.

Da sich transnationale Politik als entterritorialisierte Politik bestimmen lässt, folgt als grundlegende Konsequenz für staatliche Steuerungsstrategien, dass auch sie ihre eigene Territorialgebundenheit überwinden müssen. Dies galt im vorigen Kapitel für die Konzepte zur *Analyse* transnationaler Politik; und dies gilt nun auch für die *Konsequenzen*, die in praktischer Hinsicht für politisches Handeln im Umgang mit transnationaler Politik entstehen. Albert fasst dieses Erfordernis folgendermaßen zusammen – und die bisherigen Untersuchungsergebnisse und die daraus abgeleiteten Konsequenzen ergänzen diese Beurteilung: „Der Deterritorialisierungsthese zufolge greifen ... die Instrumente politischer Steuerung, ... die in einer Welt von Territorialstaaten entworfen und dafür optimiert wurden, im ‚System' globaler (Politik) genauso wenig, wie die im Rahmen einer Territorialstaatenwelt geborenen Begriffe und Ziele der Analyse." (ders. 1998:54) In der gleichen Richtung argumentiert auch Dicke und schreibt, dass Globalisierungswirkungen darauf hinaus laufen, „dass herkömmliche Jurisdiktionsgrenzen und territorial gegliederte politische Steuerungskapazitäten von neuen [transnationalen; H.B.] Handlungsspielräumen überspannt bzw. unterlaufen werden." (ders. 2001:22)

Politische Steuerung transnationaler Politik ist für staatliche Akteure dann unproblematisch, wenn sie sich staatlichen Institutionen gegenüber kooperativ verhalten. Dies ist der Fall beispielsweise bei transnationalen Umwelt- und Menschenrechtsorganisationen, bisweilen auch bei transnationalen Unternehmen. Was aber geschieht, wenn transnationale Akteure die ihnen eigene und strategisch zur Verfügung stehende Anonymität, ihre asymmetrischen Machtpositionen und ihre Ortsungebundenheit, kurz ihre Virtualität, gegen Staaten nutzen, wie im Fall des transnationalen Terrorismus? Die vielversprechendste Möglichkeit, in diesen Fällen politische Steuerungskapazitäten zu gewinnen, besteht in Maßnahmen und Strategien, die die Logik transnationaler Politik übernehmen.[11]

Zur Erläuterung dieser These und ihrer praktischen Konsequenzen müssen die generellen Optionen staatlicher Steuerungsmaßnahmen im Zugriff auf transnationale Politik konkretisiert werden. Dazu kann auf die Ergebnisse aus Tabelle 7 ‚Virtualität als Schlüsselbegriff transnationaler Politik' zurückgegriffen werden. Staatliche Steuerung, die transnationale Politik vollständig kontrollieren könnte, würde – so ist aus dem ersten Merkmal zu folgern – eine Eliminierung der Bedingungen bedeuten, unter denen sich transnationale Politik entwickelt und aktualisiert. Damit würden ihre Funktionsbedingungen praktisch außer Kraft gesetzt werden. Ein solcher Eingriff zielte auf die Beseitigung der strukturellen Gegebenheiten transnationaler Politik, also auf ein Einfrieren der Entgrenzungsphänomene der Staatenwelt und der internationalen Freizügigkeit innerhalb und zwischen Staaten, auf eine Einschränkung der Entwicklung und Nutzung moderner Informations- und Kommunikationstechnologien sowie auf eine Einschränkung demokratisch gewährter Organisationsfreiheiten. Dies wäre ein illusorisches Vorhaben, zumal die Prozesse, die die Bedingungen transnationaler Politik ausmachen, seit Jahrzehnten eine irreversible Entwicklung ange-

---

11 Zum Wandel des staatlichen Handlungsrahmens unter den Strukturbedingungen transnationaler Politik vgl auch Kaiser 1970 „(Wissenschaft und Praxis) stehen . vor der Aufgabe, unter Überwindung des traditionellen Denkens in Kategorien der inter-nationalen Politik neue Verfahren und Institutionen zur Regulierung zu finden, die den Verflechtungen gerecht werden " (1970.67) Damit sei das Problem verbunden, staatliche Politik zu reorganisieren und den „veränderten Verhältnissen *anzupassen*" (1970 68, Herv v Verf) Eine der zentralen Fragen lautet dabei, wie diese neue Situation die Handlungsfreiheit der Staaten in ihrer auswärtigen Politik beeinflusse Die Radikalıtat der Strukturwandlungen staatlicher Politik in der Auseinandersetzung bspw mit transnationalem Terrorismus zeigt sich nicht nur daran, dass, wie Kaiser schreibt, staatliches Handeln sich den Veranderungen anzupassen habe, sondern daran, dass es dessen Logik sogar ubernehmen *muss*

nommen haben. Ferner wären nicht nur als bedrohlich wahrgenommene Akteure und ihre Handlungen von solchen Maßnahmen betroffen, sondern alle Akteure, die sich transnational organisieren und mit denen auch kooperative Formen des Regierens gewünscht und gefördert werden.

Die Konzentration staatlicher Maßnahmen auf das zweite Merkmal erscheint hingegen vielversprechender: Zwar ist auch daran nichts zu ändern, dass transnationales, wie auch jedes andere politische und soziale Handeln, die Bedingungen reproduziert, unter denen es sich aktualisiert. Im Fall transnationaler Akteure bedeutet dies nichts anderes, als dass sie durch die Nutzung und Reproduktion ihrer Handlungs- und Organisationsbedingungen zu weiterer politischer Entgrenzung beitragen. Interessanter ist hingegen der Aspekt der Transformation dieser Bedingungen entsprechend der Eigenlogik transnationaler Politik: Zwar können auch diese Transformationen, die zusammen mit dem Aspekt der Reproduktion eine permanente Erweiterung der Handlungsoptionen transnationaler Akteure bedeuten, selbst nicht kontrolliert werden. Denn dann müsste Transnationalität an sich bzw. die je spezifischen Handlungen transnationaler Akteure kontrollierbar sein. Der interessante Anknüpfungspunkt liegt jedoch darin, dass die Reproduktionen und Transformationen der Aktualisierungsbedingungen transnationaler Politik nicht ‚irgendwie', sondern gerade im Sinne der Logik transnationalen Handelns stattfinden. Daraus konnte die Folgerung abgeleitet werden, dass der Ansatzpunkt für staatliches Handeln gegenüber transnationaler Politik in der Übernahme der Logik von Transnationalität liegt: *Staatliches Handeln muss also in seinen eigenen Strategien diese Logik ubernehmen.* Dadurch, so folgt aus dem dritten Aspekt, kann auf die Intensität transnationalen Handelns Einfluss gewonnen werden. Dieser Einfluss, so legt der vierte und abschließende Punkt aus Tabelle 7 nahe, besteht nicht in der Kontrolle und Steuerung der Strukturen transnationaler Politik selbst – es sei denn, man wollte und könnte staatlicherseits die Prozesse der Entgrenzung und ‚Globalisierung' revidieren, überblicken und kontrollieren –, sondern in der Steuerung der *Strukturbedingungen*, die transnationale Akteure vorfinden und die transnationale Politik sowie die Intensität ihrer Aktualisierung ermöglichen.[12] Aus diesen

---

12 So wird beispielsweise versucht, die Finanzierung des Terrorismus (vgl dazu oben v a in III 2a und III 2 bb) nicht direkt, sondern über den ‚Umweg' der Kontrolle internationaler Finanzmärkte und der Aufdeckung einzelner Transaktionen zu steuern Die Problematik zwischen einer wunschenswerten Steuerung der Strukturen und der lediglich moglichen Steuerung

Bestimmungen ergeben sich drei Axiome staatlicher Politik zum effektiven Umgang mit Transnationalität:

Erstens müssen Steuerungsstrategien transnationalen Akteuren auf der Ebene ihres dezentralisierten, fragmentierten und asymmetrischen Machthandelns begegnen, d.h. sie müssen zu machtvollen Akteuren jenseits der nationalen und internationalen Räume ihrer Souveränitätsrechte und -ansprüche werden.

Zweitens – und dies bedeutet eine Erweiterung des ersten Axioms – müssen staatliche Akteure selbst in territorial entgrenzten Netzwerken handeln, um in die Handlungskontexte transnationaler Akteure einzudringen, ihre Anonymität aufzudecken, ihre Handlungszusammenhänge zu erkennen und durch die präventive Besetzung potentieller Knotenpunkte ihres Handelns ihre Handlungsoptionen einzuschränken.[13]

Daraus folgt *drittens* die Notwendigkeit, verbindliche Rechtsregeln zu entwerfen, die den territorialen Charakter traditionellen Rechts überwinden und flexibel und ortsbezogen anwendbar sind.

---

der Strukturbedingungen spiegelt sich mit Blick auf internationale Finanzmarkte in der Diskussion bei Martinek 1999 wieder, weitere Beispiele dazu weiter unten in V 2 b

13 Zwar ist der Ort transnationalen Handelns aufgrund der Ortscharakteristika der Multiplizitat, der Funktionalitat und der Variabilitat nicht immer erkennbar – und fur den transnationalen Terrorismus gilt die strategische Nutzung dieser Charakteristika wegen der intentierten Anonymitat terroristischen Handelns in besonderem Maße Doch die Kombination der Ortscharakteristika mit den Kriterien terroristischer Handlungslogik – also Publikumswirksamkeit, Asymmetrie, Effektivitat und Auswahl infrastrukturell bedeutsamer und symbolträchtiger politischer und offentlicher Einrichtungen – ermoglicht dennoch offensichtliche, wenngleich auch nur sehr vage *Wahrscheinlichkeitsaussagen* uber den Ort terroristischer Aktionen Dies erlaubt im strengen Sinne keine Prognosen (vgl oben Kap III 1), doch sind Botschaften, Massenveranstaltungen und Regierungseinrichtungen klassische Zielorte terroristischer Anschlage, ebenso waren das ‚World Trade Center' und das Pentagon ‚perfekte' Anschlagsziele und -orte Und auch die Sorge um Anschlage sowohl auf informations- und kommunikationstechnologische Infrastrukturen (‚cyber' oder auch ‚info war') als auch beispielsweise auf die Brucken in der Bucht von San Francisco in den Wochen nach den Anschlagen von New York und Washington waren vielleicht zum Zeitpunkt nicht sehr wahrscheinlich, jedoch sind sie als geeignete Orte terroristischer Anschlage immer noch sehr realistisch Insgesamt muss jedoch eher von der Unbestimmbarkeit von Anschlagsorten entsprechend den Ortsmerkmalen der Variabilitat und der Multiplizitat bzw gemaß der Einsicht ausgegangen werden, die Claude Cadoz in seiner Abhandlung uber die Auflosung des Raumes im Bereich virtueller Politik als eine „Vervielfaltigung von Orten bei simultaner Interaktion" beschreibt (ders 1998 93)

Im Folgenden werden die genannten drei Axiome eingehender diskutiert, wobei insbesondere die gegenläufigen Prinzipien transnationalen und staatlichen Handelns zu betonen sind. Dies wird vor der Frage staatlicher Steuerungsfähigkeit transnationaler Politik auf die spezifischen Herausforderungen verweisen, vor denen staatliche Politik steht. Punktuelle exemplarische Bezugnahmen auf die Anti-Terror-Politik der USA und der Vereinten Nationen können verdeutlichen, ob und in welchen Punkten staatliche bzw. zwischenstaatliche Politik diese Herausforderungen prinzipiell erfüllen und unter welchen Aspekten weiterer qualitativer Handlungsbedarf besteht.

a) Die partielle Selbstuberwindung staatlicher Souveränitätspolitik und die Strategie der regionalen Kooperation

Das erste Axiom hob auf die Notwendigkeit ab, dass staatliche Steuerungsstrategien transnationalen Akteuren auf der Ebene ihres dezentralisierten, fragmentierten und asymmetrischen Machthandelns begegnen müssen. Dies impliziert, dass Staaten zu machtvollen Akteuren jenseits national und international verregelter Handlungsräume werden, die durch ihre Souveränitätsrechte und ihren völkerrechtlich verbürgten Anspruch auf territoriale Integrität geschützt sind. Sie stehen vor der Aufgabe, ihre traditionelle Souveränitätspolitik partiell zu überwinden, d.h. nicht generell, jedoch umso mehr in der Auseinandersetzung mit transnationalen Akteuren. Diese Überwindung führt im Falle ihres Erfolges zu einem Paradox, da sie – wie im Laufe der folgenden Argumentation zu sehen sein wird – letztlich die Erhöhung der Steuerungsfähigkeit transnationaler Politik die Autonomie des Staates und seine Stellung in der Internationalen Politik stärken wird. Wie ist dies jedoch zu erreichen und welche aktuellen politischen Entwicklungen deuten in diese Richtung?

In diesem Zusammenhang ist die Beobachtung von Kenichi Ohmae über das ‚Schicksal' des Nationalstaates unter den Bedingungen globaler Weltpolitik interessant. Im Gegensatz zur verbreiteten Rezeption der Thesen von Ohmae, die ihm eine Tendenz der ‚hyper globalization' und die Behauptung vom ‚Ende des Nationalstaates' im Sinne seiner zunehmenden Bedeutungslosigkeit unterstellt (so. z.B. Held 1998), geht es Ohmae um die Forderung, dass der Nationalstaat sich selbst globalisieren und veränderten globalen Rahmenbedingungen anpassen müsse, um handlungsfähig zu bleiben (ders. 1995). Darauf verweist auch Geróid Ó Tuathail, wenn er sich auf Ohmae bezieht und schreibt: „Das Problem der Definition der spezifisch postmodernen geopolitischen Rahmenbedingungen liegt nicht so sehr in dem – zu stark betonten – Ende des Nationalstaates, sondern in der Globalisierung des Staates." (ders. 2001:126)

Ein Prozess der eigenstaatlichen Globalisierung bedeutet die Überwindung des nationalen und auch des internationalen politischen Raumes und ihrer institutionellen Ebenen durch eine Erweiterung der staatlichen Handlungs- und Funktionsbereiche hinein in suprastaatliche und transnationale Politikarenen. Strategisch würde die Schaffung solch entterritorialisierter Regelungsregime partielle staatliche Souveränitätsabtretungen nach sich ziehen, was jedoch, entgegen anfänglichem *Souveränitätsverlust*, dann zu einer *Steigerung staatlicher Handlungsmacht* gegenüber transnationalen Akteuren und letztlich zu einer Stärkung des Staates führen würde. Timothy Luke beschreibt solche Regime als „nonterritorialized communities of governance", die die Logik transnationaler Akteure übernehmen müssten (ders. 1998: 284f.).

Strategisch folgt daraus, dass nationale Institutionen und staatliches Handeln zu einer Anpassung an die Vorgaben und die Dynamik transnationaler Politik gezwungen werden. Staaten müssen sich in transnationale Netzwerke einbinden und solche Netzwerke selbst aktiv aufbauen. Dabei muss die Logik rein zwischenstaatlicher Politik überwunden und der private Sektor in die Netzwerke integriert werden. Wenn dies nicht gelingt und ihre Politik an die Souveränitätsdoktrin gebunden bleibt, dann werden sie in dem Geflecht des fragmentierten und dezentralisierten Handelns transnationaler Akteure marginalisiert und ‚entmachtet'. Entsprechend der Machtbildung transnationaler Akteure geht es aus staatlicher Perspektive um eine Gegenmachtbildung, die jedoch nicht ausschließlich dem souveränitätspolitischen Paradigma moderner Staatlichkeit, sondern der transnationalen Figur fragmentierter, dezentralisierter und asymmetrischer Machtbeziehungen folgen muss: nicht um diese Figur selbst zur Norm zu erheben, wohl aber um durch ihre strategische Übernahme Steuerungsmöglichkeiten wieder zu gewinnen und neu zu erlangen. In theoretischer Perspektive wird die Notwendigkeit staatlicher Selbstglobalisierung gelegentlich auch von neorealistischer Seite gefordert, wenn beispielsweise Werner Link nach der Zukunft des Territorialstaates in der ‚Logik der vernetzten Welt' und nach Axiomen seiner Selbstbehauptung fragt (ders. 1998).

In Anlehnung an Jean-Marie Guéhennos These vom ‚Ende der Demokratie' und der Anpassungsnotwendigkeit staatlicher und zwischenstaatlicher Politik an globalisierte Rahmenbedingungen (ders. 1993) formuliert Link den Gedanken, warum sich denn „der territoriale Nationalstaat (nicht) als anpassungsfähig erweisen und [in der Logik der vernetzten Welt; H.B.] behaupten sollte." (ders. 1998:61) Dabei sieht er in dem Instrument des politischen Regionalismus und der regionalen Kooperation den staatlichen Imperativ, um zwischen der „Logik der global vernetzten Welt und der Logik der Territorialstaaten" zu vermitteln (1998:69; ähnlich auch Schirm 1996). Durch ‚policy'-spezifische, regionale Arrangements würden Staaten versuchen, ihre Position unter den Bedingungen der Globalisierung zu erhalten und zu verbessern. Der spezifische Vorteil *regionaler* Kooperation gegenüber internationaler Kooperation ist darin zu sehen, dass kulturell integrierte, sozial homogene und politisch organisierte nationalstaatlichen Einheiten, die im Zuge von Globalisierungsprozessen partiell aufgelöst werden, in einem regionalen Kontext zur effektiven Kooperation leichter wieder herzustellen sind als in einem, im stärkeren Maße heterogenen internationalen und geographisch disparaten Kontext.[14]

Dies, so wäre zu ergänzen, darf sich jedoch nicht nur auf eine Stärkung der eigenen regionalen Position in der Staatenkonkurrenz im Sinne nationalstaatlicher Hegemonie oder gegenüber einzelnen transnationalen Akteuren beziehen, sondern müsste darüber hinaus zu einer gemeinsamen Verregelung und ‚Besetzung' von Politikfeldern und möglichen Handlungsoptionen – einschließlich derer transnationaler Akteure – führen. Czempiel, der Regionalisierung ebenfalls als ein zentrales Kennzeichen von Globalisierung bezeichnet, spricht bezüglich der staatlichen Anpassungsnotwendigkeit von einem Primat der Erhöhung von „Interaktionsverdichtungen" (ders. 1993:14; vgl. dazu auch die den Begriff des regionalen „Verdichtungs- und Verflechtungsprozess", Roloff 1998). Durch politische Regionalisierung kann es gelingen, nicht nur durch Anpassung an die Logik transnationaler Politik staatliche Gegenmachtpositionen *a posteriori* entsprechend eines zu erstrebenden Machtvorteils *vis-à-vis* konkreter Akteure aufzubauen und eventuell verlorene Machtpositionen wieder zu

---

14   Es soll und kann hier keine Debatte über regionale Integration geführt, sondern lediglich auf diesen Aspekt im Rahmen der entwickelten Axiome und der Steuerungsoptionen staatlicher Akteure hingewiesen werden In diesem Sinne jedenfalls erscheint Regionalismus als ein Instrument der Staaten zur Erhöhung ihrer Steuerungsfähigkeit gegenüber transnationalen Akteuren

erlangen, sondern – was zur Steigerung und Wiedererlangung staatlicher Autonomie noch effektiver wäre – Handlungsoptionen transnationaler Akteure *a priori* zu besetzen bzw. durch diese Besetzung die Handlungsoptionen transnationaler Akteure generell einzuschränken. Dies erfordert jedoch eine Weiterentwicklung des regionalen Integrationsgedankens.[15]

Wie die Diskussionen in IV.2.a) verdeutlicht haben, folgen transnationale Akteure bei der Bildung ihrer strategischen Netzwerkallianzen nicht dem klassischen Integrationstheorem staatlicher und zwischenstaatlicher Politik, sondern praktizieren eine Logik der funktionalen Gleichzeitigkeit aus Integration *und* Differenzierung, die nicht (mehr) an den territorialen Standort einzelner Kooperationseinheiten gebunden ist. Da staatliche Akteure gezwungen sind, die Logik transnationalen Handelns zu übernehmen, muss die Strategie des politischen Regionalismus – wiewohl sie einen entscheidenden Imperativ staatlicher Anpassung an transnationale Politik beschreibt – um diese Handlungs- und Organisationslogik erweitert werden. Praktisch und strategisch bedeutet dies, dass Staaten im Rahmen ihrer regionalen Zusammenarbeit einmal nicht nur mit anderen Staaten auf zwischenstaatlicher Ebene kooperieren, sondern auch private Akteure in ihre Allianzen mit einbeziehen sollten; zweitens folgt, dass die Kooperations- und Allianzpartner flexibel sein müssten, d.h. es nicht einen festen ‚Mitgliederkreis' gibt, der erst durch langfristige Kooperationsverhandlungen modi-

---

15 Modellhaft kann man sich den Gedanken regionaler Integration, der jedoch zur Vervollständigung durch das Anpassungsaxiom staatlicher an transnationale Politik ergänzt werden musste, am Beispiel eines Fußballspiels, in dem die eine Mannschaft aus staatlichen, die andere aus transnationalen Akteuren bestünde, folgendermaßen vorstellen Eine Strategie des politischen Regionalismus, die sich auf den Aufbau von Macht- und Gegenmacht zur Rekonstruktion staatlicher Macht- und Handlungspositionen beschranken wurde, entsprache der Strategie der Raumdeckung, die die Option auf Spielzuge und Ballannahmen durch Gegenspieler verhindern mochte, bevor diese tatsachlich eintreten. Die spezifische Herausforderung an staatliches Handeln durch transnationale Netzwerke wäre darüber hinaus jedoch durch ein offenes Spielfeld ohne Außenlinien, d.h ohne Spielfeldgrenzen vorstellbar Die Strategie der „Raumdeckung" muss auch hier greifen, wobei man jedoch die Orte der gegnerischen Ballannahme nur potentiell ausmachen, aber nicht (mehr) räumlich bestimmen kann *Nur an der Logik des (gegnerischen) Spiels selbst kann die eigene Strategie entwickelt werden, und das heißt, da Orte nur potentiell und unter bestimmten Wahrscheinlichkeitsannahmen ausgemacht werden können, dass die Logik des gegnerischen Spiels selbst ‚durchbrochen' werden muss* Politisch gesprochen folgt daraus, dass die Handlungsoptionen der ‚gegnerischen' Akteure *a priori* durch die Erhohung der eigenen Optionen, d h Besetzung potentieller ‚Orte' und Erhohung der ‚Interaktionsverdichtungen', reduziert werden muss Dies wird im Folgenden konkretisiert (Das Modell der ‚Manndeckung' scheidet hier aus, da es rein zwischenstaatlicher Politik und staatlich-bilateraler Machtbalance entsprechen wurde.)

fizierbar ist, sondern dass Allianzen entsprechend funktionalen Kooperationserfordernissen situativ und handlungsspezifisch erweiterbar und modifizierbar sein müssten.[16]

Politisch regionale Integrationsverbände würden dadurch, ähnlich wie transnationale strategische Allianzen, *erstens* kein institutionalisiertes Zentrum aufweisen; sie würden sich *zweitens* als Allianz handlungsspezifisch an strategische Erfordernisse anpassen können, wobei sie situativ und entsprechend strategischen Erfordernissen ihren Teilnehmerkreis erweitern (und gegebenenfalls auch auflösen); und sie würden *drittens* selbst asymmetrische Machtkonstellationen nach innen wie nach außen verkörpern und praktizieren, da in den Allianzen ein Akteursensemble mit unterschiedlichen und nur handlungsspezifisch und relational zu ermittelnden und wirksamen Machtpotentialen zusammenkommt. Eine derartig gebildete, um die transnationale Logik funktionaler Integration und Differenzierung erweiterte regionale Kooperation aus staatlichen und privaten Akteuren, würde das Axiom der ‚Globalisierung des Staates' strategisch einlösen und gleichzeitig den Ansatz des politischen Regionalismus in Richtung *funktionaler und ‚issue'-orientierter Regimebildungen* erweitern. Beobachtbare Tendenzen, um im Rahmen regionaler Regime entterritoriale öffentliche Macht auszuüben, bestehen in dem Versuch der Harmonisierung nationaler Rechtsregeln und der gegenseitigen Gewährung extraterritorialer Rechte (mit Blick auf die Terrorismusbekämpfung insbesondere nationaler Fahndungsbehörden). In regionalen Kontexten zeugen das Europäische Übereinkommen zur Bekämpfung des Terrorismus von 1976 von derartigen Bemühungen,[17] ebenso wie im Rahmen der *South Asian Association for Regional Cooperation* (SAARC) die „SAARC Regional Convention on Suppression of Terrorism" vom 4. November 1987.[18]

---

16 Vgl hierzu die Regionalismusdiskussion bei Roloff unter dem Stichwort der „beweglichen Ordnung" zur Erweiterung der Handlungsspielräume und der Handlungsoptionen staatlicher Akteure (ders 2001, 2001a)
17 Vgl „European Convention on the Suppression of Terrorism" vom 27 Januar 1976 (http //www ciaonet org/cbr/cbr00/video/cbr_ctd/cbr_ctd_39 html [10 01 2001]) Zu Überlegungen regional koordinierter Anti-Terrorismuspolitik im Rahmen der OSZE vgl jüngst Hellenberg 2002 „(There) is urgent need to improve and streamline international cooperation among intergovernmental organizations, NGOs, scientific community and private entities in a continuous fight against amounting shadows of terrorism " (ders 2002 3)
18 Unter http/www ciaonet org/cbr/cbr00/video/cbr_ctd/cbr_ctd_ 36 html [10 1 2001])

Weitere Beispiele für zwischenstaatliche Bemühungen zum Aufbau von Netzwerken und für Kooperationsverträge zur Terrorismusbekämpfung sind eine Reihe internationaler Konferenzen, die vor allem von den USA während der Präsidentschaft William J. Clintons angeregt wurden und in den Jahren von 1995 bis 1998 stattfanden. Die zentralen Ergebnisse bestanden darin, dass die Gefahr des transnationalen Terrorismus als neue sicherheitspolitische Herausforderung formuliert wurde, und dass man sich auf die Absicht eines gemeinsamen Vorgehens und einer verstärkten Zusammenarbeit verständigte. Die entscheidende Herausforderung wurde auch hier in der Transnationalität als eine den herkömmlichen Mitteln staatlicher Steuerungskapazitäten und nationaler Sicherheitspolitik entgegenlaufende Organisations- und Handlungsform nichtstaatlicher Akteure gesehen. Diese Konferenzen fanden in Paris, Lyon, Halifax und Ottawa auf der Ebene der G7/G8-Regierungschefs und ihrer Außenminister statt. Aus diesen Konferenzen gingen jeweils Erklärungen und Arbeitspapiere hervor, die vor allem Absichtsbekundungen für weitere Zusammenarbeit enthielten.[19]

So resultierte aus den G7/G8-Treffen eine Reihe gemeinsamer Erklärungen über eine Verbesserung der Zusammenarbeit und über die Schaffung völkerrechtlicher Vereinbarungen; ferner enthielten sie Vorschläge zum gegenseitigen Informationsaustausch sowie zur Entwicklung stärker aufeinander abgestimmter Maßnahmen zur Kontrolle internationaler Finanzströme. Der lediglich proklamatorische Charakter der G7/G8-Erklärungen bedeutete in erster Linie eine moralische und politische Affirmation der völkerrechtlichen Vereinbarungen, die im Rahmen der Vereinten Nationen bereits verabschiedet waren und die in den Erklärungen als verbindlicher Rahmen einer internationalen Anti-Terrorismuspolitik genannt wurden. Dies deutet aber auch darauf hin, dass die G7/G8-Treffen über Vereinbarungen im Rahmen der Vereinten Nationen inhaltlich nicht hinaus kamen.[20]

In der zweiten Hälfte der 1990er Jahre waren die USA ferner an einer Reihe *internationaler Regionalkonferenzen* zum Terrorismus beteiligt: So fand im April 1996 unter Leitung der peruanischen Regierung in Lima eine innerameri-

---

19 Zu den einzelnen Konferenzen und Dokumenten siehe http //www state gov unter „International Topics & Issues"
20 Vgl für die Erklärungen der G7/G8-Runde bspw die „Ottawa Ministerial Declaration on Countering Terrorism", *Ottawa Ministerial, U.S Department of State*, 12 12 1995 (http // www ciaonet org/cbr/cbr00/video/cbr_ctd/cbr_ctd_32 html [20 1 2002])

kanische Konferenz statt, an der die USA mit Beobachterstatus teilnahmen. 1998 organisierten die Philippinen und Japan jeweils ein Treffen über Terrorismus in Asien-Pazifik; auch hier waren die USA mit Beobachterstatus anwesend. Ferner trafen sich Clinton, der ägyptische Präsident Mubarak und weitere 29 nationale Delegationen 1998 in Shaykh, Ägypten, zu Beratungen über eine Bekämpfung des Terrorismus im Mittleren Osten. Aus den innerarabischen Verhandlungen ging im Juli 1999 die Resolution No. 59/26-P der *Konferenz islamischer Staaten* über Maßnahmen zur Bekämpfung des Internationalen Terrorismus hervor. Die zentralen Einigungen und Ergebnisse – neben einer scharfen Verurteilung jeglicher Formen des Terrorismus und der politischen Gewalt sowie der Erklärung ihrer Unvereinbarkeit mit einem ‚toleranten islamischen Gesetz' – bestanden in der Unterstützung und Bestärkung der internationalen Konventionen im Rahmen der Vereinten Nationen zur Verurteilung und Bekämpfung des Terrorismus.[21] Beispiele aus der Politik der Vereinten Nationen sowie Entwicklungstendenzen im Rahmen des Völkerrechts werden im folgenden Abschnitt exemplarisch diskutiert.

b) Die Bildung von globalen Netzwerken und Gegennetzwerken

Als zweites Axiom der staatlichen Übernahme transnationaler Handlungs- und Organisationslogiken zur Kontrolle der Strukturbedingungen transnationaler Politik konnte formuliert werden, dass staatliche Akteure selbst in *territorial entgrenzten* Netzwerken handeln müssen, um in die Handlungskontexte transnationaler Akteure ein- und zu den Knotenpunkten ihres Handelns vordringen zu können. Dies bedeutet gegenüber dem Gedanken des politischen Regionalismus eine zusätzliche Erweiterung, da die Bildung globaler Netzwerke bzw. Gegennetzwerke nicht an regionale Kontexte gebunden ist. Während politische Regionalisierung durch die Schaffung territorial und geographisch bestimmbarer Regionen und Integrationsverbände (vgl. dazu Yalem, 1965) eine ‚Reterritorialisierung' politischen Handelns und somit auch eine Gegenbewegung zur transnationalen Entterritorialisierung darstellt (im Sinne von Ó Tuathail und Luke; dies.

---

21 Vgl dazu „Convention of the Organization of The Islamic Conference on Combating Terrorism", *The Organization of the Islamic Conference*, 26th Session of the Islamic Conference of Foreign Ministers, Juli 1999, Resolution # 59/26-P (http·// www caionet org/cbr/cbr00/video/ cbr_ctd/cbr_ctd_25 html [10 Oktober 2001])

2000), sind Gegennetzwerke *globale, territorial entgrenzte Allianzen* – oder auch „network(s) of supraterritorial goveranances", wie Jost Delbrück schreibt (ders. 2001:16). Auch hier müssen zur Steigerung der Effektivität gegenüber transnationalen Netzwerken staatliche und private Akteure mit einbezogen werden (dazu auch Maull 1999).

Durch die strategische Kooperation im Rahmen solcher Gegennetzwerke wären Staaten auch hier zu partiellen Souveränitätseinbußen gezwungen. Wie auch im Falle des politischen Regionalismus wäre dieser Verzicht doch auch hier nur temporär, da er letztlich das Ziel der staatlichen Autonomiesteigerung bzw. Wiedererlangung gegenüber den autonomen Machtpositionen transnationaler Akteure verfolgt. Wie bereits oben angesprochen, ist es das strategische Ziel solcher Gegennetzwerke, transnationale Handlungs- und Organisationszusammenhänge zu erkennen und in diese einzudringen, die Anonymität ihrer Akteure aufzudecken, ihren Handlungen situativ und spezifisch zu begegnen bzw. im besten Falle ihnen zuvor zu kommen und dadurch die Aktions- und Organisationsmöglichkeiten transnationaler Akteure präventiv einzuschränken. Es geht, kurzum, um die Steuerung der Strukturbedingungen transnationaler Politik durch ein weltweit und territorial entgrenzt vernetztes Gegenhandeln.

Die politische Einlösung dieser theoretisch formulierten Herausforderung würde, gemessen an der Logik transnationaler Politik und an dem Druck ihrer Übernahme durch staatliche Akteure, effektivere Strategien hervorbringen als dies im begrenzten Rahmen des politischen Regionalismus erreichbar ist. Sie ermöglichen damit zusätzlich erweiterte Handlungsoptionen staatlicher Akteure. Auf die Notwendigkeit globaler Netzwerk- bzw. Gegennetzwerkbildungen verweisen auch Abraham D. Sofaer und Seymour E. Goodman, wenn sie in ihrem Vorschlag für internationale Vereinbarungen zur Terrorismusbekämpfung (der „Stanford Draft") schreiben, dass transnationaler Terrorismus auch transnationale Antworten nötig mache. Sie fordern, dass Formen strategischer Zusammenarbeit zwischen staatlichen Akteuren und dem privaten Sektor entwickelt werden müssten, einschließlich der Möglichkeit extraterritorialer Strafverfolgung (vgl. dies. 2000).

Die Bildung von Gegennetzwerken in der U.S.-amerikanischen Anti-Terrorismuspolitik

In der Anti-Terrorismuspolitik des USA wird das Axiom der Bildung eigener Netzwerke/Gegennetzwerke sehr ernst genommen und als Strategie des ‚counter networking' bezeichnet. Ely Karmon vom *International Policy Institute for Counterterrorism* (ICT) spricht von der Notwendigkeit einer „virtuellen Penetration terroristischer Gruppen und ihrer Aktivitäten" und bezeichnet dies als die vielversprechendste Möglichkeit, ihre Aktivitäten und Anschlagspläne im Vorfeld aufzudecken.[22] Dass ein solches strategisches Vorgehen der Durchdringung terroristischer Netzwerke erfolgreich sein kann, zeigen die Fahndungserfolge des FBI und der CIA bei der Aufdeckung des Falles um die ‚European Union Bank of Antigua', die auf die Strategie des ‚counter networking' zurückgehen. Die konkreten Schritte und Maßnahmen zum Aufbau anti-terroristischer Netzwerke benennt Boaz Ganor vom ICT in „Fundamental Premises for Fighting Terrorism". Er nennt die folgenden, sich gegenseitig ergänzenden Maßnahmen: ‚economic counter-terrorism' („blocking the financing of terrorist organizations, preventing them from raising, transferring and laundering money"), ‚political counter-terrorism' („recognition that all terrorist organizations have concrete political or ideological aims"), ‚offensive counter terrorism' („the creation of elite international counter-terrorism units") und ‚technological counter-terrorism' („the development of cooperative intelligence, offensive and defensive counter-terrorism technologies").[23]

Bei der Umsetzung dieser Schritte arbeiten U.S.-amerikanische ‚Intelligence'-Behörden auch mit anderen nationalen Geheimdiensten zusammen. Die Beziehungen zum britischen *Secret Service* und zum israelischen *Mossad* spielen dabei traditionell die größte Rolle. Seit den Anschlägen in New York, Washington und nahe Pittsburgh im September 2001 und der Entdeckung von *Al Kaida*-Netzwerken in der Bundesrepublik Deutschland hat sich auch die Zusammenarbeit auch mit dem deutschen *Bundesnachrichtendienst* (BND) und dem *Bundeskriminalamt* (BKA) intensiviert. Zudem wurde 1998 ein Überein-

---

22 The International Policy Institute for Counter Terrorism, Februar 2001 (http //www ict org/il/articles/articledet cfm?articleid=152 [10. Oktober 2001]); vgl ferner Rosecrance 1999; Martin 1999, ‚Information Security' (1999), den ‚Counter-intelligence Reform Act' von 2000 sowie das Hearing „World Wide Threats" vor dem U S Senat aus dem Jahre 1999
23 http://www ict org il/articles/articledet cfm?articleid=383 (10 Oktober 2001)

kommen der U.S. ‚Intelligence'-Behörden mit dem Verband Internationaler Internet-Provider *IPS* getroffen, das Zugangsmöglichkeiten auf Computeranlagen des *IPS* zur Überwachung terroristischer Aktivitäten im Internet regelt.[24] Die Kooperation mit Internet-Providern stellt ein erstes Beispiel für die Einbeziehung internationaler privater Akteure in staatliche Gegennetzwerke dar.[25]

Zur gesamtstaatlichen Koordination *nationaler* Anti-Terror-Netzwerke wurde im Jahre 2001 der ‚Preparedness Against Domestic Terrorism Act' verabschiedet. In diesem Zusammenhang wurde auch das ‚President's Council on Domestic Terrorism Preparedness' gegründet, das direkt dem U.S.-Präsidenten unterstellt ist. Das staatliche Budget für die Programmentwicklung und -umsetzung zur Terrorismusbekämpfung stieg damit von 7,66 Milliarden US$ im Jahre 1998 um insgesamt 45% auf 11,12 Milliarden US$ im Jahre 2001 und auf bewilligte 19,5 Milliarrden US$ im Jahre 2002 an. Norman Rabkin berichtet dazu in einem Gutachten für das Repräsentantenhaus, dass bislang die nationalen Bemühungen noch zu wenig in ihrer Vernetzung zwischen potentiellen Bedrohungen, einer nationalen Gegenstrategie und den institutionellen Einrichtungen der *Intelligence Community* zur Analyse und Antizipation von Sicherheitsbedrohungen koordiniert gewesen seien. Genau dies habe sich ändern müssen, was mit dem Gesetzesvorschlag und seiner Verabschiedung beabsichtigt worden sei.[26] Forderungen der Bush-Regierung für das Jahr 2003 beliefen sich auf eine weitere Erhöhung dieses Budgets auf 37,7 Milliarden US$. Diese Verdopplung

---

24 Vgl dazu Michael Whine, „Cyberspace – A New Medium for Communication, Command and Control by Extremists, 1997 (http //www ict org il/articles/articledet cfm?articleid=76 [10 August 1999]) sowie ders , „Islamist Organisations on the Internet", 1998 (http //www ict org il/articles/articledet cfm?articleid=31 [10 August 1999]). Dazu sowie zur zunehmenden Bedeutung des Internet als Organisations- und Aktionsforum des transnationalen Terrorismus auch Ely Karmon, „The Role of Intelligence in Counter-Terrorism", 2001 (http //www ict org il/articles/articledet cfm ?articleid=152 [10 Januar 2002]
25 Vgl dazu auch David M Walker, „Homeland Security. A Framework for Addressing the Nation's Efforts", United States General Accounting Office, Testimony before the Senate Committee on Governmental Affairs, 21 September 2001 (http //www ciaonet org/cbr/cbr00/ video/cbr_ctd/ cbr_ctd_18 html [10 Oktober 2001]
26 Dazu ders., „Combating Terrorism Issues in Managing Counterterrorist Programs", Director ‚National Security Preparedness Issues', National Security and Internatio nal Affairs Division, United States General Accounting Office, 6 April 2000 (http // www ciaonet org/cbr/cbr00/ video/cbr_ctd/cbr_ctd_17 html [10 10 2001]), ebenso Raymond J. Decker, „Combating Terrorism Comments on H R. 525 to Create a President's Council on Domestic Terrorism Preparedness", ‚Director, Defense Capabilities and Management', United States General Accounting Office, 9 Mai 2001 (http //www ciaonet org/cbr/cbr00/video/ cbr_ctd/cbr_ctd_16 html [10 10 2001])

erklärt sich hauptsächlich durch die Finanzierung einer neuen Behörde, die unmittelbar in den Wochen nach dem 11. September 2001 gegründet wurde. Es handelt sich dabei um das *Office for Homeland Security*, das ebenfalls direkt dem Präsidenten innerhalb der ‚Executive Branch' des Weißen Hauses unterstellt ist.[27]

Eine der fortschrittlichsten Konzepte zur Bildung von Anti-Terror-Netzwerken, das jedoch bislang nur vorsichtig initiiert und noch nicht umgesetzt wurde, besteht in dem Vorschlag des *International Policy Institute for Counterterrorism* (ICT) zur Bildung einer internationalen Anti-Terrororganisation. Diese sollte auf zwei Ebenen operieren: einmal als Kampfeinheit und zweitens als eine Art zwischenstaatlich vernetzter Geheimdienst. Die bereits bestehenden Formen der Zusammenarbeit zwischen der *US Central Intelligence*, dem britischen *Secret Service*, dem israelischen *Mossad* und dem bundesdeutschen *Bundesnachrichtendienst* sollten dadurch ergänzt und erweitert werden. Der ICT-Analytiker Eric Herren erkennt bei seinen Ausführungen zu einer solchen internationalen Einrichtung die Notwendigkeit, sich der strategischen Flexibilität und dem organisatorischen Netzwerkcharakter des transnationalen Terrorismus in der Logik des eigenen Handelns anzupassen (‚requires the ability to adapt'). Den strategischen Vorteilen transnationaler Organisationen hätte eine solche zwischenstaatliche Einrichtung die synergetischen Effekte einzelner nationaler Erfahrungen in der Terrorismusbekämpfung sowie analytisch die Vielfalt sprachlicher und kultureller Hintergründe entgegen zu setzen. Die Ausführungen von Herren, obgleich visionär und mit einer Reihe praktischer Schwierigkeiten verbunden, greifen die oben formulierte Prämisse der Adaption transnationaler Handlungs- und Organisationslogiken durch staatliche Akteure und zwischenstaatliche Netzwerkbildungen in den strategischen Überlegungen U.S.-amerikanischer Sicherheitsbehörden bislang am weitreichendsten auf.[28]

---

27 Dazu http://www.whitehouse.gov/homeland (20. Januar 2002) Zahlen nach *Office of Management of Budget*, Washington D C., jährliche Publikationen Auf *institutioneller Ebene* zeugt die Interdisziplinarität und eine komplex verzweigte Organisationsstruktur U.S -amerikanischer Sicherheitsbehörden und -institute von der Strategie eines ‚counter networking', vgl zu einer ausführlichen Darstellung der U S -Intelligence-Strukturen, ihre Arbeit und ihrer einzelnen Strategien Richelson 1999, Aharon Yariv 1987 sowie die Informationen und Organigramme unter http // www.odci gov, http //www cia.gov
28 Vgl. dazu ders , „The Need for an International Counter-Terrorism Unit", ICT, 15 August 1999 (http //www ict org.il/articles/articledet.cfm?articleid=90 [10 10 2001])

Es kann zum jetzigen Zeitpunkt noch nicht beurteilt werden, inwieweit aus der Anti-Terror-Koalition, die die USA vor dem Beginn der militärischen Operationen in Afghanistan am 7. Oktober 2001 zur Niederschlagung des Taliban-Regimes und zur Bekämpfung der *Al Kaida* in einer Vielzahl diplomatischer Vereinbarungen formiert haben, nachhaltig gemeinsame Maßnahmen zur Terrorismusbekämpfung folgen werden. Eine Veränderung der Lage, die diese Beurteilung erschwert und zu einem politischen Gemengelage unterschiedlicher Akteure, Interessen und Koalitionen geführt hat, ist zudem durch den Dritten Golfkrieg 2003 entstanden. Ebenso wenig kann momentan abgesehen werden, welche Bedeutung hierbei die Resolutionen des Sicherheitsrates der Vereinten Nationen erhalten und wie diese als Grundlage für eine internationale Zusammenarbeit im Kampf gegen den Terrorismus benutzt werden.[29] So scheint derzeit die progressivste Vereinbarung, die den oben skizzierten Vorstellungen nach Herren nahe kommt, allein zwischen den Regierungen der USA und Israels zu bestehen. Dieser Kooperationsvertrag aus dem Jahre 1996 zielt zwar auf den Aufbau von Netzwerken, entspricht ansonsten jedoch klassisch zwischenstaatlicher Politik. Er enthält die folgenden Erklärungen:

> „With a view to enhancing their capabilities to deter, prevent, respond to and investigate international terrorist acts or threats of international terrorist acts against Israel or the United States, and to enlist the cooperation of others in combatting international terrorism, the Parties agree to share expertise and otherwise assist each other"[30]

---

29 Vgl dazu unten mehr, es gibt Meinungen, wonach die jüngsten Resolutionen des Sicherheitsrates (insbes SR Res. 1267, 1333, 1368 und 1373) eine ausreichende völkerrecht-liche Grundlage für ein international koordiniertes Vorgehen gegen den Terrorismus darstellen (so u a Delbrück 2001a, Dicke 2001a). Es ist an dieser Stelle wichtig zu betonen, dass unter völkerrechtlicher Perspektive das militärische Vorgehen der USA gegen die Taliban in Afghanistan seit dem Beginn der Operationen am 7 Oktober 2001 in keiner Beziehung zu den Anti-Terror-Resolutionen des Sicherheitsrates stehen („is not an enforcement measure under Chapter VII" – so Delbrück 2001 13) So hat der Sicherheitsrat weder eine Erzwingung seiner Resolution auf der Grundlage von Kap VII UNCh beschlossen, noch einen bestimmten Staat zur Umsetzung der Resolutionen beauftragt (wie bspw im Falle der SR Res. 678 der irakischen Invasion in Kuwait im Jahre 1990) Somit bleibt die einzige volkerrechtliche Grundlage der USA für ihre militärischen Operationen der Art. 51 UNCh zur Selbstverteidigung (zur Diskussion dieser Zusammenhänge vgl Delbrück 2001a sowie dort genannte weiterführende Literatur)

30 Dazu „Counterterrorism Cooperation Accord between the Government of the State of Israel and the Government of the United States of America", 30 April 1996, zitiert nach *Jewish Virtual Library* (http //www us-israel org/jsource/US-Israel/ Terror_coop_MOU html [20 Januar 2002])

Es folgen dann konkrete Kooperationsvereinbarungen über den Austausch von Informationen und Profilanalysen terroristischer Gruppen, über eine gemeinsame Ausbildung und einen Austausch von Geheimdienstmitarbeitern und Anti-Terrorismusexperten, über einen Erfahrungsaustausch bei Krisenmanagement und Fahndungsmethoden, über Gefangenenaustausch und polizeiliche Zusammenarbeit sowie über eine enge Zusammenarbeit bei der weiteren Entwicklung von Anti-Terrorismus-Politiken und -strategien durch die dauerhafte Einrichtung einer gemeinsamen Arbeitsgruppe.[31]

Internationale Kooperation und Netzwerkbildung im Rahmen der Vereinten Nationen

In den Vereinten Nationen wird die Bedeutung internationaler Kooperation und globaler Gegennetzwerke zur Terrorismusbekämpfung seit den 1970er Jahren betont. In verschiedenen Resolutionen der Generalversammlung – angefangen mit der GV Res. 3034 von 1972 (s.o. in III.2) – wurde dabei immer wieder die Empfehlung zur internationalen Zusammenarbeit ausgesprochen.[32] Dabei hat die Politik der VN während der letzten Dekaden zwei entscheidende Schritte hin zu einer Intensivierung und tendenziellen Veränderung erfahren: Einmal wurde im Zuge des Anschlags von Lockerby im Jahre 1992 vom Sicherheitsrat die Resolution 731 verabschiedet, in der internationale Terrorismus als Bedrohung für den Weltfrieden und die internationale Sicherheit bezeichnet wird. Damit machte der Sicherheitsrat von seiner Funktion gemäß Kapitel VII der UN-Charta Gebrauch.[33] Es ist auffällig, dass der Sicherheitsrat in bis dahin unge-

---

31 Im Zusammenhang mit dieser Kooperation steht auch die Einrichtung von kämpfenden Anti-Terror-Einheiten, sog ‚Special Operation Forces', die als speziell aus-gebildete militärische und paramilitärische Einsatzkräfte der Strategie der *asymmetrischen Kriegführung* begegnen bzw diese Logik selbst übernehmen sollen und deren Bedeutung seit dem 11 September 2001 besonders hervorgehoben wird, vgl „Reshaping the Military for Asymmetric Warfare", 5 Oktober 2001, http // www cdi org/terrorism/asymmetric html (10 Januar 2002)
32 Vgl bspw „The Hague Convention" (auch ‚Convention for the Suppression of Unlawful Seizure of Aircraft' genannt) vom 16 Dezember 1970, die „International Convention Against the Taking of Hostages" vom 18 Dezember 1979, die Resolution „Measures to Prevent International Terrorism" vom 10 Dezember 1981 sowie die Resolution „Human rights and Terrorism" vom 20 Dezember 1993
33 Damit wird Kap VII, Art 39-51, der UN-Charta – in Kombination mit dem Grundsatz des Gewaltverbots nach Art 2, Ziff 4 – zum Angelpunkt der Anti-Terrorismuspolitik der VN, in dem dem Sicherheitsrat – als dem nach Kap V, Art 24 und 25 hauptverantwortlichen Organ für die Wahrung des Weltfriedens – ein weiter Ermessensspielraum zur Feststellung friedens-

wohnt allgemeiner Form terroristische Handlungen „ohne situative Konkretisierung und ... auch ohne jede zeitliche Eingrenzung ... als Friedensbedrohung festgestellt." (Dicke 2001:19) Diese Einschätzung und Haltung des Sicherheitsrates hat die Generalversammlung 1994 übernommen. Die GV Resolution 49/60, in der terroristische Handlungen als unvereinbar mit den Zielen und Grundsätzen der VN und ebenfalls als Bedrohung des Friedens und der Sicherheit verurteilt werden, fordert zudem eine internationale Harmonisierung nationaler Rechtsvorschriften zur Verhütung, Bekämpfung und Beseitigung des Terrorismus.[34]

Einen zweiten Schub erfuhr die VN-Politik im Jahre 1999 in der Auseinandersetzung mit dem Terrornetzwerk der *Al Kaida* und mit dem Taliban-Regime, das der Unterstützung der *Al Kaida* sowie der Beherbergung von bin Laden und zentraler Organisationseinheiten seines Terrornetzwerkes beschuldigt wurde. Hinter diesem zweiten Schub standen insbesondere die Anschläge auf das World Trade Center 1993, auf die US-Botschaften im Jahre 1996 sowie natürlich die Anschläge vom 11. September 2001, die allesamt auf die *Al Kaida* zurückgeführt werden konnten.[35] Durch die entsprechenden Resolutionen der Generalversammlung, insbesondere jedoch des Sicherheitsrates werden dabei zwei Tendenzen deutlich, die entsprechend dem oben formulierten Axiom der staatlich-zwischenstaatlichen Netzwerk/Gegennetzwerkbildung unter Einbeziehung privater Akteure bedeutsam sind: *Zum einen* wird im Rahmen der VN-Politik die Tendenz deutlich, die traditionelle Doktrin staatlicher Souveränität und territorialer Integrität aufzuweichen und die Anordnungen des Sicherheits-

---

und sicherheitsgefährdender Handlungen eingeräumt wird Zudem fungiert nach Kap VII – in Zusammenhang mit Kap V, Art 24 und 25 – der Sicherheitsrat als einziges Organ der VN, das für alle Mitgliedstaaten verbindliche Anordnungen aussprechen kann, wohingegen die Resolutionen der Generalversammlung generell nur empfehlenden und appellativen Charakter haben, vgl dazu auch Zimmer 1998

34 Dazu „Maßnahmen zur Beseitigung des internationalen Terrorismus", mit Anlage ‚Erklärung uber Maßnahmen zur Beseitigung des Terrorismus', in *policy paper* no 4, ‚Erklärung zu den Terroranschlagen gegen die USA vom 11 September 2001', S 32ff, in gleichem Sinne auch zwei Jahre später die Resolution 51/210 der Generalversammlung, in a a O S 28ff

35 In den Resolutionen 54/109 vom Dezember 1999, 52/164 vom Januar 1998 und 56/1 vom 12 September 2001 hat die *Generalversammlung*, und in den Resolutionen 1267 vom Oktober 1999, 1269 vom 19. Oktober 1999, 1333 vom Dezember 2000, 1368 und 1373 vom 12 bzw 28 September 2001 hat der *Sicherheitsrat* in bislang ungewohnter Deutlichkeit zum internationalen Terrorismus Stellung genommen und alle terroristischen Handlungen, ungeachtet ihrer religiösen, politisch-weltanschaulichen und kulturell-ethnischen Motive aufs Schärfste verurteilt

rates zunehmend auch auf nicht-staatliche Akteure auszuweiten und anzuwenden. Indem dadurch Anordnungen abstrakt verpflichtend werden – hier im Falle des Terrorismus –, wird *zweitens* das Verfahren, internationale Kooperation durch multilaterale Verhandlungen zu erreichen, für zu ineffektiv erklärt und zu überwinden versucht (dazu unten mehr).

Die zunehmende Einbeziehung privater, nicht-staatlicher Akteure in die Anordnungen des Sicherheitsrates erweitert internationale, staatlich gesteuerte Gegennetzwerke und bedeutet damit einen Zugewinn an Effektivität in der Terrorismusbekämpfung. Unter völkerrechtlicher Perspektive besteht in der Überwindung der staatszentrierten Völkerrechtsdoktrin auch „die eigentliche ... Herausforderung der Globalisierung." (Dicke 2001:32) Diese Tendenz entspricht dem Versuch, das oben formulierte Steuerungsaxiom einzulösen, wonach Staaten zu machtvollen Akteuren jenseits nationaler Souveränitätspolitiken und jenseits rein zwischenstaatlicher Ordnungsräume werden müssen.[36] Damit scheint durch Anpassung an Globalisierungslogiken zumindest tendenziell das noch in den 1970er und 1980er Jahren bestehende Defizit zwischenstaatlicher Politik auf der Grundlage staatlicher Souveränitätsrechte überwunden, die die Transnationalität des neuen Terrorismus bereits vom Prinzip her nicht zu fassen bekam. Denn die Kennzeichen von Transnationalität bestehen ja gerade darin, dass sich Akteure und ihre Handlungen der territorialen Zuordnung und einer ausschließlich auf staatliche Souveränitätsrechte gegründeten Steuerbarkeit entziehen. Die erfolgreiche partielle Überwindung der Souveränitätsdoktrin und die Weiterentwicklung des zweiten Steuerungsaxioms würde auch hier, ähnlich wie im Falle des ‚politischen Regionalismus', die paradoxe Entwicklung der Stärkung staatlicher Akteure bei *zunächst* denationalisierenden Globalisierungsfolgen bedeuten.[37]

Die Tendenz der Aufweichung des Prinzips staatlicher Souveränität und territorialer Integrität durch die Erweiterung der Völkerrechtssubjektivität auf nicht-staatliche Akteure zeigt sich im Falle der Terrorismusbekämpfung auch an Hand der Verhängung eines Luftverkehrs-, Finanz- und Waffenembargos gegen

---

36 Zur Entwicklung des Völkerrechts und der Tendenz seiner ‚Entstaatlichung' unter den Bedingungen von Entterritorialisierung vgl u a auch in Delbrück 2001

37 Doch soweit ist es noch nicht, da zum einen hier lediglich eine Tendenz angesprochen wird, die zweitens auch mit praktischen Problemen konfrontiert ist, dazu mehr am Ende dieses Abschnittes.

die Taliban (SR Res. 1267 und 1333): Dieses griff einmal direkt in die inneren Angelegenheiten Afghanistans ein; zweitens wurden Drittstaaten in ihrem Handeln gegenüber privaten Akteuren auf bestimmte Prinzipien hin verpflichtet; und drittens wurden private Akteure selbst direkt zum Gegenstand von Resolutionen gemacht.[38] Nach Delbrück wird damit der traditionelle und intrinsische Charakter des Völkerrechts unterlaufen bzw. – je nach Standpunkt – überwunden (ders. 2001:26ff.). Wie auch immer man hierzu stehen mag: Entsprechend dem theoretisch formulierten Steuerungsaxiom staatlicher gegenüber transnationaler Politik sind die Konsequenz und Praktiken effektiv: Das Scheitern des U.S.-amerikanischen Antrages zur Bekämpfung des Terrorismus von 1972 – wodurch die Schranken zwischenstaatlicher, souveränitätsorientierter Politik gegenüber dem staaten- und grenzübergreifenden Charakter transnationaler Politik (hier exemplarisch am Terrorismus) deutlich wurde – und die mittlerweile erreichte Durchsetzbarkeit wesentlich weitreichenderer Beschlüsse (bereits vor dem 11. September) geben hiervon Zeugnis.[39]

Eine ungelöste Herausforderung: Zur unterlegenen Funktionalität staatlich gesteuerter gegenüber transnationalen Netzwerken

Die Herausforderungen eines staatenübergreifenden und Staatengemeinschaften transzendierenden Globalrechts werden im nächsten Abschnitt in Anlehnung an das dritte Steuerungsaxiom transnationaler Politik skizziert; zunächst bleibt noch auf ein Desiderat staatlicher Netzwerkwerkbildung hinzuweisen. Dieses bezieht sich auf die Funktionalität staatlich gesteuerter Gegennetzwerke. Richard Falkenrath beschreibt die Strategie staatlich-privater Allianzen – sei dies bilateral, multilateral oder im Rahmen der Vereinten Nationen – als den Versuch „to build extraordinarily com-plex latticework of functionally organized agencies, levels of government [local, county, state, federal, international, regional and global; H.B.] ... and public, private and non-governmental actors." (ders. 2000:3)

---

38 Solche Tendenzen der Aufweichungen und Erweiterungen des Völkerrechts und der Einbeziehung privater Akteure sind nach herrschender Meinung im Völkerrecht nicht nur im Bereich der Anti-Terrorismuspolitik zu beobachten, vgl dazu die Resolutionen des SR 1237 vom 7 Mai 1999 (zur Situation der Zivilbevölkerung in Angola), 1267 vom 15 Oktober 1999 (zur Situation in Afghanistan) sowie die Res 1306 vom 5 Juli 2000 (zum Verbot des Diamantenhandels in Sierra Leone), vgl auch Voigt, der in diesem Zusammenhang von ‚globalen Prohibitionsregimen' spricht (ders 1999/2000 26f)
39 Ausführlich zur aktuellen Anti-Terrorismuspolitik der Vereinten Nationen vgl Behr 2004

So richtig diese und die bisherigen Beobachtungen sind, so besteht – über den prinzipiellen Konflikt zwischen staatlicher Souveränität und der Notwendigkeit ihrer Überwindung durch Staaten selbst unter dem Druck ihrer Anpassung an globale Handlungslogiken hinaus – eine weitere Herausforderung staatlicher Politik: Sie betrifft die staatliche Anpassung an die *Funktionalität* transnationaler Handlungs- und Organisationsstrategien.

Der auf transnationale Akteure anwendbare Ansatz der ‚strategischen Allianzen' (s.o. v.a. III.1.) hat insbesondere den funktionalen Charakter transnationaler Kooperationsbeziehungen hervorgehoben. Das Fallbeispiel des Terrorismus hat die strategische Funktionalität transnationaler Netzwerke exemplarisch aufgezeigt; die theoretischen Auswertungen und weiteren Diskussionen in Kapitel IV konnten dies konkretisieren. Politisch regionale, ebenso wie entterritoriale, netzwerkartige Allianzen unter der Führung staatlicher Akteure müssten nun im Idealfall das gleiche Maß an funktionaler Kooperation und Strategie aufweisen wie die strategischen Allianzen transnationaler Akteure. Genau in diesem Punkt scheint jedoch eine Grenze staatlicher Strategien zu liegen, die gleichsam eine Beschränkung der Steuerungsfähigkeit transnationaler Akteure durch staatliche Politik bedeutet. Der Grund hierfür scheint in der Norm demokratisch-rechtsstaatlicher Politik zu öffentlicher Transparenz und Kontrolle sowie zur Achtung und Wahrung von Menschen- und Bürgerrechten zu liegen. Folgende Beispiele aus dem Bereich der VN-Politik und der U.S.-amerikanischen Politik verdeutlichen dies:

Durch die erwähnten Resolutionen des Sicherheitsrates der Vereinten Nationen wurden private Akteure, denen in aktuellen Debatten (s.o. Kap. III.2.b) partielle Völkerrechtssouveränität attestiert wird, auch *de jure* in den Kreis von Völkerrechtssubjekten miteinbezogen. Diese Erweiterung hat jedoch bislang eine klare Grenze, und zwar dadurch, dass private Akteure lediglich als Gegenstand völkerrechtlicher Vereinbarungen angesprochen, jedoch nicht als völkerrechtsetzende Vertragspartner integriert wurden. So bedeutet die Ausdehnung der Resolutionen des Sicherheitsrates auf private Akteure zwar eine Erweiterung der Völkerrechtssubjekte in erster Linie im Sinne der *Betroffenheit* durch zwischenstaatliche Vereinbarungen; im Sinne der Kooperation und der Schaffung gemeinsamer politischer und rechtlicher Grundlagen herrscht jedoch weiterhin eine staats- und souveränitätsorientierte Auffassung vor – zumindest gilt dies für den Kampf gegen den Terrorismus.

Dadurch wird die Reichweite von Allianzen und Kooperationen eingeschränkt und kann nicht den Grad an Funktionalität wie transnationale Netzwerke erreichen. Folgendes hypothetische Gedankenspiel mag dies verdeutlichen: Beispielsweise hätte einerseits eine völkerrechtliche Einbeziehung des Taliban-Regimes in die Anti-Terrorismuspolitik der VN zur Bekämpfung der *Al Kaida* unter strategisch-funktionalen Gesichtspunkten vermutlich eine effektivere Politik ermöglichen können als Sanktionen. Andererseits verbieten natürlich die menschenrechtlichen Grundsätze der VN eine Kooperation mit einem derartigen Regime sowie dessen Anerkennung.[40] Die Verpflichtung auf normative Grundsätze steht hier im Widerspruch zur strategischen Effektivität möglichst weitreichender Netzwerke bzw. Gegennetzwerke. Strategisch gesprochen müssten hier noch weitreichendere Allianzen kreiert und Reglements geschaffen werden, die über den zwischenstaatlichen Bereich hinaus entstaatlichte und entterritorialisierte Globalisierungskonsequenzen regulieren können.

Beispielhaft für die Überwindung der staatszentrierten Doktrin auch für die Anti-Terrorismuspolitik ist die Initiative im Bereich der Steuerung ökonomischer Globalisierungsphänomene, die unter dem Begriff „Global Compact" firmiert. Hier wurde unter der Leitung des Generalsekretärs der VN ein Forum aus verschiedenen Interessengruppen und globalen Akteuren der Weltwirtschaft, wie beispielsweise internationalen Konzernen, Gewerkschaften und anderer zivilgesellschaftlicher Institutionen geschaffen. Das Ziel von „Global Compact" ist es, einmal die globale Weltbevölkerung insbesondere aus den benachteiligten Regionen der Welt an positiven Entwicklungen ökonomischer Globalisierungsprozesse in verstärktem Maße teilhaben zu lassen; ferner sollen universelle Werte und Praktiken verankert werden, um durch Globalisierung neu entstehende Probleme kontrollieren zu können. „Global Compact" wurde erstmals im Jahre 1999 von Kofi Annan vor dem ‚World Economic Forum' angeregt und trat mit einem hochrangig besetzten, internationalen Treffen aus Vertretern der VN und der genannten Interessengruppen in New York am 26. Juli 2000 in seine operationale Phase ein.[41] Das Motto von „Gobal Compact" ist eine zivilgesell-

---

40 Bekanntermaßen wurden die Taliban nur von Pakistan, Saudi-Arabien und den Vereinigten Arabischen Emiraten anerkannt
41 Vgl dazu Press Briefing by Secretary-General's Special Advisor on Global Compact and World Economy Forum, 26 Juli 2001, ferner "The United Nations Partners in Civil Society" (uber http //www un org/ partnerships/civil_society/home html [10 Mai 2002]) sowie hier die Erklärung von Kofi Annan „The United Nations once dealt only with Governments By now we know that peace and prosperity cannot be achieved without partnerships involving Gov-

schaftlich-staatliche Partnerschaft zur demokratischen Regulierung ökonomischer Globalisierungsprozesse.[42]

Ohne die Resultate und Effektivität der „Global Compact"-Initiative im einzelnen zu erörtern,[43] weist jedoch der Ansatz einer solchen staatlich-privaten Partnerschaft in eine Richtung effektiver globaler Kooperation und könnte damit das Axiom der Bildung von Gegennetzwerken auch für die Kontrolle und Bekämpfung des transnationalen Terrorismus weitergehend einlösen. Damit könnten nach dem „Global Compact"-Modell nicht nur ökonomische, sondern auch sicherheitspolitische Allianzen gebildet werden, durch die private Akteure normativ in eine demokratische Wertegemeinschaft eingebunden und damit eventuell von illegalen und terroristischen Praktiken abgehalten werden könnten; ferner könnten sie als Mediatoren auftreten und zwischen verfeindeten Parteien vermitteln.[44] Andererseits wird jedoch genau hier auch das Problem der begrenzten Reichweite und Funktionalität durch normative Selbstverpflichtungen deutlich: So mussten sich die Unternehmen zur Teilnahme am „Global Compact" auf die Einhaltung von Arbeits-, Umweltschutz- und Menschenrechtsbestimmungen verpflichten. Insofern private Akteure nicht zur Einhaltung universeller Normen und Praktiken gezwungen werden können,[45] ist – was sich insbe-

---

ernments, international organizations, the business community and civil society In today's world, we depend on each other " Hier auch eine Übersicht zu nicht-staatlichen Akteuren, ihrer Stellung und ihren Kooperationsbeziehungen in den VN, zum „Global Compact"-Netzwerk siehe auch unter http //www unglobalcompact org sowie „Informationen zum Thema 'Globaler Pakt'", *Vereinte Nationen* 5/1999, Bonn

42 Press Release NGO/377, PI/1276, Generalsekretariat der VN (29 August 2000)
43 Vgl dazu im Weiteren Paul 2001
44 Eine weitere Möglichkeit, die ein solches Modell bieten könnte, besteht in der Akkumulation und im synergetischen Zusammenführung von Wissen und Information privater und staatlicher Akteure sowie in der Nutzung von Fachkenntnissen privater Akteure So hat bspw der Sicherheitsrat der VN gelegentlich bereits formliche Sitzungen für Konsultationen mit NGOs unterbrochen, um notwendiges Hintergrundwissen zu erhalten, vgl dazu Hingst 2001 42f Die Optionen, die staatlich gesteuerte Netzwerke durch ein dem „Global Compact'-Modell entlehntes Anti-Terrorismusnetzwerk erhalten konnten, wären weiterhin dahingehend vorstellbar, dass Fachleute und Spezialisten, deren Expertise (bspw im Bereich Waffen- und Sprengstofftechniken, Softwareentwicklung und -korruption [‚Hacker']) sich Terroristen durch ‚Anwerben' und durch die Integration in ihre eigene Netzwerke nutzbar machen, von Seiten staatlicher Netzwerke ‚eingeworben' und ihrerseits integriert werden Zu denken wäre hier an Programme zur Einbindung privater Computer- und Internetclubs, ‚arbeitsloser' Nuklearwissenschaftler und Waffentechniker, privater Kredit- und Geldinstitute, transnationaler Protestbewegungen etc
45 Es sei denn, der Sicherheitsrat wurde nach Kap VII UNCh eine Verletzung oder Bedrohung des Weltfriedens erkennen und seine eigene ‚neue' Praxis der Ausweitung der Volkerrechtssubjektivität ausuben (s o)

sondere im Bereich Terrorismus/Anti-Terrorismus auswirken dürfte – der Kreis der Teilnehmer an solchen Netzwerken einmal durch die freiwillige Integration der Akteure sowie zweitens durch ihre bereitwillige Verpflichtung auf demokratisch-rechtsstaatliche Normen beschränkt.

Übertragen auf die Anti-Terrorismuspolitik würde der Ansatz wie im „Global Compact" eine sinnvolle Erweiterung der Netzwerkbildung über rein zwischenstaatliche Kooperationsformen hinaus bedeuten, wobei andererseits der grundlegende Konflikt zwischen der Reichweite und strategischen Funktionalität hier und der demokratischen Selbstverpflichtung und Legitimation staatlichen Handelns dort mehr noch als im Bereich ökonomischer Kooperation hervortritt – weswegen das Gedankenspiel der Einbeziehung des Taliban-Regimes in eine Anti-Terrorkoalition auch als hypothetisch bezeichnet wurde, würden sich die VN dadurch selbst unglaubwürdig gemacht haben.[46] Die strategischen Optionen zur Netzwerkbildung und die Frage der möglichst weitreichenden und effektiven Einbeziehung von privaten und staatlichen ‚Verbündeten' bewegen sich damit in dem Spannungsfeld zwischen größtmöglicher Funktionalität bzw. – politisch gesprochen – maximal vertretbarer Opportunität bei minimal notwendiger Einhaltung normativer Selbstverpflichtungen bzw. – politisch gesprochen – zu gewährleistendem Erhalt der eigenen Glaubwürdigkeit.

Auch im Falle U.S.-amerikanischer Anti-Terrorismuspolitik spielt, wie oben gesehen, die Strategie des ‚counter networking' eine zentrale Rolle. Jedoch ist eine Gegenbewegung zu beobachten, die auch hier der Netzwerklogik widerspricht. Diese besteht in dem Bemühen, das institutionelle Geflecht von Sicherheits- und Fahndungseinrichtungen – über eine verstärkte Koordination durch interdisziplinäre Arbeitsgruppen hinaus – zu *zentralisieren* und *hierarchisch* zu organisieren. Sie wird paradoxerweise gerade durch jenes *President's Council on Domestic Terrorism Preparedness*, das *Office on Homeland Security* sowie durch die Ernennung eines ‚National Coordinator for Security, Infrastructure Protection and Counterterrorism' innerhalb des *National Security Council* verdeutlicht, die gerade zur Effektivitätssteigerung in der Anti-Terrorismuspolitik beitragen sollen. Raymond Decker vom *United States General Accounting Office* begrüßt diese Zentralisierungsbestrebungen in einem Gutachten vor dem U.S.-Repräsentanten- haus und unterstreicht dabei genau jenen Punkt als positive und notwendige Innovation in der Terrorismusbekämpfung, der vor

---

46 Dazu wäre natürlich die Schwierigkeit gekommen, die Taliban zu einer Integration und Teilhabe an einer Anti-Terrorkoalition überhaupt zu bewegen

dem Hintergrund der Netzwerklogik negativ zu bewerten ist. So würden die Institutionen im Anti-Terrorismuskampf durch ihre Zentralisierung für die Öffentlichkeit sichtbarer („raise the visibility"), die Arbeit zentral gesteuert und die Teile des eigenen Netzwerkes kontrollierbarer werden.[47] Dies widerstrebt jedoch dem grundsätzlichen Charakter von Netzwerken, in denen alle Beteiligten zwar miteinander verbunden, trotz dieser Verbindung jedoch in der Lage sein müssen, eigenständig zu handeln. Wenn diese Merkmale nicht erfüllt und strukturell gewährleistet werden, dann beraubt sich das Netzwerk selbst seines größten strategischen Vorteils, nämlich der Anonymität seiner Handelnden und ihrer Handlungszusammenhänge.

Das Bestreben der U.S.-Regierung, ihre Anti-Terrorpolitik ‚sichtbarer' zu machen, mag unter dem politischen Gesichtspunkt verständlich und vielleicht sogar nötig sein, der amerikanischen Öffentlichkeit die eigene Handlungsfähigkeit in einem erstrangigen Anliegen staatlicher Sicherheitspolitik zu demonstrieren, sich selbst dadurch zu legitimieren sowie die Transparenz des eigenen Handelns zu erhöhen. Unter strategischen Gesichtspunkten des ‚counter networking' und der Prämisse der Adaption transnationaler Handlungs- und Organisationslogik ist dieses Bestreben jedoch verkehrt. Denn eine der entscheidenden strategischen Optionen, die sich terroristische Vereinigungen durch ihre transnationale Netzwerkorganisation eröffnen, ist ihre Anonymität. Gleiches müsste folglich auch für die Netzwerke staatlicher Behörden gelten, um transnationale Netzwerke zu penetrieren und um ihnen mit der gleichen Handlungslogik zu begegnen. Die Sichtbarmachung eigener Netzwerke widerspricht zudem dem Bemühen, gegenüber terroristischen Bedrohungen, insbesondere gegenüber der als ‚information warfare' bezeichneten terroristischen Strategie, kritische gesellschaftliche und politische Infrastrukturen zu schützen (‚critical infrastructure protection'), wie beispielsweise Computersysteme, Energieversorgung, Transportwesen und eben auch institutionelle Kooperationsgeflechte staatlicher Fahndungs- und Sicherheitsbehörden. Denn Schutz bedeutet hier in erster Line Verdeckung und Geheimhaltung der Infrastrukturen sowie ihrer Funktions- und Arbeitsweisen. So stellt der ehemalige Vorsitzende des ‚Basel Committee on Banking Supervision and the International Organization of Securities Commis-

---

47 Vgl dazu Decker, „Combating Terrorism Comments on H R 525 to Create a President's Council on Domestic Terrorism Preparedness", a a O

sion' IOSCO⁴⁸, Huib J. Muller, fest: „We don't like publicity. We prefer, I might say, our hidden secret world of the supervisory continent." (zitiert in Slaughter 2000: 85).

Zusammenfassend lässt sich feststellen, dass es eine theoretisch wie praktisch ungelöste Aufgabe und Herausforderung für staatliches und zwischenstaatliches Handeln darstellt, eine transnationaler Politik gleichwertige Funktionalität zu erreichen, da staatliche Politik unter demokratischem Legitimationsdruck steht. Diese Haltung bringt Anne-Marie Slaughter zum Ausdruck, wenn sie die kritische Frage nach der Berechenbarkeit staatlicher Netzwerke stellt: „How can we regulate the regulaters?" (dies. 2000: 84) Den kritischen Punkt sieht sie zu Recht in dem informellen Charakter und in der Dezentralisierung der Netzwerke, in denen Machtkonstellationen hergestellt würden, die nur für eine engen Kreis erkennbar und durchschaubar sind: „The very concept of a ‚network' connotes power that answers only to a coterie of insiders." (dies. 2000: 85) Genau diese Form der Informalität, Dezentralisierung und Anonymität ist jedoch die funktionale Voraussetzung für ihre Effektivität.

Die Funktionalität, die staatlich gesteuerte Netzwerke erreichen müssen, scheint – und hier liegt der Widerspruch und das strategische Hemmnis – somit nur unter der Verletzung demokratischer Legitimationsprinzipien und Verfahren (wie Transparenz, Kontrolle und normative Selbstverpflichtung [Menschen- und Bürgerrechte, Rechtsstaatlichkeit]) möglich. Dabei jedoch sind Staaten und internationale Organisationen zumindest vom Anspruch her, nicht jedoch transnationale Akteure – und am wenigsten terroristische Gruppen – an demokratische Prinzipien und Verfahren gebunden.⁴⁹ Dieses Problem der Funktionalität

---

48 Das ‚Basel Committee on Banking Supervision' ist ein zwischenstaatliches Netzwerk nationaler Zentralbanken zur Überwachung internationaler Bankgeschäfte, das im Jahre 1974 gegründet wurde Mitglieder sind Belgien, Kanada, Frankreich, Deutschland, Italien, Japan, Luxemburg, die Niederlande, Spanien, Schweden, die Schweiz, die USA und Großbritannien Das IOSCO beabsichtigt in erster Linie die Koordination und die Entwicklung gemeinsamer Standards und Ansätze zur Überwachung von Bankgeschäften sowie zur Aufdeckung illegaler Finanzaktionen Zur weiteren Information vgl.: http //www bis org/bcbs/aboutbcbs htm (10 05 2002)
49 Auf die hier enthaltene Problematik der demokratischen Verantwortlichkeit, Kontrolle und Transparenz einer solchen Politik, die um ihrer eigenen Effektivität willen aus strategischen Gründen der Öffentlichkeit entzogen sein müsste, sei nur hingewiesen Zur Problematik der demokratischen Kontrolle transnationaler Politik und staatlicher ‚Gegenpolitik' vgl u a Kaiser bereits 1970 67ff, 1971; ebenso Scharpf 1998, der die *Effektivität* transnationaler Verhand-

als problematisches Verhältnis zwischen staatlicher und transnationaler Politik und als Problem staatlicher Steuerungskapazität gilt auch dann (weiter), wenn es gelingt, die ersten beiden Steuerungsaxiome umzusetzen, also staatlich gesteuerte regionale und insbesondere global entgrenzte Netzwerke/Gegennetzwerke mit möglichst weitreichender Integration privater Akteure aufzubauen.

c)   Zur Entterritorialisierung und Globalisierung von Recht

Allgemeine Überlegungen

Das aus den Überlegungen in V.1. gefolgerte dritte Steuerungsaxiom transnationaler Politik nannte die Notwendigkeit zur Entwicklung globalen Rechts, das den territorialen Charakter traditionellen Rechts überwindet und auf entterritorialisierte Ereignisse transnationalen Handelns anwendbar ist. Es kann und soll hier keine Diskussion völkerrechtlicher oder rechtsphilosophischer Einzelaspekte und Probleme der Entwicklung globalen Rechts folgen; es können lediglich politikwissenschaftliche Perspektiven und politische Beispiele vom Ansatz her skizziert werden, die die Notwendigkeit des dritten Axioms an- bzw. auf entsprechende Tendenzen in der politischen Praxis hindeuten.

Das in Kapitel III.2. geschilderte Fallbeispiel der ‚European Union Bank of Antigua' verdeutlicht eindringlich die Notwendigkeit territorial ungebunden anwendbaren Rechts: Die in die Aktivitäten der Geldwäsche aus Drogen- und Waffenhandel, ebenso wie in Kreise des Terrorismus verwickelten Akteure konnten – so hat dieses Beispiel gezeigt – allesamt nicht juristisch belangt werden, da es keine (nationalen oder auch internationalen) Rechtsgrundlagen gab, die auf die territorial entgrenzten Handlungszusammenhänge hätten angewendet werden können. Der ‚Fall' musste somit nach seiner Aufdeckung wieder fallen gelassen werden. In der Entwicklung globalen, territorial ungebunden und uni-

---

lungssysteme als Argument für ihre Legitimation ins Feld führt und damit jedoch, wenngleich dieser Ansatz überlegenswert erscheint, den traditionellen Boden demokratietheoretischen Denkens – d h in erster Linie den Faktor ‚Offentlichkeit' – verlasst Es würde zu weit führen, die Frage der Legitimation transnationalen Handelns hier weiter zu diskutieren, es sollte lediglich auf diesen Aspekt hingewiesen werden, der ein bislang ungelostes Problem darstellt und eine der zentralen Gegenlaufigkeiten zwischen der Logik und den Praktiken transnationaler und staatlicher Politik markiert, zu dieser Diskussion auch Delbrück 2001, Peters 2001, insbes Teil 6, Kap IX

versell geltenden Rechts lösen sich die beiden oben diskutierten staatlichen Steuerungsaxiome – neben der Strategie des Aufbaus *politischer* Macht- bzw. Gegenmachtpositionen gegenüber transnationalen Akteuren und neben dem Versuch der präventiven Einschränkung ihrer Handlungsoptionen im politischen Regionalismus sowie mittels globaler Gegennetzwerke – in *rechtlicher* Hinsicht ein. Die strategische Herausforderung besteht dabei in der Entwicklung global geltenden, transnationalen Rechts, das die Verfolgung von Akteuren und ihren Handlungen möglich macht, die sich territorial bestimmbaren nationalen wie internationalen Rechtsräumen entziehen. Wie Delbrück deutlich macht, herrschen hier in Ermangelung globalen Rechts (noch) weitgehend rechtsfreie ‚Räume' bzw., wie man in Anlehnung an die Ergebnisse aus Kapitel IV.2b. und V.1. sagen müsste, *rechtsfreie, transnationale Orte* (vgl. Delbrück 2001a:22ff.). Diese Orte müssten rechtlich verregelt werden, um dort stattfindende Handlungen verfolgen und juristisch verurteilen zu können. In diesem Sinne fragt auch Dicke, „ob nicht die Herausforderungen der Globalisierung ein die Staatengemeinschaft umfassendes, sie aber auch [und hier liegt wahrscheinlich die noch größere Herausforderung; H.B:] *transzendierendes* Globalrecht ... verlangt." (ders. 2001:33; Herv. V. Verf.)

Die Entwicklung einer solchen – wie David Held schreibt – „universal constitutional order" (ders. 2002:4) würde und müsste theoretisch auf jede Handlung eines jeden Individuums, unabhängig von den staatlich-territorialen Rechtsräumen, in denen diese Handlungen stattfinden, und unabhängig von dort geltenden nationalen Rechtssystemen, anwendbar sein. Nur durch eine derart universelle normative Reichweite und universell faktische Durchsetzbarkeit könnten bislang rechtsfreie Orte transnationalen Handelns erfasst und kontrolliert sowie dortige Handlungen sanktioniert werden. Politikwissenschaftlich sind deswegen die zwei folgenden Fragen von besonderer Relevanz: *Erstens* ist zu fragen, wie ein solches Recht beschaffen sein müsste; *zweitens* ist zu diskutieren, wer solches Recht schaffen und gegebenenfalls durchsetzen könnte. Diese zwei Fragen sollen hier unter den Perspektiven diskutiert werden, dass ein solches Globalrecht die Höherstellung universelle Rechtsnormen über nationales Recht bedeuten würde, sowie ferner dass eine Instanz erforderlich wäre, die die

Einhaltung dieser Rechtsnormen und ihrer Rechtsregeln überwacht und Verstöße verfolgt und sanktioniert.[50]

Die Suprematie universellen Rechts gegenüber nationalem Recht greift in die Souveränitätsrechte und die territoriale Integrität der Staaten ein, auf deren Territorium die individuellen Handlungen stattfinden. Ein derartiger Eingriff funktioniert zur Erlangung von Steuerungsfähigkeit transnational vernetzter Handlungen zumindest theoretisch in solchen Fällen, in denen einzelne Handlungen ihren bestimmbaren Ort haben (also Straftaten in Staaten und auf ihren Territorien erkennbar stattfinden), selbst wenn der gesamte Handlungszusammenhang entgrenzt und daher territorial *nicht* bestimmbar ist. Dieses Prinzip universellen Rechts greift jedoch dann nicht mehr, wenn transnationale Handlungen als Knotenpunkte entgrenzter Netzwerke auch örtlich-territorial nicht mehr bestimmbar oder rekonstruierbar sind (wie beispielsweise im Falle digital vernetzter Handlungen). Ungeachtet dieses Sonderfalls[51] würden in jedem Fall sowohl die Höherstellung universeller Rechtsnormen über nationales Recht als auch die Durchsetzung globalen Rechts einen Einschnitt in staatliche Souveränität bedeuten, da die „Rechtssetzungshoheit zu den ‚klassischen' Kernbestandteilen nationalstaatlicher Souveränität" gehört (Voigt 1999/2000:21; auch oben Kap. I.2., II.4 und III.2b.).

Die potentiellen Eingriffe in ihre Souveränität, die Staaten dadurch treffen könnten, bedeuten jedoch eine Erhöhung ihrer Steuerungsfähigkeit, da eine rechtliche Verdichtung transnationaler Handlungsfelder durch entterritoriales *und* universelles Recht die Handlungsoptionen transnationaler Akteure einschränken würde. Rechtsfreie Orte, die transnationale Akteure durch ihre staatenübergreifende Vernetzung und durch die territoriale Zerstreuung ihrer Handlungsorte finden und selbst erschaffen können, da sie sich dem Territorialitätsprinzip nationalen und internationalen Rechts entziehen, würden rechtlich verregelt werden. Es ist also auch hier – wie bereits bei der strategischen Umset-

---

50 Beiden Perspektiven ist die politik- und rechtsphilosophische Frage nach der Legitimation universeller Rechtsnormen sowie nach der Legitimation eines globalen „Implementationsapparates" (so Voigt 1999/2000 16) und eines Sanktionsinstrumentes immanent Dieser große Problembereich soll jedoch nicht eigens diskutiert, sondern nur perspektivisch mit angesprochen werden

51 Vgl zur Diskussion dieses hier weiter nicht behandelten Problems Kohler/Arndt 2001, Hohloch 2001, sowie unter Berucksichtigung der entterritorialen Anknupfungsmoglichkeit Mayer, P 1999

zung der ersten beiden Steuerungsaxiome – das Paradox zu beobachten, dass unter Globalisierungsdruck und unter der Folge der Anpassung von Staaten an Globalisierungslogiken Souveränitätseinbußen in Kauf zu nehmen sind. Im Falle einer *erfolgreichen* Umsetzung der Steuerungsaxiome kann dieser Verlust allerdings durch die Herstellung neuer *Handlungsmacht* wieder aufgefangen werden. Jedoch wird dadurch nicht staatliche Souveränität wieder hergestellt, sondern Autonomie und Macht dazu gewonnen. Staatliche Akteure müssen die transnationale Logik asymmetrischer Machtbeziehungen mitspielen und durchbrechen.

Tendenzen transnationaler Rechtsentwicklungen auf globaler und regionaler Ebene

Die Höherstellung universeller Standards über nationales Rechts bezeichnet Held als „Nuremberg Principles": Das Nürnberger Tribunal der Siegermächte nach dem Zweiten Weltkrieg kennzeichne in der modernen Rechtsgeschichte den Anfang als erstmals universelle humanitäre Werte über (zum Zeitpunkt des Tribunals allerdings nicht mehr geltendes) nationales Recht gestellt und angewendet worden seien (ders. 2002: 2). Eine Fortsetzung dieses Prinzips, bei dem zur Durchsetzung universell gesetzter Rechtsnormen ebenfalls internationale Strafgerichtshöfe eingerichtet worden seien, sieht Held vor allem in den Kriegstribunalen in Ex-Jugoslawien entsprechend der Resolution 827 (1993) des Sicherheitsrates der VN. Entgegen dem traditionellen Souveränitätspostulat und als Eingriff in staatlich-nationale Rechtsräume seien hier neue Rahmen für globales Regieren und globale Rechtsprechung gesetzt worden. Eine gleiche Tendenz ist auch im Falle der SR Resolutionen 1267 (1999), 1333 (2000) und 1373 (2001) gegen die Taliban und die *Al Kaida* sowie im Falle der Etablierung globaler Prohibitionsregime zu beobachten. In einer völkerrechtlichen Stellungnahme heißt es dazu aktuell. „Es hat ... den Anschein, dass der Sicherheitsrat hier als internationaler (Ersatz-)Gesetzgeber tätig geworden ist, der den Staaten allgemeine Rechtspflichten auferlegt, die bisher in dieser Form nur durch die Zustimmung eines jeden Staates für diesen verbindlich werden konnten." (Finke/Wandscher 2001:172; ähnlich auch Dicke 2001a) Am weitesten fortgeschritten dürfte die Entwicklung transnationalen Rechts jedoch im Bereich privater Handels- und Wirtschaftsbeziehungen sein. In Anlehnung an das historische Vorbild des mittelalterlichen Kaufmannsgewohnheitsrechts (*lex mercatoria*), das über staatlich-territoriale Grenzen hinweg für alle Kaufleute galt, ist heutzutage die Rede von einer „neuen `lex mercatoria'", die sich vor allem in der internationalen Schiedsgerichtsbarkeit ausdrückt (u.a. Stein 1995).[52]

Während diese Beispiele eine Tendenz der Entwicklung transnationalen Rechts auf internationaler Ebene illustrieren, zeugen von vergleichbaren Entwicklungslinien einer rechtlichen Verdichtung transnationaler Handlungsoptionen in *regionalen* Kontexten im Bereich der Anti-Terrorismuspolitik die (bereits in IV.2.a. erwähnte) „European Convention on the Suppression of Terrorism" vom 27. Januar 1976, aktuelle Überlegungen im Rahmen der OSZE (dazu u.a. Hellenberg 2002) sowie Bemühungen zur Stärkung der EUROPOL, insbesondere mit Blick auf die Möglichkeiten extraterritorialer Strafverfolgung (Oberleitner 1998).[53] Von besonderer Bedeutung für transnationale Verrechtlichungstendenzen in Europa ist auch die ‚Europäische Menschenrechtskonvention' von 1953, die es ermöglicht, die Menschenrechtskommission sowie schließlich auch den Europäischen Gerichtshof in Straßburg anzurufen. Dazu müssen jedoch alle innerstaatlichen Rechtsmittel wahrgenommen und ausgeschöpft sein; ebenso muss die Verletzung durch einen Mitgliedsstaat des Europarates erfolgt sein.[54]

Betrachtet man derartige regionale Tendenzen,[55] dann wird deutlich, dass es sich hierbei mehr um eine staatenübergreifende *Harmonisierung* nationaler Rechtsvorschriften handelt, als um die Entwicklung neuer transnationaler Rechtsformen. Dies betont auch Rüdiger Voigt, indem er darauf hinweist, dass hier für Klagen und Strafverfolgungen weiterhin das Territorialitätsprinzip entweder mit Bezug auf die Staatlichkeit des Täters oder auf die Möglichkeit der territorial-staatlichen Eingrenzung der Tat auf das geographische Gebiet der Integrationsgemeinschaft gilt (ders. 1999/2000:20). Schließlich sind Regionalorganisationen selbst neue territorial und geographisch eingegrenzte und begrenzte politische Räume und verkörpern damit ein prinzipiell gegenläufiges Prinzip zur Entterritorialität und Entgrenzung transnationaler Organisationsfor-

---

52 Dazu auch die Darstellungen und Erörterungen bereits oben in Kap III 2 b
53 Vgl hierzu insbesondere auch die EU-Programme OISIN II, FALCONE, HIPPOKRATES und GROTIUS II der Europäischen Kommission, ‚Justiz und Inneres' (unter „Terrorism – the EU on the move", http://www europa eu.int/comm/justice_home/news/terrorism/programmes /index_en htm [10 Mai 2002])
54 Zur Anti-Terrorismuspolitik im Rahmen der EU vgl ausführlich Behr 2004a
55 Und dies scheint auch für ähnliche Gebilde staatsübergreifender Regionalorganisationen zu gelten wie bspw die NAFTA, den MERCOSUR, die ASEAN und die CARICOM, vgl Hingst 2001 111ff, auch Dicke 2001

men. Zwar stellen sie eine Überwindung des Nationalstaates, doch eben keine entgrenzten, transterritorialen Organisationsformen dar.[56] Daher rühren auch die strategisch begrenzten Optionen des politischen Regionalismus zum Aufbau neuer Steuerungskapazitäten, die zwar einen großen Zugewinn gegenüber Strategien bedeuten, die im Rahmen nationalstaatlicher Politik verbleiben würden, die jedoch im Gegensatz zur möglichen Reichweite und Effektivität global entgrenzter und universeller Formen transnationalen Rechts zurückbleiben. In diesem Sinne bezeichnet Peter Nahamowitz die Tendenzen der Europäisierung von Rechtsbereichen auch als ‚Vorstufe einer Globalisierung des Rechts' (ders. 1999/2000). Man kann über die Tendenz der Entwicklung globaler Rechtsnormen sowie über die Art ihrer Implementierung und Durchsetzung unterschiedlicher Auffassung sein, festzustellen bleibt:

Erstens: Es handelt sich um nicht mehr als um Tendenzen und in praktischer Hinsicht sind lediglich Ansätze erkennbar.

Zweitens: Nichtsdestoweniger bestehen diese Tendenzen und sie bedeuten erste Umsetzungen des oben formulierten dritten Steuerungsaxioms.

Drittens: Eine Globalisierung des Rechts lässt sich als mehrdimensionaler Prozess beschreiben, in dessen Verlauf nationales, territorial gebundenes Recht partiell, d.h. je nach Politikfeld, durch transnationales Recht überwunden, bestenfalls ersetzt wird. Entgegen der Annahme einer Schwächung des Staates besteht dabei die Möglichkeit, dass die Autonomie von Staaten unter der Bedingung einer erfolgreichen Implementierung und Überwachung (Sanktion von Verstößen) gestärkt wird.

Viertens: Transnationales Recht kann durch Erzwingung durch eine Hegemonialmacht (historisches Beispiel: Code Napoleon), durch globalen Konsens (z.B. im Rahmen der Vereinten Nationen)[57] oder durch eine parallele und harmonisierte Entwicklung in regionalen Integrationsgemeinschaften entwickelt, implementiert und überwacht werden. Theoretisch (wie praktisch) ungelöst bleibt die Frage der Legitimation transnationalen Rechts.

---

56 Vgl. dazu mit Blick auf die EU auch die Diskussionen bei Behr 2004a
57 Dazu Dicke 2000 36. „In den Debatten uber . Ordnungsfragen des gegenwartigen Volkerrechts [ist u.a folgender, H.B] Ansatzpunkt für eine Fortentwicklung des internationalen Ordnungsrechts hin zu einem Recht der Menschheit zu erkennen ( ) Die ‚International Bill of Rights' . Sowohl in der UNO-Charta als auch in den Präambeln der Allgemeinen Erklärung der Menschenrechte und den beiden Pakten von 1976 haben sich die Staaten als repräsentative Gesetzgeber der Menschheit begriffen "

VI   Zusammenfassung

In der vorliegenden Studie ging es um den Versuch, unter der Fragestellung nach der territorialen Gebundenheit bzw. Ungebundenheit globaler Politik die Theoriebildung in dem Bereich transnationaler Politik voranzutreiben. Für diesen Versuch sprachen mehrere Gründe, aktuell politische sowie der Theorie transnationaler Politik immanente. Auf der Seite der aktuellen Gründe ist die seit nunmehr dreißig Jahren stetig wachsende und vielfach diagnostizierte Bedeutung transnationaler Akteure bei der Formulierung und Umsetzung politischer Inhalte, Ziele und Programme zu nennen; auf der Seite der Theoriebildung stellt die Frage der Territorialität und Territorialgebundenheit transnationaler Politik seit der Formulierung dieses Konzeptes in den 1960er Jahren eine der zentralen Perspektiven dar.

Der Annahme, dass transnationale Politik nicht mit Konzepten zu erfassen und zu analysieren ist, die dem nationalstaatlichen, territorialgebundenen Ordnungsrahmen entlehnt sind, folgt seit den späten 1960er Jahren die Diskussion um alternative theoretische Analysekonzepte transnationaler Politik (dazu I.1.). Um diesen letztgenannten Aspekt siedeln sich mittlerweile breit angelegte sozialwissenschaftliche Debatten nicht nur in der Politikwissenschaft, sondern insbesondere auch in der Politischen Geographie, in der Soziologie und in den Wirtschaftswissenschaften an. Bei dem hier vorgelegten Versuch der konzeptionellen Bestimmung transnationaler Politik unter der Fragestellung ihrer Territorialität wurden Ergebnisse dieser der Politikwissenschaft benachbarten Disziplinen mit berücksichtigt und einbezogen.

Die Studie stand unter nicht geringen inhaltlichen und methodischen Herausforderungen, die hier nochmals kurz genannt seien: *Inhaltlich* war es nötig, zunächst herauszuarbeiten, was Territorialität in der Politik und Politikwissenschaft bedeutet. Da Territorialität eine ordnungspolitische Vorstellung, wenn nicht *die* kategoriale Ordnungsvorstellung moderner Politik und Staatlichkeit darstellt, die jedoch kaum explizit reflektiert wurde, musste an Hand einer theoriehistorischen Rekonstruktion der Territorialitätsgedanke von seinen neuzeitlichen Anfängen bis hin zum modernen Nationalstaatsdenken herausgearbeitet werden (Kapitel I.2. und II). Dabei konnten vier Konstruktionsprinzipien des Territorialitätsgedankens erkannt werden. Diese vier Prinzipien stellen gleichsam die vier zentralen Ordnungskonzepte moderner Politik dar. Es handelt sich um das Konzept der staatlichen Integration, der Souveränität, um die Funktionsbestimmung nationaler Grenzen sowie um das Konzept der ‚nationalen Sicherheit'.

Diese vier Konzepte sind nicht nur die Konstruktionselemente des Territorialitätsdenkens, sondern sie helfen auf analytischer Ebene darüber hinaus der Bestimmung moderner Politik: Denn das Konzept der Integration ‚bestimmt' auf der Akteursebene die Beziehung der Akteure zueinander; das Konzept der Souveränität weist den Akteuren einen bestimmten Status zu; die Funktionsbestimmung nationaler Grenzen und die daraus abgeleitete Konzeption des politischen Raumes ‚bestimmt' den Handlungs- und Ereignisort von Politik; und das Konzept der nationalen Sicherheit schließlich ‚bestimmt' die Strukturen des internationalen Sicherheitsumfeldes und der daraus abgeleiteten Wahrnehmungen und Strategien.

Die vier Konzepte waren für die vorliegende Studie sowohl aufgrund ihrer Funktion für das Territorialitätsprinzip als auch wegen ihrer analytischen Funktion für das Studium von Politik bedeutsam. Sie dienten dazu, das Territorialitätsprinzip zu spezifizieren und gaben sie die Richtung an, in der, sollte sich denn herausstellen, dass transnationale Politik in der Tat nicht territorial gedacht werden kann, nach neuen Analysekonzepten zu suchen ist. Damit integrieren sie die Studie und stellen das Verbindungsglied zwischen den Kapiteln II, III und IV dar.

Die Studie griff damit zwei *Desiderate* der bisherigen Debatten um transnationale Politik und die Frage ihrer Territorialität auf: *Zum einen* wird das Territorialitätsprinzip spezifiziert, dessen Herausarbeitung und Konkretisierung, ungeachtet breiter Debatten um dieses Prinzip, bei weitem keine Selbstverständlichkeit geworden ist; *zum zweiten* konnte die theoretische Suche nach funktionalen Äquivalenten zu den der Vorstellung von der Territorialgebundenheit von Politik entlehnten Konzepten der Integration, der Souveränität, der Funktionsbestimmung nationalstaatlicher Grenzen sowie dem Konzept der nationalen Sicherheit zur Analyse transnationaler Politik vorangetrieben werden. Dies gelang insofern, als es bei den vorliegenden Überlegungen nicht nur um eine Dekonstruktion traditioneller, territorial gebundener Konzepte oder um e negativo-Bestimmungen transnationaler Politik und Akteure ging, sondern um den Versuch, in konstruktiver Absicht positiv formulierbare Konzepte zu entwerfen.

Methodisch mussten insbesondere zwei Fragen geklärt werden: Da es das Anliegen der Studie war, transnationale Politik entsprechend den oben skizzierten vier Funktionsebenen zu formulieren, musste *erstens* die Frage beantwortet werden, welche empirischen Merkmale transnationale Politik auszeichnen. Von diesen Merkmalen ausgehend, sollten Konzepte diskutiert werden, die diese Strukturen erfassen und sie analysieren können. Dieses Vorgehen wurde methodisch mit dem Ansatz des reflexiven Relationismus nach Pierre Bourdieu begründet. Über die Berücksichtigung einer Reihe empirischer Untersuchungen zu transnationalen Akteuren, ihrem Status in der Weltpolitik sowie zu ihren Organisationsstrukturen aus den Debatten der letzten Jahre hinaus, wurde in Kapitel III eine Fallstudie zum transnationalen Terrorismus unternommen. Dabei muss betont werden, dass es sich hier nicht um eine eigenständige Studie zum Terrorismus handelt. In erster Linie diente die Fallstudie dem theoretischen Erkenntnisinteresse der Untersuchung, um in Ergänzung zu den bestehenden Diskussionen beispielhaft die theoretischen Ausführungen untermauern und ihre Plausibilität zu erhöhen. Ferner muss betont werden, dass es bei der Fallstudie zum transnationalen Terrorismus nicht um politische Ziele und Ideologien, um die Psychologie der Täter und Opfer oder um genuin sicherheitspolitische Aspekte ging, sondern um *organisationsstrukturelle Merkmale* des modernen Terrorismus unter der Perspektive seiner Transnationalität und Entterritorialität.

Dabei wird diese Akteursgruppe – so die *zweite* methodische Annahme – als ausreichend repräsentativ erachtet, um von der Fallstudie zu allgemeinen theoretischen Überlegungen zu transnationalen Organisationsstrukturen voranschreiten zu können. Der transnationale Terrorismus verkörpert *idealtypisch* die Merkmale transnationaler Politik, die dieser kraft der Möglichkeit von Transnationalität als operativem Organisationsprinzip zukommt. Diese methodische Hypothese erlaubt *nicht* den Umkehrschluss, dass alle transnationalen Akteure empirisch gemäß dieser Möglichkeit handeln und organisiert sind, weist jedoch daraufhin, dass sie dies kraft ihrer Anlage als transnationale Akteure und kraft der Potentialität von Transnationalität *könnten*. Die einem Idealtyp nach Max Weber zukommende Eigenschaft der Verdichtung empirischer Erfahrungen (Realtypus) zur voranschreitenden Theoriebildung werden vom Fallbeispiel des Terrorismus für die Fragestellung der Studie erfüllt. Dies wurde in den Kapiteln III.1. und IV.1. ausführlich diskutiert. Der Anspruch auf Verallgemeinerbarkeit wurde jedoch wieder eingeschränkt, als es nach den theoretischen Konzeptionsversuchen transnationaler Politik (in Kapitel IV) dann in Kapitel V darum ging, das Verhältnis von transnationaler und staatlicher Politik zu reflektieren und in sicherheitspolitischer Hinsicht praktische Konsequenzen für staatliche Politik abzuleiten.

Soweit zusammenfassend zu Aufbau, Erkenntnisinteresse und Methode. *Was konnte inhaltlich erreicht werden?* Zunächst ist grundlegend und für alle weiteren Überlegungen festzuhalten, dass transnationale Politik, entsprechend den Thesen, die bereits in den ersten Untersuchungen in den 1960er Jahren bis heute geäußert worden sind, als eine eigenständige Dimension politischen Handelns jenseits nationaler und internationaler Politik zu verstehen ist, die von „territorialen Ordnungsräumen und ihren entsprechenden Konzepten" losgelöst ist (Dicke 2001: 18). Dieses genuine Merkmal transnationaler Politik lässt sich aus dem Studium transnationaler Akteure und ihrer operativen Organisationsstrukturen herleiten, die in ihrer Ausdehnung, ihren konkreten Handlungen und hinsichtlich der Reichweite der durch sie gezeitigten Handlungsfolgen nicht auf das Territorium und den begrenzten Raum von Nationalstaaten, von regionalen Integrationsverbänden (z.B. EU) oder zwischenstaatlich konstituierten Handlungsräumen begrenzt sind (dazu Tabelle 2 und 3).

Diese Loslösung transnationaler Politik hat weitreichende Konsequenzen, die ebenfalls in den 1960er Jahren bereits vermutet, jedoch bis heute selten systematisch in ihrer Breite entfaltet worden sind. Die, gemessen an der Entstehung und Entwicklung der Debatten, erste dieser Vermutungen bezog sich auf das Konzept der Souveränität und seinen Anachronismus für das Verständnis und die Analyse transnationaler Politik. Dabei ging es nicht nur um die Beobachtung, dass transnationale Akteure die Souveränität von Staaten durch ihre autonome Machtbasis in Frage stellten und sich dem rechtlichen Zugriff von Staaten strukturell entzögen – also ein Schwinden staatlicher Steuerungsmöglichkeiten transnationaler Politik *gerade auf Grund* ihrer territorialen Loslösung zu diagnostizieren sei. Es ging vielmehr auch darum, dass transnationale Politik *selbst* nicht mit dem Konzept der Souveränität zu analysieren ist. Der Grund hierfür wurde darin gesehen, dass transnationale Akteure als nicht-staatliche Akteure *per definitionem* keine souveränen Akteure darstellen. Ein etwas verfeinerter Blick auf die Konstruktionsprinzipien des neuzeitlich-modernen Territorialitätsbegriffes zeigt jedoch, dass dies nicht nur für das Konzept der Souveränität zutrifft, sondern auch für jedes einzelne der vier Territorialitätsaspekte: also ebenso für das Konzept der Integration, für die Funktionsbestimmungen nationalstaatlicher Grenzen sowie für das Konzept der nationalen Sicherheit. Und eben gerade hierin, in der kraft ihrer territorialen Ungebundenheit begründeten Überwindung der genannten Territorialitäts- und Ordnungsprinzipien liegt die ganze Breite der theoretischen Konsequenzen für die Analyse und Konzeption transnationaler Politik.

Ungeachtet konjunktureller und inhaltlicher Entwicklungen der Debatten um transnationale Politik, um ihre Formen und ihre theoretischen Herausforderungen kann man *en grosso modo* folgende Feststellung über die Jahre hinweg treffen: Die Debatten zeichnen sich durch kontinuierliche Versuche aus, die empirischen Beobachtungen zu systematisieren und die zumeist sehr treffend und stichhaltig erkannten theoretischen Herausforderungen dann auch *konzeptionell* zu bewältigen. (Vgl. dazu allein die folgenden Buchtitel, die das Programm *und* die Schwierigkeit belegen: *The Elusive Quest. Theory and International Relations* von Ferguson/Mansbach [1988] sowie *In Search of Theory. A new Paradigm for Global Politics* von Mansbach/Vasquez [1981]). Allein bei dieser Suche zeigte sich die Politikwissenschaft weniger innovativ als die Politische Geographie,[1] die Soziologie oder auch die Wirtschaftswissenschaften.

Einer der Gründe für die mangelnde Innovationskraft in der Politikwissenschaft mag epistemologischer Natur sein und in der Schwierigkeit liegen, sich, im Gegensatz zu der durchaus im Kantschen Sinne zu denkenden kategorialen ordnungspolitischen Bedeutung von Territorialität und politischem Raum, politische Strukturen und Konzepte vorzustellen, die *nicht* den Kategorien des Raumes und der Territorialität zu- und unterzuordnen sind (dazu insbesondere oben Kap. IV.1.). Der ansonsten innovative politische Denker Ulrich Beck legt von dieser mangelnden Imaginationsfähigkeit – die im Übrigen John G. Ruggie für die Politikwissenschaft trefflich analysiert hat (ders. 1993) – ein beredtes

---

1 Vgl dazu – neben den führenden und im Laufe der Arbeit zitierten Vertretern der US-amerikanischen Debatte – aus dem deutschsprachigen Kontext v a Werlen 1996, 1996a sowie Wirths 2001

Zeugnis ab, wenn er transnationale ‚Politik' als ‚politikfrei' bezeichnet (ders. 1998). Im Gegensatz zur Politikwissenschaft hat beispielsweise die Politische Geographie einen paradigmatischen Wechsel von der Geopolitik und vom Konzept des ‚Lebensraumes' hin zu der Entwicklung post-nationaler Konzeptionen vollzogen. Im folgenden seien die zentralen Ergebnisse bzw. Zwischenergebnisse auf dem langen Weg der Debatten zu einer Theorie entterritorialer Politik wiederholt, die die vorliegende Studie formulieren konnte. (Vgl. Tabelle 6):

Das Konzept territorial gebundener politischer *Integration* geht davon aus, dass Akteure im Rahmen eines nationalstaatlichen und/oder supranationalen Ordnungsrahmens einen gewissen Grad an Homogenität aufweisen und zu einer handlungsfähigen Einheit zusammengeführt werden. Die ordnungspolitische Referenz ihres Handelns wird dabei von dem Staat, der staatlichen Gemeinschaft oder dem suprastaatlichen Verband gebildet. Dies ist im Bereich transnationaler Politik nicht der Fall, da transnationale Akteure vorzugsweise als grenzüberschreitende Netzwerke organisiert sind, keine Staaten bzw. territorialen Gemeinschaften bilden und die Referenz ihres Handelns nicht durch die Aufrechterhaltung einer staatlichen Ordnung gebildet wird. Ihre Handlungsziele sind individueller Natur, wobei unter funktionalen Gesichtspunkten standortunabhängige strategische Allianzen gebildet werden, die ebenso schnell gekündigt wie neu gebildet werden. Ihre Kooperationseinheiten sind global disparat und verstreut organisiert. Das, was Georg Simmel als ‚territoriale Fixierung politischer Inhalte und politischer Akteure' (ders. 1992) beschrieben hat, wird im Bereich transnationaler Politik überwunden. Man spricht von territorialer Differenzierung von Akteuren, von Desintegration und Disparität.

Das Verhältnis politischer Akteure zueinander wurde deswegen nicht mittels des Integrationstheorems sondern als *funktionale Gleichzeitigkeit aus Differenzierung u n d Integration* bestimmt. Denn transnationale Akteure bilden idealtypischer Weise globale Netzwerke, die in einem funktionalen Verhältnis zu ihren Handlungszielen stehen. Die Kooperationsaspekte und Handlungsbeziehungen sind derart organisiert und strukturiert, wie sie der Zielerreichung im funktional besten Sinne dienlich sind. Eine mehrdimensionale Verflechtung diverser Akteure mit je spezifischen Handlungszielen, die durch individuelle Partizipationen an den gemeinsamen Netzwerkstrukturen den einzelnen Akteuren je am besten zu verwirklichen schienen, zeugt von einer funktionalen Mutiplität divergierender Rollen der beteiligten Akteure.

Die funktionale Ausrichtung und Organisation transnationaler Netzwerke führt zu einer *strategischen* Formation von Akteuren und ihren Allianzen. Man sucht sich die Kooperationspartner, mit denen die eigenen Ziele am effektivsten zu erreichen sind. Effektivität bedeutet hier die funktionale Zielerreichung unter gleichzeitiger Beibehaltung der individuellen Autonomie, da nur sie *weitere funktionale* Koalitions- und strategische Allianzbildungen erlaubt. Dies hat zur Folge, dass sich Akteure und Netzwerkformationen spontan, von außen betrachtet, scheinbar beliebig und permanent neu zusammenfinden, konstituieren, auflösen und wieder neu bilden, je nach dem, was für den einzelnen Akteur unter funktionalen Gesichtspunkten am strategisch sinnvollsten ist. Akteure und Akteursbeziehungen fragmentieren und integrieren sich gleichzeitig zu immer neuen Netzwerken. Dies wurde mit Rosenaus Begriff der ‚fragmegration' beschrieben. Dabei ist jeder Akteur nicht nur Teilhaber und Mitspieler in *einer* Netzwerkformation, sondern kann gleichzeitig in mehreren, sich überlappenden und scheinbar unvereinbaren Akteursbeziehungen stehen. Den/einen einzelnen Akteur zu identifizieren wird dadurch zunehmend erschwert, da Akteure sich in solchen Netzwerkstrukturen als erkennbare Handlungseinheit auflösen.

Dergestalt funktional strukturierte transnationale Netzwerkformationen und die Dialektik zwischen Fragmentierung und Integration legen einen anderen Integrationsbegriff nahe, als dies im traditionellen Kontext integrationstheoretischer Annahmen der Fall ist. Integration bedeutet im Kontext transnationaler Politik die *funktionale Formation* von Akteuren und Netzwerken, *unabhängig von nationalstaatlichen Grenzen und Räumen, in entterritorialen, transnationalen Politikarenen (‚policy forming areas'), die die territoriale Gebundenheit nationalstaatlich integrierter Akteure und Ordnungsmuster überwinden.*

Das Konzept der *Souveränität* definiert als territoriale Gebietsherrschaft vor dem Hintergrund der territorialen Integrität einen nationalen Rechtsraum und weist den Akteuren innerhalb und außerhalb dieses Raumes einen bestimmten Status zu. Die Referenz dieser Zuweisung stellt die Souveränität staatlicher Akteure und ihre per nationaler Rechts- und Verfassungsordnung verbürgte Rechtsstellung im innen- wie auch im außenpolitischen Bereich dar. Transnationale Akteure sind nun *per definitionem* als private, nicht-staatliche Akteure keine souveränen Akteure und sie handeln auch nicht im Rahmen staatlicher Souveränitätsrechte. Im Gegenteil, ihr wesentliches Kennzeichen besteht darin, dass sie sich der rechtlichen Zuordnung und dem rechtlichen Zugriff durch Staaten entziehen und nationale sowie völkerrechtliche Rechtsordnungen überwinden und ignorieren. Man spricht hier deswegen auch von einer ‚transnationalen Entzugsmacht' (so Beck 1998). Gleichzeitig bilden sie jedoch eigene, neue Rechtsordnungen aus (z.b. internationale private Schiedsgerichtsbarkeit).

Auf der Ebene der Bestimmung des Status' der Akteure wurde für transnationale Politik deswegen anstatt von souveränen Akteuren bzw. anstatt in derivativer Form von ihrer Nicht-Souveränität (so Rosenau 1997) oder Quasi-Souveränität (so Herdegen 1995) zu sprechen, der Begriff der Macht vorgeschlagen. Bei der Konzeption eines hierfür geeigneten Machtbegriffes wurde der Weberschen Machtbegriff mit dem Begriff der Macht bei Michel Foucault zusammengeführt. Zunächst waren jedoch drei grundlegende Merkmale festzuhalten, die in die Konzeption eines solchen Machtbegriffes einfließen müssen: *Erstens:* Macht beruht auf Autonomie, d.h. auf der Freiheit, die Ziele des eigenen Handelns selbst zu bestimmen und dafür die notwendigen Mittel anzuwenden. *Zweitens:* Macht stellt in transnationalen Beziehungen keine Ressource oder ein Gut dar, das in einem bestimmten Maß vorhanden ist, benutzt werden kann und irgendwann ausgeschöpft ist. *Drittens:* Die Macht transnationaler Akteure ist wesentlich an ihr Handeln selbst gebunden, d.h. Macht und die ‚Sphären' der Macht entstehen und regenerieren sich durch ihr Handeln selbst.

Macht wurde daher als ein *Attribut* politischen Handelns konzipiert, das auf Autonomie beruht, in der Relation zwischen Akteuren ausgeübt wird und nur *in actu* entsteht. In Anlehnung an den Weberschen Machtbegriff können auch transnationale Machtstrukturen als ein Beziehungsgeflecht verstanden werden, in denen Akteure in einem wettbewerbsähnlichen Verhältnis um Autonomie *von* und *mit* staatlichen, zwischenstaatlichen und anderen nicht-staatlichen Akteuren sich Chancen eröffnen, ihren eigenen Willen durchzusetzen. Dies erschließt transnationale Machtsphären, die nicht *a priori* gegeben sind, sondern erst im Ringen um Autonomie je neu entstehen. Diese Art der Macht, die erst durch Handeln entsteht, artikuliert sich immer erst im Handeln selbst, d.h. sie ist relational. Der Unterschied transnationaler Macht zu dem traditionellen Begriff der Macht bei Weber liegt jedoch darin – und hier kommt die Ergänzung durch Foucault ins Spiel –, dass die Macht transnationaler Netzwerke nicht auf etablierten, festumrissenen, letztlich per Souveränitätsidee geschützten und integren (nationalstaatlichen) Institutionen, Räumen, Raumstrukturen und dadurch *verbürgten* und einklagbaren Gütern, Potentialen und Ressourcen beruht, sondern sich *im* strategischen Handeln und *initiiert durch* das Handeln transnationaler Netzwerkagenten selbst erst herausbildet. Ebenso bildet sie sich zurück und in neuen Formen wieder, sobald die Netzwerke ihre Struktur, ihre Organisationsformen, ihre Handlungsziele und ihre Teilnehmer ändern.

Transnationale Macht hängt somit in starkem Maße von der Kreativität transnationaler Akteure ab. Ihre Organisation, die Dynamik ihrer Handlungen und die Eigenlogik der Handlungsrelationen bedingen sich durch permanente Neuentwürfe und strategische Erfordernisse. Durch ihren konstruktivistischen und relationalen Charakter verliert Macht ihre strukturelle, an messbare Ressourcen und Kräfteverhältnisse gebundene Funktion und wird zu einer im Höchstmaße *kontextabhängigen, der Handlungs- und Situationsspezifik endogen innewohnenden Variable.* Mag der eine Akteur in einer bestimmten Situation als machtvoll erscheinen und andere Akteure dazu bringen, nach seinem Willen zu handeln, so ist er in einer anderen Situation als machtlos zu bezeichnen. Messbare Ressourcen und institutionalisierte Machtsphären spielen hier, im Gegensatz zu staatlicher Politik, keine Rolle. Daher wurde transnationale Macht auch als *asymmetrisch* beschrieben.

Eine Beobachtung, die für die binnengesellschaftliche Analyse zu einem Konsens sozialwissenschaftlicher Theoriebildung geworden ist, nämlich die soziale Fragmentierung von Macht, ist auch in der Theorie Internationaler Politik in den letzten Jahren zunehmend rezipiert worden. Dabei wurde die Dominanz der traditionellen, durch den Realismus und Neorealismus nahegelegten Perspektive auf den souveränen Staat als dem entscheidenden internationalen Akteur und die dadurch nahegelegte Konzeption von Macht als auf messbare staatliche Ressourcen (wie Wirtschaftskraft, militärische Stärke, Landesgröße, Populationsstärke etc.) reduzierbare Größe durch Überlegungen zu transnationalen Machtkonzeptionen ergänzt. Eine Machtkonzeption zur Analyse transnationaler Politik versteht Macht eben nicht als den Akteuren *a priori* gegebene Handlungsressource. Als relationale Netzwerkstruktur hingegen zerfällt sie, differenziert sich, löst sich auf und entsteht situativ immer dort – und nur dort –, *wo* gehandelt und nur dann, *wenn* gehandelt wird. Es gibt keine Machtpotentiale außerhalb je spezifischer Handlungssituationen selbst. Während staatliche Souveränität als territorialgebundene Machtausübung und exklusiver Anspruch auf Autonomie staatlicher Akteure zu verstehen ist, kennzeichnen sich transnationale Machtrelationen durch Dezentralisierung und Fragmentierung in entterritorilisierten Akteursbeziehungen und Netzwerken.

Die *Funktionsbestimmung nationaler Grenzen* definiert nach Innen und Außen ein territorial festgelegtes und eingegrenztes Gebiet. Grenzen erfüllen eine rechtliche, sozialpsychologische, ideologische und sicherheitspolitische Funktion. In ihren Ein-, Be- und Abgrenzungen eines dergestalt definierten Territoriums konstituieren sie das, was als politischer Raum bezeichnet wird. Als – da es im wesentlichen durch grenzüberschreitende Netzwerkorganisation stattfindet – *entgrenztes* politisches Handeln löst transnationale Politik die territorialen Funktionsbestimmungen von Grenzen auf, substituiert diese teilweise durch funktionale Grenzen oder transzendiert jegliche Begrenzungen. Dies trifft vor allem für die sicherheitspolitische und rechtliche Grenzfunktion zu. Wenn man in diesem Kontext die politik- und sozialwissenschaftliche Konstruktion des politischen Raumes bzw. des politischen Raumbegriffes betrachtet, so ist festzustellen, dass das Konzept des politischen Raumes von der Funktion und dem Bestand all der genannten Grenzfunktionen abhängig ist. In dem Maße, in dem im Bereich transnationaler Politik die einzelnen territorialen (und auch funktionalen) Grenzfunktionen nicht mehr gewährleistet sind, verliert der Raumbegriff im Kontext transnationaler Politik seine Gültigkeit. Dies gilt sowohl für seine Bestimmung als territorial, wie auch als funktional bestimmter Handlungsraum, da auch funktionale Grenzziehungen partiell ihre Gültigkeit einbüßen.

Die Diskussionen kamen hiermit an einen Punkt, an dem als transnationale Alternative zu dem für nationales und internationales Handeln reservierten Konzept des politischen Raumes der in der Politikwissenschaft noch nicht etablierte Begriff des Ortes zur konzeptionellen Bestimmung des *Handlungs- und Ereignisfelds* transnationaler Politik vorgeschlagen wurde. Mit der Bestimmung des Ortes wurde dabei nicht auf Wirkungsfelder transnationaler Politik angespielt, wie sie durch die Betonung eines Wechselverhältnisses zwischen ‚global' und ‚lokal' (‚globalism'/‚localism'; vgl. Robertson 1998) ausgedrückt wird. Es ging hingegen um die Bestimmung des Ereignisfeldes und *nicht* des Wirkungsfeldes transnationaler Politik.

Ein Klassiker der Sozialwissenschaften konnte durch seine analytische Tiefe für die Diskussion fruchtbar gemacht werden und gab für die Konzeption transnationaler Politik den Begriff des ‚Ortes' in die Hand. Georg Simmel nämlich erkennt, neben der *räumlichen* Fixiertheit von Politik, eine weitere politische Organisationsform, die er als *transnational* bezeichnete. Diese Organisationsform sei nicht an das Prinzip des Raumes gebunden, sondern weise sich durch das *Ortsprinzip* aus. Beispielhaft konnte hier die Organisationsform der katholischen Kirche genannt werden. Indem die katholische Kirche in ihrer Gesamtheit unabhängig von einzelnen Nationen und Nationalstaaten weltweit organisiert ist, in Form der Bistümer innerhalb von Territorial- bzw. Nationalstaaten eigene Machteinheiten unterhält (‚imperium *in* imperio') und der Ort eines Kirchgebäudes, gleich wo es steht, überall auf der Welt die gleiche Grundbedeutung und Funktion einnimmt, habe man es, so Simmel, unter organisationstheoretischer Perspektive mit einer Vielzahl *funktional gleichwertiger Orte* zu tun. Diese seien miteinander vernetzt und würden die katholische Kirche in ihrer Gesamtheit repräsentieren. In Anknüpfung an diese Bestimmungen konnte weitergefragt werden, welche Merkmale transnationaler Politik der Begriff des Ortes wiederspiegelt und wie diese zu systematisieren sind.

Es konnte erkannt werden, dass der Begriff des Ortes als Handlungs- und Ereignisfeld transnationaler Politik die Organisations- und Handlungslogik der Netzwerkfunktionalität erfüllt; ebenso wird er dem Integrationsverständnis handlungsspezifischer Funktionalität, d.h. der funktionalen Gleichzeitigkeit aus Differenzierung und Integration gerecht. Er entspricht ferner den Merkmalen der nationalstaatlichen Ungebundenheit und der räumlichen Entgrenzung von Akteuren und Akteursbeziehungen, die als Voraussetzungen (und auch wieder Folgen) von Netzwerkeffektivität und funktionaler (Des)Integration transnationaler Netzwerke fungieren. Denn als Bedingung derartiger Effektivität und Funktionalität muss die freie und territorial ungebundene Wahl des Handlungsortes gelten. In dieser doppelten Funktion als tatsächliches Handlungsfeld, wie auch als Bedingung effektiven Handelns (im Sinne seiner freien, territorial ungebundenen und daher strategisch besten Wahl) erfüllt der Ort somit das Merkmal der funktionalen Variabilität des Handelns und der Organisation transnationaler Akteure und Netzwerke.

Denn *der* Ort ist variabel, d.h. er ist kein fester Standort im traditionellen Sinne, sondern wird je nach Handlungsziel, Akteursformation und effektiver Handlungsstrategie gewählt und auch neu geschaffen. Er kennzeichnet sich durch seine Funktions- und Dienstleistungserfüllung. Dadurch ist er potentiell multipel, d.h. entsprechend der funktionalen Variabilität von Handlungszielen und Akteursformationen gibt es eine Vielzahl funktional äquivalenter Orte. Die *Multiplität des Ortes* deutet damit auf die funktionale Äquivalenz verschiedener Orte hin. Kein Ort hat gegenüber einem anderen Ort einen Vorteil außer den Vorteil, den der jeweils gewählte Ort wiederum unter Effektivitäts- und Funktionalitätsgesichtspunkten gegenüber anderen Orten bietet. Der ‚Wert' des Ortes liegt in seiner Funktionalität. Diese wird jedoch gleichsam relativiert durch die äquivalente Funktionalität anderer, prinzipiell unzähliger, multipler Orte. *Funktionalität, Variabilität und Multiplität sind somit die maßgeblichen Charakteristika des Handlungs- und Ereignisfeldes transnationaler Politik.*

Schließlich noch ging es um die kritische Reflexion des Konzeptes der *nationalen Sicherheit* im Kontext transnationaler Politik. ‚Nationale Sicherheit', so konnte herausgearbeitet werden, fußt auf diversen Territorialitätsannahmen von den als sicherheitspolitisch relevant eingestuften Akteuren sowie von Bedrohungen. Wie insbesondere die Strategien des ‚containment' und der ‚deterrance' verdeutlichen, liegen hier die Annahmen von einem territorial gebundenen und deswegen als eindeutig erkennbaren Akteur sowie von seinem territorial bestimmbaren Aktionsradius zugrunde; ferner wird davon ausgegangen, dass eine Bedrohung auf ein territorial fixiertes Staatsgebilde ausgeht und dass Territorialgrenzen die entscheidenden *casus belli* darstellen. Wegen dieser Annahmen liegt dem Konzept der nationalen Sicherheit die Unterscheidung in innere und äußere Sicherheit zugrunde. Transnationale Sicherheitsrisiken erfüllen keine dieser Annahmen: Sie gehen erstens nicht von territorial gebundenen Akteuren aus (auch hier sind Netzwerke tätig), sie sind nicht auf territorial bestimmbare Aktionsradien beschränkt, sie gehen nicht auf Territorialgewinn aus und sie lassen sich nicht in innere oder äußere Bedrohungen unterscheiden. Ein deutliches Beispiel hierfür stellte der transnationale Terrorismus dar. Im Kontext transnationaler Politik erschienen deswegen die Begriffe der asymmetrischen Kriegsführung und der virtuellen Bedrohung zur strukturellen Bestimmung von Sicherheit geeignet.

Folgende, im Verlauf der Studie diskutierten Konzepte legten die Begriffe der asymmetrischen Kriegsführung und der virtuellen Bedrohung nahe: Für transnationale Politik und transnationale Akteure wurde ihre typische Handlungs- und Organisationslogik entterritorialisierter und fragmentierter Machtbeziehungen benannt: Macht wurde als jeder Interaktion endogene *Relation* beschrieben. Wie machtvoll ein Akteur potentiell ist, steht in Beziehung zu seiner Autonomie gegenüber anderen staatlichen wie nicht-staatlichen Akteuren. Und wie machtvoll ein Akteur tatsächlich ist, zeigt sich nicht an messbaren Ressourcen, sondern immer erst in der *Beziehung zu* anderen Akteuren, d.h. in der Stellung, die er gegenüber anderen Akteuren bezüglich der Erreichung seiner Handlungsziele einnimmt. In solchen Machtrelationen können scheinbar kleine und an Machtressourcen ‚arme' Akteure unerwartete Stärke erlangen und an Einflüssen gewinnen. Unter der Perspektive der traditionellen Konzeptionen von Macht als Ressource und Einheit sind solche Relationen sowie die damit verbundenen fragmentierten Orte der Macht weder erkennbar noch analytisch fassbar. Deswegen wurden die Formen transnationaler Macht auch als asymmetrisch beschrieben.

Diese Beobachtungen lassen sich auf das Handeln und die sicherheitspolitisch relevanten Bedrohungspotentiale (auf die ‚Bedrohungsmacht') transnationaler Akteure übertragen. So wird der transnationale Terrorismus auch als eine Form *asymmetrischer Kriegsführung* (‚asymmetrical warfare') bezeichnet. Der Begriff der Asymmetrie sagt hier aus, dass die Verfügung und der Einsatz konventionell überlegener militärischer Mittel kein unbedingtes Indiz für die Effektivität und die Macht des Handelns ist. Effektivität und Macht des Handelns zeigen sich erst in der konkreten Situation, in der die jeweiligen Mittel und Strategien zum Einsatz kommen sowie in der *dadurch entstehenden* Relation, in die die Akteure in sicherheitspolitischer Hinsicht zueinander gebracht werden. Die Effektivität terroristischer Methoden, gegen die konventionelle militärische Verteidigungs- und Offensivstrategien weitgehend wirkungslos sind – das markanteste Beispiel hierfür ist der 11. September 2001 –, spiegeln die Asymmetrie wieder. Wenn in aktuellen sicherheitspolitischen Analysen ferner von Nonlinearität, Unkalkulierbarkeit und Unvorhersehbarkeit neuer Sicherheitsrisiken gesprochen wird, dann liegt der Grund dafür, so konnte ferner abgeleitet werden, in der beschriebenen Asymmetrie. Nicht nur, dass sich transnationale Bedrohungen den traditionellen Denkfiguren und Konzepten entziehen; mehr noch: Zwar kann die Logik dieser Bedrohungen benannt und herausgearbeitet werden, doch dem politisch-praktischen Bedürfnis nach Kalkulierbarkeit asymmetrischer Machtvektoren, die hier am Spiel sind, kommt ihre Analyse noch nicht unmittelbar näher.

Ein zweites Merkmal der Handlungs- und Organisationslogiken transnationaler Politik, das auf die Formulierung eines neuen Sicherheitskonzeptes übertragen werden konnte, ist die oben beschriebene Netzwerkfunktionalität. Mit dieser Netzwerkfunktionalität ging die Auflösung des klassischen, als Einheit gedachten Akteurs Hand in Hand. Hieraus resultierte die Unmöglichkeit der rationalen Rekonstruktion von Handlungsursachen und Handlungsfolgen und die damit verbundene Anonymität des/der Akteur/e. Transnationale Sicherheitsrisiken können daher, entsprechend der strategischen Funktionalität des Netzwerkhandelns, an variablen, mehreren und funktional äquivalenten Orten auftreten, wobei die als Sicherheitsrisiko wahrgenommenen Ereignisse miteinander vernetzt stattfinden. Die Ereignisse diversifizieren sich und *ein* Ereignis ist dort, wo es stattfindet, nicht die Totalität dieses Ereignisses, sondern nur ein Teil eines zusammenhängenden Netzwerkes von Ereignissen. Ihre Gesamtheit ergibt sich aus der strategischen Funktionalität der akteursspezifischen Handlungsziele, ist aber selbst genauso wenig erkennbar, wie das Einzelereignis in seinem *Wo* und *Wann* prognostizierbar ist. Mit Blick auf den transnationalen Terrorismus, der die Logik neuer Sicherheitsrisiken exemplarisch verkörpert und praktiziert, wurde die Bezeichnung einer sicherheitspolitischen ‚virtual world' benutzt (nach Steele 2000).

Der Begriff der Virtualität wurde zu Beginn von Kapitel V aufgegriffen und zur begrifflichen Zuspitzung der bis dahin herausgearbeiteten Handlungs- und Organisationslogiken transnationaler Politik fruchtbar gemacht. Virtualität bestimmt transnationale Politik als ein Seinsverhältnis politischer Akteure und ihres Handelns, das ihnen potentiell zukommt, dessen Aktualisierung jedoch von spezifischen Bedingungen abhängt, die faktisch gegeben sein müssen. Nur wenn diese Bedingungen vorhanden sind, dann können transnationale Akteure entsprechend den Logiken transnationaler Politik (siehe dazu Tabelle 6) handeln und deren Potentialität zur politischen Wirksamkeit entfalten. Die philosophische Zuspitzung transnationaler Handlungs- und Organisationslogiken auf den Begriff der Virtualität (dazu Tabelle 7) ermöglichte schließlich die Übertragung der hierbei konkretisierbaren Charakterisierungen transnationaler Politik auf politisch-praktische Überlegungen. Diese Überlegungen wurden auf die Frage staatlicher bzw. zwischenstaatlicher Strategien zur Bekämpfung des transnationalen Terrorismus bezogen.

Eine besondere Rolle spielte dabei die Erkenntnis, dass transnationale Politik von Bedingungen abhängig ist, die sie selbst nicht herstellen kann, die sie jedoch, sobald sie sie vorfindet, im Sinne ihrer eigenen Logik (bisweilen mit äußerster Konsequenz, wie das Beispiel der Terrorismus zeigt) ausschöpft bzw. ausschöpfen kann. Durch den Begriff der Virtualität, seine Anwendung auf transnationale Politik und die hierdurch gewonnene Einsicht in die Kontingenz transnationaler Politik von spezifischen (und in IV. und V.1. spezifizierten)

Bedingungen, konnten folgende praktisch relevanten Einsichten gewonnen werden: Die Handlungsspielräume staatlicher Politik und ihre Regulierungskompetenzen jenseits nationaler und internationaler Ordnungen können am wirkungsvollsten dadurch erworben werden, dass Staaten die Strukturbedingungen – nicht die Strukturen selbst ! – transnationaler Politik steuern. Die Übernahme der Handlungslogik transnationaler Politik in ihren eigenen Praktiken wird dabei zur-strategischen Bedingung, damit sie transnationalen Akteuren gegenüber effektiv agieren und reagieren können. Dies heißt selbstverständlich nicht, dass sie mit identischen Mitteln vorgehen, vielmehr geht es bei der Adaption transnationaler Handlungslogik darum, *ob* staatliche ‚policy'-Strategien selbst entterritorialisiert operieren können; d.h. ob sie sowohl in ihrem Wirkungsfeld als auch in ihrem Handlungsfeld ihre territoriale Fixierung auf nationale und internationale Ordnungsräume überwinden können. Dazu wurden in Kapitel V.2. drei staatliche Steuerungsaxiome formuliert und diskutiert. An der Anti-Terrorismuspolitik der USA sowie an der internationalen Anti-Terrorismuspolitik der Vereinten Nationen wurden die Umsetzung bzw. Tendenzen zur Umsetzung dieser Axiome illustriert. Die Axiome lauten:

Erstens sollten staatliche Steuerungsstrategien transnationalen Akteuren auf der Ebene dezentralisierten, fragmentierten und asymmetrischen Machthandelns begegnen. Staaten müssen dazu zu machtvollen Akteuren jenseits ihrer nationalen und internationalen Ordnungsräume werden. Ein Instrument zur Umsetzung dieses Axioms wurde im politischen Regionalismus unter Einbeziehung privater Akteure und in der damit verbundenen partiellen Selbstüberwindung staatlicher Souveränitätspolitik gesehen. Dieses Instrument wurde auch als ‚Selbst-Globalisierung des Staates' beschrieben.

Da die Effektivität und Reichweite dieses Instruments jedoch auf die territorialen und geographischen Grenzen regionaler Integrationsgemeinschaften beschränkt bleibt,[2] wurde als erweitertes, *zweites* Axiom formuliert, dass Staaten selbst in entgrenzten, globalen Netzwerken handeln müssen. Auch hier spielt die Integration privater Akteure eine zentrale Rolle, um transnationalen Netzwerken effektiv begegnen und die Handlungsoptionen privater, transnational organisierter Akteure präventiv einschränken zu können. Diese Strategie des ‚counter

---

2 Unter dieser Perspektive wurde politischer Regionalismus als eine globalen Entgrenzungsprozessen und der Entterritorialität transnationaler Politik gegenläufige Form der ‚Reterritorialisierung' diskutiert

networking' stellt eine um eine globale und entterritorial entgrenzte Dimension erweiterte Strategie gegenüber dem politischen Regionalismus dar, leidet gegenüber transnationalen Netzwerken jedoch an geringerer strategischer Funktionalität.

Drittens wurde das rechtspolitisch umzusetzende Axiom der Schaffung transnationalen, entterritorialisierten Rechts diskutiert, das den territorialen Anknüpfungspunkt herkömmlichen Rechts überwinden und zur Steuerung transnationaler Politik durch rechtliche Verregelungen ihrer Handlungsorte universell und ubiquitär ortsbezogen anwendbar sein muss.

Sowohl die theoretische Diskussion dieser drei Steuerungsaxiome als auch die Betrachtung von Tendenzen ihrer praktischen Umsetzung durch staatliche Akteure haben folgendes *Paradox* verdeutlicht: Zunächst führt das autonome und von territorialen Ordnungsräumen losgelöste Handeln transnationaler Akteure zu einem Autonomieverlust des Staates. Durch die Umsetzung der genannten Steuerungsaxiome und dem damit notwendig verbundenen partiellen Souveränitätsverzicht wird ein Verlust an Handlungsmacht durch staatliche Akteure selbst noch vorangetrieben - und muss vorangetrieben werden, damit die Axiome umgesetzt und Steuerungskapazitäten überhaupt gewonnen werden können. Eine *erfolgreiche* Umsetzung der Axiome führt jedoch – und hier löst sich das Paradox auf – zu einer nachträglichen *Stärkung des Staates*. Dieser Stärkung, die zur Bekämpfung des transnationalen Terrorismus als neuer Sicherheitsbedrohung notwendig ist, folgt allerdings keine Wiedererlangung staatlicher Souveränität, sondern die Erhöhung staatlicher Autonomie und Handlungsmacht.

Der Staat wird damit in zweifacher Weise zu einem Globalisierungsagent, indem er einmal Prozesse transnationaler Politik mit ermöglicht und zweitens solche Prozesse durch seine eigene Entgrenzung partiell vorantreibt. In dieser Situation muss sich der Staat neu justieren und positionieren. Die theoretisch wie praktisch bislang ungelöste Schwierigkeit dabei lässt sich abschließend als Vermittlungsproblem zwischen zwei parallelen Dimensionen politischer Wirklichkeit verstehen: zwischen einer staatlich-nationalen und internationalen und einer transnationalen Dimension, die durch unterschiedliche, teils gegenläufige Handlungslogiken charakterisiert sind. Selbst wenn zunehmend theoretisches Wissen und – insbesondere nach den Ereignissen des 11. September 2001 – vor allem in sicherheitspolitischer Hinsicht auch das politische Bewusstsein von den

Herausforderungen besteht, gilt es in der politischen Praxis der Staaten und der Staatengemeinschaft weiterhin die Vermittlungsleistung zur erfolgreichen Bekämpfung dieser Herausforderungen strategisch, politisch und habituell umzusetzen.

LITERATURVERZEICHNIS

Agnew, John, 1987, *Place and Politics. The Geographical Mediation of State and Society*, Boston.

Agnew, John/Duncan, James S. (Hrsg.), 1989, *The Power of the Place. Bringing together Geographical and Sociological Imaginations*, Boston.

Agnew, John, 1994, „The Territorial Trap. The Geographical Assumptions of International Relations Theory", in: *Review of International Political Economy* 1, S. 53-80.

Agnew, John/Corbridge Stuart, 1995, *Mastering Space. Hegemony, Territory, and International Economy*, London/New York.

Aksen, Gerald/Mehren, Robert B. von (Hrsg.), 1982, *International Arbitration between Private Parties and Governments*, New York.

Albert, Mathias, 1994, „>>Postmoderne<< und Theorie der Internationalen Beziehungen", in: *Zeitschrift für Internationale Beziehungen*, 1. Jg., Heft 1, S. 45-63.

Albert, Mathias, 1998, „Entgrenzung und Formierung neuer politischer Räume"; in: Beate Kohler-Koch (Hrsg.), *Regieren in entgrenzten Raumen*, Opladen/ Wiesbaden (PVS Sonderheft 29/1998), S. 49-76.

Albrow, Martin, 1998, *Abschied vom Nationalstaat. Staat und Gesellschaft im globalen Zeitalter*, Frankfurt.

Alexander, Yonah, 1981, „The Media and Terrorism", in: David Carlton/Carlo Schaerf (Hrsg.), *Contemporary Terrorism. Studies in Sub-State Violence*, New York, S. 50-56.

Alexander, Yonah/Swetman, Michael S., 2001, *Usama Bin Laden's Al-Qaida: Profile of a Terrorist Network*, New York.

Almond, Gabriel A. (Hrsg.), 1974, *Comparative Politics Today. A World View*, Boston/Toronto.

Alter, Peter, 1985, *Nationalismus*, Frankfurt/M.

„American Draft Convention on International Terrorism 1972", *UN Official Record of the General Assembly*, 27th Session, 6th Committee, 1363 Meeting (S. 294), 1365 Meeting (S. 274), New York 1972.

Anderson, James (Hrsg.), 1986, *The Rise of the Modern State*, Brighton.
Anderson, Malcolm, 1996, *Frontiers. Territory and State Formation in the Modern World*, Oxford.
„Annual Defense Report", 1997, *US Department of State*, Washington DC.
Anter, Andreas, 1995, *Max Webers Theorie des modernen Staates. Herkunft, Bedeutung, Struktur*, Berlin.
„Antigua", *Bank License Antigua Charter Offshore Asset Protection*; http://www.privacy-bulletin.com/banks/bankantigua.htm (13.10.2000).
„Antigua and Barbuda", *CIA – The World Fact Book*, http://www.cia.gov/cia/publications/factbook/geos/ac/html (13.10.2000).
Anzovin, Stephen (Hrsg.), 1986, *Terrorism*, New York.
Appadurai, Arjun, 1991, „Global Etnoscapes: Notes and Queries for a Transnational Anthropology", in: Richard G. Fox (Hrsg.), *Recapturing Anthropology: Working in the Present*, Santa Fe (auch in: Beck 1998a, S. 11-40).
Ardrey, Robert, 1966, *The Territorial Imperative*, New York.
Arendt, Hannah, 1958, *Human Condition*, Chicago (dt. 1984, *Vita activa oder Vom tatigen Leben*, München).
Aretin, Karl Otmar von, 1993, *Das Alte Reich 1648-1806*, Band 1: Föderalistische oder hierarchische Ordnung, Stuttgart (4. Auflage).
Aron, Raymond, 1962, *Paix et guerre entre les nations*, Paris.
Asbach, Olaf, 2001, „Die Reichsverfassung als föderativer Staatenbund. Das Alte Reich in der politischen Philosophie des Abbé de Saint-Pierre und Jean Jacques Rousseau", in: ders/Malettke, Klaus/Externbrink, Sven (Hrsg.), *Altes Reich, Frankreich und Europa. Politische, philosophische und historische Aspekte des französischen Deutschlandbildes im 17. und 18. Jahrhundert*, Berlin, S. 171-220.
Ashley, Richard, 1989, „Living on Boarder Lines. Man, Poststructuralism, and War", in: James Der Derian/Michael J. Shapiro (Hrsg), *International/ Intertextual Relations*, Lexington/MA., Toronto, S. 259-322.
Bacevich, Andrew, 1999, „Policing Utopia. The Military Imperatives of Globalization", in: *The National Interests*, Summer 1999, S. 5-13.
Bachmann, Dietmar, 1991, "Transnationale Unternehmen", in: Wolfrum 1991, *Handbuch der Vereinten Nationen*, S. 854-860.
Barber, Benjamin, 1984, *Strong Democracy. Participatory Politics for a New Age*, Berkeley.
Barber, Benjamin, 1992, „Jihad vs. McWorld", in: *Atlantic Monthly* 269, S. 53ff.

Barsanti, Chris, 1999, „Modern Network Complexity Need Comprehensive Security", in: *Security*, Juli 1999, Vol. 36, Iss, 7, S. 65-66.

Bartelson, Jens, 1995, *A Genealogy of Sovereignty*, Cambridge/MA.

Bach, Maurizio, 2001, „Beiträge der Soziologie zur Analyse der euopäischen Integration. Eine Übersicht über theoretische Konzepte", in: Wessel, Wolfgang/Loth, Wilfried (Hrsg.), *Theorien europäischer Integration*, Opladen, S. 147-173.

Beam, Louis, 1992, „Leaderless Resistance", in: *The Seditionist*, Issue 12, o.S.

Beck, Ulrich (Hrsg.), 1998, *Politik der Globalisierung*, Edition Zweite Moderne, Frankfurt/M.

Beck, Ulrich (Hrsg.), 1998a, *Perspektiven der Weltgesellschaft*, Edition Zweite Moderne, Frankfurt/M.

Behme, Thomas, 1995, *Samuel von Pufendorf. Naturrecht und Staat. Eine Analyse seiner Theorie, ihrer Grundlagen und Probleme*, Göttingen.

Behr, Hartmut, 1995, „Theorie des Fremden als Kultur- und Zivilisationskritik. Ein kritischer Forschungsbericht", in: *Philosophisches Jahrbuch* I, S. 178-187.

Behr, Hartmut, 1998, *Zuwanderungspolitik im Nationalstaat. Formen der Eigen- und Fremdbestimmung in den USA, der Bundesrepublik Deutschland und Frankreich*, Opladen.

Behr, Hartmut, 1999, „Nationales Paradigma oder politische Reform? Eine kritische Bilanz rot-grüner Zuwanderungspolitik", in: *Forschungsjournal NSB*, Jg. 12, Heft 4, S. 73-78.

Behr, Hartmut, 2001, „Die politische Theorie des Relationismus: Pierre Bourdieu", in: André Brodocz/Gery S. Schaal, (Hrsg.), *Politische Theorien der Gegenwart II - Eine Einführung*, Opladen 2001, S. 379-404.

Behr, Hartmut, 2002, „Transnationale Politik und die Frage der Territorialität", in: Karl Schmitt (Hrsg.), *Politik und Raum*, Baden-Baden, S. 59-78.

Behr, Hartmut, 2004, „Terrorismusbekämpfung vor dem Hintergrund transnationaler Herausforderungen – Zur Anti-Terrorismuspolitik der Vereinten Nationen seit der SR Resolution 1373 (28.09.2001)", in: *Zeitschrift für Internationale Beziehungen* ZIB 1/2004 (i.E.).

Behr, Hartmut, 2004a, „Transnational Terrorism and Western Responses: US and EU Policies since 9/11", in: *Conflicts in the Greater Middle East. US and German Perspectives*, hg. v. Helmut Hubel/Markus Kaim, Baden-Baden (i.E.).

Behr, Hartmut, 2004b, „Globalisierung als Motor der Europäischen Integration? Untersuchungen zum Selbstverständnis des ‚Akteurs EU'", in: *Zeitschrift für Politik* 2/2004 (i.E.).

Behr, Hartmut/Schmidt, Siegmar (Hrsg.), 2001, *Multikulturelle Demokratien. Institutionen als Regulativ kultureller Vielfalt?*, Opladen.

Bell, Bowyer, 1975, *Transnational Terror*, Washington, D.C.

Benhabib, Sheyla, 1992, *Situating the Self. Gender, Community and Postmodernism in Contemporary Ethics*, Cambridge/MA.

Benhabib, Sheyla et al. (Hrsg.), 1995, *Feminist Contentions. A Philosophical Exchange*, New York/London.

Bercovitch, Sacvan, 1975, *The Puritan Origins of the American Self*, New Haven.

Berg, Albert J. van den, 1981, *The New York Arbitration Convention of 1958*, Boston.

Berger, Bennett, 1981, *The Survival of a Counterculture. Ideological Work and Daily Life Among Rural Communards*, Berkeley/Los Angeles.

Berger, Bennett, 1991, „Structure and Choice in the Sociology of Culture", in: *Theory and Society* 20 (1), S. 1-20.

Berger, Peter l./Luckmann, Thomas, 1980, *Die gesellschaftliche Konstruktion von Wirklichkeit. Eine Theorie der Wissenssoziologie*, Frankfurt/M. (engl. 1966).

Bernstein, Ann/Berger, Peter L. (Hrsg.), 1998, *Business and democracy: Cohabitation or contradiction?*, London.

Beyerchen, Alan, 1997, „Clausewitz, Non-linearity and the Importance of Imagery", in: *Complexity, Global Politics and National Security*, Hrsg. von S. Alberts and Thomas J. Czerwinski, Washington D.C., S. 3-28.

Beyme, Klaus von, 1991, *Theorie der Politik im 20. Jahrhundert. Von der Moderne zur Postmoderne*, Frankfurt/M.

Bieling, Hans Jürgen/Deppe, Frank, „Internationalisierung, Integration und politische Regulierung", in: Kohler-Koch/Jachtenfuchs 1996a, S. 481-512.

Biersteker, Thomas J./Weber, Cynthia (Hrsg.), 1996, *State Sovereignty as Social Construct*, Cambridge/MA.

„Bin Ladens Web of Terror", in: *New York Times*, 23. Januar 2000, S. 1, 4, 5.

„Bin Laden: Architect of Global Terrorism"; http://www.washingtonpost.com/wp-dyn/articles/A38213-2001Sep15.html (15.09.2001).

„Bin Laden: A ‚master impresario'"; http://www.washingtonpost.com/wp-dyn/articlesA20783-2001sep12.html (12.09.2001).

"Bin Laden's Networks:Structure, Cells, Funding"; http://www.washingtonpost.com/wp-srv/world/binladen/front.html (20.09.2001).
Blake, Gerald (Hrsg.), 1994, *World Boundaries Series*, 5 Bände, London.
Bloor, David, 1976, *Knowledge and Social Imagery*, London.
Bobrow, Davis B. (Hrsg.), 1999, *Prospects of International Relations: Conjectures about the next Millenium*, International Studies Review, Vol. 1, Issue 2, Special Edition.
Bodansky, Yossef, 2001, *Bin Laden: The Man Who Declared War on America*, New York.
Bodin, Jean, 1981, *Sechs Bücher über den Staat*, hg. v. P.C. Mayer-Tasch, München.
Böckstiegel, Karl-Heinz, 1999, „Die Anerkennung der Parteiautonomie in der internationalen Schiedsgerichtsbarkeit", in: Geimer 1999, S. 141-151.
Bohman, James, 1999, „Practical Reason and Cultural Constrait: Agency in Bourdieu's Theory of Practice", in: Shusterman 1999. S. 129-152.
Bonß, Wolfgang, 1997, „Die gesellschaftliche Konstruktion von Sicherheit", in: Lippert, Ekkehard/Prüfert, Andreas/Wachtler, Günther (Hrsg.), *Sicherheit in der unsicheren Gesellschaft*, Opladen, S. 21-41.
Boulding, Kenneth Ewart, 1962, *Conflict and Defense. A general theory*, New York.
Bourdieu, Pierre, 1977, *Outline of a Theory of Practice*, Cambridge/MA.
Bourdieu, Pierre, 1982, „Lecon sur la lecon", in: *Editions de Munuit*, Paris (auch als „Lecture on the Lecture", in: Bourdieu 1990, S. 177-198).
Bourdieu, Pierre, 1987, „The Force of Law. Toward a Sociology of the Juridical Field", in: *Hastings Law Journal* 38, S. 805-853.
Bourdieu, Pierre, 1989, *In other Words. Essays towards Reflexive Sociology*, Stanford/Cal.
Bourdieu, Pierre, 1996, „Foreword", in: Dezalay/Garth 1998, S. vii-viii.
Bourdieu, Pierre, 1998 „Epilogue. On the Possibility of a Field of World Sociology", in: ders./Coleman, James (Hrsg.), *Social Theory for Changing Society*, Boulder, Colorado/New York.
Bourdieu, Pierre/Wacquant, Loic J.D., 1992, *An Invitation to Reflexive Sociology*, Chicago.
Bourdieu, Pierre/Coleman, James (Hrsg.), 1998, *Social Theory for Changing Society*, Boulder, Col./New York.
Bouveresse, Jacques, 1999, „Rules, Dispositions, and the Habitus", in: Shusterman 1999, S. 45-63.

Boyd, Gavin, 1984, *Regionalism and Global Security*, Lexington.
Boynton, G.R., 1976, „Cumulativeness in International Relations", in: James Rosenau (Hrsg.), *In Search of Global Patterns*, S. 145-149.
Bracher, Karl-Dietrich, 1984, *Zeit der Ideologien. Eine Geschichte des politischen Denkens im 20. Jahrhundert*, Stuttgart (2. Auflage).
Braubach, Max, 1985, *Vom Westfälischen Frieden bis zur Französischen Revolution* (Handbuch der deutschen Geschichte, Bd. 10), Stuttgart, 7. Auflage.
Brenningmeijer, Oliver, 2001, *Internal Security beyond Borders: Public Insecurity in Europe and the new challenges to State and Society*, New York.
Bressand, Albert, 1989, „European Integration: From the System Paradigm to Network Analysis", in: *International Spectator* 24, No. 1 (Jan. 1989), S. 21-29.
Brock, Lothar/Albert, Mathias, 1995, „Entgrenzung der Staatenwelt. Zur Analyse weltgesellschaftlicher Entwicklungstendenzen", in: *Zeitschrift für Internationale Beziehungen* 2/1995, S. 259-285.
Brodie, Bernard/Intriligator, Michael D./Kolkowicz, Roman (Hrsg.), 1983, *National Security and International Stability*, Cambridge/MA.
Brown, Harold, 1983, *Thinking about National Security: Defense and Foreign Policy in a Dangerous World*, Boulder/Col.
Brunner, Otto, 1959, *Land und Herrschaft*, Berlin.
Brzezinski, Zbigniew, 1991/92, „The Consequences of the End of the Cold War for International Security", in: *New Dimensions in International Security*, Part 1, Adelphi Papers 265, IISS Annual Conference Papers, S. 3-17.
Buckley, Peter (Hrsg.), 1994, *Cooperative Forms of Transnational Corporation Activity*, London.
Bühl, Achim, 1997, *Die virtuelle Gesellschaft: Ökonomie, Politik und Kultur im Zeichen des Cyberspace*, Opladen.
Bühl, Walter, 1978, *Transnationale Politik*, Stuttgart.
Bull, Hedley, 1977, *The Anarchical Society. A Study of Order in World Politics*, New York.
Burke, James, 1998, „Introduction", in: ders. (Hrsg.), *The Adaptive Military: Armed Forces in a Turbulent World*, New Brunswick, S. 1-24.
Cadoz, Claude, 1998, *Die virtuelle Realität*, aus dem Französischen von Swantje Schulze, Bergisch-Gladbach.
Calhoun, Craig/LiPuma, Edward/Postone, Moishe, 1993, *Exploring the Social Theories of Pierre Bourdieu*, Chicago.

Cassese, Antonio, 1989, *Terrorism, Politics and Law. The „Achille Lauro' Affair*, Princeton.
Charter of the United Nations, vom 26. Juni 1945 (in Kraft am 24. Oktober 1945); http:// www.un.org.aboutun/charter.htm (10.01.2001).
Cimbala, Stephen J. (Hrsg), 1984, *National Security Strategy: Choices and Limits*, New York 1984.
Clutterbuck, Richard, 1994, *Terrorism in an Unstable World*, London, New York.
„Chameleon & Co. Die Amerikaner jagen Osama bin Laden. Doch seine Organisation ist eine weltweit verzweigte Terror-GmbH", in: *Der Spiegel*, Nr. 39 v. 24.09.2001, S. 14ff.
Cohen, Raymond, 1979, *Threat Perception in International Crisis*, Madison: University of Wisconsin Press.
„Containment", in: *International Enyclopedia of Social Sciences* 1968, vol. 3, S. 369ff.
„Convention for the Suppression of Unlawful Seizure of Aircraft (The Hague Convention)", *United Nations for Drug Control and Crime Prevention*, 16. Dezember 1970; http://www.ciaonet.org/cbr/cbr00/video/cbr_ctd/cbr_ctd_44.html (17.01.2002).
"Convention for the suppression of unlawful acts against the safety of maritime navigation", No. 29004 vom 10. März 1988 (pdf-Dokument unter http:// www.un.org/terrorism/html (18.03.2002).
„Convention of the Organisation of The Islamic Conference on Combating International Terrorism", *The Organization of the Islamic Conference*, The Twenty-Sixth Session of the Islamic Conference of Foreign Ministers, Juli 1999, Resolution 59/26-P, http://www.ciaonet.org/cbr/cbr00/video/cbr_ctd/ cbr_ctd_25.html (10.10.2001).
Conze, Werner, 1990, „Staat und Souveränität", in: *Geschichtliche Grundbegriffe: Historisches Lexikon zur politisch-sozialen Sprache in Deutschland*, hg. v. Otto Brunner, Reinhart Koselleck und Werner Conze, Stuttgart, S. 1-154.
„Counterterrorism Cooperation Accord Between the Government of the State of Israel and the Government of the United States of America", 30. April 1996, *Jewish Virtual Library*; http://www.us-israel.org/jsource/US-Israel/Terror_ coop_MOU.html (20.01.2002).

Craig, William Laurence/Park, William W./Paulsson, Jan, 1998, *Craig, Park & Paulsson's annotated guide to 1998 ICC arbitration rules: with commentary*, Dobbs Ferry, N.Y.

Crayton, John W., 1983, „Terrorism and the Psychology of the Self", in: Freedman 1983, S. 33-42.

Crelinsten, Ronald D., 1987, „Power and Meaning. Terrorism as a Struggle over Access to the Communication Structure", in: Wilkinson/Stewart 1987, S. 419-450.

Crenshaw, Martha, 1990, „The Logic of Terrorism: Terrorist Behavior as a Product of Strategic Choice", in: Reich 1990, S. 7-24.

Creveld, Martin van, 1999, „The Future of War", in: *Security in a Post-Cold War World*, hrsg. von Robert G. Patman, St. Martin's Press, S. 22-36.

Cuplan, R. (Hrsg.),1993, *Multinational Strategic Alliances*, New York.

Cuplan, R./Kostelak, E.A., 1993, „Cross-National Corporate Partnerships: Trends in Alliance Formation", in: Culpan 1993, S. 103-165.

Czempiel, Ernst Otto (Hrsg.), 1969, *Die anachronistische Souveränität. Zum Verhältnis von Innen- und Außenpolitik*, Politische Vierteljahresschrift, Sonderheft 1, Opladen.

Czempiel, Ernst-Otto, 1972, *Schwerpunkte und Ziele der Friedensforschung*, München.

Czempiel, Ernst-Otto, 1981, *Internationale Politik*, Paderborn.

Czempiel, Ernst-Otto, 1990, „Konturen einer Weltgesellschaft. Die neue Architektur der internationalen Politk, in: *Merkur* 44, H. 10/11, S. 850-851.

Czempiel, Ernst-Otto, 1993, *Weltpolitik im Umbruch. Das internationale System nach dem Ende des Ost-West-Konfliktes*, München (2. Auflage).

Czempiel, Ernst Otto/Rosenau James W. (Hrsg.), 1989, *Global Changes and Theoretical Challenges*, Lexington.

Czempiel, Ernst-Otto/Rosenau James (Hrsg.) 1992, *Governance without Government: Order and Change in World Politics*, Cambridge/MA.

Decker, Raymond J., 2001, „Combating Terrorism: Comments on H.R. 525 to Create a President's Council on Domestic Terrorism Preparedness", *United States General Accounting Office*, 9. Mai 2001, Testimony before the Subcommittee on Economic Development, Public Buildings, and Emergency Management, Committee on Transportation and Infrastructure, House of Representatives; http://www.ciaonet. org/cbr/cbr00/video/cbr_ctd/cbr_ctd_16.html (10.10.2001).

Delaume, Georges René, 1981, „State Contracts and Transnational Arbitration", *American Journal of International Law* 75/1981, S. 785ff.

Delbrück, Jost, 2001, „Structural Changes in the International System and its Legal Order: International Law in the Era of Globalization", in: *Schweizerische Zeitschrift für internationales und europäisches Recht/SZIER* 1/2001, S. 1-36.

Delbrück, Jost, 2001a, „The Fight Against Global Terrorism: Self-Defense or Collective Security as International Police Action? Some Comments on the International Legal Implicattions of the ‚War against Terrorism', in: *German Yearbook of International Law 44*, S. 24.

Deleuze, Gilles, 1983, *On the line*, übersetzt von John Johnston, New York.

Deleuze, Gilles, 1994, *Difference and repitition*, übersetzt von Paul Patton, New York.

Denemark, Robert A., 1999, „World System History. From Traditional International Politics to the Study of Global Relations", in: Bobrow 1999, S. 43-75.

Denzer, Horst, 1972, *Moralphilosophie und Naturrecht bei Samuel von Pufendorf. Eine geistes- und wissenschaftsgeschichtliche Untersuchung zur Geburt des Naturrechts aus der Praktischen Philosophie*, München.

Denzer, Horst, 1987, „Samuel von Pufendorf", in: *Klassiker des politischen Denkens*, hg. v. Heinz Rausch, München, 6. Auflage, S. 147-159.

Der Derian, James, 1987, *On Diplomacy. A Genealogy of Western Estrangement*, Oxford/New York.

Der Derian, 1988, „Introducing Philosophical Traditions in International Relations", in: *Millenium* 17, S. 189-193.

Der Derian, James, 1989, „The Boundaries of Knowledge and Power in International Relations", in: ders./M.J. Shapiro (Hrsg.), *International/Intertextual Relations*, Lexington/MA., Toronto, S. 3.10.

„Der Prinz und die Terror-GmbH", in: *Der Spiegel*, Nr. 38 v. 15.09.2001, S. 13f.

Derrida, Jacques, 1984, *Randgänge der Philosophie*, Wien.

Derrida, Jacques, 1994, *Grammatologie*, Frankfurt/M. (5.Auflage).

Derrida, Jacques, 1997, *Die Schrift und die Differenz*, Fankfurt/M. (7. Auflage).

„Deterrence", in: *International Encyclopedia of Social Sciences*, 1968, vol. 4, S. 130ff.

„Der Terror bekommt ein Gesicht. Eindringen in die Logistik des Grauens", in: *Süddeutsche Zeitung*, Nr. 212 v. 14.09.2001, S. 3.

Deutsch, Karl W. et al. (Hrsg.), 1957, *Political Community and the North Atlantic Area. International Organization in the Light of Historical Experience*, Princeton.
Deutsch, Karl W., 1968, *Die Analyse internationaler Beziehungen. Konzeption und Probleme der Friedensforschung*, Frankfurt/M.
Deutsch, Karl W., 1972, *Nationalismus und seiner Alternativen*, München.
Dezalay, Ives/Garth, Bryant (Hrsg.), 1996, *Dealing in Virtue. International Commercial Arbitration and the Construction of a Transnational Legal Order*, foreword by Pierre Bourdieu, Chicago.
Dicke, Klaus, 1991, "Konflikte allgemein", in: Rüdiger Wolfrum (Hrsg.), *Handbuch Vereinte Nationen*, München (2. Auflage), S. 418-425.
Dicke, Klaus, 1994, "Globale Sicherheit in einer Welt ethnischer Konflikte", in: Ekkehard Hetzke/Michael Donner (Hrsg.), *Weltweite und Europäische Sicherheit im Spannungsfeld von Souveränität und Minderheitenschutz* (Schriftenreihe zur Neuen Sicherheitspolitik 7), Berlin et al., S. 11-30.
Dicke, Klaus, 1994a, *Effizienz und Effektivität internationaler Organisationen. Darstellung und kritische Analyse eines Topos im Reformprozeß der Vereinten Nationen*, (Veröffentlichungen des Instituts für Internationales Recht an der Universität Kiel, Band 116), Berlin.
Dicke, Klaus, 2001, „Erscheinungsformen und Wirkungen von Globalisierung in Struktur und Recht des internationalen Systems auf universaler und regionaler Ebene sowie gegenläufige Renationalisierungstendenzen", aus: *Volkerrecht und Internationales Privatrecht in einem sich globalisierenden System – Auswirkungen der Entstaatlichung transnationaler Rechtsbeziehungen*, Heidelberg, S. 13-44.
Dicke, Klaus, 2001a, „Weltgesetzgeber Sicherheitsrat", in: *Vereinte Nationen 5/2001*, Deutsche Gesellschaft für die Vereinten Nationen e.V., S. 163.
„Die Ahnungslosigkeit der Geheimdienste", in: *Süddeutsche Zeitung*, Nr. 211 v. 13.09. 2001, S. 2.
Dittgen, Herbert, 1999, „Grenzen im Zeitalter der Globalisierung. Überlegungen zur Zukunft des Nationalstaates", in: *Zeitschrift für Politikwissenschaft ZPol* 1/99, S. 3-26.
Dirlik, Arif, 2000, *Postmodernity's Histories. The Past as Legacy and Project*, Lanham, MD.
Dirlik, Arif/Roxam, Praznik (Hrsg.), 2001, *Places and Politics in the Age of Globalization*, Lanham, MD.

Dobson, Cristopher, 1987, *The Never-Ending War: Terrorism in the 80's*, New York.

Döring, Detlef, 1992, *Pufendorf-Studien: Beiträge zur Biographie Samuel von Pufendorfs und seiner Entwicklung als Historiker und theologischer Schriftsteller*, Berlin.

Donohue, Laura K., 2001, „In the Name of National Security: U.S. Counterterrorist Measures 1960-2000", BCSIA Discussion Paper 2001-06, ESDP Discussion Paper ESDP-2001-04, *John F. Kennedy School of Government*, Harvard University.

Doran, Charles F., 1999, „Why Forecasts Fail: The Limits and Potential of Forecasting in International Relations and Economics"; in: Bobrow 1999. S. 11-42.

Dornseiff, Der deutsche Wortschatz nach Sachgruppen, 1970, Siebte Auflage, de Gruyter, Berlin/New York.

Dowling, Joseph A., 1978, „Prolegomena to a Psychological Study of Terrorism"; in: Livingston 1978, S. 223-230.

Duchhardt, Heinz, 1990, *Altes Reich und Europäische Staatenwelt 1648-1806*, Enzyklopädie Deutscher Geschichte, hg. v. Lothar Gall, Band 4, München.

Duden, „Das grosse Wörterbuch der deutschen Sprache", 6 Bände, Bd. 6, hrsg. v. Wissenschaftlichen Rat und der Dudenredaktion, Mannheim et al. 1981.

Dunlap, Charles J., 1998, „Preliminary Observations. Asymmetrical Warfare and the Western Mindset", in: Matthews 1998, S. 1-17.

Dunn, John (Hrsg.), 1994, *Crisis of the Nation State*, London (Political Studies, Sonderheft).

Dyke, Charles, 1999, „Bourdieuean Dynamics. The American Middle Class Self Construct", in: Shusterman 1999, S. 192-213.

Easton, David, 1953, *The Political System. An Inquiry into the State of Political Science*, Chicago/New York.

Ebenroth, C. T./Bippus, B., 1988, „Die Anerkennungsproblematik im internationalen Gesellschaftsrecht", in: *Neue Juristische Wochenschrift NJW*, S. 2137ff.

Eckstein, Harry, 1992, „Case Study and Theory in Political Science", in: ders., *Regarding Politics. Essays on Political Theory, Stability and Change*, Berkeley/Los Angeles/Oxford, S. 117-176.

Ehmke, Horst, 1953, *Grenzen der Verfassungsänderung*, Berlin.

Eibl-Eibesfeldt, Irenäus, 1984, *Die Biologie des menschlichen Verhaltens. Grundriß der Humanethologie*, München.

Elias, Norbert, 1977, *Über den Prozeß der Zivilisation*, Bd. 2, Frankfurt/M.
Engels, Friedrich, 1870 (1971), „Über den Krieg", in: *Marx-Engels-Werke MEW*, Band 17, Berlin, S. 1-264.
Erdelyi, Agnes, 1992, *Max Weber in Amerika. Wirkungsgeschichte und Rezeptionsgeschichte Webers in der anglo-amerikanischen Philosophie und Sozialwissenschaft*, Wien.
„European Convention on the Suppression of Terrorism", *The Council of Europe*, Republic of Turkey, Ministry of Foreign Affairs, 27. Januar 1977; http://www.ciaonet. org/cbr/cbr00/video/cbr_ctd/cbr_ctd_39.html (10.01.2001).
Evans, Ernest H., 1978, „American Policy Response to International Terrorism. Problem of Deterrance", in: Livingston 1978, S. 376-385.
„Extraterritoriality", in: Encyclopedia Britannica Online, http://www.members.eb.com/bol/topic?idxref=83109 (11. Januar 2001).
Falk, Jim/Camilleri, Joseph, 1992, *The End of Sovereignty? The Politics of Shrinking and Fragmenting*, Brookfield.
Falk, Richard, 1983, *The End of Word Order. Essays in Normative International Relations*, New York/London.
Falk, Richard, 1999, *Predatory Globalization. A Critique*, Cambridge.
Falkenrath, Richard A., 2000, „Analytical Models and Policy Prescription: Understanding Recent Innovation in U.S. Counterterrorism", BCSIA Discussion Paper 2000-31, ESDP Discussion Paper ESDP-2000-03, *John F. Kennedy School of Government*, Harvard University, Oktober 2000.
Faupel, Klaus, 1970, *Das Reduktionsproblem in der Internationalen Politik*, Freiburg.
Febvre, Lucien, 1973, „Frontière, the world and the concept", in: ders., *A new kind of history and other Essays*, hg. v. Peter Burke, N.Y., S. 208-218.
Ferguson, Yale/Mansbach, Richard W., 1988, *The Elusive Quest. Theory and International Relations*, University of South Carolina Press.
Ferguson, Yale H./Mansbach Richard W., 1996, „Political Space and Westphalian States in a World of 'Polities'. Beyond Inside/Outside, in: *Global Governance* 2, S. 261-287.
Ferguson, Yale/Mansbach, Richard W., 1999, „Global Politics and the Turn of the Millenium. Changing Bases of 'Us' and 'Them'", in: Bobrow 1999, S. 77-107.

Finke, Japser/Wandscher, Christiane, 2001, „Terrorismus - Bekämpfung jenseits militärischer Gewalt. Ansätze der Vereinten Nationen zur Verhütung und Beseitigung des internationalen Terrorismus", in: *Vereinte Nationen* 49/01, Deutsche Gesellschaft für die Vereinten Nationen e.V., S. 168-173.

Flanigan W.H./Fogelman E., 1970, „Patterns of Political Violence in Comparative Perspective", in: *Comparative Politics* (3), S. 1-20.

Flohr, Heiner, 1990, „Die Bedeutung biokultureller Ansätze für die Institutionentheorie", in: Gerhard Göhler (Hrsg.), *Die Rationalität politischer Institutionen*, Baden-Baden, S. 21-57.

Flohr, Heiner/Tönnesmann, Wolfgang, 1983, „Selbstverständnis und Grundlagen von Biopolitics", in: dies. (Hrsg.), *Politik und Biologie. Beiträge zur Life-Science-Orientierung der Sozialwissenschaften*, Berlin/Hamburg, S. 11-30.

Flusser, Vilém, 1990, „Eine neue Einbildungskraft", in: Bohn, Volker (Hrsg.), Bildlichkeit. Internationale Beiträge zur Poetik, Frankfurt/M., S. 115-124.

Flusser, Vilém, 1992, *Universum der technischen Bilder*, Goettingen.

Flusser, Vilém, 1995, *Die Revolution der Bilder. Der Flusser-Reader zu Kommunikation, Medien und Design*, Mannheim.

Flusser, Vilém, 1993, „Vom Virtuellen", in: Florian Rötzer/Peter Weibel (Hrsg.), *Cyberspace. Zum medialen Gesamtkunstwerk*, München, S. 65-71.

Foucault, Michel, 1974, *Von der Subversion des Wissens*. Frankfurt/M.

Foucault, Michel, 1991, *Die Ordnung des Diskurses*, Frankfurt/M.

Foucault, Michel, o.J., „Wie wird Macht ausgeübt?", in: ders./Seitter, Walter, o.J., *Das Spektrum der Genealogie*, Bodenheim, S. 29-48.

Freedman, Lawrence et al. (Hrsg.), 1983, *Perspectives on Terrorism*, Wilmington.

Frissen, Paul, 1997, „The Virtual State: Postmodernism, Informatisation, and Public Administration", in: *The Governance of Cyber Space. Politics, Technology, and Global Restructuring*, hrsg. von Brian Loader, S. 111-125.

Fromkin, David, 1978, „The Strategy of Terrorism"; in: Elliott/Gibson 1978, S. 11-24.

Funk&Wagnalls Standard Desk Dictionary, New York 1976.

Gaddis, John L., 1982, *Strategies of Containment: A Critcal Appraisal of Postwar American National Security Policy*, New York.

Ganor, Boaz, 2001, „Fundamental Premises for Fighting Terrorim", *The International Policy Institute for Counter-Terrorism*, 16. September 2001; http://www.ict.org.il/articles/articledet.cfm?articleid=383 (10.10.2001).

Garfinkel, Harold, 1967, *Studies in Ethnomethodology*, Englewood Cliffs, N.J.
Geimer, Reinhold (Hrsg.), 1999, *Wege zur Globalisierung des Rechts. Festschrift für Rolf A. Schütze*, München.
Gell-Mann, Murray, 1997, „The Simple and the Complex, in: *Complexity, Global Politics and National Security*, Hrsg. by D.S. Alberts/Th. J. Czerwinski, Washington, D.C., S. 3-28.
Gereffi, Gary/Korzeniewicz, Miguel (Hrsg.), 1994, *Commodity Chains and Gobal Capitalism*, London.
Gerhardt, Johannes 1925, *Arbeitsrationalisierung und persönliche Abhangigkeit. Ein Beitrag zur Wirtschaftspsychologie*, Tübingen.
Giddens, Anthony, 1984, *The Constitution of Society. Outline of the Theory of Structuration*, Cambridge.
Giddens, Anthony, 1987, *The Nation-State and Violence. Volume Two of a Contemporary Critique of Historical Materialism*, Berkeley.
Gießmann, Hans-Joachim, 1996, Europäische Sicherheit am Scheideweg - Chancen und Perspektiven der OSZE, *Hamburger Beitrage zur Friedensforschung und Sicherheitspolitik* 1997, Hamburg.
Gilbert, Alan, 1999, *Must Global Politics Constrain Democracy? Great-Power Realism, Democratic Peace, and Democratic Internationalism*; Princeton.
Glabus, Edmund M., 1998, „Metaphors and Modern Threats", in: Lloyd 1998, S. 195-214.
Götz, Gero, 1996, *Strategische Allianzen: Die Beurteilung einer modernen Form der Unternehmenskooperation nach deutschem und europäischem Kartellrecht*, Baden-Baden.
Goffmann, Erving, 1971, *Relations in Public: Microstudies of the Public Order*, London.
Golden, James R., 1995, „Economics and National Strategy: Convergence, Global Networks, and Cooperative Competition", in: *Order and Disorder after the Cold War*, Hrsg. by Brad Roberts, Cambridge/MA., S. 209-218.
Goldsmith, Jack, 1999, „Cybercrime and Jurisdiction", *Presentation at the Conference on International Cooperation to Combat Cyber Crime and Terrorism*, Hoover Institution, Stanford University, Stanford 6./7. Dezember 1999.
Goodman, Paul, 1966, „The Ambiguities of Pacifist Politics", in: Leonard I. Krimerman and Lewis Perry (Hrsg.), *Patterns of Anarchism*, New York, S. 125-139.
Gottmann, Jean, 1975, *The Significance of Territory*, Charlottesville.
Green, Timothy, 1969, *The Smugglers*, New York.

Greven, Michael Th., 1998, „Mitgliedschaft, Grenzen und politischer Raum: Problemdimensionen der Demokratisierung der Europäischen Union", in: *Regieren in entgrenzten Räumen*, hg. v. Beate Kohler-Koch, PVS-Sonderheft 29/1998, Opladen, S. 249-270.

Greverus, Ina-Maria, 1979, *Auf der Suche nach Heimat*, München.

„Grosser Auftritt bei Al-Dschahira. Der als seriös geltende TV-Sender verhalf den Worten bin Ladens und seiner Stellvertreters zu weltweiter Verbreitung", in: *Süddeutsche Zeitung*, Nr. 232 vom 9. Oktober 2001, S. 6.

„Großer Kopf einer hundertköpfigen Hydra", in: *Süddeutsche Zeitung*, Nr. 214 vom 17. September 2001, S. 5.

Grosses vollständiges Universal-Lexikon aller Wissenschaften und Künste, Band 48, verlegt von Johann Heinrich Zedler, Berlin 1746.

Großfeld, Bernhard, 1986, *Internationales Unternehmensrecht*, Frankfurt/M.

Guéhenno, Jean-Marie, 1993, *La fin de la démocratie*, Paris (dt. 1996, *Das Ende der Demokratie*, München).

Guelke, Adrian, 1995, *The Age of Terrorism and the International Political System*, St. Martin's Press.

Guérin, Daniel, 1970, *Anarchism. From Theory to Practice*, New York.

Habermas, Jürgen, 1998, „Jenseits des Nationalstaates? Bemerkungen zu Folgeproblemen der wirtschaftlichen Globalisierung", in: Beck 1998, S. 67-84.

Hacker, Frederick J., 1983, „Dialectic Interrelationships of Personal and Political Factors in Terorism", in: Freedman (1983), S. 19-32.

Halliday, Fred, 1991, „State and Society in International Relations", in: Banks, Michael/Shaw, Martin (Hrsg.), *State and Society in International Relations*, New York, S. 191-209.

Harold, Jacobsen, 1979, *Networks of Interdependance. International Organizations and the Global Political System*, New York.

Haushofer, Karl, 1927, *Grenzen in ihrer geographischen und politischen Bedeutung*, Berlin.

Häußling, Joseph, 1959, Art. „Integration", in: *Staatslexikon* Bd. IV, 6. Aufl., S. 342ff.

Haynes, Jeff, 2000, „Religious Organizations as Transnational Actors: Islam and Christianity", *Vortrag auf der Jahrestagung der Deutschen Vereinigung für Politikwissenschaft DVWP*, Halle/Saale, 5. Oktober 2000.

Hegel, Georg Friedrich Wilhelm, 1970, *Werke*, hg. v. E. Moldenhauer, Bd. 3 ‚Phänomenologie des Geistes'; Bd. 6 ‚Wissenschaft der Logik II'; Bd. 7 ‚Rechtsphilosophie', Frankfurt/Main.

Held, David, 1995, *Democracy and the Global Order: From the Modern State to Cosmopolitan Governance*, Cambridge/MA.

Held, David, 1998, „The Changing Contours of Democracy: Re-thinking Democracy in the Context of Globalization", in: Greven, Michael (Hrsg.), *Demokratie – Eine Kultur des Westens? 20. Wissenschaftlicher Kongress der Deutschen Vereinigung für Politikwissenschaft*, Opladen, S. 249-261.

Held, David, 2002, „Violence, Law and Justice in a Global Age", http://www.ssrc.org/sept11/essays/held_text_only.htm (23.05.2002).

Held, David/Archibugi, Daniele/Köhler, M. (Hrsg.), 1998, *Cosmopolitan Democracy. An Agenda for a New World Order*, Cambridge/MA.

Hellenberg, Timo, 2002, „Countering Terrorism: Lessons Learned From Complex Desasters", *Draft for the Expert Meeting on Combating Terrorism within the Politico-Military Dimension of the OSCE*, 14.-15. Mai, Wien.

Hellpach, Willy, 1922, *Gruppenfabrikation*, Berlin.

Hennis, Wilhelm, 1963, *Politik und praktische Philosophie. Eine Studie zur Rekonstruktion der Politischen Wissenschaft*, Neuwied.

Hennis, Wilhelm, 1987, *Max Webers Fragestellung. Studium zur Biographie des Werkes*, Tübingen.

Herdegen, Mathias, 1995, *Einführung in das Internationale Wirtschaftsrecht*, München.

Herkunftswörterbuch, Etymologie der deutschen Sprache, 1989, Duden, Bd. 7, Mannheim/Wien/Zürich.

Herman, Paul A. Jr., 1997, Asymmetric Warfare. Sizing a Threat", in: *Low Intensity Conflict and Law Enforcement*, Vol. 6. No. 1, o.S.

Herren, Eric, 1999, „The Need for an International Counter-Terrorism Unit", 15. August 1999, *International Policy Institute for Counter-Terrorism*; http://www. ict.org.il/articles/articledet.cfm?articleid=90 (10.10.2001).

Herrmann, Wilfried A., 1998, *Sicherheit in einer sich verandernden Welt – Überlegungen zu einem erweiterten Sicherheitsbegriff*, Hamburg.

Herz, John (Hrsg.), 1976, *The Nation State and the Crisis of World Politics. Essays on International Politics in the Twentieth Century*, New York.

Herz, John H., 1976a, „The Territorial State Revisited – Reflections on the Future of the Nation-State", in: ders., 1976, S. 227ff.

Heydte v.d., Friedrich August, 1952, Art. „Politische Wissenschaft", in: *Staatslexikon*, Bd. VI, 6. Auflage, S. 380ff.

„High Tech Terorism", Hearings before the Subcommittee on Technology and the Law of the Committee of Judiciary, U.S: Senate, 101st Congress, 2nd Session, 19. Mai und 20. September 1988.

Hingst, Ulla, 2001, *Auswirkungen der Globalisierung auf das Recht volkerrechtlicher Verträge*, Berlin.

Hinz, G., 1956, *Territorialstaatsbewußtsein und Reichsgedanke beim deutschen Reichsfürstenstand im 17. Jahrhundert*, Diss. Göttingen.

Hirst, Paul/Thompson, Grahame, 1998, „Globalisierung? Internationale Wirtschaftsbeziehungen, Nationalökonomien und die Formierung von Handelsblöcken", in: Beck 1998, S. 85-133.

Hobbes, Thomas, 1977, *Vom Bürger, Elemente der Philosophie III*, hg. v. Günther Gawlick, Philosophische Bibliothek Band 158, Hamburg.

Hobbes, Thomas, 1984, *Leviathan oder Stoff, Form und Gewalt eines kirchlichen und burgerlichen Staates*, hg. v. I. Fetscher, Frankfurt/M.

Hohloch, Gerhard (Hrsg.), 2001, *Recht und Internet*, 6. Deutsch-Schwedisches Juristentreffen vom 31. März bis 2. April 2000 in Lud, Baden-Baden.

Hoffman, Bruce, 1999, *Inside Terrorism*, New York.

Hoffman, Bruce, 2001, *Terrorismus: Der unerklärte Krieg – Neue Gefahren politischer Gewalt*, Frankfurt/M.

Hoffmann, Stanley, 1960, *Contemporary Theory in International Relations*, Englewood Cliffs.

Hoffmann, Stanley, 1968, „Obstinate or Obsolete? The Fate of the Nation-State and the Case of Western Europe", in: Nye, Stephen (Hrsg.), *International Regionalism*, Boston, S. 177-230.

Hoffmann, Stanley, 1977, „An American Social Science. International Relations", in: *Daedalus. Journal of the American Academy of Arts and Sciences*, Vol. 1, No.3, S. 41-60.

Hoffmann, Stanley, „Vom neuen Kriege", in: *Die Zeit*, Nr. 42, 11.10.2001, S. 3.

Hollis, Martin/Smith, Steve (Hrsg.), 1990, *Explaining and Understanding International Relations*, Oxford/New York.

Holz, Hans Heinz, 1990, „Widerspiegelung", in: *Europaische Enzyklopadie zu Philosophie und Wissenschaften*, hrsg. v. Hans Jörg Sandkühler, in Zusammenarbeit mit dem Istituto Ital. per gli Studi Filosofici, Napoli und mit Arnim Regenbogen, Hamburg, Bd. 4, Hamburg, S. 825-844.

„Human rights and terrorism", *Resolution A/RES/48/122 der Generalversammlung der Vereinten Nationen*, 20. Dezember 1993; gopher://gopher.un.org:70/00/ga/recs/48/122 (19.02.2002).

Hunger, Wolfgang, 1991, *Samuel von Pufendorf: Aus dem Leben und Werk eines deutschen Frühaufklärers*, Flöha.

Huntington, Samuel P., 1973, „Transnational Organizations in Word Politics", in: *World Politics* 25, S. 333-368.

Husserl, Edmund, 1980, *Phantasie, Bildbewusstsein, Erinnerung: Zur Phaenomenologie der anschaulichen Vergegenwaertigung. Texte aus dem Nachlass (1898-1925)*, Husserliana Bd. XXIII, hg. v. E. Marbach, Den Haag, Boston/London.

„Integration", 1998, *Lexikon der Politik*, hg. v. Dieter Nohlen, Band 7; ‚Politische Begriffe', München, S. 277f.

„Inman Report", *Report of the Secretary of State's Advisory Panel on Overseas Security*, Juni 1985, Washington D.C.

„Information Security": 2nd International workshop ISW 1999, Kuala Lumpur, Malaysia, Berlin, New York, 1999.

„Information Warfare: The Perfect Terrorist Weapon"; http://www.ict.orgil/articles/infowar.html (3.08.1999).

„Informationen zum Thema ‚Globaler Pakt'", *Vereinte Nationen* 5/1999, Deutsche Gesellschaft für die Vereinten Nationen e.V., Bonn.

„Inside the Mind of Osama Bin Laden", von Michael Dobbs, Washington Post Staff Writer, 20. September 2001 (http://www.library.cornell.edu/colldec/mideast/ladnunsd.htm (12.04.2002).

„International Convention Against the Taking of Hostages", *United Nations Office for Drug Control and Crime Prevention*, 18. Dezember 1979, New York; http:// www.ciaonet.org/cbr/cbr00/video/cbr_ctd/cbr_ctd_38.html (10.10.2001).

„International Convention for the Supression of Terrorist Bombings", *Resolution 52/164 der Generalversammlung der Vereinten Nationen*, New York, November 1997;
http://www.ciaonet.org/cbr/cbr00/video/cbr_ctd/cbr_ctd_29.html
(17.01.2002), auch in: *policy paper no. 4*, S. 23-28.

„International Convention For The Suppression Of The Financing of Terroism", *Resolution 54/109 der Generalversammlung der Vereinten Nationen*, 9. Dezember 1999, New York;
http://www.ciaonet.org/cbr/cbr00/video/cbr_ctd/cbr_ctd_26.html
(17.01.2002); auch in: *policy paper no. 4*, S. 12-19.

„International Islamic Front for Jihad Against the Jews and Crusaders. Usama Ibn Ladin/Osama bin Laden"; http://www.library.cornell.edu/colldev/ mideast/qaida. htm (12.04.2002).

„International Organized Crime: The Larger Issues", by Jack A. Blum, *Statement before the Committee on International Relations, House of Representatives*, 105th Congress, 1st session, 1. October, 1997.

„Internationale Zusammenarbeit zur Bekämpfung des Terrorismus", Resolution 1269 des Sicherheitsrates der Vereinten Nationen, 19.10.1999, in: *policy paper no.4*, S. 19-20.

„Invocation of Article 5 Confirmed", *NATO Press Release*, 2. Oktober 2001; http://www.state.gov/s/ct/rls/other/index.cfm?docid=5171 (10.10.2001).

„International Terrorism: Challenges and Response"; DCI Counter Terrorist Center, World Affairs Council, http://www.odci.gov/di/speeches/intlterr. html (3.08.1999).

Jackson, Robert (Hrsg.), 1999, *Sovereignty at the Millenium*, Political Studies, Vol. XLVII, Special Issue.

Jamieson, Alison (Hrsg.), 1994, *Terrorism and Drug Trafficking in the 1990s*, Aldershot/Brookfield (USA)/Singapore/Sydney.

Jellinek, Georg, 1960, *Allgemeine Staatslehre*, Darmstadt, 3. Auflage.

Jenkins, Brian, 1978, „International Terrorism. A Balance Sheet", in: *Contemporary Terrorism. Selected Readings*, Hrsg. by John D. Elliot and Leslie K. Gibson, Gaithersburg/Maryland, S. 235-246.

Jenkins, Brian, 1982, „Statements about Terrorism", in: *Annals of the American Academy of Political and Social Science* 463, S. 11ff.

Jenkins, Brian, 1986, „Statements about Terrorism", in: Anzovin 1986, S. 8-17.

Jenkins, Vlad, 1988, „The *Achille Lauro* Hijacking (A) and (B)", *Kennedy School of Government*, Case Program, C16-88-863.0 und C16-88-864.0, Harvard Law School.

Jervis, Robert, 1997, „Complex Systems. The Role of Interactions", in: *Complexity, Global Politics and National Security*, Hrsg. by D.S. Alberts/Th. J. Czerwinski, Washington, D.C., S. 45-72.

Jörges, Christina/Neyer, Jürgen, 1998, „Von intergouvernementalem Verhandeln zur deliberativen Politik: Gründe und Chancen für eine Konstituierung der europäischen Komitologie", in: Kohler-Koch, Beate (Hrsg.), *Regieren in entgrenzten Räumen*, Opladen/Wiesbaden, PVS-Sonderheft 29 (1998), S. 207-234.

Johansen, Robert C., 1983, *Toward an Alternative Security System. Moving beyond the Balance of Power in the Search for World Security*, New York.

Jones, Stephen B., 1959, „Boundary Concepts in the Setting of Place and Time", in: *Annales of the Association of American Geographers* 49 (3), S. 241-255.

Jüngst, Peter (Hrsg), 1993, *Zur psychologischen Konstitution des Territoriums: Verzerrte Wirklichkeit oder Wirklichkeit als Zerrbild*, Kassel.

Jüngst, Peter (Hrsg.), 1997, *Identität, Agressivität, Territorialität: Zur Psychogenese – und Psychohistorie – des Verhältnisses von Subjekt, Kollektiv und räumlicher Umwelt*, Kassel.

Junne, Gerd, 1996, „Integration unter den Bedingungen von Globalisierung und Lokalisierung", in: Kohler-Koch/Jachtenfuchs 1996a, S. 513-530.

Kaiser, Karl, 1969, „Transnationale Politik. Zu einer Theorie der multinationalen Politik", in: Czempiel 1969, S. 80-109.

Kaiser, Karl, 1970, „Interdependenz und Autonomie: Die Bundesrepublik und Großbritannien in ihrer multinationalen Umwelt", in: ders./Morgan, S. 50-70.

Kaiser, Karl, 1971, „Transnational Relations as a Threat to the Democratic Process", in: *International Organization*, Vol. 25 (3), S. 706-720.

Kaiser, Karl/Morgan, Roger (Hrsg.), 1970, *Strukturwandlungen der Außenpolitik in Großbritannien und der Bundesrepublik*, (Schriftenreihe des Forschungsinstituts der Deutschen Gesellschaft für Auswärtige Politik), München/Wien.

Kaiser, Karl/Schwarz, Hans Peter (Hrsg.), 1987, *Weltpolitik: Strukturen – Akteure – Perspektiven*, Bonn (2. Auflage).

Kant, Immanuel, 1976, *Kritik der reinen Vernunft (KdrV)*, hg. v. Raymund Schmidt, Philosophische Bibliothek Band 37a, Hamburg.

Kantorowicz, Ernst von, 1990, *Die zwei Körper des Königs. Eine Studie zur politischen Theologie des Mittelalters*, München.

Kaplan, Morton A. (Hrsg.), 1957, *System and Process in International Politics*, New York.

Kaplan, Morton A. (Hrsg.), 1968, *New Approaches to International Relations*, New York.

Kaplan, Morton A. (Hrsg.), 1974, *Great Issues of International Politics*, Chicago.

Karmon, Ely, 2001, „The Role of Intelligence in Counter-Terrorism", *The International Policy Institute for Counter-Terrorism*, 26. Februar 2001; http://www.ict.org.il/articles/articledet.cfm?articleid=152 (10. Januar 2002).

Kaufman, Daniel J. (Hrsg.), 1985, *U.S. National Security: A Framework for Analysis*, Lexington/MA.
Kaufmann, Walter, 1988, *Nietzsche. Philosoph, Psychologe, Antichrist*, Darmstadt.
Kaufmann, Franz Xaver, 1994, Diskurse über Staatsaufgaben, in: Grimm, Dieter (Hrsg.), *Staatsaufgaben*, Baden-Baden, S. 15-41.
Keegan, John, 2000, „A History of Warfare", in: Mansbach/Rhodes 2000, S. 59-63.
Keely, James F., 1990, „Toward a Foucauldian Analysis of International Regimes", in: *International Organization*, Vol. 44, Issue 1, S. 83-105.
Kegley, Charles W., Jr./Wittkopf, Eugene R., 2000, *World Politics. Trends and Transformation*, New York.
Kennan, George, 1947, „The Sources of Soviet Conduct", in: *Foreign Affairs* 25, S. 566-582 (veröffentlich unter den Pseudonym X).
Kennan, George, 1951, *American Diplomacy 1900-1950*, Chicago.
Keohane, Robert O./Nye, Joseph S. (Hrsg.), 1972, *Transnational Relations and World Politics*, Cambridge/MA.
Keohane, Robert O./Nye, Joseph S., 1974, „Transnational Relations and International Organizations", in: *World Politics* 27, S. 39-62.
Keohane, Robert O./Nye, Joseph S., 1977, *Power and Interdependance. World Politics in Transition*, Boston/Toronto.
Keohane, Robert O./Nye, Joseph S., 1987, „Macht und Interdependenz", in: Kaiser/Schwarz 1987, S. 74-88.
Kern, Stephen, 1983, *The Culture of Time and Space, 1880-1918*, Cambridge/MA.
Kimminich, Otto, 1995, *Einführung in das Völkerrecht*, 5. Auflage, Tübingen/Basel.
Knöpfel, Peter/Kissling-Naef, Ingrid, 1993, „Transformation öffentlicher Politiken durch Verräumlichung – Betrachtungen zum gewandelten Verhältnis zwischen Raum und Politik", in: *Policy-Analyse. Kritik und Neuorientierung*, hg. v. Adrienne Heritier, PVS Sonderheft 24/1993, S. 267-288.
Kocs, Stephen A., 1995, „Territorial Disputs and Interstate War 1945-1987", in: *The Journal of Politics*, Vol. 57 (1), S. 159-175.
König, Doris, 1991, "Terrorismus", in: Wolfrum 1991, *Handbuch der Vereinten Natio-nen*, S. 847-854.
Köhler, Markus/Arndt, Hans-Wolfgang, 2001, *Recht des Internet*, Heidelberg.

Kohler-Koch. Beate, 1993, „Die Welt regieren ohne Weltregierung", in: Carl Böhret/Göttrik Wewer (Hrsg.), *Regieren im 21. Jahrhundert – zwischen Globalisierung und Regionalisierung*, Opladen, S. 109-141.

Kohler-Koch, Beate, 1996, „Regionen als Handlungseinheiten in der europäischen Politik", in: *Welt-Trends* 11, S. 7-35.

Kohler-Koch, Beate/Jachtenfuchs, Markus, 1996a, „Regieren im dynamischen Mehrebenensystem", in: dies. (Hrsg.), *Europäische Integration*, Opladen, S. 15-44.

Kohler-Koch, Beate u.a. (Hrsg.), 1997, *Interaktive Politik in Europa: Regionen im Netzwerk der Integration*, Opladen.

Kohler-Koch, Beate/Edler, Jakob, 1998, „Ideendiskurs und Vergemeinschaftlichung: Erschließung transnationaler Räume durch europäisches Regieren", in: dies. (Hrsg.), *Regieren in entgrenzten Raumen*, Opladen/Wiesbaden, PVS-Sonderheft 29 (1998), S. 169-206.

Kohler-Koch, Beate/Eising, Rainer (Hrsg.), 1999, *The Transformation of Governance in the European Union*, London, New York.

Krasner, Stephen D.(Hrsg.), 1983, *International Regimes*, Ithaca/London.

Krasner, Stephen D., 1995, „Power Politics, Institutions, and Transnational Relations", in: Risse-Kappen 1995, S. 257-279.

Krasner, Stephen, 1999, *Sovereignty, Organized Hypocrisy*, Princeton/New York.

Kratochvil, Friedrich, 1986, „Of Systems, Boundaries, and Territoriality. An Inquiry into the Formation of the State System", in: *World Politics* 39 (1), S. 27-52.

Krieger, Leonard, 1965, *The Politics of Discretion. Pufendorf and the Acceptance of Natural Law*, Chicago.

Krippendorf, Ekkehard, 1985, *Staat und Krieg*, Frankfurt/M.

Kristof, Ladis K.D., 1959, „The Nature of Frontiers and Boundaries", in: *Annales of the Association of American Geographers* 49 (3), S. 269-282.

Krulak, Victor H., 1983, *Organization for National Security*, Wahington D.C.

Kuppermann, Robert H./Trent, Darrell M., 1979, *Terrorism. Threat, Reality, Response*, Stanford.

Landau, Elaine, 2002, *Osama Bin Laden: A War Against the West*, Washington D.C.

Langefeld-Wirth, Klaus. (Hrsg.), 1990, *Joint Ventures im Internationalen Wirtschaftsverkehr, Praktiken und Vertragstechniken internationaler Gemeinschaftsunternehmen*, Heidelberg.

Laqueur, Walter, 1977, *Terrorism*, Boston/Toronto.
Laqueur, Walter, 1996, „Postmodern Terrorism", in: *Foreign Affairs* Vol. 75, No. 5, S. 24-36.
Laqueur, Walter/Alexander, Yonah (Hrsg.), 1987, *The Terrorism Reader. A Historical Anthology*, New York.
Lauth, Hans Joachim/Zimmerling, Ruth, 1994, „Internationale Beziehungen", in: Mols et al. 1994, S. 136-170.
Lechte, John, 1994, *Fifty Key Comtemporary Thinkers*, London.
Lefebvre, Henri, 1974, *La production de le space*, Paris.
„Legendary Japanese Red Army Leader Nabbed", Januar 2001, *Journal of Japanese Trade and Industry*, Japan Economic Foundation; http://www.jef.or.jp/en/jti/200101_020.html (10. Oktober 2001).
Leibniz, Georg Wilhelm, 1879, *Die philosophischen Schriften*, hg. v. C. Gerhardt, Bd. 2, Berlin.
Leibniz, Georg Wilhelm, 1965, *Kleine metaphysischen Schriften*, hg. v. H. Holz, Darmstadt.
Lenk, Kurt (Hrsg.), 1984, *Ideologie, Ideologiekritik und Wissenssoziologie*, Frankfurt/M.
Lévinas, Emmanuel, 1983, *Die Spur des Anderen. Untersuchungen zur Phanomenologie und Sozialphilosophie*, Freiburg/München.
Lévinas, Emmanuel, 1987, *Totalität und Unendlichkeit. Versuch über Exteriorität*, Freiburg/München.
Lévinas, Emmanuel, 1988, *Wenn Gott ins Denken einfällt. Diskurse über die Betroffenheit von Transzendenz*, Freiburg/München (2. Auflage).
Lieber, Hans Joachim, 1976, *Ideologie - Wissenschaft - Gesellschaft*, Darmstadt.
Lingens, Karl-Heinz, 1988, *Internationale Schiedsgerichtsbarkeit und Jus Publicum Europaeum 1648-1794*, Berlin.
Link, Werner, 1978, *Deutsche und amerikanische Gewerkschaften und Geschäftsleute 1945-1975. Eine Studie uber transnationale Beziehungen*, Düsseldorf.
Link, Werner, 1988, *Der Ost-West-Konflikt. Die Organisation der Internationalen Beziehungen im 20. Jahrhundert*, 2. Auflage, Stuttgart.
Link, Werner, 1998, *Neuordnung der Weltpolitik. Grundprobleme globaler Politik an der Schwelle zum 21. Jahrhundert*, München.
Link, Werner, 2001, „Der ‚enthegte' Krieg. Warum sich der Terror gegen die Vereinigten Staaten von Amerika richtet", in: *Frankfurter Rundschau* vom 14.09.2001, S. 9.

Livingston, Marius H. (Hrsg.), 1978, *International Terrorism in the Contemporary World*, Westport/London.

Llangue, Marcus, 1990, „Ein Träger des Politischen nach dem Ende der Staatlichkeit: Der Partisan in Carl Schmitts politischer Theorie", in: Münkler, Herfried (Hrsg.), *Der Partisan. Theorie, Strategie, Gestalt*, Opladen, S. 61-80.

Long, David E., 1990, *The Anatomy of Terrorism*, New York.

Lorenz, Konrad, 1966, *On Aggression*, New York.

Lowie, Robert H., 1962, *The Origin of the State*, New York.

Lorz, Jens Oliver, 1997, *Standortwettbewerb bei internationaler Kapitalmobilität: Eine modelltheoretische Untersuchung*, Tübingen.

Luhmann, Niklas, 1981, *Politische Theorie im Wohlfahrtsstaat*, München/Wien.

Luhmann, Niklas, 1982, „Territorial Borders as System Boundaries", in: Strassoldo, Raimondo/Delli Zotti, Giovanni (Hrsg.), *Cooperation and Conflict in Border Areas*, Milano, S. 235-244.

Luhmann, Niklas, 1997, *Die Gesellschaft der Gesellschaft*, Frankfurt/M.

Luke, Timothy, 1998, „Running Falt Out On The Road Ahead. Nationality, Sovereignty, and Territoriality in the World of the Information Superhighway", in: *Rethinking Geopolitics*, hg. v. Gearóid Ó Tuathail/Simon Dalby, London, New York, S. 274-295.

Lynch, R.P., 1993, *Business Alliances Guide. The Hidden Competitive Weapon*, New York.

Lynn-Jones, Sean/Miller, Steven E., 1992, *America's Strategy in a Changing World Order*, Cambridge/MA.

Lyotard, Francois, 1985, *Immaterialität und Postmoderne*, Berlin.

Lyotard, Francois, 1999, *Das postmoderne Wissen. Ein Bericht*, Wien.

Machiavelli, Niccolo, 1965, *Discorsi. Politische Betrachtungen über die alte und die italienische Geschichte*, hg. v. Erwin Faul, München/Opladen.

MacMillan, John/Linklater, Andrew (Hrsg.), 1995, *Boundaries in Question*, London.

Mager, Wolfgang, 1968, *Zur Enstehung des modernen Staatsbegriffes*, Wiesbaden.

Maghroori, Ray/Romberg, Bennett (Hrsg.), 1982, *Globalism vs. Realism. International Relations' Third Debate*, Boulder/Colorado.

Maier, Gunther/Toedtling, Franz, 1995, *Standorttheorie und Raumstruktur*, Wien (2. Auflage).

Mallin, Jay, 1978, „Terrorism as a Military Weapon", in: Livingston (1978), S. 389-401.

Mansbach, Richard W./Ferguson, Yale/Lampert, Donald, 1976, *The Web of World Politics. Non-State Actors in the Global System*, Englewood Cliffs.

Mansbach, Richard W./Vasquez, John A., 1981, *In Search of Theory. A New Paradigm for Global Politics*, New York.

Mansbach, Richard W., 2000, *The Global Puzzle. Issues and Actors in World Politics*, Boston, New York (3rd Edition).

Mansbach, Richard W./Rhodes, Edward (Hrsg.), 2000, *Global Politics in a Changing World. A Reader*, Boston, New York.

Martin, John M./Romano, Anne T. (Hrsg.), 1992, *Multinational Crime. Terrorism, espionage, drug and arms trafficking*, Newbury Park.

Martinek, Michael, 1999, „Das internationale Bankgeheimnis – eine Problemskizze", in: Geimer 1999, S. 503-528.

„Maßnahmen zur Beseitigung des internationalen Terrorismus", Resolution 49/60 der Generalversammlung der Vereinten Nationen, 9. Dezember 1994, in: *policy paper no. 4*, S. 32-35.

„Maßnahmen zur Beseitigung des internationalen Terrorismus", Resolution 51/210 der Generalversammlung der Vereinten Nationen, 17. Dezember 1996, in: *policy paper n. 4*, S. 28-31.

Mathews, Jessica, 2000, „Power Shifts", in: Mansbach/Rhodes 2000, S. 157-166.

Matthews, Lloyd J., 1998, „Symmetries and Asymmetries – A Historical Perspective", in: ders. (Hrsg.), 1998, *Challenging the United States Symmetrically and Asymmetrically: Can America be defeated?*, Philadelphia, S. 19-23.

Matz, Ulrich, 1975, *Politik und Gewalt. Zur Theorie des demokratischen Verfassungsstaates und der Revolution*, Freiburg/München.

Maull, Hanns, 1999, „Globalwirtschaft, territoriale Politik", in: *Frankfurter Allgemeine Zeitung FAZ*, 22.02.1999.

Martin, Frederick Th., 1999, *Top secret intranet. How US intelligence built Interlink*, Upper Saddle River, New Jersey.

Maxfeld, Robert, 1997, „Complexity and Organization Management", in: *Complexity, Global Politics and National Security*, Hrsg. by David S. Alberts and Thomas Czerwinski, Washington D.C., S. 171-218.

Mayer, Tilman., 1986, *Prinzip Nation: Dimension der nationalen Frage, dargestellt am Beispiel der Bundesrepublik Deutschland*, Opladen.

Mayer, Patrick G., 1999, *Das Internet im öffentlichen Recht: unter Berücksichtigung europarechtlicher und völkerrechtlicher Vorgaben*, Berlin.
Mayer-Tasch, Peter C., 1981, „Einführung", in: Bodin 1981, S. 11-71.
Mayntz, Renate, 1993, „Policy-Netzwerke und die Logik von Verhandlungssystemen", in: *Policy-Analysen. Kritik und Neuorientierung*, hg. v. Adrienne Heritier, PVS Sonderheft 24/1993, S. 39-56.
McCrea, Brett A., 1994, „U.S. Counter-Terrorist Policy. A Proposed Strategy for a Nontraditional Threat", in: *Ridgway Viewpoints* 94-1, S. 1-10.
McDougal, S. Myres/Florentino, P. Feliciano, 1994, The International Law of War: Transnational Coercion and World Public Order, Nijhoff.
Mearsheimer, John, 1990, „Back to the Future. Instability in Europe after the Cold War", in: *International Security* 15 (1), S. 5-56.
„Measures to prevent international terrorism which endangers or takes innocent human lives or jeopardizes fundamental freedoms", *Resolution 36/109 der Generalversammlung der Vereinten Nationen*, 10. Dezember 1981; gopher: //gopher. un.org:70/ 00/ga/recs/36/109 (19. Februar 2002).
Meinecke, Friedrich, 1922, *Die Idee der Staatsräson*, Berlin.
Meinecke, Friedrich, 1963, *Weltbürgertum und Nationalstaat*, München[6].
Mellor, Roy, 1989, *Nation, State, and Territoriality. A Political Geography*, London.
Metzger, Hans-Dieter, 1991, *Thomas Hobbes und die Englische Revolution 1640-1660*, Quaestiones ‚Themen und Gestalten der Philosophie 1', Stuttgart.
Meyers, Reinhard, 1979, *Weltpolitik in Grundbegriffen*, Bd. 1, Düsseldorf.
Meyers, Reinhard, 1985, „Transnationale Politik", in: *Pipers Wörterbuch der Politik, hg. v. Dieter Nohlen, Politikwissenschaft – Theorien, Methoden, Begriffe*, München, 1037f.
Meyers, Reinhard, 1995, „Internationale Politik und Territorialität", in: *Lexikon der Politik*, Bd. 1, hg. v. Dieter Nohlen/Rainer Olaf Schultze, München, S. 225-231.
Mickolus, Edward, 1977, „Reflections on the Study of Terrorism", *Paper presented to the Panel on Violence and Terror of the Conference on Complexity: A challenge to the Adaptive Capacity of American Society*, March 24-26, Columbia/Maryland.
Mickolus, Edward, 1978, „Trends in Transnational Terrorism", in: Livingston (1978), S. 44-75.

Mickolus, Edward, 1997, *Terrorism 1992-1995. A Chronology of Events and a Selectively Annotated Bibliography*, Westport/Connecticut.

Milbank, David, 1978, „International and Transnational Terrorism. Diagnosis and Prognosis", in: John D. Elliott/Leslie K. Gibson (Hrsg.), *Contemporary Terrorism. Selected Readings*, Gaitherburg/Maryland, S. 51-80.

Mitzman, Arthur, 1985, *The Iron Cage. An Historical Interpretation of Max Weber*, New Brunswick/Oxford.

Mols, Manfred, 1968, *Allgemeine Staatslehre oder Politische Theorie. Interpretation zu ihrem Verhältnis am Beispiel der Integrationslehre Rudolf Smends*, Berlin.

Mols, Manfred, 1987, „Integration", in: *Staatslexikon*. 7. Auflage, Bd. 3, Freiburg/ München/Basel, Bd. 3, S. 111-118.

Mols, Manfred et al (Hrsg.), 1994, *Politikwissenschaft. Eine Einführung*, Paderborn.

Mols, Manfred, 1996, *Integration und Kooperation in zwei Kontinenten. Das Streben nach Einheit in Lateinamerika und Südostasien*, Stuttgart.

Mommsen, Wolfgang J., 1974, *Max Weber und die deutsche Politik 1890-1920*, 2. Aufl., Tübingen.

Mommsen, Wolfgang J, 1994, *Max Weber und die deutsche Revolution 1918/19*, Kleine Schriften (Stiftung Reichspräsident-Friedrich-Ebert-Gedenkstätte), Heidelberg.

Morgenthau, Hans, 1963, *Politics among Nations, The Struggle for Power and Peace*, New York (4. Auflage).

Münkler, Herfried, 2001, „Die brutale Logik des Terrors", in: *Süddeutsche Zeitung*, Nr. 225 v. 29./30.09.2001, S. S I.

Münkler, Herfried, 2002, *Die neuen Kriege*, Reinbek bei Hamburg.

Murphy, Cornelius F., Jr, 1999, *Theories of World Governance. A Study in the History of Ideas*, Washington D.C.

Myres, S. McDougal/Florentino, P. Feliciano, 1994, *The International Law of War: Transnational Coercion and World Public Order*, New Haven/Boston.

„Nach den Anschlägen von New York und Washington muss der Begriff ‚Krieg' neu definiert werden", in: *Süddeutsche Zeitung*, Nr. 213, 15./16. 09. 2001, S. 13.

Nadelmann, Ethan Avram, 1990, *Global Prohibition Regimes: The Evolution of Norms in International Society*, University Park PA: Pennsylvania State University Press.

Nadelmann, Ethan Avram, 1993, *Cops across Borders. The Internationalization of U.S. Criminal Law Enforcement*, University Park, PA: Pennsylvania State University Press.

Nahamowitz, Peter, 1999/2000, „Das Europarecht als ‚teilglobalisiertes' Rechtssystem", in: Voigt, Rüdiger (Hrsg.), *Globalisierung des Rechts* (Schriften zur Rechtspolitologie, Band 9), Baden-Baden, S. 141-182.

Nassehi, Armin, 1999, *Differenzierungsfolgen. Beitrage zur Soziologie der Moderne*, Opladen.

Nassehi, Armin, 1999a, „Inklusionen. Organisationssoziologische Ergänzungen des Inklusions-/Exklusionstheorems", in: ders. 1999, S. 133-150.

Nassehi, Armin, 1999b, „Inklusion, Exklusion – Integration, Desintegration. Die Theorie funktionaler Differenzierung und die Desintegrationsthese", in: ders. 1999, S. 105-131.

„National Security", in: *International Encyclopedia of Social Sciences*, vol. 11, 1968, S. 40ff.

„NATO Alliance Strategic Concept", approved by the Heads of State and Government, participating in the meeting of the North Atlantic Council, Washington D.C., 24. April 1999.

Nawaz, Tawfique, 1980, *The New International Economic Order: A Bibliography*, London.

Negroponte, Nicholas, 1995, *Being digital*, New York.

Neuenhaus, Petra, 1993, *Max Weber und Michel Foucault. Uber Macht und Herrschaft in der Moderne*, Pfaffenweiler.

„New Challenges and Priorities for Analysis", 1997, in: *Defense Intelligence Journal*, Fall, http://www.cia.gov/di/speeches/428149298.html (3. August 1999).

Nietzsche, Friedrich, 1993, *Zur Genealogie der Moral. Eine Streitschrift*, hg. v. Jost Perfahl, Stuttgart.

„Nomaden der Terrors. Immer tiefer stossen die Fahnder in das Netz islamistischer Terroristen vor", in: *Der Spiegel*, Nr. 41 v. 8.10.2001, S. 34.

Nozick, Robert, 1974, *Anarchy, State and Utopia*, New York.

Oberleitner, Rainer, 1998, *Schengen und Europol. Kriminalitatsbekampfung in einem Europa der inneren Sicherheit*, Wien.

Obote-Odora, Alex, 1999, „Defining International Terrorism", in: *Murdoch University Electronic Journal of Law*, Vol. 6, No. 1; http://www.murdoch.edu.au/elaw/issues/v6n1/obote-odora61nf.html (25.02.2002).

Offe, Claus, 1987, „Die Staatstheorie auf der Suche nach ihrem Gegenstand. Beobachtungen zur aktuellen Diskussion", in: *Jahrbuch zur Staats- und Verwaltungswissenschaft*, hg. v. Ellwein/Hesse/Mayntz/Scharpf, Bd. 1, Baden-Baden, S. 309-320.

Ohmae, Kenichi, 1990, *The Borderless World: Power and Strategy in the Interlinked Economy*, London.

Ohmae, Kenichi, 1995, *The End of the Nation-State: The Rise of Regional Economics*, New York.

Oots, Kent C., 1986, *A Political Organization Approach to Transnational Terrorism*, New York, Greenwood Press.

„Open Letter to Downtrodden in Lebanon and the World", zitiert nach: Laqueur/Alexander 1987, S. 315-318.

Organski, A.F.K., 1958, *World Politics*, New York.

Organski, A.F.K., 1965, *The Stages of Political Development*, New York.

„Osama Bin Laden: Marketing Terrorism", von Yael Shabar; http://www.ict.org/articles/articledet.cfm?articleeid=42 (3.08.1999).

Osland, G.E./Yaprak, A., 1993, „A Process Model of the Formation of Multinational Strategic Alliances", in: R. Culpan (Hrsg.), *Multinational Strategic Alliances*, New York, S. 81-102.

„Ottawa Ministerial Declaration on Countering Terrorism", *Ottawa Ministerial, US Department of State*, 12. Dezember 1995; http://www.ciaonet.org/cbr/cbr00/video/cbr_ctd/cbr_ctd_32.html (20.01.2002).

Padua, Marsilius von, 1971, *Der Verteidiger des Friedens*, Stuttgart (erstmals 1324).

Parett, Peter (Hrsg.), 1984, *The Makers of Modern Strategy. From Machiavelli to the Nuclear Age*, New Haven.

Pasternack, Bruce A./Viscio, Albert J., 1998, *The centerless corporation*, New York.

„Patterns of Global Terrorism", *US Department of State*, Office for the Coordinator of Counter Terrorism, Washington DC (jährliche Publikationen).

Paul, James A., 2001, „Der Weg zum Global Compact. Zur Annäherung von UNO und multinationalen Unternehmen", in: *Privatisierung der Weltpolitik. Entstaatlichung und Kommerzialisierung im Globalisierungsprozess*, hg. v. Tanja Bühl/Tobias Debiel/Brigitte Hamm/Hartwich Hammel/Jens Martens, Bonn (Texte der Stiftung Entwicklung und Frieden), S. 104-129.

Paust, Jordan, 1977, „A Definitional Focus", in: *Terrorism. Interdisciplinary Perspectives*, hrsg. von Yonah Alexander and Seymour M. Finger, New York, S. 18-29.

Pearlstein, Richard W., 1991, *The Mind of the Political Terrorist*, Washington, D.C.

Perry, Richard, 2000, „Globalization and Local Conflict", nach:http://eee.uci.edu/ 97y/50070.doc (Oktober 2000).

Peters, Anne, *Elemente einer Theorie der Verfassung Europas*, Berlin.

Pfetsch, Frank R., 1991, „Internationale und nationale Konflikte nach dem Zweiten Weltkrieg", in: *Politische Vierteljahresschrift PVS* 32 (1991), S. 258-285.

Phillips, James, 1994, „After World Trade Center Bombing: US Needs Stronger Anti-Terrorism Policy", in: ‚The Changing Face of Middle East Terrorism', *Heritage Foundation Backgrounder*, 6. Oktober.

Poland, James, 1988, *Understanding Terrorism. Groups, Strategies, and Responses*, Englewood Cliffs, N.J.

Pollard, Neal A., „Terrorism and Transnational Organized Crime: Implications of Con-vergence", *The Terrorism Research Center*, Crime and Terrorism; http:// www.terrorism.com/terrorism/crime/shtml (10.10.2001).

Policy Paper No. 4, „Erklärung zu den Terroranschlägen gegen die USA vom 11. September 2001 mit Anhang (Bekämpfung des internationalen Terrorismus im Rahmen der Vereinten Nationen. Die wichtigsten Konventionen, Resolutionen und Erklärungen)", Deutsche Gesellschaft für die Vereinten Nationen e.V. (DGVN)/ United Nations Association of Germany, Bonn 2001.

„Politische Raumkonzepte in der Postmoderne", 2001, in: *Geopolitik. Zur Ideologiekritik politischer Raumkonzepte*, hg. v. Kritische Geographie 14, Kap. II, S. 120-182, Wien.

Popitz, Heinrich, 1986, *Prozesse der Machtbildung*, 3. Aufl., Tübingen.

Prescott, John R.V., 1978, *Boundaries and Frontiers*, London.

Prescott, John R.V., 1987, *Political Frontiers and Boundaries*, London.

Pries, Ludger, 1998, „Transnationale soziale Räume", in: Beck 1998a, S. 55-86.

Provizer, Norman W., 1987, „Defining Terrorism", in: *Multidimensional Terrorism*, Hrsg. von Martin Slann und Bernard Schechterman, Boulder/London.

Puchala, Donald J./Hopkins, Raymond F., 1983, „International Regimes: Lessons from Inducive Analyses", in: Krasner 1983, S. 61-92.

Pufendorf, Samuel von, 1967, „De jure naturae et gentium", dt. *Über das Natur- und Völkerrecht*, 2 Bde., Frankfurt/M.

Pufendorf, Samuel von, 1976, *Die Verfassung des Deutschen Reiches*, hg v. H. Denzer, Stuttgart.

Prittwitz, Volker von, 2001, *Die dunkle Seite der Netzwerke. Strategien gegen Korruption und Vermachtung*, Internet-Publikation/November 2001 (über http:// www.fu-berlin.de [20.01.2002]).

Rabkin, Norman J., 2000, „Combating Terrorism: Issues in Managing Counterterrorist Programs", *United States General Accounting Office*, National Security and International Affairs Divison, 6. April 2000, Testimony before the Subcommittee on Oversight, Investigations, and Emergency Management, Committee on Transportation and Infrastructure, House of Representatives; http://www. ciaonet.org/cbr/cbr00/video/cbr_ctd/cbr_ctd_17.html (10.10.2001).

Rahmann, Detlef, 1984, *Ausschluss staatlicher Gerichtszuständigkeit: Eine rechtsvergleichende Untersuchung des Rechts des Gerichtsstands- und Schiedsvereinbarungen in der Bundesrepublik Deutschland und den USA*, Köln.

Rashid, Ahmed, 2001, *Taliban. Afghanistans Gotteskrieger und der Dschihad*, München.

Ratzel, Frederik, 1897, *Politische Geographie*, München.

Raumordnung und staatliche Steuerungsfähigkeit, PVS-Sonderheft 10/1979, hg. v. Wolfgang Bruder und Thomas Ellwein, 20. Jg. 1979, Opladen.

Read, Herbert, 1971, *Anarchy and Order*, London.

„Recht und Praxis der Schiedsgerichtsbarkeit der Internationalen Handelskammer", *Schriftenreihe des Deutschen Instituts für Schiedsgerichtswesen* (6), Köln 1986.

„Redefining Defense"; http://www.washingtonpost.com/wp/dyn/articles/ A59537-2001Sep19.html (19.09.2001).

Reeve, Simon, 1999, *The New Jackals: Razmi Yousef, Osama bin Laden and the Future of Terrorism*, New York.

Reich, Walter (Hrsg.), 1990, *Origins of Terrorism. Psychologies, Ideologies, Theologies, States of Mind*, Cambridge/MA.

Reinecke, Wolfgang, 1998, *Global Public Policy. Governing without Government*, Brookings Institution Press.

Reiner, Andreas, 1989, *Handbuch der ICC-Schiedsberichtsbarkeit: Die Verfahrensordnung des Schiedsgerichtshofes der Internationalen Handelskammer unter Berücksichtigung der am 01.01.1988 in Kraft getretenen Veränderungen*, Wien.

„Reshaping the Military for Asymmetric Warfare", von Marcus Corbin, 5. Oktober 2001, *Center for Defense Information CDI*; http://www.cdi.org/terrorism/symmetric.html (10. Januar 2002).

„Resolution 579 (1985)", Resolution des *Sicherheitsrates* der Vereinrten Nationen, 18. Dezember 1985 (unter http://www.un.org/documentation/archive.html (18.03.2002).

Richelson, Jeffrey T., 1999, *The U.S. Intelligence Community*, Boulder/Col.

Rielly, John E., 1995 (Hrsg.), *American Public Opinion and US Foreign Policy*, Chicago.

Ringer, Fritz, 1990, „The Intellectual Field, Intellectual History, and the Sociology of Knowledge", in: *Theory and Society* 19, S. 269-294.

Risse-Kappen, Thomas (Hrsg.), 1995, *Bringing Transnational Relations back in. Non-state Actors, Domestic Structures and International Institutions*, Cambridge/MA.

Roberts, Adam, 1976, *Nations in Arms. Theory and Practice of Territorial Defense*, London.

Robertson, Roland, 1998, „Glokalisierung. Homogenität und Heterogenität in Raum und Zeit", in: Beck 1998b, S. 192-220 (zuerst als „Glocalization: Time-Space Homogeneity-Heterogeneity", in: M. Featherstone/S. Lash/R. Robertson (Hrsg.), *Global Modernities*, London 1995).

Rodrik, Dani, 1997, *Has Globalization Gone too Far?*, Institute for International Economics, Washington, D.C.

Roloff, Ralf, 1998, „Globalisierung, Regionalisierung und Gleichgewicht", in: Carlo Masala/Ralf Roloff (Hrsg.), *Herausforderungen der Realpolitik*, Köln, S. 61-94.

Roloff, Ralf, 2001, *Europa, Amerika und Asien zwischen Globalisierung und Regionalisierung. Das interregionale Konzert und die ökonomische Dimension internationaler Politik*, Paderborn.

Roloff, Ralf, 2001a, "Die Außenbeziehungen der Europäischen Union zwischen Globalisierung und Regionalisierung", in: *Zeitschrift für Politikwissenschaft* ZPol 3/01, S. 1045-1072.

Rosecrance, Richard, 1999, *The Rise of the Virtual State: Wealth and Power in the Coming Century*, New York.

Rosenau, James W., 1967, *Linkage Politics: Essays on the Convergence of National and International Systems*, New York.
Rosenau, James W., 1971, *The Scientific Study of Foreign Policy*, New York;
Rosenau, James W., 1984, „A Pre-Theory Revisited. World Politics in an Era of cascading Interdependance", in: *International Studies Quarterly* 28, S. 246ff.
Rosenau, James W., 1990, *Turbulence in World Politics: A Theory of Change and Continuity*, Princeton.
Rosenau, James W., 1994, „New Dimensions of Security. The Interaction of Globalizing and Localizing Dynamics", in: *Security Dialogue* 25, S. 255-281.
Rosenau, James W., 1997, *Along the Domestic-foreign Frontier. Exploring Governance in a Turbulent World*, Cambridge/MA.
Rosenau, James, 1997a, „Many Damn Things Simultaneously. Complexity Theory and World Affairs", in: *Complexity, Global Politics and National Security*, hrsg. von D.S. Alberts/Th. J. Czerwinski, Washington, D.C., S. 73-100.
Rosenau, James, 1998, „Armed Force and Armed Forces in a Turbulent World", in: *The Adaptive Military: Armed Forces in a Turbulent World*, hrsg. von James Burk, New Brunswick, S. 49-85.
Rosenberg, Justin, 1994, *The Empire of Civil Society*, London.
Rousseau, Jean Jacques, 1977, *Vom Gesellschaftsvertrag oder Grundsatze des Staatsrechts*, übersetzt und hg. v. Hans Brockard, Stuttgart.
Rowan, John/Cooper, Mick (Hrsg.), 1999, *The Plural Self. Multiplicity in Everyday Life*, London.
Rudolph, Susanne H./Piscatori, James (Hrsg.), 1997, *Transnational Religion and Fading States*, Westview.
Ruggie, John G., 1975, „International Responses to Technology: Concepts and Trends", in: *International Organization*, Vol. 29, no. 3, S. 557-584.
Ruggie, John G., 1982, „International Regimes, Transactions, and Change: Embedded Liberalism in the Post War Economic Order", in: *International Organization* 36/2, S. 379-415.
Ruggie, John G., 1993, „Territoriality and Beyond. Problematizing Modernity in International Relations", in: *International Organization*, 47/ 1, S. 139-174.
Ruggie, John G., 1995, „Peacekeeping and U.S. Interests", in: *Order and Disorder after the Cold War*, hrsg. von Brad Roberts, Cambridge/MA., S. 209-218.

Russett, Bruce, 1967, *International Regions and the International System: A Study in Political Ecology*, Chicago.

„SAARC Regional Convention on Suppression of Terrorism", *The South Asian Association for Regional Cooperation* (SAARC), South Asia Terrorism Portal, 4. November 1987; http://www.ciaonet.org/cbr/cbr00/video/cbr_ctd/cbr_ctd_36.html (10.01.2001).

Sabetta, Anne E., 1977, „Transnational Terror. Causes and Implications for Response"; in: *Stanford Journal of International Studies*, Vol. XII, Spring 1977, S. 147-156.

Sabine, George H., 1966, *A History of Political Theory*, New York (3. Auflage).

Sahlins, Marshall D., 1968, *Tribesman*, Englewood Cliffs.

Sandler, Todd/Tschirrhart, John T./Cauley, Jon, 1983, „A Theoretical Analysis of Transnational Terrorism", in: *The American Political Science Review*, vol. 27, Issue 1, S. 36-54.

Satchell, S./Timmermann, A., 1995, „An Assessment of Non-linear Foreign Exchange Rate Forecasts", in: *Journal of Forecasting* 14 (6), S. 477-497.

Schaber, Thomas/Ulbert, Cornelia, 1994, „Reflexivität in den Internationalen Beziehungen. Literaturbericht zum Beitrag kognitiver, reflexiver und interpretativer Ansätze zur dritten Theoriedebatte", in: *Zeitschrift für Internationale Beziehungen*, 1. Jg., Heft 1, S. 139-169.

Schäffle, A., 1897, „Über den wissenschaftlichen Begriff der Politik", in: *Zeitschrift für die gesamte Staatswissenschaft* 53, S. 579-600.

Scharpf, Fritz (Hrsg.), 1993, *Games in Hierarchies and Networks. Analytical and Empirical Approaches to the Study of Governance Institutions*, Frankfurt/M.

Scharpf, Fritz W., 1998, „Demokratie in der transnationalen Politik", in: Beck 1998, S. 228-253.

Scharpf, Fritz, 1998a, „Die Problemlösungsfähigkeit der Mehrebenenpolitik in Europa", 1998, in: Kohler-Koch, Beate (Hrsg.), *Regieren in entgrenzten Räumen*, Opladen/ Wiesbaden, PVS-Sonderheft 29, S. 121-144.

Scharpf, Fritz, 1999, *Governing in Europe. Effective and Democratic?*, Oxford.

Scharpf, Fritz/Mayntz, Renate, 1995, „Steuerung und Selbstorganisation in staatsnahen Sektoren", in: dies. (Hrsg), *Gesellschaftliche Selbstregelung und politische Steuerung*, Frankfurt/M., S. 9-38.

Scheuerman, William E., 1999, „Globalization and the Fate of Law", in: Dyzenhaus, David (Hrsg.), *Redrafting the Rule of Law*, Oxford, S. 243-266.

Scheuerman, William E., 2000, „The Twilight of Legality?: Globalization and American Democracy", in: *Global Society*, vol. 14 (1), S. 53-78.
Scheuerman, William E., 2000a, „Global Law in our High Speed Economy"; in: V. Gessner/Felstiner, W. (Hrsg.), *The Legal Culture of Global Business Transactions* (forthcoming).
Schirm, Stefan A., 1996, *Transnational Globalization and Regional Governance: On the Reasons for Regional Cooperation in Europe and the Americas*, Cambridge.
Schlagheck, Donna M., 1987, *International Terrorism: An Introduction to the Concepts and Actors*, Lexington.
Schmidt, Manfred G., 1998, „Das politische Leistungsprofil der Demokratie", in: Michael Greven (Hrsg.), *Demokratie – Eine Kultur des Westens?*, Opladen S. 181-199.
Schmidt-Trentz, Hans Jörg, 1990, *Außenhandel und Territorialität des Rechts. Grundlegung einer neuen Institutionenordnung des Außenhandels*, Baden-Baden.
Schmitt, Carl, 1950, *Der Nomos der Erde im Völkerrecht des Jus Publicum Europaeum*, Köln.
Schmitt, Carl, 1963, *Theorie des Partisanen. Zwischenbemerkungen zum Begriff des Politischen*, Berlin.
Schneider, Barry R.,1999, *Future War and Counterproliferation: U.S. Military Responses to NBC Proliferation Threats*, Westport.
Schnyder, Anton K., 1999, „Der Sitz von Gesellschaften im Internationalen Zivilverfahrensrecht", in: Geimer 1999, S. 767-775.
Scholte, Jan Aart, 1997, „Global Capitalism and the State"; in: *International Affairs* (73), S. 427-452.
Schulten, Thorsten, 1998, „Perspektiven nationaler Kollektivvertragsveziehungen durch europäisches Regieren", in: Kohler-Koch, Beate (Hrsg.), *Regieren in entgrenzten Räumen*, Opladen/Wiesbaden, PVS-Sonderheft 29 (1998), S. 145-168.
Schultsz, Jan C. et al. (Hrsg.), 1982, *The Art of Arbitration: Essays on International Arbitration*, Deventer.
Schütz, Alfred, 1962, *Collected Papers*, vol I., ‚The Problem of Social Reality', Den Haag.
Segaller, Stephen, 1986, *Invisible Armies. Terrorism into the 1990s*, London.
Senghaas, Dieter, 1972, „Vom Nutzen und Elend der Nationalismen im Leben der Völker", in: *Aus Politik und Zeitgeschichte*, B 31-32/1992, S. 3-12.

Senghaas, Dieter/Deutsch, Karl W., 1970, „Die Schritte zum Krieg. Systemebenen, Entscheidungsstadien, Forschungsergebnisse", in: *Aus Politik und Zeitgeschichte* 47, 21.11.

Shapiro, Michael J., 1992, *Reading the Postmodern Polity*, Minneapolis.

Sharpe, Laurence J., 1993, „The European Meso. An Appraisal", in: ders. (Hrsg.), *The Rise of Meso Government in Europe*, London, S. 1-39.

Sheldon, William, 1990, „Der Mythos von 'Gottes eigenem Land'. Zur geschichtslosen Identität der Amerikaner", in: *Historische Mitteilungen 3*, Heft 1, S. 73-84.

Sherwood, Elizabeth D., 1990, *Allies in Crisis. Meeting Global Challenges to Western Security*, New Haven.

Shultz, Richard H./Sloan, Stephan, 1980, „International Terrorism. The Nature of the Threat", in: *Responding to the Terrorist Threat. Security and Crisis Management*, hrsg. by Shultz/Sloan, New York, S. 1-17.

Shusterman, Richard (Hrsg.), 1999, *Bourdieu. A Critical Reader*, Oxford, UK/Malden, MA.

Simmel, Georg, 1992, *Soziologie. Untersuchungen über die Formen der Vergesellschaftung*, Gesamtausgabe Band 11, hg. v. Ottheim Rammstedt, Frankfurt/M.

Skocpol, Theda/Evans, Peter B./Rueschemeyer, Dietrich (Hrsg.), *Bringing the State Back In*, Cambridge/New York.

Slann, Martin/Schechterman, Bernard (Hrsg.), 1987, *Multidimensional Terrorism*, Boulder.

Sloan, Stephen, 1998, „Terrorism. National Security Policy and the Home Front", Hrsg. by Stephen Pelletiere, *The Strategic Studies Institute of the U.S. Army War College*, Washington D.C.

Slaughter, Anne-Marie, 2000, „Virtual Visibility", in: *Foreign Policy*, Nov./Dec. 2000 (121), S. 84-86.

Smend, Rudolf, 1955, *Staatsrechtliche Abhandlungen und andere Aufsatze*, Berlin.

Smith, Adam, 1993, *Der Wohlstand der Nationen. Eine Untersuchung seiner Natur und seiner Ursachen*, 6. Aufl., München.

Smith, Anthony D., 1995, *Nations and Nationalism in a Global Era*, Oxford.

Smith, J. Q./Seltini, R., 1997, „Observability of States in Non-linear Systems", in: *Journal of Forecasting* 16 (5), S. 375-393.

Smith, Michael P./Guarizo, Luis E. (Hrsg.), 1998, *Transnationalism from Below*, New York.

Snyder, Glenn Harald, 1961, *Deterrence and Defense, Toward a Theory of National Security*, Princeton.

Sofaer, Abraham D./Goodman, Seymour E., 2000, „A Proposal for an International Convention on Cyber Crime and Terrorism" (Stanford Draft), *The Hoover Institution*, Stanford University, August 2000.

Sofaer, Abraham D./Goodman, Seymour E. (Hrsg.), 2001, *The Transnational Dimension of CyberCrime and Terrorism* (Hoover National Security Forum Series), Stanford.

Soja, Edward, 1971, *The Political Organization of Space*, Washington DC. (Association of American Geographers, Commission of College Geography, Resource Paper No. 8).

Steele, Robert, 2000, *On Intelligence, Spies and Secrecy in an Open World*, Fairfax, VA.

Stein, Ursula, 1995, *Lex Mercatoria. Realität und Theorie*, Frankfurt/M.

Stephenson, Carolyn M., 1982, *Alternative Methods for International Security*, Washington D.C.

Stohl, Michael (Hrsg.), 1988, *The Politics of Terrorism*, New York.

Stolleis, Michael, 1977, „Reichspublizistik - Politik - Naturrecht im 17. und 18. Jahrhundert", in: ders., *Staatsdenker im 17. und 18. Jahrhundert. Reichspublizistik, Poltik, Naturrecht*, Frankfurt, S. 12-15.

Strange, Susan, 1996, *The Retreat of the State. The Diffusion of Power in the World Economy*, Cambridge/MA.

Streek, Wolfgang (Hrsg.), 1998, *Internationale Wirtschaft und nationale Demokratie. Herausforderungen für die Demokratietheorie*, Frankfurt/New York.

„Studies in Conflict and Terrorism", RAND-Cooperation, 5. Mai, 1999.

Sullivan, Michael, 1982, „Transnationalism, Power Politics, and the Realities of the Present Systems, in: Maghroori/Rambers, S. 195-222.

Sullivan, Leonard, 1988, *Comprehensive Security and Western Prosperity*, Lanham.

Tackrah, R., 1987, „Terrorism. A Definitional Problem", in: *Contemporary Research on Terrorism*, Hrsg. by Wilkinson/Stewart (1987), S. 24-43.

Tammen, Ronald L. et al., 2000, *Power Transitions. Strategies for the 21st Century*, New York/London.

Taylor, Peter J., 1995, „Beyond Containers. Internationality, Interstateness, Interterritoriality", in: *Progress in Human Geography* 18 (6), S. 1-15.

Terraine, John/Bell, Martin/Walsh, Robin, 1979, „Terrorism and the Media", in: Jennifer Shaw, E. F: Gueritz, A. E: Younger (Hrsg.), *Ten Years of Terrorism. Collected Views*, London, New York, S. 87-108.

„Terrorism – The EU on the move", *Europäische Kommission*, ‚Justiz und Inneres'; http://www.europa.eu.int/comm/justice_home/news/terrorism/ programmes/index_en.htm (10. Mai 2002).

„Terrorism", *Spokesman for the Secretary-General United Nations*, Fact Sheet, September 1998; http://www.un.org/News/ossg/terrorism.htm (10. Januar 2001).

„Terrorism", *United States Code*, Section 2656F (d), http://www.state.gov/www.global/terrorism/1996Report/1996index.html#intro (3.08.1999).

„Testimony before the Commerce, Justice, State Subcommittee, Department of State Security Requirements, House of Appropriations, Feb. 24th, 1999, Washington D.C., von Bonnie R. Cohen/David Carpenter; http://www.state.gov/www.policy_remarkes/1999/990224_cohen.html (3.08.1999).

„Text of Fatwah Urging Jihad Against American", veröffentlicht in *Al-Quds al'-Arabi* am 23. Februar 1998; http://www.ict.org.il/articels/fatwah.htm (12. April 2002).

„The Corfu Channel Case", *International Court of Justice. Reports of Judgements, Advisory Opinions and Orders*, Judgement of April 9th, 1949; Den Haag, S. 4ff.

„The US Counterintelligence Reform Act", 2000, US Congress, Senate, *Select Committee on Intelligence*, Washington D.C. (U.S.G.P.O.).

„The Growing Threat of Terrorism", *Public Report of the Vice President's Task Force on Combatting Terrorism*, Feb. 1986, U.S. Government Printing Office, Washington D.C.

„The International Terrorist Threat to US Interests"; http://www.cia.gov/cia/di/speeches/428141198.html (3. August 1999).

„The North Atlantic Treaty", *NATO Basic Texts*, Online Library; http://www.nato.int/docu/basictxt/treaty.htm (10.10.2001).

The Oxford Advanced Learner's Dictionary, Oxford Uniersity Press, 1982, 13th ed.

The Oxford English Dictionary, Second edition, vol. XIX, Oxford 1989.

The Oxford American Dictionary of Current English, New York/Oxford 1999.

„The Transformation of War", by Martin van Creveld, 1991, *President's Commission on Critical Infrastructure Protection*, Report Summary, 13.10. 1997, New York, S. 5.

„The Threat from International Organized Crime and Global Terrorism", *Hearing before the Committee on International Relations*, House of Representatives, 105th Congress, 1st session, 1. Oktober 1, 1997, Washington DC.

„The United Nations: Partners in Civil Society"; http://www.un.org/partner ships/civil_society/home.html (10.05.2002).

Thiessen, Friedrich, 1988, *Standorttheorie für internationale Finanzzentren*, Köln.

Todt, Horst (Hrsg.), 1994, *Beiträge zur Standortforschung*, Berlin.

Toffler, Alvin & Heidi, 1995, *War and Anti-War*, New York.

Toffler, Alvin, 1991, *Powershift: Knowledge, Wealth, and Violence at the edge of the 21st Century*, Bantam Books.

„Transnational Cooperations" in: *Encyclopedia of Sociology*, vol. 4, 1992, S. 2183-2187.

„Transnational Threats to Nato in 2010"; http://www.cia.gov/cia/di/speeches/ 428149198.html (3.08.1999).

Tuathail Ó, Gearóid, 2001, „Rahmenbedingungen der Geopolitik in der Postmoderne: Globalisierung, Informationalisierung und die globale Risikogesellschaft", in: *Geopolitik. Zur Ideologiekritik politischer Raumkonzepte*, hg. v. Kritische Geographie 14, Wien, S. 120-142.

Tuathail Ó., Gearóid /Luke, Timothy W., 2000, „Present at the (Dis)Integration: Deterritorialization and Reterritorialization in the New Wor(l)d Order", nach: http://www. majbill.vt.edu/geog/faculty/total/papers/aag.htm (Oktober 2000).

Tugwell, Maurice A.J., 1987, „Terrorism and Propaganda. Problem and Response", in: Wilkinson/Stewart 1987, S. 409-418.

US Office of Management and Budget, *Annual Report to Congress on Combating Terrorism, Including Defense Against Weapons of Mass Destruction/ Domestic Preparedness and Critical Infrastructure Protection*, jährliche Publikationen, Washington D.C.

Vasquez, John A., 1993, *The War Puzzle*, Cambridge/MA.

Väyrynen, Raimo, 1997, „Small States: Persisting Despite Doubts", in: *The National Security of Small States in a Changing World*, Hrsg. by Efraim Inbar and Gabriel Sheffer, London/Portland, S. 41-75.

Verdross, Alfred/Simma, Bruno, 1984, *Universelles Völkerrecht. Theorie und Praxis*, Berlin, 3. Auflage.

„Verhängung eines Waffenembargos gegen die afghanischen Taliban", Resolution 1333 des Sicherheitsrates des Vereinten Nationen, 19. Dezember 2000, in: *policy paper no.4*, S. 8-12.

„Verpflichtung der Staaten zur Verhütung terroristischer Handlungen", Resolution 1373 des Sicherheitsrates der Vereinten Nationen, 28. September 2001, in: *policy paper n. 4*, S. 5-6.

„Verurteilung der Terroranschläge in den Vereingten Staaten von Amerika", Resolution 1368 des Sicherheitsrates der Vereinten Nationen, 12. September 2001, in: *policy paper no. 4*, S. 8.

„Verurteilung der Terroranschläge in den Vereinigten Staaten von Amerika", Resolution 56/1 der Generalversammlung der Vereinten Nationen, 12. September 2001, in: *policy paper no.4*, S. 7.

„Viele mögliche Ziele für US-Vergeltungsanschläge. Terrorzellen in 34 Staaten"; http:// www.tagesschau.de/archiv/themen2001/terrorusa/hp-terrorusa. html (21.09.2001).

Viotti, Paul R./Kauppi, Mark V. (Hrsg.), 1999, *International Relations Theory. Realism, Pluralism, Globalismm and Beyond*, Boston/London.

Visscher, Charles de, 1957, *Theory and Practice in Public International Law*, aus dem Französischen von P.E. Corbett, Princeton.

Voegelin, Eric, 1974, *The Eucumenic Age*, Bd. 4 Order and History, Baton Rouge.

Voigt, Rüdiger, 1999/2000, „Globalisierung des Rechts. Entsteht eine dritte Rechtsordnung?", in: ders. (Hrsg.), *Globalisierung des Rechts* (Schriftenreihe zur Rechtspolitologie, Band 9), Baden-Baden, S. 13-36.

Waldmann, Peter, 1998, *Terrorismus: Provokation der Macht*, München.

Walker, David M., 2001, „Homeland Security: A Framework for Addressing the Nation's Efforts", *United States General Accounting Office*, 21. September 2001, Testimony before the Senate Committee on Governmental Affairs; http://www. ciaonet.org/cbr/cbr00/video/cbr_ctd/cbr_ctd_18.html (10. Oktober 2001).

Walker, Robert B.J., 1993, *Inside/Outside: International Relations as Political Theory*, New York.

Waltz, Kenneth N., 1979, *Theory of International Politics*, New York.

Wardlaw, Grant, 1982, *Political Terrorism: Theory, Tactics and Counter-Measures*, Cambridge.

Weber, Max, 1971, *Gesammelte Politische Schriften*, hg. v. Johannes Winckelmann, 3. Aufl., Tübingen.
Weber, Max, 1972, *Wirtschaft und Gesellschaft, Grundriss der verstehenden Soziologie*, Tübingen, 5. Aufl.
Weber, Max, 1972a, *Gesammelte religionssoziologische Schriften*, Tübingen.
Weber, Max, 1984, *Zur Politik im Weltkrieg. Schriften und Reden 1914-1918*, hg. v. Wolfgang J. Mommsen in Zs.arbeit mit Gangolf Hübinger, Tübingen.
Weinacht, Paul, 1968, *Staat. Studien zur Bedeutungsgeschichte des Wortes von den Anfängen bis ins 19. Jahrhundert*, Berlin.
Welsch, Wolfgang, 1988, „Einleitung", in: ders. (Hrsg.), *Wege aus der Moderne. Schlüsseltexte der Postmoderne-Diskussion*, Weinheim, S. 1-43.
Welzel, Hans, 1958, *Die Naturrechtslehre Samuel Pufendorfs*, Berlin.
Wendt, Alexander, 1987, „The Agent-Structure Problem in International Relations Theory", in: *International Organizations*, Vol. 41 (3), S. 335-370.
Wendt, Alexander, 1992, „Anarchy is what States Make of it: The Social Construction of Power Politics", in: *International Organization* 46, S. 391-425.
Wendt, Alexander, 1996, „Identity and Structural Change in International Politics", in: Lapid Y./Kratochwil, Friedrich (Hrsg.), *The Return of Culture and Identity in IR Theory*, (dt. in Beck 1998b, „Der Internationalstaat: Identität und Strukturwandel in der Internationalen Politik", S. 381-410).
Wendt, Alexander, 1999, *Social Theory of International Politics*, Cambridge/MA.
Werlen, Benno, 1996, „Raum, Körper, Identität. Traditionelle Denkfiguren in sozialgeographischer Reinterpretation", in: Steiner D. (Hrsg.), *Jahrestagung der Deutschen Gesellschaft für Humanökologie*, Opladen.
Werlen, Benno, 1996a, „Geographie globalisierter Lebenswelten", in: *Osterreichische Zeitschrift für Soziologie* (2), ‚Raum in der sozialen Welt', S. 97-128.
Whine, Michael, 1998, „Cyberspace - A new Media for Communication, Command and Control"; http://www.ict.org.il/articles/articledet.cfm?articleid=76 (10. Aug. 1999).
Whine, Michael, 1998a, „Islamist Organisations on the Internet", International Policy Institute for Counter-Terrorism, 1. April 1998; http://www.ict.org.il/articles/articledet.cfm?articleid=31 (10.08.1999).
Wichmann, Ralph-Benedikt, 1992, *Zur Globalisierung der Finanzmärkte: Finanzdienstleistungen und Finanzplätze aus der Sicht von Standort-, Außenhandels- und Direktinvestitionstheorie*, Koblenz.

Wiesing, Lambert, 1997, *Die Sichtbarkeit des Bildes. Geschichte und Perspektiven der formalen Ästhetik*, Hamburg.
Wiesing, Lambert, 2002, „Widerstreit und Virtualität" (unveröffentlichtes Manuskript, Jena).
Wieviorka, Michel, 1993, *The Making of Terrorism*, Chicago, London.
Wilkonson, Paul, 1979, „Terrorist Movements", in: *Terrorism. Theory and Practice,* hrsg. von Yonah Alexander, David Carlton, Paul Wilkonson, Westview Special Studies in National and International Terrorism, S. 99-120.
Wilkinson, Paul, 1994, „Terrorist Targets and Tactics: New Risks to World Order", in: Jamieson 1994, S. 179-199.
Wilkinson, Paul/Stewart, Alasdair M, 1987, *Contemporary Research on Terrorism*, Aberdeen.
Willets, Peter (Hrsg.), 1982, *Pressure Groups in the Global System. The Transnational Relations of Issue-Oriented Non-Governemental Organiza-tions*, London.
Williams, Geoffrey Lee/Barkley, Jared Jones, 2001, *NATO and the Transatlantic Alliance in the 21ˢᵗ Century*, New York.
Williams, Phil, 1994, „Transnational Criminial Organizations: Strategic Alliances", *Washington Quarterly*, published by Ridgway Center for International Security Studies, University of Pittsburgh, no. 2.
Willke, Helmut, 1992, *Ironie des Staates. Grundlinien einer Staatstheorie polyzentrischer Gesellschaft*, Frankfurt.
Willoweit, Dietmar, 1986, „Die Herausbildung des staatlichen Gewaltmonopols im Entstehungsprozeß des modernen Staates", in: *Konsens und Konflikt*, hg. v. A. Randezelhofer/W. Süß, Berlin/N.Y., S. 316.
Wills, David C., 1995, „Nuclear Terrorism. Sensational or Serious", in: *Ridgway Viewpoints* 95-3, S. 1-16.
Winckler, H. A. (Hrsg.), 1979, *Liberalismus und Anti-Liberalismus. Studien zur politischen Geschichte des 19. und 20.Jahrhunderts*, Göttingen.
Wirths, Johannes, 2001, *Geographie als Sozialwissenschaft!? Über Theorieprobleme in der jungeren deutschsprachigen Humangeographie*, Kassel.
„Why Didn't We Know"; http://www.time.com/time/nation/article/ 0,8599,175025,00.html (20. September 2001).
Wolfrum, Rüdiger, 1991 (Hrsg.), *Handbuch der Vereinten Nationen*, 2. Auflage, München.

Wolin, Sheldon, 1985, „Postmodern Politics and the Absence of Myth"; in: *Social Research,* Vol. 52, No. 2, S. 217-239.

Woodcock, Alexander/Davies, David, 1998, *Analytic Approaches to the Study of Future Conflict,* Brassey's Inc.

„World Wide Threats: Hearing before the Committee on Armed Services", US Senate., 106th Congress, 1st Session, 2. Februar/9. April, 1999, Washington D.C. 2000.

Yariv, Aharon, 1987, „The Role of Intelligence in Combatting Terrorism", in: Kurz 1987, S. 116-124.

Yalem, Ronald Y, 1965, *Regionalism and World Order,* Washington.

Yearbook of the United Nations 1972, New York.

Young, Oran R., 1983, „Regime Dynamics: The Rise and Fall of International Regimes", in: Krasner 1983, S. 93-113.

Young, Oran, 1972, „The Actors in World Politics", in: Rosenau, James et al. (Hrsg.), *The Analysis of International Politics,* New York, S. 125-144.

Zangl, Bernhard/Zürn, Michael, 1999, „The Effects of Denationalisation on Security in the OECD World", in: *Global Security* Vol. 13, No. 2, S. 139-161.

Zeeden, Ernst Walter, 1970, *Das Zeitalter der Glaubenskämpfe* (Handbuch der deutschen Geschichte, Bd. 9), Stuttgart, 6. Auflage.

Ziegler, David W., 2000, *War, Peace and International Politics,* New York et al.

Zimmer, Dieter, 1979, *Unsere erste Natur. Die biologischen Ursprünge menschlichen Verhaltens,* München.

Zimmer, Gerhard, 1998, *Terrorismus und Volkerrecht. Militärische Zwangsanwendung, Selbstverteidigung und Schutz der internationalen Sicherheit,* Aachen.

Zürn, Michael, 1998, *Regieren jenseits der Nationalstaates,* Frankfurt/M.

Verwendete und zitierte Links

http://www.cia.gov/cia/di/speeches/428149198.html (3. August 1999)
http://www.cia.gov/cia/public_affairs/speeches/dci_speech_012898.html (3. August 1999)
http://www.ict.org.il/inter_ter/orgadet.cfm?orgid=74 (10. August 1999)
http://www.cia.gov/cia/public_affairs/speeches/ps020299.html (3. August 1999)
http://www.cia.gov/di/speeches/intlter.html (3. August 1999)
http://www.cia.gov/cia/di/speeches/428149298.html (3. August 1999)
http://www.cia.gov/di/mission/oti.html (3. August 1999)
http://www.odci.gov/ic/icagen2.htm (10. Januar 2001)
http://www.cia.gov/dcindex.html (11. August 1999)
http://www.odci.gov/ic/cia.html (10. August 1999)
http://www.odci.gov/cia/di/mission/organization.html (10. August 1999)
http://www.cia.gov/cia/di/mission/orgchart.html (10. August 1999)
http://www.whitehouse.gov/homeland (20. Januar 2002)
http://www.state.gov

Weiterführende Links

http://www.terrorism.com
http://www.hri.org/docs/USSD-Terror
http://www.cdt.org/policz/terrorism
http://www.adl.org
http://www.emergency.com/cntrterr.htm
http://www.cdiss.org/terror.htm
http://www.praesidia.de
http://www.terror.gen.tr/english/index.html
http://www.anti-terror-einheiten.de
http://www.pbs.org/wgbh/pages/frontline/shows/binladen
http://nsi.org/terrorism.html
http://www.satp.org
http://www.fas.org/irp/threat/terror.htm
http://www.verfassungsschutz.de
http://www.bundesregierung.de
http://www.un.org
http://www.bis.org

MIX
Papier aus verantwortungsvollen Quellen
Paper from responsible sources
FSC® C105338

If you have any concerns about our products,
you can contact us on
ProductSafety@springernature.com

In case Publisher is established outside the EU,
the EU authorized representative is:
**Springer Nature Customer Service Center GmbH
Europaplatz 3, 69115 Heidelberg, Germany**

Printed by Libri Plureos GmbH
in Hamburg, Germany